LEGACY of ASHES: The History of the CIA by TIM WEINER

CIA秘録

その誕生から今日まで

上

ニューヨーク・タイムズ記者
ティム・ワイナー
藤田博司・山田侑平・佐藤信行［訳］

文藝春秋

CIA秘録・上巻目次

第一部 トルーマン時代

"In the Beginning, We Knew Nothing" — The CIA Under Truman

1945年〜1953年

第二部 アイゼンハワー時代

"A Strange Kind of Genius" — The CIA Under Eisenhower

1953年～1961年

第三部 ケネディ、ジョンソン時代

"*Lost Causes*" — *The CIA Under Kennedy and Johnson*

1961年〜1968年

下巻目次

ケイト、エマ、そしてルビーに

CIA秘録

その誕生から今日まで

上

どんな秘密も時が明らかにする

ジャン・ラシーヌ　ブリタニクス　1669

まえがき

本書は、ＣＩＡの創設から六十年間の記録である。西洋文明史上最強の国が、いかにして一級の諜報機関を作ることに失敗したのかが、綴られる。そしてこの失敗は、アメリカの安全保障を危機に陥れている。

諜報とは、海外で起きたことを理解し、状勢を変えることを目指す秘密行動だ。ドワイト・Ｄ・アイゼンハワー大統領は諜報を「不快だけれども、死活に関わる必要なもの」だと定義している。自国の国境より外に影響力を行使したい国家は、自国民を攻撃から守るために、地平線のかなたに目をやり、何が起きているのかを知らなければならない。奇襲も予期しなければならない。強力かつ聡明、そして鋭い諜報機関がなければ、大統領も将軍も何も見ることができず、無力になる。しかし超大国としてのアメリカには、これまで一貫してそうした諜報組織は存在しなかったのだ。

エドワード・ギボンは『ローマ帝国衰亡史』のなかで、歴史は「そのほとんどが人類の犯罪、愚行、不運の登記簿にほかならない」と書いている。ＣＩＡの歴史は、勇敢、狡猾な行動とともに、愚行と不運に満ちている。海外ではつかの間の成功と、長く後を引く失敗の物語にあふれている。国内では、政治闘争と権力闘争の記録である。うまくいったときは人命や財産を救うことができたが、失敗したときはその両方が失われた。失敗によって、多数のアメリカ人兵士や外国の協力者が命を落としたのである。二〇〇一年九月十一日には、ニューヨーク、ワシントン、ペンシルベニアで、約三千人が死亡した。その後のイラクやアフガニスタンで亡くなった人たちは、さらに三千人を超える。CIAがその中心的な使命を遂行できなかった罪が、いまだに長く尾を引いているのだ。その罪とは、世界で何が起きているかを大統領に報告できなかったことである。

第二次世界大戦が始まったとき、アメリカには見るべき諜報組織がなかった。戦争が終わった数週間後も、ほとんどないに等しかった。復員に躍起となったために、残ったのは、諜報の世界に数年の経験を持ち、新しい敵との戦いを続ける意志を備えた、わずか数百人の男たちだった。戦時中、戦略事務局（OSS）を率いたウィリアム・J・ドノバン将軍は一九四五年八月、トルーマン大統領に「アメリカ以外のすべての主要国は、世界規模の諜報組織を持ち、それぞれの政府の最高首脳に直接報告を上げている」と警告した。「今回の戦争以前には、アメリカは秘密の対外諜報組織を持っていなかった。その後も持っていないし、今なお統合された諜報システムがない」。悲劇的なことだが、現在に至ってもそうした組織はない。

CIAはそうした組織になるはずだった。しかし青写真は性急な素描に終わってしまった。アメリカの慢性的な弱点を正すものにはならなかった。秘密や欺瞞はアメリカの得意とするところではなかった。大英帝国の崩壊で、ソ連共産主義に対抗できる勢力はアメリカだけになった。そしてアメリカはなんとしても敵を知る必要に迫られていた。それは、大統領に将来の見通しを提示し、いざとなれば導火線に点火し、火をもって火と戦うためであった。CIAの使命は何よりもまず、第二のパールハーバーのような奇襲攻撃を事前に大統領に警告することであった。

一九五〇年代には、数千人の愛国的なアメリカ人がCIAの要職についていた。多くは戦争で鍛えられた勇敢な男たちだった。知恵のあるものもいた。が、敵を本当によく知るものはほとんどいなかった。敵の理解に失敗すると、大統領は秘密工作を通じて歴史の流れを変えるようCIAに命じた。「平時に政治工作や心理戦争を仕掛けるのは、新しい芸術とでもいえるだろう」と、当時、西ヨーロッパでCIAの秘密活動を担当していたジェラルド・ミラーは書いている。「小手先の技術はいくらか分かっていても、我々はそもそもの戦略や経験が不足していた」。

CIAの秘密工作はおおむね闇夜に鉄砲を撃つようなものだった。実行して、現場で間違いを犯すことを通じて学ぶ、というのがCIAの唯一のやりかただ。ところが、あろうことかCIAは海外での失敗を隠し、アイゼンハワー大統領にもケネディ大統領にもうそをついた。ワシントンでの自分たちの立場を守るためのうそだった。冷戦時代に支局長を務めたドン・グレッグに言わせると、本当のところは、最盛期のCIAの評判は高かったが、実績はひどいものだった。

アメリカ国民と同じように、CIAはベトナム戦争中の危機的状況下で、異議申し立てをした。ところがベトナムはうまくいっているという大統領の先入観にそぐわない報告は、アメリカの報道機関が送る否定的な記事と同様省みられなかった。CIAはジョンソン、ニクソン、フォード、カーターといった歴代大統領に叱責され、嘲笑された。四人の大統領のだれ一人として、この組織のことを理解していなかった。歴代大統領は就任したとき「諜報があらゆる問題を解決してくれることを期待するか、まっとうなことは何もできないと考えるかのどちらかだが、やがてその正反対の見方に変わってしまう」と、元副長官のリチャード・J・カーが書いている。「そこで落ち着いて、そしてまた両極端の間を揺れ動くのだ」と。

ワシントンの政府機関として生き残るためには、CIAは何よりも大統領に耳を傾けてもらわねばならなかった。しかし、大統領が聞きたくないことを耳に入れることが危険であることを、CIAはほどなく学んだ。ＣＩＡの分析官たちは、昔ながらの知恵に合わせて、型どおりの手順を踏むことを覚えた。彼らは敵の意図や能力を読み誤り、共産主義の強さを誤算し、テロの脅威を誤って判断した。

冷戦時代、ＣＩＡの究極の目標はスパイをリクルートしてソ連の秘密を盗むことだった。しかし、クレムリンの内奥を知るスパイを一人としてリクルートできたことはなかった。重要な情報を提供してくれるスパイは十本の指で数えられたが、いずれも先方からの自発的協力者であり、こちから獲得したスパイではなかった。しかもこれらのスパイはみな、死亡するか、ソ連側に捕まり処刑された。そのほとんどは、レーガン大統領およびジョージ・Ｈ・Ｗ・ブッシュ（父親）大統領時代に、ソ連側のためにスパイを働いていたＣＩＡのソ連部門の職員に裏切られたためだった。レーガン時代には、考え違いの第三世界向け工作に走ったこともある。このときはイランの革命防衛隊に武器を売却し、その資金を中央アメリカの戦争に振り向けようとしたもので、法を犯し、ＣＩＡに対するなけなしの信頼まで失ってしまった。もっと残念だったのは、最たる敵の致命的な弱点まで見逃してしまったことである。

敵側を理解するための方法として、人間に頼ること（人的諜報）を軽視し、機械まかせにしたのである。スパイのハイテク技術が進めば進むほど、ＣＩＡはますます近視眼的になっていった。スパイ衛星はソ連の兵器の数を数えることを可能にした。しかしスパイ衛星は共産主義が崩壊しつつあるという決定的な情報を教えてはくれなかった。ＣＩＡの最先端の専門家たちは、冷戦が終結するまで敵を目にしたことがなかったのだ。ＣＩＡは、アフガニスタンをソ連の占領軍と戦わせるために数十億ドル分もの兵器をアフガニスタンに送り込み、ソ連を疲弊させた。これは桁外れの成功だった。しかし支援を与えたイスラムの戦士たちがやがてアメリカに銃口を向けることまでは見抜けなかった。そして実際にイスラムの戦士たちがテロリストに変わったときに、行動を起こすことができなかった。

これはＣＩＡにとって致命的な失敗だった。

冷戦時代に組織を一つに結び付けてきたＣＩＡの大義は、一九九〇年代にクリントン大統領のもとでばらばらになってしまった。ＣＩＡにも依然として世界を理解することに努めている人はいた。しかしその数は以前よりはるかに少なくなってしまった。海外でアメリカのために尽くそうと献身的な働きをしている有能な職員もいた。しかしそうした人たちの数は、非常に少なくなった。ＣＩＡが海外に展開している要員の数は、ニューヨークにいるＦＢＩの要員の数より少ない。二十世紀末までに、ＣＩＡは完全に機能している独立した諜報機関とは言えなくなっていた。ＣＩＡは、今後の闘争の戦略を検討するのではなく、起こりそうにない戦闘の戦術を検討する、国防総省の第二級の出先機関になり下がりつつあった。第二のパールハーバー奇襲攻撃を防ぐ力はもうどこにもない。

ニューヨークとワシントンに対する攻撃があった後、ＣＩＡはアルカイダ指導者を追跡するため、少数の練達の秘密工作担当者をアフガニスタンとパキスタンに送り込んだ。その後、ＣＩＡはイラクに大量破壊兵器があるとの間違った報告をホワイトハウスに送った。ほんのわずかな情報に基づいて、大量の報告をでっちあげたのだ。その結果、諜報機関としての信用は失われた。ジョージ・Ｗ・ブッシュ大統領とその政権は、かつて大統領の父親が長官を務めたこの組織を誤って使い、海外では準軍事的警察力に変え、本部の官僚組織を麻痺させてしまった。ブッシュ大統領は二〇〇四年に、ＣＩＡがイラク戦争の行方について「あてずっぽうを言っている」と発言したが、これはＣＩＡに政治的な死を宣告するようなものだった。これほどＣＩＡを公然と冷たく扱った大統領はかつていなかった。

ＣＩＡ長官はかつて、陸・海・空・海兵隊など他の諜報機関のうえにたつ中央情報長官（Director of Central Intelligence）をかねていた。しかし、二〇〇五年に中央情報長官の職が廃止されたことで、ＣＩＡがアメリカ政府の中枢で果たしてきた役割は、終幕を迎えた。ＣＩＡが生き残るためには、組織の再建が必要になっている。それには長い年月を要するだろう。世界をありのまま理解するという課題は、三世代にわたってＣＩＡの職員たちを悩ませてきた。新しい世代の職員たちのなかに、海外諸国の複雑さを熟知しているものはほとんどいない。ワシントンの政治文化に通じているものはさらに少ない。一方で、一九六〇年代以降の多くの大統領も、議会も、ＣＩＡ長官も、この組織の仕組みを理解できていなかった。ほとんどの人が、自分が受け継いだときよりさらに悪い状態でこの組織を後任者に引き継いでいった。彼らの失敗が後の世代に残したものは、アイゼンハワー大統領の言葉によれば「灰の遺産」(Legacy of Ashes) だった。われわれは混乱した状態のままで、六十年前に立ち戻っている。

本書は、アメリカが今後必要としている諜報組織をなぜいまだに欠いているのか、を示すことを意図している。ここには、アメリカの国家安全保障の関係者のファイルに残された言葉や考え方、行動などが集められている。ファイルには、われわれの指導者が海外に影響力を行使しようとしたとき、実際に何を言い、実際に何を求め、実際に何をしたかが記録されている。

本書は、以下のようなものに基づいて書かれている。

主としてＣＩＡ、ホワイトハウス、国務省の公文書館から入手して目を通した五万点以上の文書。二千点を超えるアメリカの諜報担当官、兵士、外交官らのオーラル・ヒストリー（口述歴史記録）。一九八七年以降にＣＩＡ職員、元職員らと行った三〇〇本以上のインタビュー、この中には十人の元長官も含まれている。巻末にはノートをつけて、本文の背景などをさらに詳述するようにした。

本書は、オン・ザ・レコード、すべて実名の情報にもとづいている。匿名の情報源も、出所を伏せた引用も、伝聞も含まれていない。すべて直接取材と一次資料に基づく、初めてのＣＩＡの歴史である。その性格上、完全なものではない。大統領もＣＩＡの長官も、むろん外部の人間もこの組織のすべてを知ることなどは到底できない。私がここに書いたことは、真実のすべてではない。しかし真実以外のことが書かれていないことは、断言できる。

私はこれが警世の書となることを期待している。歴史上いかなる共和国も三百年以上続いたことはない。アメリカも世界をありのままに見る目を持てなければ、今後大国として長くは続かないだろう。

かつてはそれがＣＩＡの使命であったのだ――。

第一部

1945年から1953年

トルーマン時代

「初めは何もわからなかった」

PART ONE

"In the Beginning, We Knew Nothing"

The CIA under Truman

1945 to 1953

スターリンとトルーマン 1945年　©Corbis

第1章 「諜報はグローバルでなくては」誕生前

ハリー・トルーマンが欲しがったのは、実は新聞だった。

トルーマンは、一九四五年四月十二日、フランクリン・D・ルーズベルト大統領の死去に伴って突然ホワイトハウスの主になった。しかし、トルーマンは、原子爆弾の開発のことも、同盟国ソ連の意図も、何も知らなかったのだ。権力を行使するには情報が必要だった。

「自分が大統領職を引き継いだとき、[(1)] 世界中から集まる情報を整理する機関を大統領はもっていなかった」。トルーマンは後年、友人にあてた手紙にそう書いている。前任者のルーズベルトは戦時中の諜報機関として、ウィリアム・J・ドノバン将軍指揮下の戦略事務局（OSS）を創設していた。しかしドノバンのOSSは戦時中の一時的な機関としてつくられたものだった。OSSの後を受けて中央情報局（CIA）が創設される。トルーマンはこのCIAを、大統領の下に毎日、世界中のニュースを送り届けるニュース通信社にしておきたかったのだった。

「『スパイ活動の集団』にするつもりはなかった。世界中で何が起きているかを常時、大統領に報告するための単なる情報センターにしておくつもりだった」とのちにトルーマンは書いている。CIAが「スパイ組織として活動すること」を望んだことはなかったとトルーマンは書いているのだ。

が、トルーマンの構想は最初から裏切られていた。

「世界的な全体主義との戦争においては、諜報も世界的かつ全体主義的でなければならない」とドノバン将軍は信じていた。

一九四四年十一月十八日付で、ドノバンはルーズベルト大統領あてに、アメリカが平時の「中央情報局」を設置するよう提案していた。彼はその前年、ウォルター・ベデル・スミス中将の進言を受けて、自分なりの構想を描き始めていた。スミス中将は当時、ドワイト・D・アイゼンハワー将軍の参謀長を務めており、OSSがアメリカの軍機構の一部としてどのような形で収まるのかを知りたがっていた。ドノバンは大統領に対し、OSSは、「外国の能力、意図、活動」についての情報を取得する一方で、アメリカの敵に対して「海外での破壊活動[3]」も展開できると説明していた。OSSの要員は一万三千人を超えたことはなく、陸軍の一個師団より小規模だった。しかしドノバンが構想していた組織は独自の兵力を有し、共産主義と巧妙に戦い、アメリカを攻撃から守り、ホワイトハウスに秘密情報を届けるというものだった。ドノバンは大統領に「直ちに船の建造にとりかかる[4]」よう促し、自らが船長になることを目指していた。

ドノバンは、「ワイルド・ビル（荒くれビル）」と呼ばれていた。速球派だが荒れ球の多い投手で、一九一五年から一七年までニューヨーク・ヤンキースの監督を務めたこともある、同名のプロ野球選手にちなんでつけられたニックネームだ。第一次世界大戦中、フランスの塹壕戦での勇敢な行為により議会名誉勲章を受章したこともあったが、政治家としてはお粗末だった。将軍や提督の間で彼を信頼しているものはほとんどいなかった。株の仲買人や大学教授、カネ目当ての傭兵や広告マン、記者、スタントマン、それに泥棒や詐欺師まで手当たりしだいに人をかき集めてスパイ組織を作ろうというドノバンの構想に、軍の幹部たちは仰天していた。

OSSはアメリカ独自の情報分析官の集団を養成していた。しかしドノバンとそのお気に入りだったアレン・W・ダレスは、諜報や破壊活動に夢中になっていった。この分野でアメリカの技術は、まだ素人の域を出ていないにもかかわらず——。

ドノバンはこうした秘密工作の訓練を英国の諜報機関に頼った。OSSで伝説になるような勇者は、敵の前線の背後に回りこみ、橋を爆破し、フランスやバルカンの抵抗運動と組んでナチに対する謀略を進めるといった人たちだった。戦争の末期、OSSの力がヨーロッパから北アフリカ、アジアにまで及んでいたころ、ドノバンは工作員を直接ドイツに送り込もうとした。しかし、送り込まれたものは全員、死亡した。二人一組で二十一組がドイツに入ったが、その後消息があったのは一組だけだった。ドノバン将軍が毎日、夢想していた作戦はこうした類のものだった。ある作戦はむこうみずであり、またある作戦はとんだ勘違いだった。

「彼の想像力には限りがなかった(5)」と、ドノバンの右腕であり、後にフランス、ドイツ、英国駐在の大使を務めたデービッド・K・E・ブルースは言う。

「アイデアが彼の遊び道具だった。興奮すると競走馬みたいに鼻息を荒くした。見たところばかげているとか、少なくともまともじゃないという理由で計画を断ったりはできない。そんなことをしたら、ひどい目に遭わされるからだ。彼の指揮下で数週間、私はみじめな思いをしながら　西部の洞窟の棲息地から集めてきたこうもりを使って東京を破壊する可能性をテストしたことがある」

焼夷弾をこうもりの背中にくくりつけて空から落とす、というのがドノバンのアイデアだった。これこそがＯＳＳの精神というものだった。

ルーズベルト大統領はいつもドノバンに対して疑念を抱いていた。一九四五年初め、大統領はホワイトハウス軍事担当首席補佐官のリチャード・パーク・ジュニアに、ＯＳＳの作戦を秘密裏に調査するよう命じた。パークが調査を開始すると、ホワイトハウスからのリークで、ニューヨーク、シカゴ、ワシントンの新聞に、ドノバンが「アメリカ版ゲシュタポ」を作ろうとしているとのスッパぬきの記事がでた。ニュースが伝えられると、大統領はドノバンに計画をお蔵いりさせるよう促した。一九四五年三月六日、軍の参謀本部は正式にこの計画を棚上げにした。

参謀本部の狙いは新しいスパイ組織を大統領の権限の下にではなく、ペンタゴン（国防総省）の下に置くことにあった。参謀たちが心に描いていたのは、佐官級の軍人と事務員が詰める情報センターで、武官や外交官やスパイが収集した情報を精選し、各軍司令官のために役立てるということであった。このようにして、アメリカの諜報機関の支配権をめぐる争いが始まり、その後三世代にわたって続くことになる。

「著しく危険な組織」

国内ではＯＳＳに対する評価は低かったし、国防総省内部ではさらに低かった。日本やドイツで傍受した重要な通信を、ＯＳＳが目にすることはほとんど許されなかった。ドノバンが指揮する大統領直属の、文民中心のこの諜報組織は、軍事情報担当参謀次長のクレイトン・ビッセル少将の言葉を借りれば、「民主主義にとっては著しく危険なもの」(6)と見なされていた。

しかし、そういう軍の情報将校たちも、真珠湾攻撃のときは、みごとに裏をかかれたのだ。一九四一年十二月七日の夜明けよりはるか以前に、軍は日本の暗号の一部を解読していた。軍は攻撃があるかもしれないことを知っていた。しかし、日本がそれほど思い切った賭けに出るとは想像だにしなかった。解読された暗号は機密扱いだったので、現場司令官の間でも共有されなかった。軍内部の派閥争いで、情報は分断され、死蔵され、散逸した。パズルを解くかぎを把握しているものがどこにもいなかったので、全体像を見たものもいなかった。なぜ奇襲攻撃を受けるに至ったのかを議会が調査したのは、戦争が終わってからのことであったし、国を守るために新しい方法が必要であることも、そのときになって初めて分かったことだった。

真珠湾攻撃以前は、世界の広大な地域をカバーするアメリカの諜報は、国務省にある、さほど長くはない木製のファイル・キャビネットの列[7]のなかに収まっていた。唯一の情報源は、海外にちらばる数十人の大使と駐在武官たちだった。一九四五年の春、アメリカはソ連についてほとんど何も知らなかったし、その他の地域についても多少ましといった程度だった。

遠くまで見える、強大な諜報機関を持ちたいというドノバンの夢を復活できるのは、ただ一人、フランクリン・ルーズベルトだけだった。ルーズベルトが四月十二日に死去したとき、ドノバンは将来を絶望していた。ほとんど眠れないままに悲嘆にくれていたドノバン[8]は、解放後のパリでよく出入りしていたリッツ・ホテルの階下に降りて、当時ＯＳＳの要員で後にＣＩＡの長官になるウィリアム・Ｊ・ケーシーと沈うつな朝食をともにした。

「ルーズベルトの死は、われわれの組織にとってどんな意味を持つと思うか[9]」とケーシーはたずねた。

「残念だが、たぶんおしまいだろう」とドノバンは答えた。

その同日、パーク大佐はＯＳＳに関する極秘報告を新大統領に提出した。冷戦終結後になってようやく秘密扱いを解かれたこの報告は、軍部がつくり、Ｊ・エドガー・フーバーが磨きをかけた、政治的な殺人兵器だった。一九二四年以来、ＦＢＩ長官を務めているフーバーはドノバンを軽蔑し、世界的な諜報組織を自分で動かしたいという野望を抱いていた。パークの仕事は、ＯＳＳを引き続きアメリカ政府の一部分としておく可能性をぶち壊した。自分のスパイたちを守るためにドノバンが作り上げたロマンティックな神話も崩壊した。そしてハリー・トルーマンのなかに、秘密諜報工作に対する根強い不信感を深く植え付けた。この報告は、ＯＳＳが「アメリカの市民と企業の利益と国益にとって深刻な害を」(10)もたらしたと述べていた。

パークは、ひたすら冷酷にＯＳＳが失敗した事例をあげて、戦争の勝利に寄与した重要な事例は認めていなかった。要員の訓練は「過酷でずさんだった」。イギリスの諜報の指揮官は、アメリカのスパイが「彼らの言いなりになる」と見なしていた。中国では、国民党の指導者、蔣介石がＯＳＳを自分たちの目的のために利用していた。ヨーロッパ全体と北アフリカで、ＯＳＳの作戦にドイツのスパイが入り込んでいた。リスボンの日本大使館は、ＯＳＳの要員が暗号ブックを盗もうと計画していたことを察知していた。その結果、日本は暗号を変更し、一九四三年夏には「重要な軍事情報が完全に読めない事態になった」。パークに情報を提供した一人は「ＯＳＳのこのばかげた行動のおかげで、太平洋地域の何人のアメリカ人の命が失われたか、わからない」と語っている。一九四四年六月にローマが陥落した後、ＯＳＳの間違った諜報のために、数千人のフランス軍部隊がエルバ島のナチのわなにはめられ、「これらの誤りやＯＳＳによる敵兵力の誤算の結果、およそ千百人のフランス軍部隊が殺害された」とパークは報告している。

報告はドノバンに個人攻撃を加えていた。それによると、ドノバンはブカレストのカクテル・パーティでブリーフケースを紛失していたが、これが「ルーマニア人の踊り子によってゲシュタポに渡されていた」。ドノバンによる上級職員の採用や昇進は、能力本位ではなく、ウォールストリートや紳士録の縁故を基にした仲間うちのものだった。リベリアのような遠隔の部署に特命で人を派遣し、その人間のことをすっかり忘れてしまっていた。間違って中立国のスウェーデンに工作部隊を送り込んだこともあった。またフランスで鹵獲《ろかく》されたドイツの武器貯蔵所を守るために警備要員を送り込みながら、誤って警備要員もろともその貯蔵所を爆破してしまったりもした。

パーク大佐は、ドノバンの要員がいくつか破壊活動を成功させたことや、撃墜されたアメリカ人パイロットを救出したことも認めている。OSSの調査・分析部門による机上の仕事を「すばらしい」と言いながら、戦後は分析の仕事は国務省のものになるだろうと結論づけている。しかしOSSのその他の仕事は廃止せねばならない。「OSSの職員はほとんど絶望的に信用を落としており、彼らを戦後の世界で秘密諜報組織として使うことは考えられない」とパークは警告した。

ヨーロッパでの戦勝が決まった後、ドノバンは自分のスパイ組織をなんとか救うためワシントンに戻った。ルーズベルト大統領の喪に服した一ヵ月の間にも、ワシントンの権力をめぐる激しい争いが始まっていた。五月十四日、ホワイトハウスではハリー・トルーマンが十五分足らずの間、ドノバンの提案に耳を傾けていた。提案は、クレムリンに工作をしかけることで共産主義を阻止しようというものだった。大統領はあっさり却下した。

夏の間、ドノバンは議会や新聞で反撃を試みた。ついに八月二十五日、彼はトルーマンに知と無知のいずれかを選択しなければならない、と迫った。アメリカには「いま、きちんとした諜報システムがない。こうした状況の欠陥と危険(11)はおおむね認められている」と警告した。

ドノバンはトルーマンにうまく取り入ってCIAを創設させられると期待していた。常々、トルーマンを尊大に見下したような態度で接していた。しかしドノバンは大統領を読み違えていた。トルーマンはドノバンの計画にはゲシュタポの特徴と同じものがあると考えていたのだ。アメリカが日本に原子爆弾を投下してから六週間後の一九四五年九月二十日、大統領はドノバンを解任し、OSSを十日以内に解散することを命じた。アメリカのスパイ組織は廃止された。

第2章 「力の論理」 創設期

一九四五年夏、OSSの幹部だったアレン・ダレスは、瓦礫のベルリンでおあつらえむきの邸宅を見つけた。そこがあらたな支局となり、ダレスの右腕になるリチャード・ヘルムズがソ連に対するスパイ活動を始める。

「覚えておかねばならないのは[(1)]」と、半世紀後にヘルムズは述懐している。

「当初われわれは何も知らなかったということだ。ソ連が何をしようとしているのか、彼らの意図や能力についてのこちら側の知識はゼロ、もしくはゼロに近かった。電話帳なり、飛行場の地図なりを入手しようものなら、ちょっとした大ニュースだった。世界のあらゆることについて、われわれは無知だった」。

ヘルムズはベルリンに戻れたことがうれしかった。ベルリンは自分が名をあげた街だ。一九三六年のベルリンオリンピック、二十三歳だったヘルムズは通信社の記者、ヒトラーの単独インタビューをものにしていた。

ヘルムズはOSSが廃止されるときまったとき、ショックをうけた。大統領からの命令が届いた日の夜、ワイン製造会社を接収して本拠にしていたベルリンの作戦センターでは、職員たちが、怒号のなか、ワインの栓をあけ、よっぱらった。ダレスが構想していたようなアメリカの諜報活動の本部はなくなってしまう。ごく少数の要員だけが海外に残ることになる。ヘルムズは自分たちの任務が終わりになるとは信じられなかった。数日後、ワシントンのOSS本部から、ベルリンの拠点を維持するようにとのメッセージを受け取って、ヘルムズはほっとした。

「諜報組織の神聖なる大義」

メッセージはドノバンを補佐しているジョン・マグルーダー准将からのものだった。マグルーダーは一九一〇年以来、陸軍に籍を置く、紳士然とした男だった。アメリカが諜報組織を持たなければ、世界での優越的地位も一寸先は闇になるか、イギリスに頼りっきりになるだろうと固く信じていた。トルーマン大統領がOSSの廃止を決めてから六日後の一九四五年九月二十六日、マグルーダー准将はペンタゴンの果てしなく長い廊下を歩き回っていた。ちょうどうまい具合のタイミングだった。その週に陸軍長官のヘンリー・スティムソンが辞任したばかりだったのだ。スティムソンはCIA構想に強力に反対していた。その数ヵ月前、スティムソンはドノバンに「(CIA構想は)とても賢明とは思えない[(2)]」と語っていたのだ。マグルーダーはスティムソンの辞任でできた間隙に飛びついた。

マグルーダーはドノバンの旧友で、ワシントンの大物の一人だったジョン・マクロイ陸軍次官と膝詰めで話し合う。二人は協力して大統領の命令をひっくり返すことにした。

マグルーダーはその日、マクロイからの命令書をもらってペンタゴンを後にした。その命令は「OSSを守るために作戦を継続せねばならない[(3)]」というものだった。その一枚の紙切れが、CIAへの望みをつなぐことになった。スパイたちは戦略事務部隊(SSU)という新しい名前の下に任務を続行することになった。マクロイはその後、後に国防長官になるロバート・A・ロベット空軍次官に、アメリカの諜報の方向を検討する秘密委員会を立ち上げるよう要請した。ハリー・トルーマンに諜報組織の必要性を告げることが目的だった。マグルーダーは関係者に「諜報組織のための神聖な大義(4)」は勝利するだろうと自信たっぷりに報告した。

しばし息をついて大胆になったヘルムズは、ベルリンでの仕事に着手した。ベルリンの闇市場に手を染めていた職員を追放した。闇市場ではあらゆる物と人が売りに出ていた。アメリカのPXで十二ドルで購入したキャメルのカートン二ダースで、一九三九年製のメルセデス・ベンツが買えたのだ。彼はナチス・ドイツの科学者やスパイを探して西側に誘い出し、その技能がソ連側によって利用されることを防ぎ、彼らをアメリカ側のために働かせようとしていた。しかしこれらの任務もまもなく新しい敵を監視するための戦いに席を譲ることになる。十月までには「われわれの主たる目標が、ロシアのしようとしていることに向けられていることがはっきりしてきた(5)」と、ベルリン支局の要員だった、当時二十三歳のトム・ポルガーは記憶している。ソ連側は東ドイツの鉄道を接収し、政党を取り込もうとしていた。ヘルムズの側は、ソ連のベルリンに対する軍事輸送の動きを監視し、赤軍の動きに目配りしているものがいることを、ペンタゴンに知らしめる程度のことが精一杯だった。

ヘルムズとそのグループは、ソ連の進出に直面しているにもかかわらず、アメリカが後退していることに危機感をもっていた。ベルリンのアメリカ幹部の反対をおしきって、東側にスパイのネットワークを構築するために、ドイツの警察官や政治家をリクルートし始めた。が、十一月までには「ロシア人が東ドイツのシステムを完全に支配するのを目に(6)」することになる（当時二十二歳のSSU要員であったピーター・シケルの証言）。

統合参謀本部やジェームズ・V・フォレスタル海軍長官は、ソ連がそれ以前のナチと同じようにヨーロッパ全体の支配を試み、やがて東地中海やペルシャ湾、中国北部、それに朝鮮半島にも進出してくるのではないかという恐れを抱き始めていた。一つ動きを間違えれば、だれも抑えることのできない対決につながるかもしれない。そんな新しい戦争の恐怖が高まるにつれ、アメリカの諜報を率いる将来の指導者たちは、二つの対立するグループに分裂していった。

一つのグループは、スパイ活動を通じてゆっくり、辛抱強く、秘密の情報を収集することを重視した。もう一つのグループは、隠密の作戦行動を通して、敵に破壊工作をしかけることを重視した。スパイ活動は世界を知ろうとすることだった。リチャード・ヘルムズはこちらの考え方だった。隠密作戦は世界を変えようとするものだった。こちらはフランク・ウィズナーの考え方だった。

ウィズナーはミシシッピ州の上流階級出身で、感じのいい、特別仕立ての軍服を着たやり手の企業弁護士だった。一九四四年九月、彼はOSSの支部長としてルーマニアのブカレストに飛んでいた。ソ連の赤軍と小規模のアメリカ軍が首都の支配権を握っていた。ウィズナーはロシア人を監視するよう指示を出していた。彼にとっては最も華やかな時期だった。若いミハイ国王と謀議をこらしたり、撃墜された連合軍側飛行士の救出を計画したり、ブカレストのビール王が所有する部屋数三十の大邸宅を接収したりしていた。そのきらびやかなシャンデリアの下で、ロシア人将校がアメリカ人にまじってシャンペンを飲み干していた。ウィズナーは有頂天になっていた。ロシア人と酒を酌み交わした最初のOSS局員というわけだ。ウィズナーは本部に対して自慢げに、ソ連の諜報組織とつながりをつけることに成功[7]したと報告した。

ウィズナーはスパイになってまだ一年も経ってはいなかった。ロシア側はスパイ稼業を二世紀以上も続けていた。ロシアはOSS内部の相当のところにとっくに工作員を持っていたし、ウィズナー側近のルーマニア人や工作員の間にも、早々と浸透していた。真冬になるころには、ロシア人は首都を支配し、ドイツ人の血を引くルーマニア人数万人を列車に詰め込んで東方へと送り、奴隷状態か死に追いやった。ウィズナーは人間であふれた二十七両の貨車がルーマニアから出て行くのを見ていた。その記憶は生涯、つきまとった。

ドイツのOSS本部に到着したときのウィズナーは、ひどく衝撃を受けていた。そこでヘルムズとのぎこちない同盟関係が結ばれた。二人は一九四五年十二月に、一緒にワシントンへ飛んだ。十八時間の旅の途中、二人はずっと語りあっていたが、アメリカが将来、スパイ組織を持つことになるのかどうか、飛行機が着いたあとのことは皆目、見当がつかなかった。

「あきらかにまがいものの組織」

ワシントンでは、アメリカの将来の諜報組織をめぐって争いが熾烈になりつつあった。統合参謀本部は、自分たちがしっかり管理できる組織を持つために闘っていた。陸軍と海軍はそれぞれ自分たちの諜報組織を欲しがっていた。J・エドガー・フーバーはFBIの手で世界中のスパイ活動をやりたがっていた。国務省も支配権を求めていた。郵政長官までが一役買おうとしていた。

マグルーダー准将は問題を次のように考えていた。「秘密の諜報活動(8)というのは、絶えずあらゆる規則破りが関わってくる仕事だ」「大胆な言い方をすれば、そうした活動は必然的に超法規的になるし、時には非合法でもある」。国防総省や国務省はそんな作戦遂行の危険は冒せない、という彼の主張はもっともだった。だから新しい秘密組織がそれを引き受けなければならない、というロジックである。

しかし組織の要職に就こうというものはほとんど残っていなかった。「情報収集の努力は多かれ少なかれ立ち往生していた(9)」と、戦略事務部隊でマグルーダーの下にいたビル・クイン大佐は言った。OSSの元職員で六人のうち五人はそれぞれの元の生活に戻っていった。彼らの目から見ると、残された諜報組織は「見るからに粗製乱造、その場限りのもの」[10]だった。ヘルムズによれば、「いつまで持つかもわからない、明らかにまがいものの組織」ということになる。職員の数は三ヵ月ほどの間に一万人近くも減り、一九四五年末には千九百六十七人にまで落ち込んでいた。ロンドン、パリ、ローマ、ウィーン、マドリード、リスボン、ストックホルムの支部では、要員のほとんど全員が去っていた。アジアでは二十三の支局のうち十五が閉鎖された。真珠湾の四周年記念日には、アレン・ダレスは兄のジョン・フォスター・ダレスが共同経営者をしているニューヨークの法律事務所「サリバン・アンド・クロムウェル」に戻っていた。アレンはトルーマンがアメリカの諜報組織をだめにしたと確信していた。フランク・ウィズナーもダレスにならって自分のニューヨークにある法律事務所「カーター・レッドヤード」に戻った。

残った情報分析官たちは国務省に移されて、新しい調査部が設けられた。彼らは難民のような扱いを受けた。後にCIAの諜報本部長になるシャーマン・ケントは「自分の人生で、これほどみじめで苦しい思いをしたことはかつてなかったし、これからもないと思う」[11]と書いている。有能な人材はほとんどが絶望して、大学や新聞などの元の職場へ帰っていった。交代要員は現れなかった。その後長い間、アメリカ政府は一貫した諜報戦略をもっていなかったことになる。

トルーマン大統領は、戦争機構を整然と解体する仕事を、ハロルド・D・スミス予算局長に任せていた。しかし動員解除は組織の分解に転じつつあった。OSSの解散を発表した日、スミスは大統領に、アメリカが真珠湾以前の無防備な状態に戻る危険があると警告した[12]。アメリカの諜報組織が「完全にぶちこわされる[13]」ことを恐れていた。一九四六年一月九日、急ぎ召集されたホワイトハウスでの会議で、トルーマンの軍事担当首席補佐官を務めたウィリアム・D・レイヒー提督は、大統領に向かって「諜報活動はこれまで不名誉な扱い[14]を受けてきた」と不機嫌に言い放った。

トルーマンはようやく大きなへまをしたことに気づいて、間違いを正すことを決めた。海軍情報部次長のシドニー・W・スーアズ少将を呼び出した。予備役のスーアズは、生命保険とアメリカ最初のセルフ・サービス・スーパーマーケットの「ピグリー・ウィグリー・ショップ」で財を成したミズーリ州出身の裕福な実業家だった。ジェームズ・フォレスタル海軍長官が設置した、諜報組織の将来を研究する戦後委員会の委員になったが、セントルイスに早く帰ることだけが気にかかり、それ以外のことは関心がなかった。

スーアズは、大統領が自分を、新しい情報機関の初代長官にしようとしていることを知って驚愕した。レイヒー提督は、スーアズの任官話が出たときのことを一九四六年一月二十四日の日記に次のように記している。「今日、参謀本部のメンバーだけが出席したホワイトハウスの昼食の席で、(15)シドニー・スーアズ少将と私に（大統領から）黒のマント、黒の帽子、それに木製の短剣が渡された」。そこで大統領はスーアズを「黒装束の秘密スパイ組織」の親玉および「詮索本部部長」に任命する、と言ったそうだ。この芝居がかった一幕で、すっかり腰を抜かした予備役軍人が「中央情報グループ」と呼ばれた、役立たずの短命な組織の指揮をとることになった。スーアズはこれで二千人近い諜報要員と支援要員の責任者になった。この組織は四十万人もの個人に関するファイルや資料を管理していた。彼らの多くは、自分たちが何をしているのか、何をすればいいのか、何もわかっていなかった。スーアズは就任宣誓式の後、何をしたいのかとたずねられて「家に帰りたい」と答えたものだった。

スーアズの後を継いでＣＩＡの長官になったものがみんなそうであったように、スーアズに大きな責任は負わされたが、それにふさわしい権限は与えられなかった。ホワイトハウスからは何の指令もなかった。問題は、大統領がいったい何を望んでいるのか、だれも知らないことだった。そもそも大統領自身も分かっていなかった。トルーマンは、毎日届けられる情報を要約したものがほしいだけだと言った。[16] 毎朝、六〇センチ以上の高さに積み上げられた電報を読まされるのを避けたかったからだ。「中央情報グループ」の設立メンバーにとっては、大統領が諜報の仕事について考えているのはその点だけであるように思われた。

任務をまったく別に見ているものもいた。マグルーダー准将は、ホワイトハウスには「中央情報グループ」が秘密工作に携わるという暗黙の了解ができていると主張していた。もしそうだとしても、それを示す言葉は記録には残っていない。大統領がそれについて言及したことは一度もないし、新しいグループの活動の正当性を認めたものは政府部内にはほかにもほとんどいなかった。国防総省や国務省はスーアズとその一党と話すことを拒んでいた。陸軍も海軍もＦＢＩも、彼らを馬鹿にしていた。スーアズが長官の地位にとどまっていたのはかろうじて百日ほどだった。辞めたあとも大統領顧問の地位にはとどまっていたが。スーアズが後に残した、唯一意味のある極秘メモは、次のようなことを訴えていた。「ソ連に関するもっとも質の高い諜報を可能な限り短い時間に開発する緊急の必要がある[17]」。

当時、クレムリンに関する唯一の情報は、新任のモスクワ駐在大使、ウォルター・ベデル・スミス将軍と、ロシア通のジョージ・ケナンから寄せられていた。ベデル・スミスは後にＣＩＡの長官になった。

「ソ連はいったい何をほしいのか」

ベデル・スミスはインディアナ州出身の商人の息子で、陸軍士官学校のウェストポイントにも行っておらず、大学の学位もない。一兵卒から将軍にまで上り詰めたたたきあげの人物である。第二次大戦中、アイゼンハワー指揮下の参謀長として、彼は北アフリカとヨーロッパにおけるすべての戦闘にかかわった。同僚の軍人は彼を尊敬し、恐れていた。ベデル・スミスはやりにくい仕事をアイゼンハワーに代わって冷酷にやり通す男だった。自分でも極限まで働き通した。アイゼンハワーとウィンストン・チャーチルとともに晩い夕食をとった後に倒れ、潰瘍からの出血のために輸血を受けたベデル・スミスは、イギリスの病院から出ると言い張って、自分の司令官のテントに戻ったこともあるほどだ。ロシア人将校と食事をともにした経験もあった。アルジェの連合軍司令部で同席して、ぎこちない夕食をとりながら、ナチスに対する共同作戦の計画を練った。自ら、ヨーロッパの戦争終結を告げるドイツの降伏にも立ち会っている。フランス領ライムスの、米軍が前線本部として使っていた、壊れた赤い校舎で、ドイツ軍司令官を軽侮のまなざしでみたものだった。

ヨーロッパでの戦争が終結した一九四五年五月八日には、ベデル・スミスはライムスでほんの短時間、アレン・ダレスとヘルムズに会った。痛風を病んでいたダレスは、ベルリンに強力な諜報センターを設立することに承認を取り付けようと、松葉杖を頼りにアイゼンハワーに会いにきていた。ところが、アイク(アイゼンハワーの愛称)はその日の朝、ダレスに会う時間がないというのだった。ダレスにとっては、悪いサインだ。

ベデル・スミスは一九四六年三月、ソ連駐在アメリカ大使館の代理大使を務めていたジョージ・ケナンの教えを請うため、モスクワに到着した。ケナンはそれまで長期にわたりロシアで過ごし、ヨシフ・スターリンを理解しようと陰鬱な時間を送っていた。赤軍はこの戦争でヨーロッパのほぼ半分を占領したが、これは二千万人ものロシア人の死という恐ろしく高価な犠牲と引き換えに得た成果だった。赤軍の兵力は国々をナチスから解放したが、今度はロシア国外の一億人以上の人々のうえにクレムリンの影が覆いかぶさろうとしていた。ケナンはソ連が露骨な力で征服したものを守ろうとするだろうと予見していた。ケナンはホワイトハウスに、ソ連との対決に備えるよう警告を発していた。

ベデル・スミスがモスクワに到着する数日前に、ケナンはアメリカ外交史で最もよく知られた電報――「長文電報」と呼ばれる、ソ連のパラノイアを描いた八千語におよぶ電報――を発信していた。この電報を当初読んだものはごく少数だったが、やがて数百万人が読むことになった。そして読んだものだれもが、次のような文中の一行に注目した。〝ソ連人は理性の論理には鈍感だが、「力の論理」にはきわめて敏感である。〟ケナンはたちまちのうちに、アメリカ政府きっての「クレムリン専門家」として知られるようになった。「戦争中の経験からわれわれは大きな敵を目前に置いておくことに慣れてしまった。[18] 敵はいつも中心にいなければならない。敵はまるごと邪悪でなければならない」。ケナンは後年、そう振り返った。

ベデル・スミスはケナンのことを「新任の大使が望み得る最高の個人教師[19]」と呼んだ。

一九四六年四月の、星が空に散りばめられた寒い夜[20]、ベデル・スミスはアメリカ国旗を翻したリムジンでクレムリンの要塞に乗り込んだ。門のところでソ連の諜報員が大使の身分を確かめた。車は、クレムリンの壁の内側にある古いロシア聖堂と、高い塔の脇にある壊れた巨大な鐘を通り過ぎた。黒革の長いブーツと赤い縞入りの儀礼用ズボンに身を包んだ兵士たちが、敬礼をして大使を内側へと導いた。大使は一人だった。兵士たちは長い廊下を案内し、暗緑色の皮をキルト模様に貼り付けた、高い二枚ドアを通り抜けた。ついに、天井の高い会議室で将軍が大元帥に会った。

ベデル・スミスはスターリンに対して、二段構えの質問を用意していた。「ソ連は何を求めているのか、ロシアはどこまで勢力を伸ばそうとしているのか」。

スターリンは、タバコを吹かし、赤鉛筆でゆがんだハートマークや疑問符を落書きしながら、遠くのほうを見つめていた。他国支配の野望は否定した。鉄のカーテンがヨーロッパに降ろされたという、ウィンストン・チャーチルが数週間前にミズーリ州で行った演説での警告を非難した。

スターリンは、ロシアは自分たちの敵を知っている、と言った。

「アメリカとイギリスがロシアに対抗するために同盟を結ぶと、あなたは本当に信じているのか」とベデル・スミスは尋ねた。

「ダー」とスターリンは答えた。

ベデル・スミスはもう一度繰り返した。「ロシアはどこまで出ていくつもりか」。

スターリンはベデル・スミスをまっすぐ見据えて言った。「あまり先まで出て行くつもりはない」。

どこまでが先なのか、だれにもわからなかった。新しいソ連の脅威に直面して、米国の諜報の使命はなんなのか。だれにも確信はなかった。


「曲芸師の卵」


一九四六年六月十日、ホイト・バンデンバーグ将軍が二代目の長官に就任した。バンデンバーグは戦時中、アイゼンハワーの下でヨーロッパの戦術航空戦を率いたハンサムな元パイロットだった。彼の新しい仕事は、フォギー・ボトム（ワシントン市内西部、国務省がある地区の通称）の端、ポトマック川を見下ろす小さな崖の上にある、あまりぱっとしない一群の石造りの建物を足場に、信頼できない集団を率いていくことだった。彼の指揮所はEストリートの二四三〇番地、かつてOSSの本部があったところで、周囲には今は使われていないガス製造所や小塔が並ぶビール工場、ローラースケートのリンクなどがあった。

バンデンバーグは枢要な三つの道具―資金と権限と人材を欠いていた。一九四六年から七二年までCIAの法律顧問を務めたローレンス・ヒューストンの判断によれば、「中央情報グループ」は法律の埒外にあった。大統領は、何もないところから連邦政府機関を合法的に作るわけにはいかなかった。

議会の同意がなければ「中央情報グループ」は合法的に資金を支出できなかった。資金がないということは、権限もないことを意味していた。

バンデンバーグは米国に諜報の仕事を復活させることに着手した。彼は海外でスパイ活動や破壊活動をするための「特別工作室」を新設し、その任務遂行のために数人の議員を説き伏せて千五百万ドルを密かに捻出させた。東欧および中欧に駐留するソ連軍について、その兵力の動きからその能力、意図などあらゆることを知りたがった。そしてリチャード・ヘルムズに対して、早急に報告するよう命じた。ヘルムズはドイツ、オーストリア、スイス、ポーランド、チェコスロバキアおよびハンガリーを担当し、海外要員二百二十八人を指揮していた。この命令をうけて自分が、「膨らませたビーチボールと口の開いた牛乳瓶、それに弾をこめた機関銃をいっせいに空に投げ上げている曲芸師の卵[21]」のような感じがしたものだ、とのちにヘルムズは語っている。

ヨーロッパのいたるところで「政治亡命者やかつての諜報要員、元工作員、その他さまざまな人間が諜報の大物専門家に早変わりし、注文に応じて捏造した情報の売り買いを仲介するようになっていた」。ヘルムズのスパイがカネをかけて情報を買えば買うほど、情報の価値は下がっていった。「よく考えもしない問題にカネをどんどん注ぎ込む[22]、これ以上の事例は思いつかない」とヘルムズは書いた。ソ連やその衛星国の情報として流されたものは、有能なうそつきどもが紡ぎ出した偽情報のつぎはぎだった。

ヘルムズは後に、ソ連と東ヨーロッパに関するCIAのファイルに蓄積された情報の少なくとも半分は間違いだった、と認めた。ベルリンとウィーンにあるヘルムズの事務所は偽情報の製造工場だった。事務所には事実と作り話を区別できる職員も分析官もいなかった。偽情報にふりまわされる諜報機関という問題は、その後、アメリカのインテリジェンス（諜報）につねにつきまとう問題となる。

半世紀以上の後、イラクの大量破壊兵器を暴露しようとしたCIAは、これとまったく同じような捏造に直面することになった。

バンデンバーグは就任初日から、海外から届く恐ろしい報告に驚いた。毎日の報告は頭を熱くするばかりで、理解を助けるものはなかった。警告が本物かどうかを確かめるすべもなかった。にもかかわらず、そうした警告が命令系統の上部にどんどん届けられた。

至急電「酔っ払ったソ連の将校が、ロシアは予告なしに攻撃するだろうと自慢した」。

至急電「バルカンに駐留するソ連軍の司令官は、近くイスタンブールが陥落するので祝杯を上げている」。

至急電「スターリンはトルコを侵略し、黒海を包囲し、地中海と中東を手中にする準備を進めている」――といった具合だった。

国防総省は、ソ連の進出を抑えるためには赤軍の補給線をルーマニアあたりで断つことが最上の策、と決めていた。統合参謀本部の上級参謀らは戦争の計画を描き始めていた。

統合参謀本部はバンデンバーグに対して、冷戦最初の秘密作戦を準備するよう命じた。この命令を遂行するための試みとして、バンデンバーグは中央情報グループの任務を変更した。一九四六年七月十七日、バンデンバーグは二人の補佐官をホワイトハウスに送って、トルーマンの顧問を務めていたクラーク・クリフォードに会わせた。二人は、「中央情報グループの当初の理念を変えて作戦行動のとれる機関[23]」にしたいと主張した。法律的な拠り所なしに、それが実現した。同じ日、バンデンバーグはロバート・パターソン陸軍長官とジェームズ・バーンズ国務長官に対し、「全世界の諜報工作員[24]」の活動を支援するために一千万ドルの秘密資金を追加分として支出するよう個人的に要請した。両長官はそれを受け入れた。

バンデンバーグの特別工作室は、ルーマニアで地下抵抗組織の構築に乗り出した。フランク・ウィズナーはブカレストを去った後に工作員のネットワークを残していた。彼らはアメリカ人と協力したいとの熱意はあったが、ソ連の諜報員が深く食い込んでもいた。特別工作室の最初のブカレスト支部長を務めたチャールズ・W・ホストラーは、ファシストや共産主義者、王室支持者や企業家、無政府主義者や穏健派、そしてインテリや理想主義者らの間の「陰謀、策謀、だまし討ち、二重取引、不正直、そして時には殺人や暗殺」が、身の回りに渦巻いていることを知った。それは「若いアメリカ人の要員ではとうてい対処できないような社会的、政治的環境だった」。(25)

バンデンバーグはブカレストの小さな軍事使節団に所属していたアイラ・ハミルトン中尉とトマス・R・ホール少佐に、ルーマニア全国農民党を抵抗勢力に組織するよう命じた。ホール少佐はバルカンでOSSの要員だったことがあり、多少ルーマニア語を話せた。ハミルトン中尉はまったく話せなかった。ハミルトンの案内をしたのは、ウィズナーが二年前に雇った重要な工作員で、セオドア・マナカタイドといった。かつてルーマニア陸軍の諜報担当軍曹だったことがあり、いまはアメリカの軍事使節団で昼は通訳、夜はスパイとして働いていた。マナカタイドはハミルトンとホールを連れて全国農民党の指導者に会いに行った。ホールらは、秘密裏に銃や資金、情報などを提供して支援したいと申し出た。十月五日、ホールらは、占領下ウィーンに新しくできた中央情報グループの支部と協力して、ルーマニアの元外相と将来の解放メンバーになるはずのほかの五人を密かにオーストリアに逃がした。彼らは、鎮静剤を飲まされ、郵便物用の袋に入れられ、飛行機で安全な場所へと送られた。

しかしソ連の諜報組織とルーマニアの秘密警察がスパイをかぎ出すのに数週間とはかからなかった。共産側の治安部隊がルーマニアの抵抗勢力の主流を壊滅させ、アメリカ側の要員と主任工作員は命からがら逃げ出した。農民党の指導者は反逆罪に問われ、投獄された。マナカタイドとホール、ハミルトンの三人は公開の欠席裁判で、三人がアメリカの新しい諜報機関を代表する工作員であったとの証言を基に、共産主義ルーマニアで有罪判決を受けた。

フランク・ウィズナーは一九四六年十一月二十日の『ニューヨーク・タイムズ』の一〇面に、「かつてアメリカの作戦に雇用されていた」工作員のマナカタイドが終身刑の判決を受けたとの短い記事を目にした。それは「マナカタイドがアメリカの軍事作戦に所属するハミルトン中尉を全国農民大会につれていったことが理由だった」。その冬の終わりまでに、戦時中にウィズナーに協力したルーマニア人はほとんど一人残らず、投獄されるか殺害された。ウィズナーの個人秘書は自殺していた。容赦ない独裁がルーマニアを支配することになったが、その道を固めたのは、アメリカ側の秘密工作の失敗だった。

ウィズナーは法律事務所を辞めてワシントンに移り、国務省での仕事を確保した。ベルリン、ウィーン、東京、ソウル、トリエステなどの占領地域を監督するのが役目だった。ウィズナーにはもっと大きな野心があった。敵と同じ技能と秘密を駆使する新しい戦い方を学ばねばならないと信じていたのである。

第3章 「火をもって火を制す」 マーシャル・プラン

ワシントンは、自分たちが宇宙の中心に住んでいると信じている輩が切りもりしている小さな街である。なかでも、彼らにとっての宇宙の中心はジョージタウンである。通りには玉石が敷き詰められ、マグノリアの木が青々と茂る、一マイル四方ほどの区域だ。そのほぼ真ん中に当たるPストリート三三二七番地には、一八二〇年築造の四階建ての瀟洒な家があった。裏に英国風の庭を控え、格式ばった高窓の食堂があった。ウィズナー夫妻はそこに居を構えた。一九四七年の日曜日の夕方には、この場所がアメリカの安全保障の権力機構の拠点になった。アメリカの外交政策がウィズナー家の食卓で形作られたのである。

集まりは、日曜日のありあわせの夕食ですませるという、ジョージタウンの伝統で始まった。メイン・ディッシュは酒だった。だれもが第二次大戦をアルコールの勢いを借りて乗り切ってきたような連中ばかりだった。フランク・ウィズナーの長男で後にアメリカ外交の高位に上り詰める、父親と同名のフランクは、この日曜日の夕食を「とてつもなく重要な行事[(1)]」と見なしていた。「ただのつまらない社交ではなかった。集まりは、政府が考え、戦い、働き、覚書を比べあい、決断を下し、合意に到達するための活力源だった」。夕食がすむと、イギリスのしきたりに従い、ご夫人方は退出し、男たちは残って夜がふけるまで、大胆な思いつきや機知にとんだ冗談を交し合った。日曜日のこの集まりには、いつも錚々たるメンバーが集まるのだ。このなかには、ウィズナーの親友で元ＯＳＳのベテランからやがてパリ駐在大使になろうとしていたデービッド・ブルース、国務長官顧問であり将来モスクワ駐在大使になるチップ・ボーレン、ロバート・ロベット国務次官、将来、国務長官になるディーン・アチソン、それに新たにソ連専門家として名を上げてきたジョージ・ケナンらが含まれていた。

男たちは、人間社会の出来事を変える力が自分たちにはあると信じていた。そして、自分たちの使命はソ連によるヨーロッパ支配を阻止することにあると考えていた。スターリンはバルカンでの支配を固めつつあった。ギリシャの山間部では、左派ゲリラが右翼の王政派と戦っていた。イタリアとフランスでは食糧暴動が発生し、共産主義政治家がゼネストを呼びかけていた。イギリスの兵士やスパイたちは世界中から引き揚げ始めており、地図上の広範な地域が共産主義者のなすがままになっていた。大英帝国の太陽は没しつつあった。イギリスの財力をもってしてはもはや帝国は支えられなかった。自由世界を率いていくのはアメリカをおいてほかになかった。

ウィズナーとゲストたちはケナンの言葉を注意深く聴いた。彼らはケナンがモスクワから送った「長い電報」を十分理解し、ソ連の脅威に対するケナンの見方にも共鳴していた。海軍長官からやがて最初の国防長官となるはずのジェームズ・フォレスタルも同じだった。フォレスタルはウォールストリートの寵児といわれた人物で、共産主義を狂信的信念と見なし、それと戦うにはそれ以上の強い信念を持たねばならないと考えていた。フォレスタルはケナンの政治的なパトロンとなり、ケナンを国防研修所にある将軍用邸宅に住まわせ、ケナンの著作を数千人の士官たちの必読書に指定した。「中央情報グループ」の長官であるバンデンバーグは、モスクワの原子力兵器開発をスパイする方法についてケナンとブレーンストーミングを行った。新任の国務長官ジョージ・マーシャルはアメリカが新しい外交政策を構築する必要を認め、その年の春、ケナンを国務省の新しい政策企画局の責任者のポストにつけた。

ケナンは、新たに冷戦と名づけられた戦いの戦闘計画を立案していた。それから六ヵ月、この目立たない外交官の構想(2)が世界を形成する三つの力を生み出していた。すなわち、モスクワに対して外国への破壊工作をやめるよう政治的な警告を発したトルーマン・ドクトリン、共産主義に対して米国の影響力の世界的なとりで作りを目指したマーシャル・プラン、そしてCIAの秘密工作組織が、それである。

「世界最高の諜報機関」

一九四七年二月、イギリス大使はディーン・アチソン国務長官代理に対して、ギリシャとトルコへの軍事援助が六週間以内に停止せざるを得ないと警告していた。ギリシャは共産主義の脅威と戦うために、今後四年間で十億ドル単位の支援を必要としていた。モスクワからはウォルター・ベデル・スミスが、ギリシャをソ連の衛星国にするのを阻止できるのは英軍部隊だけだとの評価を伝えてきていた。

国内では、共産主義への恐怖が高まりつつあった。大恐慌時代後初めて、共和党が上下両院で多数をとり、ウィスコンシン選出のジョゼフ・マッカーシー上院議員やカリフォルニア選出のリチャード・ニクソンらが力を得つつあった。民主党大統領のトルーマンの人気は低落、世論調査での支持率は戦争終結後、五〇ポイントも下がっていた。トルーマンはスターリンやソ連に対する見方を変えていた。スターリンもソ連も世界の悪と確信するようになっていた。

トルーマンとアチソンは、上院外交委員長をつとめる共和党のアーサー・バンデンバーグ上院議員を呼び出した（当日の新聞は、上院議員の甥にあたるホイト・バンデンバーグが、就任からわずか八ヵ月で長官の地位を解任されると伝えていた）。アチソンは、共産主義がギリシャに橋頭堡を築くと、西ヨーロッパ全体が脅かされるだろうと説明した。アメリカとしては、なんとか自由世界を守る方法を見つけねばならない、議会はそのための費用を負担してもらいたい。バンデンバーグ上院議員は咳払いをして、大統領に向かって言った。「大統領[3]、これを通す唯一の方法は、国中を恐怖に陥れる演説をすることです」と。

一九四七年三月十二日、トルーマンは、上下両院の合同会議で演説し、アメリカが海外で共産主義と戦わなければ、世界は破滅的な事態に直面することになるだろうと警告した。いま「数千人の武装勢力のテロ活動に脅かされている」ギリシャを助けるために数億ドルが必要だ。アメリカが援助を与えなければ「中東全体に無秩序がひろがり」、ヨーロッパ各国には絶望が深まり、自由世界に暗雲が垂れ込めることになる、と語った。この演説には、これまでにない、新しい概念が付け加えられていた。「少数派の武装勢力や外国の圧力による支配に抵抗して戦っている自由主義者を支援するのは、アメリカの政策でなければならないと、私は信じている」と大統領は主張したのだ。世界のいずこの国であれ、アメリカの敵が加えた攻撃は、アメリカに対する攻撃であるという意志表示だった。これがのちにトルーマン・ドクトリンと呼ばれるものになる。議会は総立ちになって拍手した。

数百万ドルがギリシャに向かって流れ始めた。それとともに、軍艦や兵士、銃砲や弾丸、ナパームやスパイもギリシャに送り込まれた。やがてアテネは世界最大のアメリカの諜報拠点になった。海外で共産主義と戦うとのトルーマンの決定は、アメリカのスパイがホワイトハウスから得た初めての明確な指示だった。しかしアメリカの諜報機関はまだ強力な司令官を欠いていた。バンデンバーグ将軍は新しい空軍のポストへの移籍を指折り数えて待っていた。ただ長官としての最後の時期に、少数の議員に対する秘密の証言で、アメリカがこれまでになく外国の脅威にさらされているとの警告を発していた。「海はすっかり狭くなってしまった」[(4)]。いまやヨーロッパもアジアも、カナダやメキシコと同じようにアメリカに国境を接している」。この言い回しは、九・一一のあとブッシュ大統領が、繰り返した不気味な警告とそっくりである。

第二次大戦中は「イギリスの優れた諜報システムにわれわれは盲目的に、全幅の信頼を置いて頼るほかなかった」とバンデンバーグはいう。しかし「これからはアメリカも世界を見る目—対外諜報—を外国政府に物乞いするようなことをしてはならない」。とはいえ、ＣＩＡはいつも自分たちに理解できない国や言語への洞察となると、外国の情報をあてにしてしまう。バンデンバーグは最後に、アメリカ人スパイの専門的な集団を育成するには、少なくともさらに五年を要するだろう、といって締めくくった。この警告はそれから半世紀後の一九九七年に、ＣＩＡのテネット長官が、ほぼその言葉通りに繰り返すことになる。しかもテネットは二〇〇四年に辞任する際にも再度、同じことを口にした。完全なスパイ組織は、いつも五年先の地平線のかなたにある、というわけだ。

バンデンバーグの後継者で十五ヵ月間に三人目の長官となるロスコー・ヒレンケッター海軍少将は一九四七年五月一日に就任した。だれもがヒリーと呼んだヒレンケッターはどう見てもこのポストに不適任だった。人物の小ささが滲みでていた。バンデンバーグがいやいやながら、このポストを受けたのと同様に、ヒレンケッターもこの職を決して望んだわけではなかった。当時のＣＩＡの歴史も彼はこのポストに「おそらくつくべきではなかった」[(5)]と記している。

一九四七年六月二十七日、議会委員会が秘密聴聞会を開き、その結果がその年の夏の終わりまでにＣＩＡを正式に発足させることにつながった。少数の議員を対象に秘密の諜報問題セミナーが実施されたが、講師に選ばれたのは、ヒレンケッターではなく、民間で弁護士を務めていたアレン・ダレスだった。その事実が多くのことを物語っていた。

アレン・ダレスは「キリスト教徒戦士よ、前進せよ」といった愛国的義務感の持ち主だった。一八九三年にニューヨーク州ウォータータウンの最高の家庭に生まれた。父親は町の長老派教会の牧師、祖父と叔父はともに国務長官を務めていた。プリンストン大学時代の学長はウッドロー・ウィルソンで、のちにアメリカ大統領になった。ダレスは第一次大戦後は若手外交官だったが、大恐慌時代にはウォール街でいかにも有名大学卒らしい風采の弁護士をしていた。OSSのスイス支局長として用心深く培った、スパイの親玉という名声のおかげで、ダレスは共和党指導者の間では、亡命中のCIA長官と見なされていた。それはちょうど、共和党の外交政策のスポークスマンを務めていた兄のジョン・フォスター・ダレスが陰の国務長官と見なされていたのと同じだった。アレンは極端に愛想がよく、目をきらきら輝かせ、大笑いをし、いたずらっぽいほどのずる賢さも持っていた。しかし同時に、うそつきで、不倫の常習犯、冷酷なまでの野心家でもあった。彼は議会や自分の同僚、さらには大統領さえ、欺くことをはばからなかった。

ロングワース・オフィス・ビルの一五〇一号室(6)には武装警備員が配置されていた。室内に入るものは秘密保持を誓約しなければならなかった。パイプをくゆらせながら、聞き分けのない生徒を諭す校長先生のように、アレン・ダレスはCIAのことを、「匿名で仕事をすることに熱意を燃やす、比較的少数のエリートが指導する」組織だと言った。その組織の長には「高度に裁判官のような気質」が求められ、「長い経験と深遠な知識」が伴わねばならない―つまり、アレン・ダレスに似た人物でなければならない、ということだ。自分を補佐するものは、軍人の場合、「陸、海、空軍の兵士としての階級はすべて捨て去り、諜報組織の『衣をまとう』」こととされた。

アメリカには「世界最高の諜報組織を構築するだけの原材料はある」とダレスは言う。「員数も多くは必要としない」――いい人材が数百人そろえば目的は達成できる。「組織の活動はけばけばしくなってはいけない。逆に素人の探偵が考えるように神秘さや呪文で包み隠し過ぎてもよくない」と議会には繰り返した。「成功するのに必要なことは、しっかりと働くこと、目の肥えた判断ができること、それに常識」だと語った。

アレン・ダレスはほんとうに自分が欲していたことを口にはしなかった。それは戦時中のOSSの秘密作戦活動を復活させることだった。

アメリカに新しい秘密機関の創設の用意が整った。トルーマン大統領は一九四七年七月二十六日、国家安全保障法に署名して、冷戦に対応する新しい構想を明らかにした。この法律によって、バンデンバーグ将軍に率いられた空軍が別個の組織として誕生し、また新たに国家安全保障会議（NSC）が設けられ、ホワイトハウスで大統領の決定に関わる調整役を務めることになった。またこの法律で国防長官のポストが設けられ、初代長官となったジェームズ・フォレスタルはアメリカ軍部の統合を進めるよう命じられた（数日後、フォレスタルは日記に「このポストはおそらく、働きのなくなった人間の、歴史上最大の墓場[7]になるだろう」と記している）。

そして短い六段落ほどのあっさりした文章で、この法律は中央情報局（CIA）を九月十八日に発足させた。

CIAは深刻な障害を持って誕生した。当初から、国防総省と国務省のなかの荒々しく容赦ない敵に直面していた。CIAは二つの省の報告を調整することになっていた。実態は、二つの省の監督役ではなく、むしろのけ者だった。CIAの権限もはっきり定義されてはいなかった。組織の綱領が制定され、議会による予算の配分がなされるまでに、さらに二年近く待たねばならなかった。それまでの間、CIAの本部はごく少数の議員に支えられて、細々と生き延びた。

またCIAの秘密性も、アメリカ民主主義の開放性とは常に対立するものだ。ほどなくして国務長官になるディーン・アチソンは次のように書いている。

「私はこの組織について深刻な懸念を抱いていた。[8] 仕組みとして、大統領も、国家安全保障会議も、ほかのだれも組織が何をしているのか知ることもできないし、統制することもできない立場に置かれている、と大統領に警告した」

国家安全保障法は海外での秘密工作についてはは何も言及していない。法律はCIAに、情報を関連付け、評価し、広めることと、「国家の安全保障に影響する情報に関わる、その他の役割と任務」を遂行することを指示していた。この短い文言のなかに、二年前、マグルーダー将軍が大統領をうまくかわして残した権限が埋め込まれていたのである。やがて、何百という数の大掛かりな秘密工作が、この抜け穴をつかって遂行されることになる。

そのうちの八十一件は、トルーマン大統領の二期目の任期中に行われた。[9]

秘密工作の遂行には国家安全保障会議（NSC）の直接ないしは暗黙の承認を必要としていた。当時のNSCはトルーマン大統領、国防長官、国務長官と軍参謀で構成されていた。しかし消え入りそうな存在で、めったに開かれることがなかった。開かれてもトルーマンが出席することは稀だった。

大統領は九月二十六日の最初の会議には現れた。ロスコー・ヒレンケッターもいやいやながら出席した。CIA顧問のローレンス・ヒューストン[10]は、秘密工作を求める声が高まっていることに警戒するよう、長官に注意を促していた。ヒューストンは、議会の明確な同意なしに秘密工作を遂行する法的権限はCIAにはないと指摘していた。ヒレンケッターはCIAの海外での任務を情報収集に限定しようとしていた。しかしそれは失敗した。フォレスタル国防長官の自宅で水曜日ごとに開かれる朝食会の席で、重要な決定がしばしば秘密のうちに下されていた。

九月二十七日、ケナンがフォレスタルに詳細な文書を送り、「ゲリラ戦部隊」の創設を呼びかけた。アメリカ国民はそうしたやり方に同意しないだろうが、「アメリカの安全保障のためには火をもって火を制することが必須ではないか」[11]と、ケナンは考えていた。フォレスタルはこれに熱烈に賛同した。この二人によって、議会など法的な手続きをえずに活動できる秘密組織が生まれたのである。

「組織的政治戦争の始まり」

フォレスタルはヒレンケッターを国防総省に呼んで「われわれの諜報グループが無能だと広く信じられている」問題を議論した。それにはもっともな理由があった。CIAの能力と、それが遂行を求められている任務の間には、驚くほどの食い違いがあったからである。

CIA特別工作室の新しい指揮官になったドナルド・ギャロウェイ大佐は規律にうるさい気取った軍人で、ウェストポイントの騎兵士官として士官学校の生徒に乗馬儀礼を教えたころが人生の頂点だったたぐいの人物だ。彼を補佐していたスティーブン・ペンローズは、OSSの中東担当の責任者をしたことがあったが、不満が蓄積して辞任した。フォレスタルあての厳しいメモ[12]のなかで、ペンローズは、「かつてないほど、政府は効率のいい、より大きい、専門的な諜報組織を必要としている」。しかし、まさにそのときに、「CIAは有能な新しい人材を得るどころか、むしろ専門家を失っている」と警告していた。

それでも、国家安全保障会議は一九四七年十二月十四日、最初の極秘命令をCIAに出した。CIAは「ソ連およびソ連に扇動された活動に対抗するための秘密の心理作戦[13]」を実行することになった。この勇ましい太鼓の連打とともに、CIAは一九四八年四月に予定されたイタリアの選挙で、共産主義打倒に乗り出した。

CIAはホワイトハウスに、イタリアが全体主義的警察国家になりかねないと報告していた。もし選挙で共産主義勢力が勝利すれば、彼らは「西洋文明の最も古い中心地を併合することになる。特に、各地の敬虔なカトリック信者たちはローマ教皇庁の安全を心配している」[14]。神を信じない政府がローマ法王を包囲して銃口を突きつけているさまは、想像するのも恐ろしいことだった。ケナンは、共産主義者が選挙で合法的に政権をとることを許すぐらいなら、銃撃戦を展開したほうがましだと考えていた男だった。次善の策として、共産主義者の破壊活動を参考にした秘密工作に着手する。

この作戦で最初の経験を積んだCIAのF・マーク・ワイアットは、作戦がNSCによる正式承認の数週間前に始まっていたことを覚えている。議会が承認したことは、むろんなかった。任務は最初から非合法なものだった。「CIAの本部では、みんな恐れていた。死ぬほど怖かった」とワイアットは言った。それも当然だった。「われわれは綱領を踏み越えようとしていた」[15]のだから。

共産主義者に打ち勝つのを助けるためには、莫大な現金を必要としていた。CIAローマ支局長のジェームズ・アングルトンの推計では、一千万ドルが必要だった。子供のころ、イタリアで養育されたことのあるアングルトンは、OSSに勤めたあともそのままイタリアに留まっていた。彼の本部あての報告によると、本人はイタリアの秘密組織に深く関与していて、事実上、組織を動かしているとのことだった。その組織のメンバーを中継ぎ部隊として活用し、資金をばらまくということだった。しかしその資金をどこから調達するのか。CIAにはいまだに独自の予算がついていなかったし、秘密作戦のための緊急資金の蓄えもなかった。

ジェームズ・フォレスタルとその友人であるアレン・ダレスは、ウォールストリートやワシントンの知人、友人ら、つまり企業家や銀行家、政治家らに資金の協力を求めたが、とても十分には集まらなかった。そこでフォレスタルは昔からの親友であり、ハリー・トルーマンの最も緊密な協力者の一人であるジョン・W・スナイダー財務長官のもとを訪ねた。フォレスタルはスナイダーを説得して為替安定基金から融通させることにした。この基金は大恐慌の時代に設立され、短期の通貨取引を通して海外のドルの価値を底上げすることを目的としたもので、第二次大戦中には枢軸国から奪った資金などをためる受け皿になっていた。基金にはヨーロッパ再建のためのものとして二億ドルが保有されていた。基金はまず裕福なアメリカ人—その多くはイタリア系アメリカ人だったが—の口座に数百万ドルを送金し、そのあと、CIAが新しくイタリアに作り上げた政治組織に送られた。献金した人たちは、自分たちの所得税申告の用紙の「慈善事業への寄付」の項目に特別の符号を記入するよう指示された。数百万ドルは、イタリアの政治家やバチカンの政治組織である「カトリック行動」の神父らに配られた。現金を詰め込んだスーツケースが、四つ星のハスラー・ホテルで手渡された。「われわれとしてもできればもっと洗練されたやり方でやりたかった」とワイアットは語っている。「選挙に影響を与えるために黒い袋を渡すなどというのは、あまり惚れ惚れするようなやり方ではなかった」。しかし効果はあった。イタリアのキリスト教民主党はまずまずの差をつけて勝ち、共産主義者を排除した政権を樹立した。同党とCIAの間の良好な関係が始まった。CIAが現金の詰まった袋で選挙や政治家を買収するしきたりが、イタリアやその他の多くの国で繰り返されるようになり、その後二十五年もの間、続くことになった。

しかしイタリアの選挙に先立つ数週間前、共産主義者はもう一つの勝利を手にしていた。チェコスロバキアを手に入れ、容赦ない逮捕や処刑に着手していたのだ。この粛清は、五年近くにわたって続いたのである。CIAプラハ支局長のチャールズ・カテック[(16)]は、工作員とその家族ら約三十人のチェコ人をミュンヘンへ逃がした。そのうちの一人はチェコの諜報機関のトップだった。カテックは彼をオープンカーのラジエーターとグリルの間に押し込んで密かに脱出させた。

一九四八年三月八日、チェコの危機が爆発しかけていたころ、ベルリン占領軍のアメリカ側指揮官を務めていたルシアス・D・クレイ将軍から国防総省あてに、恐ろしい電報が舞い込んだ。ソ連側からの攻撃がいつあってもおかしくないと感じている、と電報は訴えていた。国防総省がこの電報の内容を漏らすと、ワシントンは恐慌をきたした。CIAのベルリン支局は大統領に対して、攻撃が差し迫っているとの兆候はどこにもないと保証したが、だれもそれに耳を貸さなかった。その翌日、大統領は議会の合同会議に出席し、ソ連は大きな変革をもたらそうとしていると議会に警告した。大統領は、マーシャル・プラン(17)として知られることになる大掛かりな事業を直ちに承認するよう要請した。

この計画は、戦争による被害を修復し、ソ連に対するアメリカの経済的、政治的防塞を築くために何十億ドルかを自由世界に提供するものだった。十九の首都で―うち十六はヨーロッパ、残り三つがアジアだが―アメリカの作った青写真に基づく文明の再建を支援しようというものだ。この計画を作成した主だった人たちのなかには、ジョージ・ケナンとジェームズ・フォレスタルがいた。アレン・ダレスはコンサルタントとして加わった。

三人はこのマーシャル・プランに追加条項をもぐりこませ、CIAが政治戦争を遂行する能力を持つことを可能にした。この追加条項によってCIAは見当もつかないほどの巨額の資金をマーシャル・プランから掠め取ることができたのだ。

からくりは驚くほど単純だった。議会がマーシャル・プランを承認した後、五年間にわたって百三十七億ドルの予算が組まれた。マーシャル・プランから援助を受け取った国は、同じ額を自国通貨で別途用意しなければならなかった。この資金の五％、つまり合わせて六億八千五百万ドルが、マーシャル・プランの海外支局を通じてCIAに供された。

これは世界的規模での資金洗浄のスキームだが、冷戦が終わって相当時間が経つまで秘密にされていた。ヨーロッパやアジアでこの計画によって潤ったところでは、アメリカのスパイたちも潤った。「われわれは見て見ぬふりをして、CIAの連中を少しばかり助けたものだ」と、極東でマーシャル・プランを取り仕切っていたR・アレン・グリフィン大佐は語っている。「こちらの懐に手を突っ込んでもいいぞ、と連中に伝えてくれ(18)」。

秘密資金が秘密工作の要だった。CIAは、足のつかない資金の供給源を確保できたのである。ジョージ・ケナンは一九四八年五月四日、ホワイトハウス、国務省、国防総省の二十人余りに送った極秘文書のなかで、「組織的な政治戦争の開始(19)」を宣言し、世界的に秘密作戦を展開する新しい秘密機関の設立を促した。彼は、マーシャル・プラン、トルーマン・ドクトリン、それにCIAの秘密作戦は、すべてスターリンに対抗するための大構想の一環だと、明確に主張してきた。

CIAがマーシャル・プランから吸い上げた資金は、高名な市民をトップに据え、公的な委員会や評議会の外見を備えた隠れ蓑組織のネットワーク作りに充てられた。共産主義者はヨーロッパ各地に、出版社や新聞、学生団体、労働組合などの隠れ蓑の組織を持っていた。CIAも独自のものを設けたわけである。それらの組織では、東ヨーロッパからの移民やロシアからの難民などを、外国人工作員として採用した。これらの外国人はCIAの指揮の下、ヨーロッパの自由主義諸国で地下政治組織を作った。こうした地下組織は鉄のカーテンの向こう側に「全面解放運動」の熱い思いを伝えようとした。もし冷戦が熱い戦争になったときは、アメリカが最前線に戦闘部隊を送り込むことになっていた。

ケナンの考え方はすぐさま受け入れられた。その計画は一九四八年六月十八日、国家安全保障会議からの秘密命令として承認された。NSC指令10／2は全世界でソ連に対する秘密工作を展開するよう促した(20)。

この秘密戦争を遂行するためにケナンが考え出した実働部隊には、およそ考えられる限りで最も無難な名前がつけられた。「政策調整室（OPC）」というのがそれだった。OPCは秘密工作を隠蔽するための目隠しだった。CIAの機構の中に設けられたが、室長は国防および国務長官に報告することになっていた。CIAの長官は弱体すぎるというのがその理由だった。二〇〇三年に解禁された国家安全保障会議の報告によると、国務省は「うわさの流布、買収、非共産主義団体などの組織化[21]」を遂行することを望んでいた。フォレスタルと国防総省は「ゲリラ運動、……地下武装勢力、……破壊活動および暗殺」を望んでいた。

「ボスは一人だ」

最大の戦場はベルリンだった。フランク・ウィズナーはこの占領都市での米国の政策作りにたゆみなく力を注いでいた。国務省の上司に対し、新しいドイツ通貨を導入することでソ連を混乱させる作戦を実施するよう具申していた。モスクワは確実にそれを拒否するだろう、そうすれば戦後のベルリンにおける権力分担の合意が崩れることになる。新しい政治的動きがソ連を押し返すだろう、というものだった。

六月二十三日、西側諸国は新通貨を実施した。ソ連はこれに対して即時、ベルリンを封鎖することで応えた。アメリカは封鎖に対抗して空輸を実行したが、ケナンは国務省五階にある、二重にかぎのかかった海外通信センターで、ベルリンから続々送り込まれてくる電報やテレックスを前に長時間、苦悶していた。

CIAのベルリン本部[22]では、過去一年以上もの間、ドイツ占領地およびソ連国内の赤軍に関する情報収集に努めていたが不首尾に終わっていた。狙いは、核兵器やジェット戦闘機、ミサイル、生物兵器などの開発でソ連がどの程度進んでいるのかを知ることにあった。それでも担当官らは、ベルリンの警察内部や政治家の間に協力者を持っていた。最も重要だったのは、東ベルリンのカールスホルストに本拠を置くソ連の諜報機関につながる筋だった。これは、CIAの担当官としては最も優れた職員の一人と見なされつつあった、元ハンガリー難民のトム・ポルガーからの筋だった。彼には使用人がいたが、この使用人の兄弟がカールスホルストのソ連軍将校の下で働いてきた。塩味のピーナッツのような、東側住民が喜ぶ嗜好品がポルガーからカールスホルストへと流れていった。情報がお返しで戻ってきた。ポルガーにはもう一人別の協力者がいた。ベルリン警察本部のソ連連絡部にいたテレタイプのタイピストだった。彼女の妹は、ロシア人に近い警察副署長の愛人だった。二人はポルガーのアパートで逢引していた。「それが私に名声と栄光をもたらしてくれた」とポルガーは回想する。ポルガーはホワイトハウスに届く決定的な情報を報告した。「ベルリンの封鎖では、ソ連は動かないと100パーセント確信している」。ソ連軍も、彼らが新たに樹立した東ドイツ政権も、戦争する準備はない――CIAの情勢分析は一貫していた。ベルリンのCIAは冷戦を冷戦のままにとどめておくことに一役買ったのである。

ウィズナーは熱い戦争をする準備もできていた。米国は戦車や大砲を連ねてベルリンに乗り込むべきだとの主張をしていた。その考えは受け入れられなかったが、戦う意欲だけは受け入れられた。

ケナンは、秘密作戦は委員会体制で指揮するわけにはいかないと主張した。国防総省と国務省に全面的に支持を受けた最高指揮官が必要だった。「ボスはひとりでなければならない」とケナンは書いた。フォレスタルもマーシャルも、そしてケナンも、ウィズナーがその任であることで一致した。

ウィズナーはまもなく四十歳になろうという年齢で、見た目にはだまされそうなほど慇懃《いんぎん》だった。若いときにはハンサムだったが、髪は薄くなり始めていて、酒好きが災いしてか、顔も胴回りも膨らみ始めていた。彼には、戦時のスパイとしても秘密外交官としても、三年足らずの経験しかなかった。

その彼が秘密工作機関をゼロから立ち上げようとしていた。

リチャード・ヘルムズによると、ウィズナーのなかで燃えたぎった「熱意と強烈さ(23)は間違いなく（ウィズナー自身に）異常な緊張を押し付けた」という。秘密工作に対するその情熱は、世界における米国の位置を永久に変えてしまうことになる。

第4章　「最高の機密」

秘密工作の始まり

フランク・ウィズナーは一九四八年九月一日、アメリカによる秘密工作の責任者の地位についた。その任務は、ソ連をかつてのロシアの国境まで押し戻し、ヨーロッパを共産主義支配から解放することだった。その指揮所は、臨時に設けられた戦争省の建物の一部で、ガタのきたトタン屋根の小屋だった。戦争省の細長い列状の建物は、ワシントン記念塔とリンカーン記念堂の間にある人工池の両側に建っていた。ねずみが廊下を走り回っていたので、ウィズナーの部下たちはその場所を「ラット・パレス（ねずみの宮殿）」と呼んでいた。

ウィズナーははやる気持ちを抑えながら、一日十二時間以上、週六日、働いた。そして職員たちにも同じことを要求した。ウィズナーはCIA長官に対して、自分の仕事についてほとんど何も話さなかった。ウィズナーの秘密の任務がアメリカの外交政策に沿っているかどうかを決めるのは、ウィズナーのみだ。

ウィズナーの組織はまもなく、CIAの残りの部門を全部合わせたものよりも大きくなった。秘密工作部門は、CIAの中で最大の人員と最大の資金、それに最大の権力を有する最大の勢力となり、二十年以上にわたってその地位を守り続けた。アメリカの安全保障にとって必須の秘密情報を大統領に提供するというのがCIAの任務のはずだった。しかしウィズナーにはスパイ活動の成果を待つ忍耐も、秘密を選別し慎重に検討する時間もなかった。クレムリンの政治局に浸透を図るより、クーデターを計画するか政治家を買収するほうが、はるかに簡単だった。そしてウィズナーにとっては、クーデターや政治家を買収する秘密工作のほうがはるかに急を要する課題だったのである。

一ヵ月も経たないうちに、ウィズナーは今後五年間の戦闘計画(1)を作成した。彼は宣伝のための多国籍メディア複合企業の創設に乗り出した。偽札作りと市場操作によってソ連に経済戦争を仕掛けようとした。世界中の首都で政治的な力関係を変えようとして何百万ドルも支出した。ロシア人、アルバニア人、ウクライナ人、ポーランド人、ハンガリー人、チェコ人、ルーマニア人など、大量の亡命者を集めて武装抵抗グループを組織し、鉄のカーテンの反対側に送り込もうとした。そういう考え方に賛同してくれるロシア人がドイツ国内に七十万人はいると、ウィズナーは信じていた。そのうち一千人を政治的突撃部隊に変えたいと思っていた。だが、実際に見つかったのは十七人だった。

フォレスタルの命令に従って、ウィズナーは残留工作員のネットワークを構築した。外国人である彼らは第三次大戦が始まったとき、すぐにソ連軍と戦う手はずになっていた。目的は、西ヨーロッパで数十万人の赤軍の前進を遅らせることにあった。ヨーロッパ全体と中東で秘密の場所に武器、弾薬、爆発物などを貯蔵しておき、いざソ連の進攻があったときに橋や補給所、アラブの油田を爆破する。

戦略空軍の新しい司令官で核兵器を管理する立場にあるカーチス・ルメイ将軍は、爆撃機がモスクワ爆撃に向かった場合、爆弾投下後、燃料が不足して、パイロットと乗組員は帰途、鉄のカーテンの東側のどこかでパラシュートで脱出しなければならなくなるだろうと考えた。空軍のルメイ将軍はウィズナーの右腕にあたるフランク・リンゼーに(2)、パイロットらを地上経由で救出できるよう、ソ連国内にそのための連絡網を築いておくよう〝要請〟したのだった。空軍の大佐たちはCIAの幹部らに、こう吠えたてた。「ソ連の戦闘爆撃機を盗め、できればパイロットを南京袋詰めにして同時に盗んでくるのが望ましい」。「無線機を持った工作員をベルリンとウラル山脈の間にあるすべての飛行場にもぐりこませろ」。「戦争の警告が最初に出た段階でソ連国内のすべての軍用飛行場を破壊せよ」。これらは〝要請〟ではなかった。命令だった。

何よりも、ウィズナーはアメリカ人のスパイを数千人必要としていた。有能な人間を見つけるのは、当時も今と同様に、非常に難しい。人探しの運動を始め、国防総省からパーク街、エールからハーバード、プリンストンなどの大学まで手を伸ばし、大学の教授やコーチには有能な人材を見つけるために謝礼も払った。弁護士や銀行家、大学生、昔の学校友達、退役軍人など、際限もなく雇い入れた。「温かい血が流れていて、イエス、ノーが言えるか、手足を動かせる人間なら、手当たり次第に引っ張り込んだ」とCIAのサム・ハルパーンは語っている。ウィズナーは六ヵ月以内に海外に少なくとも三十六支局の開設を目指していた。三年で四十七支局を現に開設した。支局を開設したほとんどすべての都市に二人の支局長を置いた。一人はウィズナーの下で秘密工作を担当するもの、もう一人はCIAの特別工作室の下で諜報活動を担当することになっていた。二人の支局長が互いに足の引っ張り合いをすることは目にみえていた。相手側の工作員を自分のほうに取り込んだり、相手側に先んじようとしたりした。ウィズナーは高給を提供したり、将来の出世を約束したりして、特別工作室から数百人の職員を引き抜いた。

ウィズナーは、ペンタゴンやヨーロッパ、アジアの占領地域にある基地から、飛行機、武器、弾薬、パラシュート、それに余っていた軍服などを徴発した。ほどなく二億五千万ドルにも相当する軍事物資を集積、管理するようになった。「ウィズナーはどの政府機関にも電話一本かけて、必要とする人材や支援を要請できた」と、ウィズナーが政策調整室(OPC)に最初のころ雇い入れた職員の一人、ジェームズ・マカーガーが語っている。

「ＣＩＡは、作戦は秘密でも公に存在を知られた機関だった。ＯＰＣはその作戦が秘密だっただけでなく、機関の存在自体も秘密にされていた。すくなくとも、最初の数年間はそうだった。いまも気づいている人がほとんどいないようなのでこの点は強調しておく。ＯＰＣは核兵器に次ぐ、アメリカ政府の最高の機密(3)だったのだ」。そして、初期の核兵器の実験結果が設計者の目論見より強力であったのと同じように、ウィズナーの秘密工作の組織も、だれの想像よりも速く大きくなり、遠くまで広がっていった。

マカーガーは第二次大戦中、国務省の職員としてソ連で働いていた。この間に彼が早々と会得したことは「仕事をうまくやる上で役に立つ手法は内密に進める」ということだった。彼はハンガリーの政治指導者たちをブダペストから易々と避難させ、ウィーンの最初のＣＩＡ支局長となったアル・ウルマーが開設したアジトへ送り込んだ。マカーガーとウルマーは友達になり、一九四八年夏にたまたま二人がワシントンで会った際、ウルマーがマカーガーを誘って新しいボスのウィズナーに引き合わせた。ウィズナーは二人を、ホワイトハウスとラファイエット公園を挟んで反対側にある、ワシントンでも最高のヘイ・アダムズ・ホテルでの朝食に誘った。マカーガーはその場で本部職員として採用され、ギリシャ、トルコ、アルバニア、ハンガリー、ルーマニア、ブルガリア、ユーゴスラビアの七ヵ国の責任者となることが決まった。一九四八年十月にマカーガーが着任したとき、「そこにいたのはウィズナーを含めてわずかに十人だった。ウィズナーのほか、専門職員が二人、と秘書、それに私、全部で十人だった」とマカーガーは言った。「それから一年でその数は四百五十八人に、さらに数年後には何千人にも増えた」。

「われわれは王様と思われていた」

ウィズナーはアル・ウルマーをアテネに派遣した。ウルマーは地中海とアドリア海、および黒海にまたがる十ヵ国を担当することになった。新支局長は町を見下ろす丘の上に邸宅を購入した。長さが十八メートルもある食堂つきの、壁に囲まれた家で、近所には上流階級の外交官らが住んでいた。「われわれこそが責任者だった。[4] 仕切るのはわれわれだった。われわれは王様のように思われていたのだ」―後年、ウルマーはそう語った。

CIAはギリシャの最も野心的な軍人や諜報関係者に、秘密の政治的、財政的支援を与え始めた。これにはいずれ国を率いる有望な若者が対象に選ばれた。こうして培ったつながりは、後に大きな見返りをもたらしてくれるはずだった。まずアテネとローマで、[5] その後、ヨーロッパ全体に工作対象を広げていった。政治家や将軍たち、スパイの責任者、新聞発行人、労働組合のボス、文化団体や宗教組織などが、資金と助言を求めてCIAにむらがった。ウィズナー時代最初の一年に関して書かれたCIAの秘密記録にはこう書き残されている。「(こうした地域では)個人も団体も、諜報機関も、自分たちが頼りにできるCIAという外国勢力があるということを、すばやく見抜いた[6]」。

秘密工作にあたる支局長たちは現金を必要としていた。一九四八年の十一月半ば、ウィズナーはマーシャル・プランの責任者を務めていたアベレル・ハリマンとこの問題を協議するため、パリに飛んだ。[7] 二人は、かつてナポレオンの外務大臣が居所にしていたタレイラン・ホテルの金ぴかの一室で会った。大理石づくりのベンジャミン・フランクリンの胸像に見守られながら、ハリマンはウィズナーに言った。必要なだけマーシャル・プランの財布に手を突っ込んでもらっていい。このお墨付きを持ってウィズナーは、ワシントンに戻り、マーシャル・プランの最高責任者であるリチャード・ビッセルに会った。「ウィズナーには面識があった。信用もしていた」とビッセルは回想している。「彼は私の側近グループの一人といったところだった」。

ウィズナーは単刀直入に話した。ビッセルは最初、困惑した表情を見せたが、ハリマンが「ウィズナーは時間をかけて説明し、少なくとも私の懸念したことの一部は取り除かれた。ハリマンがその活動を承認したことを確言したからだ。その資金の使い道を追及したところ、私に明かすわけにはいかないと彼は説明した」。ビッセルは程なくそれを知ることになる。十年後、彼はウィズナーの仕事をすることになった。

ウィズナーはフランスとイタリアの最大の労働組合連合組織に対する共産主義の影響を、マーシャル・プランからの資金の力で殺ぐことを提案した。これらの作戦はケナンが個人的に承認していた。ウィズナーは一九四八年の後半、二人の有能な労働関係の指導者を選んで、最初の作戦を実施しようとした。一人は元アメリカ共産党委員長のジェイ・ラブストーン、もう一人はその献身的な同調者だったアービング・ブラウンだった。二人は一九三〇年代の厳しいイデオロギー闘争を経て熱心な反共主義者に転向していた。ラブストーンはアメリカ労働総同盟（ＡＦＬ）の分派組織である自由労働委員会の事務局長を務めており、ブラウンは彼のヨーロッパ首席代表だった。二人はＣＩＡから得たちょっとした資産を、キリスト教民主党やカトリック教会に後押しされている労働団体に渡した。マルセイユやナポリのような港湾労働組合の強い港でも賄賂は使われた。これによって、アメリカの武器や軍事物資は、友好的な港湾労働者の手によって無事荷揚げされたのだった。ＣＩＡの資金や権力はコルシカ島ギャングの賄賂まみれの手[8]にも流れていった。ギャングたちは手荒なスト破りも心得ていた。

ウィズナーのもっとおとなしい任務の一つは、二十年間にわたって大きな影響力を持つにいたった、あまり知られていない組織「文化自由会議」に資金を提供することだった。ウィズナーは、CIAのトム・ブレイデンの雅な表現を借りると、「いわば『ピカソの心を捉える戦い』――すなわち知識層を目標にした壮大な計画」(9)を頭に描いていた。ブレイデンは元OSSの要員で日曜夕食会の常連だった。これは言葉の戦争だった。小さな雑誌やペーパーバックの本、高尚なテーマの会議などをもって戦われる戦争だった。「私が担当していた文化自由会議の一年間の予算は、おおよそ八十万ドルから九十万ドルだった」とブレイデンはいう。これには、高級月刊誌『エンカウンター』の創刊に必要な資金も含まれていた。この雑誌は四万部以上は売れなかったが、一九五〇年代にそれなりの波紋を巻き起こした。これは、CIAに新しく入ってきた文科系専攻の人間にうける、使命感を刺激する仕事の一つだった。パリやローマで小さな新聞や出版の仕事をする――アメリカの諜報員が新米時代に海外で送る暮らしとしては、結構なものだった。

ウィズナー、ケナン、それにアレン・ダレスは、東ヨーロッパ亡命者の政治的情熱や知的エネルギーを利用し、それを鉄のカーテンの向こう側に送り返すための、はるかに優れた方法を考えていた。ラジオ・フリー・ヨーロッパ構想である。計画は一九四八年末から四九年初めにかけて着手され、二年以上の準備期間をへて放送が開始された。ダレスはCIAが資金を出してアメリカに作った数多くの隠れ蓑組織の一つである「自由ヨーロッパのための全国委員会」の創設者になった。委員会の幹事には、アイゼンハワー将軍、雑誌『タイム』『ライフ』『フォーチュン』を発行しているタイム・ライフのヘンリー・ルース会長、ハリウッドのプロデューサー、セシル・B・デミルらが名を連ねていた。本当の運営実体を隠すためにダレスが集めた人たちだった。ラジオは政治戦争の強力な武器になった。

ウィズナーはアレン・ダレスが次のCIA長官になるものと強く期待していた。ダレスも自分こそはと、期するものがあった。

一九四八年早々、フォレスタルはダレスに、CIAの構造的弱点に関する極秘調査を指揮するよう依頼した。選挙の投票日が近づくに伴って、ダレスは調査報告に最終的な検討を加えていた。この報告は自身が長官に就任する際の演説にも役立つものだった。ダレスはトルーマンが共和党候補のトマス・デューイに敗れ、新しい大統領は自分を当然の地位に昇進させるものと確信していた。

この報告はその後五十年間、秘密扱いになっていたものだが、その内容はCIAを詳細にかつ厳しく告発したものだった。

第一点。CIAは共産主義の脅威に関する事実をほとんど含まない文書を山のように吐き出している。

第二点。CIAはソ連にもその衛星国にもほとんどスパイを擁していない。

第三点。ロスコー・ヒレンケッターは長官としては失格である。

CIAはまだ「十分な諜報機関」にはなっていない、「きちんとした仕事をできるように（変身させるには）何年もの辛抱強い努力が必要」と、報告書は述べていた。

いま求められているのは、大胆な新しい指導者である—それがだれを指しているかは火を見るより明らかだった。アレン・ダレスのしたことは、ほとんど自分の名前を長官室のドアに刻むに等しかった、とヒレンケッターは苦々しげに指摘している。しかしこの報告がホワイトハウスに届いた一九四九年一月には、トルーマンが再選されており、共和党とのつながりが余りに強いダレスがCIA長官

「混乱の極み」

に指名されることは考えられなかった。ヒレンケッターは留任し、ＣＩＡは事実上、指揮官を欠いた状態のままだった。国家安全保障会議はこの報告を遵守するようヒレンケッターに命じたが、それは守られなかった。

ダレスはワシントンの友人たちに、ＣＩＡで何か思い切った措置をとらなければ、大統領はいずれ海外で大きな失敗に見舞われるだろうと触れ回り始めた。彼に同調する声があちこちで上がった。国務長官になったディーン・アチソンは「混乱と恨みつらみの極みのなかで（ＣＩＡが）溶けてなくなりかけている」と耳にした。それを伝えたのは、カーミット・「キム」・ルーズベルトだった。彼は、セオドア・ルーズベルト大統領の孫で、フランクリン・Ｄ・ルーズベルト大統領のいとこにあたり、後にＣＩＡの近東・南アジア地区の責任者になる人物だった。[11] フォレスタルの諜報部門の補佐をしていたジョン・オーリーは、フォレスタルに「ＣＩＡの最大の弱点[12]は、人材のタイプや質、それに人材を採用するときの方法から生じている」と警告した。そしてさらに「ＣＩＡを一生の仕事にしたいと考えている優秀な文民の間で、徹底的に士気が低下していること、そういう状況に我慢できなくなった数多くの有能な人間がどんどん辞めていること」を指摘した。さらに悪いことに、「いまも組織に残っている能力のある人々のほとんどが、今後数ヵ月以内に変化がなければ、ＣＩＡを辞めることを決めている。これだけの優秀な要員が去っていけば、ＣＩＡは泥沼に沈み込み、そこから脱け出すことは不可能とは言わないまでも、難しくなるだろう」。そうなると、ＣＩＡは「事実上、永久にお粗末ないしほどほどの諜報機関」になりさがってしまうだろう。これらのメッセージは半世紀後に書かれたとしてもおかしくない。それはソ連共産主義が崩壊して十年以上も経った現在の時点でのＣＩＡの問題を正確に描写しているからである。優秀なアメリカ人スパイの層はごく薄い。有能な外国工作員の数はほとんどゼロに近い。

問題なのはＣＩＡの能力だけではなかった。冷戦の圧力が国家安全保障に関わる組織の新しい指導層を破壊していた。

ジェームズ・フォレスタルとジョージ・ケナンはＣＩＡの秘密作戦を立ち上げ、指揮したが、自分たちが動かし始めた組織を統制できなかった。ケナンは次第に虚脱状態になり、議会図書館の隠れ場所に引きこもるようになった。フォレスタルも限界を超えていた。彼は一九四九年三月二十八日、国防長官を辞任した。登庁最後の日に執務室で倒れ、この数ヵ月、眠っていないとうめいた。米国で最も高名な精神分析医のウィリアム・Ｃ・メニンガー博士は、フォレスタルが精神病の症状を発現したものと見なし、ベセスダ海軍病院の精神病棟に入院させた。

五十日にわたる苦悩にさいなまれた夜(13)をすごしたフォレスタルは、生涯の最後の数時間を、ギリシャの詩「アイアースからのコーラス」を書写することについやした。彼の手は「ナイチンゲール(nightingale)」という語の半ばでとまっていた。「ナイト(night)」まで書き付け、そのあと十六階の窓から飛び降りて死亡した。「ナイチンゲール」は、フォレスタルがウクライナの地下組織に遂行を承認した、スターリンに対する秘密戦争の暗号名だった。地下組織の指導者の中には、第二次大戦中にナチに協力して数千人の住民を殺害したものも含まれていた。地下組織のメンバーはＣＩＡのために、鉄のカーテンの向こう側にパラシュートで降下することになっていた。

第5章 「盲目のお金持ち」 鉄のカーテン

第二次世界大戦では、アメリカはファシストと戦うことを、共産主義者との共通の大義としていた。冷戦においては、CIAは共産主義者との戦いにファシストを利用した。愛国的なアメリカ人は、アメリカの名においてこれらの任務を遂行したのだ。アレン・ダレスはいささか乱暴な言い回しでそのことを語っている。

「ナチスの連中も取り込まないことには鉄道を動かせないのだ[1]」

ドイツの米軍占領地域では、二百万人以上の人々がさまよっていた。そのなかの多くは、拡大しつつあるソ連の支配の影を必死に逃れてきた難民だった[2]。フランク・ウィズナーは難民キャンプに要員を直接送り込み、人集めをした。「ソ連の支配下で抵抗運動を促し[3]、地下活動とのコンタクトをとる」任務、とウィズナーがいう仕事に関わらせるためだった。CIAは「アメリカの国益のためにソ連圏からの難民を利用すべきだ」と、ウィズナーは主張した。

ウィズナーは、CIA長官の反対を押しきってでも、武器や資金をこれらの人々に送りたいと考えていた。CIAの記録によると、ソ連からの亡命者は「緊急の戦争事態に備える予備役として[4]」大いに必要とされていた。しかし彼らは「グループ間で目的が相反したり、考え方が違ったり、民族の構成が異なったりして、絶望的なほどにばらばらだった」。

ウィズナーの命令によって、CIAの最初の準軍事的な任務が開始された。これに続く数多くの任務で数千人の外国人工作員を死に追いやる結果になった。この任務の全貌は、二〇〇五年に公表されたCIAの歴史文書(5)のなかで、初めて明らかになった。

「この法案については、議論しないほうがお互いのため」

ウィズナーの野心は一九四九年初頭に大きな障害にぶつかった。CIAはいかなる国に対しても秘密工作を遂行する合法的権限を欠いていたのである。そうした任務について、議会からの憲法上の承認も得ていなかったし、法律上承認を得た資金もなかった。依然として、米国の法の外で活動していたのである。

一九四九年二月初め、ヒレンケッターCIA長官はジョージア州選出の民主党議員、カール・ビンソン下院軍事委員長を訪ね、二人だけで話し合った。長官は議会ができるだけ早く正式に立法措置をとってCIAを認知し、予算もつけるべきだと具申した。組織は作戦に忙殺されていて、法的な掩護を必要としている。ヒレンケッターは下院と上院の少数の議員に自分の懸念を伝えたあと、一九四九年CIA法案（Central Intelligence Agency Act of 1949）をこれらの議員に提示した。議員らは秘密裏に会合を開き、三十分ほどこれを検討した。

「下院には、われわれ軍事委員会の判断を受け入れていただくほかない。議会であれこれ質問されてもわれわれは答えられない、ということを申し上げねばなりません(6)」と、ビンソンは同僚議員たちに語った。下院軍事委員会の共和党議員、ミズーリ州選出のデューイ・ショートはこれに賛同して、この法案を公開で討議することは「極めつきの愚行」であり、「この法案に関しては、議論しないでおくほうがお互いのためであろう」といった。

このＣＩＡ法は一九四九年五月二十七日、強引に議会を通過した。これによって議会はＣＩＡに対し、考えられる限りの広範囲な権限を付与した。それから三十年後、（レーガン政権時代におきた「イラン・コントラ事件」をめぐって）憲法違反の罪を犯したとしてＣＩＡを糾弾するのが流行になったが、この法案の通過から二十五年を経て議会に権力監視の精神が目覚めるまで、ＣＩＡが禁じられたことといえば、アメリカ国内で秘密警察のような振る舞いをすることだけだった。この法律によって、ＣＩＡは議会が一年ごとにドンブリ勘定で予算をつけてくれる限り、したいことはほとんどなんでもできた。秘密予算に関して小人数の軍事分科委員会で承認を得さえすれば、事情を知る人たちの間では、あらゆる秘密工作について規則に従った承認を得たものと理解されていた。この法律に「賛成」を投じた下院議員の一人は、後年、大統領になったとき、こう述懐した。もしそれが秘密なら、それは合法だということだ──そう語ったのは、リチャード・Ｍ・ニクソンである。

ＣＩＡはこれで一切の制約から解放された。使途を問われない資金があるということは、天下御免のやりたい放題を意味していた。こうした資金は、国防総省予算のなかで偽の項目の中に巧妙に隠され、アシのつかない仕組みになっていた。

この一九四九年ＣＩＡ法の重要条項の一つは、ＣＩＡが年間百人まで外国人を国家安全保障の名目のもとにアメリカに入国させることを認めていた。それは「移民法ないしその他の関連諸法では入国を認められない場合でも、永住を認める」というものだった。トルーマンが一九四九年ＣＩＡ法に署名したのと同じ日に、特別工作室を取り仕切っていたウィラード・Ｇ・ワイマン少将は移民局の担当官に、ウクライナ人のミコラ・レベッド(7)が「ヨーロッパで当組織のために貴重な支援を提供してくれている」と告げていた。ＣＩＡは新たに成立したばかりの法律の下で、レベッドをアメリカに密入国させたのである。

CIAの資料では、レベッドが率いていたウクライナのグループは「テロ組織」とされていた。レベッド自身は一九三六年にポーランドの内相を殺害したかどで投獄されていたが、三年後にドイツがポーランドを攻撃した際、逃亡していた。レベッドは、ナチを当然の味方と考えていた。ナチスドイツはレベッドの部下を二つの大隊に組み込んだ。そのうちの一つは「ナイチンゲール」と呼ばれ、カルパチア山系で戦闘に従事し、戦争終結後もウクライナの森林地帯に留まって、フォレスタル国防長官を悩ませることになる。レベッド自身は自分を自称ミュンヘンの外相に仕立て上げ、ウクライナのゲリラ隊員をCIAに提供して対ソ連の任務に従事させようとした。

司法省はレベッドを、ウクライナ人やポーランド人、ユダヤ人を殺害した戦争犯罪人と見なしていた。しかしレベッドを国外追放しようとするさまざまな動きも、アレン・ダレスが連邦移民コミッショナーに、レベッドは「当CIAにとって計り知れない価値があり」「最重要作戦(8)」を支援している、と書き送った後、ぴたりと沙汰やみになった。ウクライナ作戦に関するCIAの歴史によると、CIAは「ソ連についての情報収集の手段をほとんど持っていなかった。そのため、どれほど成功の可能性が低くても、あるいはいかがわしい工作員が関わっていても(9)、あらゆる機会を活用せざるを得なかった」。「胡散臭い過去のある人間でも、移民グループはしばしば、無為無策にとってかわる唯一の手段だった」。したがって、「多くの移民グループに関わる戦時中の残虐行為の記録も、彼らがCIAにとって重要な人材となるにつれ、あいまいになっていった」。一九四九年までにアメリカは、スターリンに反対するものなら、相当にいかがわしい人間とも手を携える用意ができていた。レベッドはそうした部類の男だった。

「それに触れたくなかった」

ラインハルト・ゲーレン将軍(10)もそうした意味で同類だった。

第二次大戦中は、ヒトラーの軍事諜報組織「アプベール」の指導者として東部戦線でソ連に対する諜報活動に携わっていた。横柄だが用心深い男で、ソ連の国内でアメリカのためにスパイ活動をする「善良なドイツ人」のグループがあると言い募っていた。

「最初から私は次のような確信に基づいて動いていた」とゲーレンはいった。「東西の決定的対決は避けられない。すべてのドイツ人はそれぞれに貢献する義務がある。ドイツは、西側のキリスト教文明を共同防衛するという任務を遂行しなければならない立場に置かれているのである」。アメリカ人は「西側の文化を守ろうとするなら……最高のドイツ人を協力者として必要としている」。彼がアメリカ側に提供を申し出た諜報グループは「善良なドイツ人、しかも思想的にも西側民主主義国の側に立つ卓越したドイツ国民」ということだった。

陸軍は、ゲーレンの作戦にふんだんに資金を与えながら、その組織を抑えることができず、繰り返しこれをCIAに引き渡そうとしていた。リチャード・ヘルムズの部下たちはそれに真っ向から反対した。そのうちの一人は「ナチとのつながりがわかっているSSの人間」と協力することに強い嫌悪感を書き残している。ほかの一人は「アメリカの諜報組織はアプベールを盲導犬として使っている盲目のお金持ち(11)だ。唯一の問題は、鎖が長くて犬をコントロールできないこと」と警告していた。ヘルムズ自身も「ロシア人がこの作戦の継続を知っていることは間違いない(12)」と、十分根拠のある不安を語っていた。

「われわれはゲーレンたちには、触りたくなかった(13)。道徳や倫理の問題ではなく、安全保障上の見地からそう考えた」と、ＣＩＡの本部でドイツでの作戦の責任者を務めていたピーター・シケルは語っている。

しかし一九四九年七月、陸軍からの容赦ない圧力を受けて、ＣＩＡはゲーレン・グループを引き継いだ。ミュンヘン郊外にあるかつてのナチの本部に陣取ったゲーレンは、何十人もの名前を知られた戦争犯罪人を自分のグループに喜んで受け入れた。ヘルムズやシケルが恐れていたように、東ドイツやソ連の諜報機関はゲーレン・グループの幹部の間にもスパイをもぐりこませていた。最悪のスパイは、ゲーレンのグループが西ドイツの国家諜報組織に衣替えしたあとずいぶん時間が経ってから、正体を現した。ゲーレンの長期にわたる防諜部門の責任者が、当初からモスクワのために働いていたのである。

ミュンヘンで活動していた若いＣＩＡ要員のスティーブ・タナーによると、ゲーレンは自分がソ連の権力の中枢を狙った活動を取り仕切っていると、アメリカの諜報担当者を信じ込ませていたという。「われわれがやろうとしてもひどく難しいことだから、利用せざるをえなかったのだ[14]」とタナーは振り返っている。

「座視してはいない」

タナーはエール大学を出たばかりで、陸軍の諜報の経験があった。一九四七年にＣＩＡ要員としてリチャード・ヘルムズの下で採用され、最初に就任宣誓を行った二百人のうちの一人だった。ミュンヘンでの仕事は、アメリカのために鉄のカーテンの向こう側で情報収集活動にあたる協力者を調達することだった。

ソ連や東ヨーロッパの主だった国には、それぞれに少なくとも一つはもったいぶった亡命者のグループがあって、ミュンヘンやフランクフルトのＣＩＡからの支援を求めていた。タナーがスパイの候補者として身元を調べた男たちの一部は、ドイツに味方してロシアに対抗した東ヨーロッパ人だった。彼らのなかには「ファシストとしての過去を持ちながら、アメリカのために役立つことによって自分の身を助けようとするもの」があり、この連中には用心していた、とタナーは語っている。非ロシア人は「ロシア人をひどく嫌っており、自動的にわれわれの側についた」とタナーはいう。ソ連の周縁部の国々から脱出してきたほかの人たちも、自分たちの力や影響力を誇張していた。「これらの亡命者グループの主たる目標は、彼らの重要性とアメリカ政府の力になれることをアメリカ政府に納得させ、何らかの形の支援をアメリカから得ようというものだった」と、タナーは語っている。

ワシントンからは何も指針が示されないため、タナーは独自の指針を作った。すなわち、ＣＩＡの支援を受けるには、亡命者グループはミュンヘンの喫茶店で結成されたものではなく、自国内で結成されたものであること。自国内にある反ソ連グループと連絡をとれなければならない。元ナチとの密接な協力関係を持つような危険を冒してはならない。一九四八年十二月、時間をかけて用心深く評価をしたうえで、タナーはＣＩＡとして後押しできるウクライナ人のグループを見つけたと考えていた。このグループは「ウクライナ解放最高評議会」と自称していた。そのミュンヘン在住のメンバーは自国内の戦士の政治代表の役割を務めていた。最高評議会は道義的にも政治的にも健全だと、タナーは本部に報告を上げていた。

タナーは一九四九年の春から夏にかけて、ウクライナ人たちを鉄のカーテンの向こう側にもぐりこませる準備を急いだ。彼らはその数ヵ月前、カルパチア山系から連絡係としてウクライナの地下活動のメッセージを携えてきた連中だった。薄い紙に書かれたメッセージは、折りたたまれ束にされ、縫い付けられて届けられた。こうした紙きれは勇敢な抵抗運動の証であり、彼らならウクライナ国内の出来事についての情報を提供し、ソ連が西ヨーロッパを攻撃する際には警告を与えてくれるだろうと見なされた。本部の期待はさらに大きかった。CIAは「アメリカとソ連が公然たる紛争の道をたどるとき、この運動の存在は成果をあげるだろう」と信じていた。

タナーは、向こう見ずなハンガリー人の飛行機乗員たちを雇い入れた。男たちは、数ヵ月前に商業旅客機を乗っ取ってミュンヘンに逃げてきていた。タナーはこのうちの二人をハンガリー国内にパラシュートで降下させ、パルチザンとCIAが連絡を取れるようにすることを計画、モールスの暗号や武器の使い方について訓練を施した。CIA特別工作室長のワイマン将軍は七月二十六日、この任務に正式の承認を与えた。しかしミュンヘンのCIAには、工作員をパラシュートで敵の背後に降下させた経験のあるものなど一人もいなかった。タナーはやっとのことで一人見つけた。「第二次大戦中にユーゴスラビアにパラシュート降下したことのあるセルビア系アメリカ人の同僚で、うちの男たちに飛び出し方、着地の仕方を教えてくれた。だが、それもひどい話だ。脇にカービン銃を巻きつけながら、着地の瞬間にどうやって後ろ向きにでんぐりがえりなどできるというのか」。しかしOSSが名をあげたのは、この種の作戦だった。

タナーはあまり期待が大きくなり過ぎないよう注意を促した。「ウクライナ西部の森林のなかで、スターリンが何を考えているかや、他の大きな政治的問題をさぐることは無理だと分かっていた」とタナーは言った。しかし「少なくとも文書くらいは入手できるかもしれない。ポケットのごみや、衣類や靴くらいは手に入るだろう」。ソ連国内に本当のスパイ網を築くには、CIAは彼らに変装用の品物―ソ連の日常生活のがらくた―を供与しなければならない。仮にこの作戦で重要な情報を探り出せなくても、象徴的な意味合いは十分あるだろう、とタナーは言った。「われわれがじっと座っているだけではないことを、スターリンには示せた。それが重要だったのだ。なぜならこのときまで、ソ連国内に対する工作としては、われわれはまったく何もしていなかったのだから」。

一九四九年九月五日、タナーの工作員はミュンヘンへ乗っ取り機を飛行させてきたハンガリー人の操縦するC-47型機で出発した。彼らは勇ましい軍歌を口ずさみながら、カルパチア山系の夜の暗闇のなかに飛び出し、リヴォフ近郊に降下した。アメリカの諜報がソ連に浸透した。

次に起きたことを、二〇〇五年に解禁になったCIAの歴史文書が簡潔に要約している。

「ソ連は直ちに工作員たちを排除した」

「何が間違っていたのだろう」

それでもこの作戦は、CIA本部を大いに熱狂させた。ウィズナーは、不満分子を組織し、アメリカが後押しする抵抗勢力を育てるためにさらに工作員を送り込む計画を立て、ホワイトハウスにはソ連からの軍事攻撃があるかもしれないとの警告をあらかじめ送りつけた。CIAは数十人のウクライナ人工作員を、空と陸から送り込んだ。そのほとんどは捕まった。ソ連側の諜報組織は、捕まえた捕虜を利用してニセ情報をCIAに伝えた―すべて順調、もっと武器を、もっと資金を、もっと要員を送れ。そのうえでソ連側は捕虜を殺した。五年間にわたる「作戦の失敗」を受けて「CIAはこの方法を中止した」とCIAの歴史文書は述べている。

「長い目で見ると、ウクライナ人工作員を鉄のカーテンの内側にもぐりこませようというCIAの努力は、不運で悲劇的だった」と文書は結論づけている。

ウィズナーはひるまなかった。彼はヨーロッパ全土で新しい準軍事作戦を立ち上げた。

一九四九年十月、ウクライナへの最初の飛行が行われた四週間後、ウィズナーはイギリスと組んで、ヨーロッパでも最も貧しく最も孤立した共産主義国家アルバニアでの反政府運動に手をつけた。このバルカンの不毛の地を、ローマやアテネの亡命者や寄せ集めの王政派で作った抵抗運動の実りの地にできると見ていた。マルタから出発した船は、最初の奇襲攻撃任務を帯びた九人のアルバニア人をアルバニアに送り込んだ。三人は直ちに殺害され、残りは秘密警察に追跡された。ウィズナーには反省する時間もそのつもりもなかった。彼はさらに多くのアルバニア人をパラシュート訓練のためウィーンに送り、その後彼らをアテネの支局に送った。アテネの支局には専用の空港と飛行機と、それに数人のタフなポーランド人パイロットがいた。

アルバニア人たちはパラシュートでアルバニア領内に降下したが、そのまま秘密警察に捕まった。作戦が失敗するたびに、計画はますます狂気じみたものになり、訓練は一段とずさんになった。作戦はさらに絶望的になり、捕まるのもますます確実になった。生き残った工作員は捕虜になり、彼らがアテネの支局に送ってきたメッセージは、捕まえた側に握られていた。

ローマでアルバニア人を扱ってきたCIAのジョン・リモンド・ハートは「何が間違っていたのだろう」(15)といぶかしんだ。ソ連が作戦のあらゆる側面を最初から把握していたということを、CIAが理解するまでに何年もの時間がかかった。ドイツの訓練キャンプにはスパイが浸透していたのだ。ローマ、アテネ、ロンドンなどの亡命アルバニア人社会も、裏切り者に監視されていた。そして、CIA本部で秘密工作の安全に責任を持ち、二重スパイ防止の監視者であったジェームズ・J・アングルトンは、イギリス諜報機関における最良の友人であるキム・フィルビーと作戦を調整していた。ところが、イギリス側とCIAの連絡役であったこのフィルビーが、実はソ連のスパイだったのである。

フィルビーはペンタゴンのなかで、統合参謀本部に隣接する安全な部屋に陣取って、モスクワのための仕事をしていたのだ。彼とアングルトンの友情は、冷たいジンのキスとウィスキーの温かい抱擁で結ばれたものだった。フィルビーはとてつもない酒飲みで、一日フィフス(五分の一ガロン入り瓶)

一本を飲み干す男だった。アングルトンもCIAのアル中チャンピオン（このチャンピオンにはなみたいていの酒飲みではなれない）にもなれそうなほどの酒飲みだった。一年以上もの間、液体の昼食をたっぷりとった前後に、アングルトンはフィルビーにCIAのアルバニアでのパラシュート作戦すべてについて、降下地点を正確な地図の座標で教えていた。失敗に失敗を重ね、死者が次々に出ても、飛行作戦は四年間、続行された。およそ二百人の外国人工作員が死亡した。アメリカ政府内でこのことを知っていたものはほとんどいなかった。トップ・シークレットだった。

この作戦が終了したとき、アングルトンは防諜部門のトップに昇進した。そしてそのポストにその後二十年間留まっていたのである。昼食のあとは酔っ払い、精神は完全に朦朧状態、未決書類の箱は底なしのブラックホールといったありさまだった。アングルトンはそんな状態で、ソ連を標的にしたCIAの作戦の一つ一つ、それに関わる要員の一人一人について判断を下していた。彼はソ連の基本的な謀略がアメリカの世界観を支配していると信じるようになっており、さらに自分だけがソ連の策略の深さを読み解くことができると信じていた。モスクワに対するCIAの秘密活動を、アングルトンは暗闇の迷宮に引きずりこんでしまっていた。

「基本的にお粗末な考え」

一九五〇年の初め、ウィズナーは鉄のカーテンに対して新たな攻撃を加える命令を出した。この仕事は、ミュンヘンにいたもう一人のエール大学出身者にあてがわれた。ビル・コフィンという名前のこの新入りは、熱心な社会主義者にありがちな筋金入りの反共主義者だった。

「目的がいつも手段を正当化するわけではない(16)」と、コフィンはCIA時代のことを振り返っている。「しかしことを成し遂げるにはそれしかないのだ」。

コフィンは家族の伝手でCIAに入った。ウィズナーの東ヨーロッパ作戦の要員だった義理の兄弟であるフランク・リンゼーに引っ張られてのことだった。「CIAに入ったとき、彼らにはこういった。『スパイの仕事はしたくない。地下の政治活動をやりたい』とね」とコフィンは二〇〇五年にこう振り返っている。

「問題は、ロシア人が地下活動をできるか、ということだった。当時はそれなら道義的に受け入れられるように私には思えたのだ」。

コフィンは第二次大戦の最後の二年間を陸軍で、ソ連軍指揮官との連絡係として過ごしていた。彼は戦後、ソ連軍兵士を強制的に本国へ送還するという冷酷な手続きをとったことに一役買っていた。そのため大きな罪悪感を引きずっており、それがCIAに入るときの決定にも影響を与えていた。

「スターリンには時折、ヒトラーと比べるとヒトラーがボーイスカウトみたいに見えるようなところがあった」とコフィン。「私は非常に反ソ連だが、親ロシア人だ」。

ウィズナーは、ヨーロッパではヒトラーに次ぐ右寄りの立場をとっていたロシア人のグループ「ソリダリスト」に資金を注ぎ込んだ。彼らと仕事をできたのは、コフィンのようにロシア語が話せる一握りのCIA要員だけだった。CIAとソリダリストは最初、東ドイツのソ連の兵営にリーフレットをこっそり持ち込んだ。その後、何千枚ものパンフレットを運ぶ風船を飛ばした。さらにその後、彼らは無標識の飛行機をモスクワ近郊まで飛ばし、四人のパラシュート作戦要員を送り込んだ。ソリダリストの工作員は一人ずつロシアに降りていった。そして彼らは一人ずつ、追跡され、捕らえられ、殺された。またもやCIAは、工作員を敵側の秘密警察の手に送り届けたのである。

「それは基本的にお粗末な考えだった」。コフィンがそう語ったのは、CIAを辞め、一九六〇年代に熱烈な反戦の声を上げたエール大学の牧師、ウィリアム・スローン・コフィン師として知られるようになってからずっと後のことだった。「自分たちはアメリカの力の使い方についてずいぶんナイーブだった」。CIAが自らのことばで「ソ連との戦争ないしソ連国内での革命を想定して亡命者に支援を与えることは非現実的なことだった[17]」と認めるまでには、長い年月が必要だった。

一九五〇年代に全部で数百人に上るCIAの外国人工作員がロシア、ポーランド、ルーマニア、ウクライナ、それにバルト諸国に送り込まれ、そして殺された。工作員たちの運命は記録に残っていない。何の説明もなく、失敗に対する処罰も行われていない。彼らの任務は、アメリカの生き残りに関わる問題と見なされていた。

一九四九年九月、タナーの工作員が最初の飛行任務に赴く数時間前、アラスカから飛び立った空軍機の乗組員は大気中に放射能の痕跡があることを探知した。その結果を空軍が分析中の九月二十日、CIAは自信たっぷりに、ソ連が今後少なくとも四年間、核兵器を開発することはないだろうと宣言してしまった[18]。

それから三日後、トルーマンは世界に向けて、スターリンが原子爆弾を保有していることを明らかにした。

九月二十九日、CIAの科学技術本部長は、自分たちは任務を達成できなかったと報告した。CIAは大量破壊兵器の製造を目指すモスクワの努力を追跡する能力を欠いていた。ソ連の核兵器に関するCIAの仕事は、すべてのレベルで「ほとんど完全な失敗だった」と、本部長は報告した。ソ連の爆弾に関して、スパイは科学的、技術的データをまったく持っていなかったし、分析官もあて推量に頼っていた。この失敗によってアメリカは「破滅的な結果」に直面している、と彼は懺悔した。

ペンタゴンは、赤軍の軍事計画を盗み出すためにモスクワにCIAの工作員を送り込むよう、半狂乱になってCIAに命令した。「当時は、そうした情報源を見つけ活動させる可能性は、火星にスパイを送り込むのと同じくらいありえないことだった」とリチャード・ヘルムズは回想している。

そして一九五〇年六月二十五日、アメリカは第三次世界大戦の始まりとも見えるような奇襲攻撃に直面する。

第6章 「あれは自殺作戦だ」 朝鮮戦争

朝鮮戦争はCIAにとって最初の大きな試練だった。

この戦争でCIAは初めて本物の指導者を得ることになる。ウォルター・ベデル・スミス将軍がその人である。トルーマン大統領は戦争が始まる前、ベデル・スミスにCIAを救ってほしいと声をかけていた。しかし将軍はモスクワ駐在大使を務めた後、胃潰瘍で瀕死の状態で帰国していた。朝鮮の戦争勃発のニュースが伝えられたとき、ベデル・スミスは胃の三分の二を切除してウォルター・リード陸軍病院に入院していた。トルーマンは再度長官就任を要請したが、ベデル・スミスは生き延びられるかどうか見極めるため一ヵ月の猶予をほしいと言った。やがて要請は命令になり、ベデル・スミスはCIA四年の歴史で四人目の長官になった。

将軍の仕事はクレムリンの秘密を探ることにあった。成算があるかどうか、将軍はよく理解していた。一九五〇年八月二十四日の公聴会で、大統領から新たに与えられた大将の位を示す勲章をまとったベデル・スミスは、自分の人事を承認した五人の上院議員に次のように語った。

「それができるのは、私の知る限り、二人の人物しかいない。一人は神であり、もう一人はスターリンだ。[(1)] そして神でさえも、ジョーおじさん（ヨシフ・スターリン）が何について話しているのかが分かるほど彼と近いかどうか、私には分からない」

そして何がCIAで待ち受けているかについて、ベデル・スミスは「最悪の事態を予測している。予測が外れることはないだろう」と答えた。十月に就任すると、彼はすぐにとてつもない混乱を引き継いだことに気がついた。最初のスタッフ会議でベデル・スミスはこう言った。「みなさんにこうしてお会いできて大変興味深い[2]。これから数ヵ月後に、みなさんのうち何人がここに残っているのかを見るのはもっと興味深い」。

ベデル・スミスは傲慢なまでに権威的、痛烈な皮肉屋で、不完全なものには容赦がなかった。無秩序に手を広げたウィズナーの作戦に、ベデル・スミスは怒り、苦情を言い続けた。「金は全部そこが使い[3]、CIAの他の部局はみんな疑いの目を向けていた」とベデル・スミスは語っている。ウィズナーは国務省とペンタゴンには報告を上げていたが、CIA長官には上げていなかったことを、ベデル・スミスは就任して最初の一週間で知った。激しい怒りに駆られたベデル・スミスは、秘密工作を指揮しているウィズナーに対し、海賊行為が通用する時代は終わったことを告げた。

「不可能な任務」

大統領の要請に応えるために、ベデル・スミスは自ら「CIAの心臓と魂[4]」と呼ぶ、組織の分析部門の立て直しに取り組んだ。諜報報告を作成する手続きを全面的に改め、シャーマン・ケントにエールからワシントンに戻り、政府全体の持つ情報の中から最良の情報をまとめる国家的な評価システムを構築するよう説得した。ケントは、中央情報グループがひどい状態にあった初期の時代にワシントンを離れた人物だった。ケントはその仕事を「不可能な任務[5]」と呼んだ。要するに「評価というのは知らないことについて行うことだ[6]」と語った。

ベデル・スミスが就任してから数日の後、トルーマンは太平洋上のウェーク島でダグラス・マッカーサー将軍と会談するための準備を進めていた。大統領は朝鮮に関して、CIAの最高度の情報を求めていた。大統領は何よりも、共産中国が戦争に参入してくるのかどうか、を知りたがっていた。部隊を北朝鮮の領土深く送り込んでいたマッカーサーは、中国が参戦することは決してないと言い張っていた。

CIAは中国で何が起きているか、ほとんど知らなかった。一九四九年十月、毛沢東が蔣介石の国民党軍を大陸から追い出し、中華人民共和国の樹立を宣言したときまでに、中国にいた一握りのアメリカのスパイはほとんど全員が香港または台湾に逃亡していた。すでに毛沢東に手足を縛られた形のCIAは、マッカーサーからも手足をもがれていた。マッカーサーはCIAが嫌いで、極東ではCIA局員の活動を禁止することに躍起になっていた。CIAは中国に監視の目を光らせようと懸命だったが、OSSから引き継いだ外国人工作員のつながりはあまりにも弱体だった。CIAの調査も報告も同様に弱体だった。朝鮮戦争の勃発時、四百人のCIA分析官[7]がトルーマン大統領に提出する毎日の諜報報告の作業に取り組んでいたが、報告の九〇％は国務省ファイルの焼き直しだった。残りは意味のない論評だった。

この戦争でのCIAの味方は、腐敗して信頼できない二人の指導者、すなわち韓国の李承晩大統領と中国国民党の蔣介石総統の諜報機関だった。CIAの局員がソウルと台北に到着した際の最初の強烈な印象は、首都周辺部の畑で肥料として使われていた人糞の臭いだった。電気や水道が乏しかったのと同じ程度に、信頼できる情報にも乏しかった。CIAはたちの悪い友人に踊らされたり、敵の共産主義者にだまされたり、金ほしさに情報をでっち上げる亡命者の言いなりになったりした。[8]一九五〇年に香港支局長だったフレッド・シュルツハイスは、その後の六年間を、朝鮮戦争中に中国人難民がCIAに売ったごみのような情報を選別するのに費やした。CIAは詐欺師どもが経営する情報製造工場を支援していた。

第二次大戦末期から一九四九年末までの間、極東で本当の情報源となったのは、アメリカの通信諜報の専門家たちだった。彼らは、モスクワと極東の間で交信された電報や声明を傍受し、暗号を解読することができていた。そして、北朝鮮指導者の金日成が攻撃の意図をめぐってスターリンや毛と協議をしていたまさにその時期に、沈黙が訪れた。ソ連、中国、北朝鮮の軍事計画を傍受するアメリカ側の能力が突如、消え失せたのである。

朝鮮戦争の前夜、ソ連のスパイがアメリカの暗号解読の神経中枢にもぐりこんだのである。この中枢部アーリントン・ホールは、女学校を改造した建物で、ペンタゴンのすぐ近くにあった。このスパイはウィリアム・ウォルフ・ワイスバンドという語学に才能のある男で、解読された暗号文をロシア語から英語に翻訳する役目を表面上は担っていた。一九三〇年代にソ連のスパイになったワイスバンドは、ソ連の秘密連絡を解読しようとする米国側の能力をあっさり粉砕した。ベデル・スミスはアメリカの通信諜報に何か重大な問題が発生したことを認め、ホワイトハウスに注意を喚起した。その結果が国家安全保障局（NSA）の創設だった。NSAは通信諜報のための組織で、やがてCIAをしのぐ規模と権力を持つ組織に成長する。半世紀後、国家安全保障局はワイスバンド事件を「おそらくアメリカ史上、最も重大な諜報上の損害」(9)と呼んだ。

「信頼できる兆候はなし」

大統領は一九五〇年十月十一日、ウェーク島に向けて出発した。CIAは大統領に対し「ソ連が世界大戦を決意するようなことがない限り、……共産中国が朝鮮で全面的に介入する具体的な意図を持っているという、信頼できる兆候は見られない」(10)と請け合っていた。局員三人の東京支局からは注意を促す報告が二本届いていたが、それにもかかわらずCIAはこうした判断に到達した。中国の介入を示唆する報告の一つは支局長のジョージ・アウレルからのもので、満州にいる国民党将校が毛は朝鮮国境付近に三十万人の軍隊を集結させていると警告している、との報告だった。本部はこれにほとんど注意を払わなかった。またもう一本は、その後、後に台湾の支局長になるビル・デューガンからのものだった。共産中国はまもなく国境を越えて北朝鮮に入るだろうとデューガンは報告してきたが、マッカーサーはこれに対して、デューガンを逮捕させると脅しをかけた。つまりこれらの警告はウェーク島には届かなかったのだ。

本部では、中国が相当の規模で参戦することはないだろうと、トルーマンに助言を続けていた。十月十八日、マッカーサーの軍が鴨緑江と中国国境に向けて北上を続けるなかで、CIAは「ソ連の北朝鮮をめぐる冒険は失敗に終わった」と報告した。十月二十日、CIAは、鴨緑江で探知された中国軍は水力発電所を防衛するために配置されていると述べた。十月二十八日には、これらの中国軍は散発的な志願兵だとホワイトハウスに伝えていた。十月三十日、米軍が攻撃を受け大きな損害を受けたあとも、CIAは中国の大規模な介入はなさそうだと繰り返していた。それから数日後、戦闘で捕獲された数人の捕虜を中国語の話せるCIA局員が尋問したところ、彼らが毛沢東軍の兵士であることが分かった。それでもCIA本部は、最後にもう一度、中国は武力で侵略はしないと主張した。二日後、三十万の中国軍が強烈な攻撃をしかけ、米軍は危うく海に追い落とされるところだった。

ベデル・スミスは驚愕した。彼はCIAの仕事が国を軍事的な奇襲攻撃から守ることにあると信じていた。しかしCIAは過去一年、ソ連の原爆、朝鮮戦争、中国の介入など、世界の危機をことごとく読み誤ってきた。一九五〇年十二月、トルーマン大統領が国家的非常事態を宣言し、アイゼンハワー将軍に現役復帰を呼びかけるなかで、ベデル・スミスはCIAを専門的な諜報機関に変えるための努力を強化した。まずフランク・ウィズナーを抑えられる人間を捜すことから始まった。

「明確な危険」

浮かんできた名前は一人だけだった。

一九五一年一月四日、ベデル・スミスは運命に従って、アレン・ダレスをCIAの計画担当副長官に任命した（肩書きは見せかけのものだった。仕事は秘密工作本部長だった）。二人の組み合わせがよくなかったことはすぐに分かった。本部で二人がいっしょにいる姿を見たCIAのトム・ポルガーは「ベデルは明らかにダレスが嫌いだった。その理由もすぐに分かった」と語った。「陸軍では兵士は命令されれば、実行する。弁護士はなんとか抜け道を探す。CIAでは、命令は議論のための出発点になっていった」。

ウィズナーの活動は戦争の開始時より五倍も膨れ上がっていた。ベデル・スミスは、アメリカとしてはこうした闘争を遂行する戦略を持ち合わせていないと考えていた。彼はトルーマン大統領と国家安全保障会議にそのことを訴えた。CIAは本当のところ、東欧の武力革命を支援すべきなのだろうか。中国ではどうか。ソ連ではどうか。国防総省と国務省の答えは「イエス」。すべてについて「イエス」。さらにもっとやるべきだ。長官はどうしてそれができるか考えた。ウィズナーは毎月、何百人という大学生を雇い入れ、彼らを数週間、奇襲隊員訓練所に入れ、半年間、海外へ送り出し、さらに多くの新入りを送り込んで交代させた。ウィズナーは専門的な訓練らしきこともせず、兵站も通信もないままに、世界規模で軍事組織を作ろうとしていた。ベデル・スミスは、胃の手術のあと頼ってきたクラッカーや温めたおかゆを口にしながら執務をしていたが、怒りと絶望でないまぜになった。

ベデル・スミス長官に次ぐ地位にあったビル・ジャクソン副長官は、CIAの活動がどうしようもない混乱状態(11)にあると言い残して、失望のうちに辞任した。ベデル・スミスはアレン・ダレスを副長官に、ウィズナーを秘密工作本部長に昇進させるほかなかった。二人が提案した最初のCIA予算を見たとき、ベデル・スミスは爆発した。それは五億八千七百万ドル(12)という、一九四八年予算に比べると十一倍も増額した予算だった。そのうち四億ドル以上がウィズナーの秘密工作のためのもので、スパイ活動と分析を合わせたコストの三倍にも上っていた。

これは「諜報機関としてのCIAにとって明確な危険(13)」をもたらすものだ、とベデル・スミスは腹を立てた。「尻尾である工作が本体の犬である諜報を振り回している」と彼は警告した。「これではトップに立つ人間が作戦の方向を決めるのに時間をとられてしまって、必然的に諜報がおろそかになる」。このころになって、ベデル・スミスはダレスとウィズナーの二人が自分に何かを隠しているのではないかと疑い始めた。二〇〇二年以降に秘密扱いを解かれた文書の記録によると、毎日行われる副長官およびスタッフを交えた会議で、ベデル・スミスはこの二人に対し、海外での活動についてしきりに容赦ない質問を浴びせている。しかし長官の率直な質問に対して返ってきた答えは不可解なまでにあいまいで、まったく答えになっていないものもある。ベデル・スミスは二人に、答えを「控えたり、不幸な出来事や重大な過ちをごまかしたり」しないように警告した。また、準軍事活動について、暗号名や活動内容、目的、経費などの詳細な説明を残すよう二人に命じたが、二人は一度も従ったことがなかった。「憤激のあまり、彼はほかのだれにも見せたことのないような激しい憤りを彼ら二人にぶつけたこともある」と、NSCスタッフとしてベデル・スミスの代理を務めたラドウェル・リー・モンタギューが書き残している。ベデル・スミスは、ダレスとウィズナーが「何か思慮を欠いた、破滅的な危険に」CIAを引きずり込んでいくのではないかと心配し、憤っていた、とモンタギューは書いている。「彼は海外での失敗が世間に知られるのではないかと危ぶんでいた」。

「自分たちのやっていることを知らなかった」

朝鮮戦争に関するＣＩＡの解禁された歴史文書[14]は、ベデル・スミスが懸念していたことを明らかにしている。

記録によると、ＣＩＡの準軍事作戦は「効果がなかっただけでなく、失われた人命の数を見ても、おそらく道義的に非難されるべきものだった」。戦争中、何千人もの朝鮮人、中国人が雇われ、北朝鮮に送り込まれ、戻ってこなかった。「費やされた時間と費用は、得られた成果と比べると途方もなく不釣合いだった」とＣＩＡは結論付けている。「相当の資金と多数の朝鮮人の犠牲」から得たものは皆無だった。さらに数百人の中国人工作員が、見当違いの陸、空、海からの作戦に着手した後、死亡した。

「これらの任務のほとんどは、諜報活動のためではなかった。彼らは実在しない、架空の抵抗グループを補充するために送り込まれた」とピーター・シケルは語っている。シケルは香港支局長になった後、一連の失敗した作戦のなりゆきを見届けた。「あれは自殺作戦だった[15]。自滅的な、無責任な作戦だった」。作戦は一九六〇年代まで続けられ、多数の工作員が実体のない影を追いかけて、死に追いやられた。

戦争の初期、ウィズナーは千人の要員を朝鮮に、二百人を台湾に派遣した。毛沢東の壁を張り巡らした要塞と金日成の軍事独裁の内側にもぐりこめという命令だった。しかしこれらの要員はほとんど何の準備も訓練もなく戦闘に放り込まれた。そのうちの一人にウィリアムズ大学を出たばかりのドナルド・グレッグがいた。戦争が始まったとき、グレッグが最初に考えたのは「朝鮮はいったいどこにあるのだ」ということだった。準軍事作戦に関するにわか仕立てのコースを終えたあと、太平洋の真ん中にあるCIAの新しい出先に派遣された。ウィズナーはサイパン島に二千八百万ドルをかけて秘密工作の基地を建設中だった。当時、第二次大戦の戦死者の遺骨があちこちに残っていたサイパンが、朝鮮や中国、チベット、ベトナムなどでCIAが行う準軍事作戦のための訓練キャンプになった。グレッグは、難民キャンプから無理やり連れてこられた、一筋縄ではいかない農家出身の朝鮮の若者を訓練した。彼らは勇敢だが行儀が悪く、英語を話せなかった。そんな彼らをお手軽にアメリカの諜報工作員に仕立てようとしたのである。CIAは彼らを大雑把に計画された作戦で送り出したが、成果はほとんどなく、ただ死者の名簿が長くなるばかりだった。その記憶はグレッグがその後、CIAの極東部門で出世し、ソウルの支局長、ソウル駐在アメリカ大使、そして最後はジョージ・H・W・ブッシュ副大統領の国家安全保障担当首席補佐官になるまで、いつまでも付きまとった。

「われわれはOSSの足跡を追いかけていた」とグレッグは言う。「しかしわれわれの対抗しようとした相手のほうが完全に状況を把握していた。われわれは自分たちが何をしているのか、分かっていなかった。上司に任務は何かと尋ねたが、答えはなかった。彼らも任務が何か知らなかったのだ。最悪の種類の空いばりだった。朝鮮人や中国人、そのほかたくさんのおかしな人たちを訓練し、朝鮮人を北朝鮮に落とし、中国人を北朝鮮との国境のすぐ北側の中国領に落としていた。落とし続けたけれど、彼らから連絡はなかった」。

「ヨーロッパでの実績はお粗末だった」とグレッグは言う。「アジアの実績もお粗末だった。初期のCIAの実績はお粗末だった――評判はよかったが、実態はひどいものだった[16]」。

「CIAはだまされているのだ」

敵がでっち上げた偽情報に注意するよう、ベデル・スミスは繰り返しウィズナーに警告していた。しかしウィズナーの部下のなかにも偽情報をでっち上げるものがいた。ウィズナーが朝鮮に送り出した支局長で作戦担当の主任がそうだった。

一九五一年の二月から四月にかけて、釜山湾にある影島（ヨンド島）に千二百人以上の北朝鮮からの亡命者が集められた。指揮をとったのは作戦主任のハンス・トフテ、OSSの経験者で、敵を欺くより上司を欺くことに才能のある男だった。彼は四十四のゲリラ・チームからなる三つの部隊を作り、それぞれをホワイト・タイガー、イエロー・ドラゴン、ブルー・ドラゴンと称した。部隊には三つの任務があった。情報収集のために敵地にもぐりこむこと、ゲリラ戦の実働部隊となること、撃墜されたアメリカ人パイロットや乗組員を救出するための脱出を支援すること、である。

ホワイト・タイガー部隊は一九五一年四月末、百四人の隊員で北朝鮮に上陸、さらにパラシュートで降下した三十六人の工作員の支援を受けた。四ヵ月後、朝鮮を離任したトフテは自分の業績について賞賛に満ちた報告を本部に送った。しかし十一月までには、ホワイト・タイガー部隊のほとんどのゲリラは殺害されるか、捕まるか、行方不明になっていた。ブルー・ドラゴン部隊もイエロー・ドラゴン部隊も同じような運命をたどった。生き残ったごく少数のものも、捕らえられ拷問を受けたうえ、偽の無線情報を送ってアメリカ人の担当官をだます結果になった。生還したゲリラは一人としていなかった。脱出支援のチームも、ほとんどが行方知れずになるか、殺害された。

一九五二年の春から夏にかけて、ウィズナーの部下は千五百人以上の朝鮮人工作員を北朝鮮にパラシュート降下させた。彼らは北朝鮮軍や中国軍の動きについて大量の報告を無線で送り返してきた。

これらの報告を、CIAソウル支局長のアルバート・R・ヘイニーは喧伝して歩いた。彼はおしゃべりで野心的な陸軍大佐で、数千人の人間が自分の下でゲリラ作戦や諜報任務についていることを、おおっぴらに自慢していた。ヘイニーは数百人の朝鮮人の雇い入れと訓練を自分が個人的に監督したと吹聴していた。ヘイニーのある同僚は、ヘイニーのことを危険なおろかものだと考えていた。ソウルにいた国務省政治情報担当官のウィリアム・W・トマス・ジュニアは、ヘイニー支局長が雇った人たちのなかには「相手側に手綱を握られているもの(17)」がたくさんいるのではないかと疑っていた。

一九五二年九月にヘイニーと交代してソウル支局長に就いたジョン・リモンド・ハートも同じ疑いを持っていた。ハートは、CIAに入って最初の四年間、ヨーロッパで偽情報のでっち上げに何度も煮え湯をのまされていた。ローマでアルバニア人亡命者を組織する仕事をしたこともあった。それだけに彼は、偽情報の問題を強く警戒しており、「自分の前任者が主張している奇跡的な業績もしっかり調べてみよう(18)」と決めていた。

ヘイニーは二百人を超えるCIA要員を使っていたが、そのうちだれ一人として朝鮮語を話せるものがいなかった。支局は採用した朝鮮人工作員に依存していた。これらの朝鮮人工作員が北朝鮮でのCIAのゲリラ作戦や情報収集任務を指揮していた。ハートは、三ヵ月に及ぶ調査の結果、彼が引き継いだ朝鮮人工作員のほとんどが、報告を捏造したり、秘密裏に共産主義者に通じたりしていたことが分かった。過去一年半の間に前線からCIA本部に送った報告は、ことごとく計算ずくの策略だった。

「一つ、今でも覚えている報告がある」とハートが話した。「それは各戦線の中国軍と北朝鮮軍の一覧と称するもので、各部隊の兵力や数字で表した名称などを記していた」。米軍の指揮官はそれを「この戦争での最も優れた情報の一つ」と賞賛したが、ハートはそれを完全な捏造と判断した。

ハートはさらに、ヘイニーが雇い入れた重要な朝鮮人工作員はすべて――一部ではなく、全部が――「詐欺師だったことを知った。彼らは一時期、CIAが北朝鮮の地下組織に贈るはずの気前のいい手当てをくすねて気楽な生活をしていた。われわれが受け取っていた、地下工作員と称するソースからの報告は、ほとんどすべてが敵の偽情報だった」。

戦争が終わってずいぶん時間が経過してから、CIAはハートが正しかったとの結論に達した。CIAが戦争中に集めた秘密情報はほとんどすべてが、北朝鮮と中国の公安当局によって作られたものだった。架空の情報がペンタゴンやホワイトハウスに伝達された。CIAの朝鮮における準軍事作戦は敵方から浸透され、作戦が始まる前に敵に筒抜けになっていた。

ハートは本部に対し、仕掛けを洗い直し被害を元に戻すまで支局の活動を中止するよう訴えた。敵に浸透された諜報組織などは、ないほうがましだった。しかしベデル・スミスは、逆にハートのところへ特使を派遣して「CIAは新しい組織で、[19]まだ評価が確立していないから、ほかの政府機関に対して――なかんずく、競争関係にある他の軍事諜報組織に対して――北朝鮮での情報収集ができないことを認めるわけにはいかない」と伝えた。これを伝えたのは情報本部次長のロフタス・ベッカーだった。ベッカーは一九五二年十一月、ベデル・スミスの指示でアジア全域のCIA支局を視察したが、帰国後、辞表を提出した。彼は状況が絶望的だとの結論を出し、極東におけるCIAの情報収集能力は「ほとんどなきに等しい」と伝えていた。辞任の前に彼はフランク・ウィズナーに向かってこう言った。「秘密工作がばれたということは失敗の現われだ。[20]最近はそういう工作が多すぎる」。

ハートの報告とヘイニーの欺瞞行為は闇に葬られた。CIAは待ち伏せのわなに落ちたが、それを戦略的術策だと説明した。ウィズナーの準軍事作戦部長を務めた空軍大佐のジェームズ・G・L・ケリスによると、ダレスは議会に対して「CIAは北朝鮮のかなりの抵抗勢力を動かしている」と説明したという。ダレスは当時「北朝鮮の『CIAゲリラ』は敵にコントロールされている」との警告を受けていた。実際には「CIAにはそのような『財産』はなかった」し、「CIAはだまされていた」[21]。ケリスは戦後、ホワイトハウスあてに送った内部告発の書簡のなかで、そう報告している。

失敗を成功と言いくるめる能力がCIAの伝統になりつつあった。過ちから学ぼうとしたがらないことが、CIAの文化になった。CIAの秘密工作に関わったものは「教訓を学んだ」式の研究を残したためしがない。現在でさえも、教訓を学び取るためのルールや手続きは皆無に近い。「われわれの極東における作戦が期待から大きくかけ離れていることは、みんな分かっている」[22]とウィズナーは本部での集まりで認めている。「われわれに課された重大な責務を成功裏に遂行するために必要な人材やその数をそろえるだけの時間がなかった」とウィズナーは弁解している。北朝鮮に諜報活動の浸透を図れない点は、CIAの歴史で最も長く続いている失敗として、いまに引き継がれている。

「だれかが犠牲にならねばならぬ」

CIAは一九五一年に、朝鮮戦争で第二の戦線を開いた。毛沢東の参戦にすっかり混乱した中国作戦デスクの担当者[23]は、百万人にも上る国民党ゲリラが中国国内でCIAの支援を待っていると信じ込んでいた。

これらの報告は、香港の情報屋が勝手に捏造したものか、台湾の政治屋が企てた陰謀なのか、それともワシントンの希望的観測が生み出した推測なのか。CIAとして、毛沢東と戦争するのは賢明なことか。これらの疑問をじっくり考える時間もなかった。「この種の戦争について、政府部内には基本的に承認された戦略がない。われわれは蔣介石に対してさえ政策を持ち合わせていないのだ[24]」とべデル・スミスはダレスとウィズナーに語った。

ダレスとウィズナーは自分たちの戦略を勝手に作り上げた。まず、パラシュートで共産中国に降下するアメリカ人を募った。その可能性のあった一人がポール・クライスバーグだった。彼は「CIAが私の忠誠心を試し、[25]パラシュートで四川省に降下することを引き受けるかどうかと尋ねてこちらのやる気を確かめる」までは、ぜひCIAに参加したいと考えていた。「目標は、四川省の山岳部に残っている反共の国民党兵士を組織し、彼らといくつかの作戦を展開すること、そのうえで、もし必要ならビルマ経由で脱出する、というものだった。CIAの人間は私を見て『進んでやる気があるか』と言った」。クライスバーグはじっくり考えてから、国務省に入った。アメリカ人の志願者がなかったため、CIAは何百人もの中国人工作員を中国本土に、しばしばあてずっぽうにパラシュート降下させた。彼らには、自力で集落にたどり着くよう命令が与えられていた。行方不明になると、彼らは秘密戦争のコストとして忘れ去られた。

CIAはまた、中国北西部のイスラム教徒回族と手を結べば毛沢東の足元を脅かせるのではないかと考えた。回族を率いていたマ・プファンは中国国民党と政治的なつながりを持っていた。CIAは中国西部に武器や弾薬、無線機、それに数十人の中国国民党の中国人工作員を送り込み、さらに彼らに続くアメリカ人を見つけようとした。そうして新たに採用しようとしたアメリカ人の一人がマイケル・D・コウだった。コウは後にマヤ文明の象形文字を解読し、二十世紀の最も優れた考古学者の一人として知られることになる人物である。コウが二十二歳のハーバード大学院生だった一九五〇年の秋、ある教授が彼を昼食に連れ出し、その後の十年で何千人ものアイビー・リーグの学生たちが耳にした質問をした。「非常に面白い資格で政府のために働いてみたいと思わないかね」。コウはワシントンに行き、ロンドンの電話帳から無作為に取り出した偽名を受け取った。二つの秘密工作のうちの一つで事案調査を担当するよう命じられた。中国西部の奥深くでイスラム教徒の戦士を支援するためにパラシュートで降下するか、でなければ、中国沿岸の島に送り込まれて襲撃作戦を取り仕切るか、のいずれかだった。

「自分にとって幸いなことに、[26]後者に決まった」とコウは言う。コウは、毛沢東の中国を転覆するために台湾にCIAが作ったフロント企業「ウェスタン・エンタプライジズ」の社員になった。八ヵ月間、ホワイト・ドッグと呼ばれたちっぽけな島で過ごした。この島でした仕事で唯一意味があったのは、国民党の参謀司令が共産党のスパイであることを発見したことぐらいだった。朝鮮戦争の末期の台北では、ウェスタン・エンタプライジズが秘密組織であることは、アメリカ人の同僚が通う中国の売春宿がもはや秘密ではないのと同様に、知れ渡っていた。「彼らはPXや将校クラブなどのある、塀で囲まれたコミュニティを作った」とコウは言う。「かつてそこにあった精神はすっかり変わってしまった。信じられないほどの金の無駄遣いだった」。CIAは「国民党からいんちき情報を売りつけられた。中国内部には大きな抵抗勢力がある、というのもそれだ。われわれはまったくお門違いのことをしていたのだ。作戦すべてが時間の浪費だった」とコウは結論づけていた。

国民党への賭け損を避けようと、CIAは中国に「第三勢力」があるはずだと考えた。[27]一九五一年四月から五二年末までの間に、CIAはおよそ一億ドルを使って二十万人分のゲリラ向けの武器や弾薬[28]を購入したが、第三勢力とやらは見つからなかった。およそ半分の資金と銃は、沖縄に足場を持つ中国人難民グループの手に渡った。彼らは、中国本土の大きな反共部隊に支えられているという話をCIAに売り込んでいた。これもいんちきだった。元OSS隊員でウェスタン・エンタプライジズを切り盛りしていたレイ・ピアズは、自分がもし生きた第三勢力の兵士を見つけたら、剝製にしてスミソニアン博物館に送りつけてやる、と言った。

一九五二年七月、四人組の中国人ゲリラを満州に降下させた段階でも、CIAは依然として捕らえどころのない抵抗勢力を捜していた。四ヵ月後、四人のチームから助けを求める無線連絡が入った。これはわなだった。彼らは捕まり、中国側に寝返っていた。CIAは、新しく考案された救出用のスリング・ネットを使って救出作戦をすることを許可した。ディック・フェクトウとジャック・ダウニー(29)の二人が初めての作戦で最前線に送り込まれた。二人の飛行機は中国の機関銃射撃で撃墜された。パイロットは死亡した。フェクトウは中国の刑務所で十九年の刑期を務め、エール大学を出たばかりだったダウニーは二十年以上、刑に服した。北京は後に満州での成果を放送した。それによると、CIAは二百十二人の外国人工作員を降下させたが、このうち百一人は殺害され、百十一人は捕獲された。

朝鮮戦争におけるCIAにとっての最後の戦場はビルマ（現ミャンマー）だった。一九五一年早々、中国軍がマッカーサー軍を南方へ追い詰めつつあったころ、ペンタゴンは、国民党軍が第二の戦線を開けば中国のマッカーサー軍に対する圧力が多少は軽減するだろうと考えていた。国民党李弥《リミ》将軍に従う勢力およそ千五百人が、ビルマ北部の中国国境に近いところに足止めされており、李弥はアメリカに銃と金《ゴールド》を求めていた。CIAは国民党軍兵士をタイに送り込み、訓練させ、装備を与え、銃・弾薬とともにビルマ北部に降下させた。新しくCIA入りしたデズモンド・フィッツジェラルドは、第二次大戦中にビルマで戦闘に加わったことがあり、弁護士としても社会的にも立派な信用の置ける人物だった。彼が李弥作戦(30)を引き継いだ。が、それはすぐに茶番となり、そして悲劇になった。

李弥軍の兵士が国境を越えて中国に入ったとき、毛沢東の部隊に完全に撃破された。CIAの諜報担当官は、バンコクにいた李弥軍の無線技師が共産中国の工作員であることを発見した。しかしウィズナーの部下は作戦を継続した。李弥軍兵士は撤退し、再集結した。フィッツジェラルドが追加の武器と弾薬をビルマに投下したが、李弥軍兵士は戦おうとしなかった。彼らは「黄金の三角地帯」として知られる山間部に定住し、アヘンを栽培し、地元の女性たちと結婚した。二十年後、CIAはビルマでもう一つの小さな戦争を始めねばならなくなる。李弥の世界的な麻薬帝国の足場になっているヘロイン製造所を抹殺するためである。

「失われた機会を嘆いたところで意味がない。……過去の失敗の言い訳をするのもおなじことだ」。ベデル・スミスは、マッカーサーの後任として極東軍司令官になったマシュー・B・リッジウェイ将軍にあてた手紙のなかで書いている。「厳しい経験を通して私が学んだことは[31]、秘密工作はプロの仕事であってアマチュアの仕事ではないということである」。

朝鮮戦争におけるCIAの災難を上塗りするような出来事[32]が一九五三年七月の休戦からまもなくして起きた。CIAは韓国の李承晩大統領を絶望的と見なし、何年もの間、彼を交代させようとしてきた。間違って危うく彼を殺しそうになったこともあった。

夏の終わり近く、雲ひとつないある日の午後、CIAが朝鮮人の工作員訓練の基地にしていたヨンド島の海岸線近くを、一隻のヨットがゆっくり進んでいた。このヨットには李承晩大統領が乗って、友人たちとパーティをしていた。訓練場の責任者と警備員は李大統領が近くを通過することの連絡を受けていなかった。警備員らは発砲した。奇跡的にだれも怪我をしなかったが、大統領の不興を買った。大統領はアメリカ大使を呼び、CIAの準軍事グループを七十二時間以内に国外に撤収するよう伝えた。その後まもなく、運の悪い支局長のジョン・ハートは採用から訓練、一九五三年以降五五年までの北朝鮮に対する工作員のパラシュート降下など、すべて一からやり直さねばならなかった。ハートが把握している限り、これらの工作員はすべて捕まるか、処刑されるかした。

朝鮮では、CIAはあらゆる面で失敗した。警告を発することにも失敗、分析を提供することにも失敗、そして採用した工作員たちを向こう見ずに展開したことの失敗など。その結果、アメリカ人にもアジアの同盟国の人々にも、何千人という犠牲を出した。

三十年後、アメリカの元軍人は、朝鮮戦争を「忘れられた戦争」と呼んだ。CIAではこの戦争のことを意図的に忘れようとしている。幻のゲリラに武器をつぎ込んだ一億五千二百万ドルの無駄遣いは、会計簿のうえではうまく帳尻を合わせられた。朝鮮戦争時の情報の多くが偽か捏造であった事実は、伏せられたままになった。一体どれくらいの人命が失われたのかという問題も、問われもせず、答えも出されなかった。

しかし極東担当の国務次官補ディーン・ラスクは腐臭を嗅ぎ取っていた。ラスクは国務省の有力な中国通のジョン・メルビーに調査を促した。メルビーは一九四〇年代半ばからこのかた、アジアにおけるアメリカ最初のスパイたちと肩を並べて仕事をした経験があり、関係者の顔ぶれも知っていた。彼は現地へ出かけ、時間をかけてじっくり調べた。メルビーはラスクあての極秘報告のなかで「われわれの諜報はあまりにお粗末で、役所の不正行為にも近いものがある[33]」と指摘した。この報告はなぜか、CIA長官のデスクに届いた。メルビーはCIA本部に呼び出され、ベデル・スミスから昔ながらの叱責を受けた。副長官のアレン・ダレスはそれをそばに座って黙って聴いていた。

ダレスにとっては、アジアはいつも二次的な問題だった。西洋文明にとっての本当の戦争はヨーロッパがその場所だとダレスは信じていた。その戦争では「準備を整え、勇んで立ち上がり、結果を受け入れる、そういう人々[34]」が必要とされる。ダレスは一九五二年五月、プリンストン・インで行われた非公開の会議で、親しい友人や同僚にそう語っていた。二〇〇三年に解禁になった発言記録によると、彼はこうも言っている。「結局のところ、朝鮮では十万人が犠牲になった。アジアでそれだけの犠牲を我々は進んで受け入れたのだから、(欧州の)鉄のカーテンの向こう側で少々、死者が出ても、犠牲者が出ても、心配をする必要はないということだ。……兵力が全部そろって、勝てるという確信が持てるまで待つなんてことはできないんだ。さっさとスタートして、先へ進まなければならない」。

「少々の犠牲は必然であり、だれかが死ななければならないのだ」

第7章 「広大な幻想の荒野」 尋問実験「ウルトラ」

アレン・ダレスはプリンストン・インに集まった同僚に、衛星国をコントロールするスターリンの能力を破壊するにはどういう方法が最良か、考えるよう要請した。ダレスは秘密工作によって共産主義を破滅させられると信じていた。CIAはロシアをもともとの国境まで押し返そうとしていたのだ。

「こちらから出て行って攻勢をかけるとすれば、[1] ことを始めるには東ヨーロッパが最適の場所だ」とダレスは言った。「私は流血の戦闘は望んでいない。しかしとにかく何かを始めたい」。

チップ・ボーレンが異議をとなえている。ボーレンはまもなくモスクワ駐在のアメリカ大使に任命されることになっていたが、彼は最初からこの仕事にかかわっていた。CIAによる政治戦争計画の種は、五年前にボーレンが出席した日曜日の夕食会の席でまかれていたのだ。「われわれの政治戦争ははたして意味のあることだろうか」とボーレンはダレスに仰々しい言い回しで忠告した。「たしかにわれわれは一九四六年以来、いろんなことをやってきた。だが、それが効果的であったかどうか、最善のやり方であったかどうかは別の問題だ」。

「君が『こちらから攻勢に出るか』と言うとき、私に見えるのは広大な幻想の荒野だ」とボーレンは言い放った。

朝鮮での戦争がまだ続いているにもかかわらず、統合参謀本部はフランク・ウィズナーとＣＩＡに「共産主義のコントロール・システムの心臓部」に狙いをつけて「ソ連に対する大規模な隠密攻勢を」[2]実施するよう指示した。ウィズナーは統合参謀本部の期待に応えている。マーシャル・プランはアメリカの同盟国に武器を提供する条約に変貌しつつあった。ウィズナーはそれを、鉄のカーテンの向こう側に残っていざ戦争というときソ連と戦う勢力を武装するいい機会だと考えていた。彼はヨーロッパ全体に種をまき続けていた。スカンジナビアの山や森からフランス、ドイツ、イタリア、ギリシャにいたる各地で、ウィズナーの部下は来るべき戦争に備えて湖に金塊を沈めたり、大量の武器を地中に埋めたりしていた。ウクライナやバルト諸国の沼や丘陵地帯では、工作員をパラシュートで降下させては死に至らしめていた。

ドイツでは、千人を超える要員が東ベルリンにリーフレットを密かに送り込んでいた。偽造した切手には首に絞首刑の綱が巻きついた東ドイツ指導者のヴァルター・ウルブリヒトの肖像があしらわれていた。ＣＩＡはまた、ポーランドに対する準軍事作戦もたくらんでいた。これらの計画に欠けていたのは、まず、ソ連の脅威の性質を分析するという姿勢である。ソ連帝国を破壊しようとする作戦が、ソ連を監視分析する計画を圧倒し続けていたのである。

「彼の身体も魂も君のものだ」

用心深いベデル・スミスは、自分が信頼を置くルシアン・Ｋ・トラスコット中将を派遣してドイツのＣＩＡ活動を引き継がせ、ウィズナーの部下が何をしているのか調べさせることにした。トラスコットには申し分のない人脈と戦争での優れた実績があった。彼に与えられた命令は、彼が疑わしいと見なす計画をすべて中止させよというものだった。着任するとトラスコットは、ＣＩＡベルリン支局のトム・ポルガーを自分の補佐に据えた。

二人はいくつかの時限爆弾を見つけた。そのなかの一つは、当時のCIA文書が「海外尋問」プログラムと呼ぶ、暗い秘密だった。

CIAは二重スパイと疑われたものから供述を引き出すための、人目をはばかる監禁場所を設置していた。一つはドイツに、もう一つは日本にあった。三番目で最大規模のものは、パナマ運河地帯に置かれていた。「グアンタナモと同じように、[3]そこでは何でもありだった」とポルガーは二〇〇五年に振り返っている。

パナマ運河地帯はそれ自体独自の世界を作っていた。十九世紀から二十世紀への変わり目にアメリカが押さえ、運河を囲む地域のジャングルをブルドーザーで切り開いてできたものだ。運河地帯の海軍基地には、普段は酔っ払いや始末におえない水兵らを閉じ込めておく監禁施設があるが、CIAの保安部がその中に建設用ブロックづくりの監房を増設していた。これらの監房ではCIAが極秘に厳しい尋問の実験などを行っていた。拷問すれすれの手法を使ったり、薬物を使ってマインド・コントロールを試みたり、洗脳をしたり、といった実験だった。

このプロジェクトの起こりは一九四八年、当時ドイツにいたリチャード・ヘルムズとその要員たちが、二重スパイにだまされていることに気づいたころにさかのぼる。一九五〇年、朝鮮戦争が勃発、非常事態との意識がCIAに広まると、応急のプログラムとしてこの努力が始まった。その年の夏の終わりごろ、パナマでは気温が華氏百度に近づく時期に、ロシア人亡命者二人がドイツから送られてきて、薬を注射され、容赦ない尋問を受けた。これと並行して、CIAが勝手に徴用した日本の軍事基地で、二重スパイの疑いをかけられた北朝鮮人四人が同じような扱いを受けた。これら六人は、「プロジェクト・アーティチョーク」と名づけられたプログラム[4]で最初に実験動物にされた人間である。このプロジェクトで、ＣＩＡは人間の心をコントロールする方法を研究した。この研究は十五年続くことになるが、最初の重要な一歩だった。

ＣＩＡがドイツで工作員あるいは情報提供者として採用したロシア人や東ドイツ人の多くは、うまくいかなかった。彼らは自分たちの持っているなけなしの知識を吐き出してしまった後は、仕事を長引かせようと、だましやゆすりといった手段に訴えた。彼らのうちの少なからぬ人間が隠密にソ連のために働いているのではないかとの疑いを持たれた。二重スパイの問題は、共産側の諜報、保安組織がＣＩＡよりはるかに大掛かりで、相当に充実していることをＣＩＡの要員たちが知ったとき、緊急の課題になった。

リチャード・ヘルムズはかつて、アメリカの諜報員は外国人工作員の「身体も魂も所有し」ないかぎりは彼らを信用しないように訓練されている、と語ったことがある。人の魂を所有する必要から、マインド・コントロールのための薬やそれを実験するための刑務所へとつながっていったのだ。こうした努力は、ダレス、ウィズナー、ヘルムズの個人的な責任によるものだった。

一九五二年五月十五日、ダレスとウィズナーはプロジェクト・アーティチョークに関する報告を受け取った。これには、ヘロイン、アンフェタミン、睡眠薬、新しく発見されたＬＳＤ、その他の「ＣＩＡ尋問における特殊技術」を実験した四年間にわたる研究が詳細に記されていた。プロジェクトの一部で用いた尋問技術は非常に強力で「その影響下に置かれた個人は質問を受けてうそをつきとおすことが困難になった」。それから数ヵ月後、ダレスは暗号名「ウルトラ」と名づけた、意欲的な新しいプログラムを承認した。そのプログラムの下で、ケンタッキー州の連邦刑務所で七人の囚人にＬＳＤが投与され、七十七日間連続してハイにさせられた。陸軍に雇用されている民間人のフランク・オルソンにＣＩＡが密かに投与したときは、オルソンはニューヨークのホテルの窓から飛び降りた。二重スパイと疑われてパナマの監禁房に送られた工作員らと同じように、これらの人々はソ連に勝つための戦いに徴用された消耗品だったのである。

ヘルムズを含むＣＩＡ幹部は、これらのプログラムが世の中に知られることを恐れて、ほとんどの記録を破棄してしまった。残っている証拠は断片的だが、それでも疑われた工作員に薬を強制して尋問するための秘密の刑務所が一九五〇年代もずっと続いていたことを、強く示唆している。この秘密組織の構成員、ＣＩＡの警備担当者、ＣＩＡの科学者と医師らがプロジェクト・アーティチョークの進捗具合を討議する月例の会合は一九五六年まで続いていた。ＣＩＡのファイルによれば、「これらの討議には海外での尋問の計画作りも含まれており」「特殊尋問」技術の使用はその後数年、続いていた(5)という。

鉄のカーテンの向こう側に潜入しようとする努力は、ＣＩＡに敵と同じ戦術を取らせることにつながったのだった。

「よく検討された計画のはずだが……」

トラスコット中将が中止させたＣＩＡ作戦のなかに、「ヤング・ジャーマンズ（ドイツ青年団）」と称するグループ(6)を支援するプロジェクトがあった。その指導者の多くは年を食った元「ヒトラー・ユーゲント（ナチの青少年団）」だった。会員数は一九五二年に二万人を超えていた。彼らは狂信的だった。ＣＩＡの提供した武器や無線機、カメラ、それに現金を受け取り、国のあちこちで地中に埋めていた。彼らはまた、時期が来れば暗殺の対象とする、主な西ドイツのリベラル政治家の長いリスト作りを始めていた。やがて、「ヤング・ジャーマンズ」の活動が目に余るようになり、その存在と暗殺リストが世間に知られてしまった。

「秘密がばれたために、大きな頭痛の種が生じ、ＣＩＡはパニックに陥った」と、当時トラスコットの下にいて、後に副長官になるジョン・マクマーンは語っている。

ダレスがプリンストン・インで講演をしていたのと同じ日に、ヘンリー・ヘクシャーはＣＩＡ本部あての心のこもった訴えを書いていた。まもなくベルリン支局長になるはずのヘクシャーは、東ドイツ内部の特異な工作員との関係を深めていた。この工作員は「自由法律家委員会」と呼ばれる見事な組織を運営するホルスト・エルトマンだった。この組織は若い弁護士や弁護士補助員による地下組織で、東ベルリンで共産主義体制に抵抗を続けていた。彼らは共産主義国家による犯罪の資料を収集していた。一九五二年七月に西ベルリンで国際法律家会議が開かれることになっており、自由法律家委員会はこの世界的な舞台で重要な政治的役割を果たす可能性があった。

ウィズナーはこのグループを支配し、彼らを武装地下組織に変えようと願っていた。ヘクシャーはこれに抗議した。彼らは情報源であり、無理やり準軍事的な役割を押し付ければ大砲の餌食になってしまう、と主張した。ヘクシャーの主張は抑え込まれた。ウィズナーの部下がラインハルト・ゲーレンの部下の一人を選んで、このグループを三人ずつの細胞で構成される戦闘グループに変えさせた。しかしすべての細胞の全員が他のすべての細胞の構成員まで知っているという、保安上の典型的な失敗を犯していた。国際会議の前夜、ソ連軍兵士が指導者の一人を逮捕し、拷問にかけた結果、ＣＩＡの自由法律家委員会(7)のメンバーは全員が逮捕されてしまうことになった。

一九五二年の年末に向けて、ベデル・スミスの長官としての任期が終わりに近づいたころ、ウィズナーがにわかじこみで着手した工作は、さらに瓦解し始めていた。新たにＣＩＡ要員になったテッド・シャックリーは、そのとんでもない結末をいまだに強烈に記憶している。シャックリーはウエストバージニア州の憲兵隊を訓練する仕事から無理やり引っ張られて、少尉としてＣＩＡの緊張に満ちた仕事を始めたばかりだった。彼の最初の任務は、ＷＩＮという略語で知られるポーランドの解放軍「自由と独立運動」を支援することだった。シャックリーは、こうして、ウィズナーの主要な工作の実態をまのあたりにする。

ウィズナーとその部下たちは、それまでにおよそ五百万ドルに相当する金の延べ棒や軽機関銃、ライフル、弾薬、それに双方向無線機などをポーランドに投下していた。彼らは「外部のＷＩＮ」と呼ぶ、ドイツやロンドンに住む少数の亡命者と信頼のおける関係を築いていた。ウィズナーたちは、「内部のＷＩＮ」はポーランドの兵士五百人、武装パルチザン二万人、同調者十万人などからなり、赤軍と戦う用意のある強力な勢力だと信じていた。

それは幻想だった。ソ連の後押しを受けたポーランドの秘密警察は、すでに一九四七年にＷＩＮを壊滅させていた。一九五〇年に、正体不明の密使がロンドンのポーランド亡命者の下に送られた。そのメッセージはＷＩＮがワルシャワで生き残り、活動を続けているというものだった。亡命者たちはこれをウィズナーの部下に伝えた。ウィズナーらは、敵の背後に抵抗グループを作ろうとこの機会に飛びつき、多くの愛国者たちをかきあつめてパラシュートでポーランドに送り込んだ。ＣＩＡ本部では、幹部たちがようやく共産主義者の作戦の裏をかくことができたと思っていた。「ポーランドは、地下抵抗運動の進展では最も希望の持てる例だ[8]」とベデル・スミスは一九五二年八月の幹部会議で語っていた。ウィズナーはベデル・スミスに「ＷＩＮはいまうまくいっている」と語っていた。

ソ連とポーランドの諜報機関は、数年をかけてわなを仕掛けていたのだ。「彼らはこちらの空からの作戦を十分知っていた」とマクマーンはいう。「われわれが向こうに工作員を降下させる。工作員はこちらが役に立つと目をつけていた〝抵抗勢力〟のところに連絡をとる。ポーランドとソ連の秘密警察が〝抵抗勢力〟の背後に控えていて、工作員を一網打尽にした。工作員のパラシュート降下作戦はよく準備された作戦だった。こちらが〝抵抗勢力〟と勘違いしてソ連の工作員をせっせと集めていたという一点をのぞいては。結果は、壊滅的だった。多くの人間が死んだ」。おそらくその数は、三十人かそれ以上だったろう。

五年の歳月をかけ、何百万ドルをつぎ込んだ計画が水泡に帰したことを知ったときの同僚の要員たちの様子を、シャックリーは忘れられないと語った。彼らが最も手ひどい打撃を受けたのは、ポーランド側がCIAの資金の相当部分をイタリア共産党に送っていたことを知ったことだったかもしれない。

「第二次大戦中に占領下の西ヨーロッパでOSSが活動したように、東ヨーロッパでもCIAは活動できると明らかに考えていたが(9)、それは明らかに不可能だった」。そう語ったのは、後にボイス・オブ・アメリカのトップに立つCIAのヘンリー・ルーミスだった。

ワシントンでは、本部から東ヨーロッパの作戦を担当していたフランク・リンゼーが苦悩のうちに辞任した。リンゼーはダレスとウィズナーに、共産主義に対するCIAの戦略として、秘密工作に代えて科学的、技術的スパイの手法をとるべきだと述べた(10)。空想上の抵抗運動を支援するという無謀な準軍事作戦では、ソ連をヨーロッパから押し出すことはできそうになかった。

ドイツでは、マクマーンが支局に届くすべての電報を数ヵ月がかりで読んだ。到達した結論は明確だった。マクマーンは後年、次のように語った。「われわれの能力はゼロだった。ソ連の内部に対する洞察は皆無だった(11)」。

「情報局の将来」

CIAはいまや職員数一万五千人、秘密資金は年間五億ドル、海外に五十以上の支局を持つ世界的な組織となった。ベデル・スミスはその意志の力で、その後の半世紀続くCIAの組織の基礎をつくり上げたのだ。彼は政策調整室と特別工作室を海外の活動のための秘密機関にまとめ上げ、国内での分析のための統一システムを構築し、CIAに対する一定の敬意をホワイトハウスから取り付けることにも成功した。

しかしベデル・スミスは、CIAを専門的な諜報機関にはしなかった。「十分に資格のある人材を得られないのだ(12)」と、長官としての任期切れを控えたスミスは嘆いていた。「そういう人材がそもそも存在しないのだ」と。そして彼は、アレン・ダレスとフランク・ウィズナーを自分の権威に従わせることもできなかった。一九五二年の大統領選挙の一週間前、ベデル・スミスは最後にもう一度だけ、二人に言うことを聞かせようと試みた。

十月二十七日、CIAの上級幹部二十六人を集めた会議でベデル・スミスは次のように宣言した。「CIAが訓練の行き届いた人材をそろえるまで、CIAは活動を限定し、作戦の数を抑えて成功させるようにすべきである。訓練不十分な要員や質の劣った人材(13)によるお粗末な作戦で広い範囲をカバーしようとするのはやめたほうがいい」と。ドイツにいるトラスコットの調査に力を得たベデル・スミスは、「マーダー・ボード」—CIAの秘密工作のうち最悪の作戦を、つまり止めさせるための諮問会議—を招集するよう命じた。ウィズナーはたちまち反撃に出た。疑わしい作戦を中断するには時間がかかるし手間もかかる、ベデル・スミスの命令を遂行するには何ヵ月も要して、次の政権にまでわたってしまうだろう、と主張した。ベデル・スミスは敗北し、マーダー・ボードは不発に終わった。

ドワイト・D・アイゼンハワーは国家安全保障問題をめぐる政策綱領をかかげて大統領選挙に勝った。この政策綱領はソ連の衛星国を解放するよう自由世界に呼びかけたもので、アイゼンハワーの親しい外交問題顧問、ジョン・フォスター・ダレスが筋書きを書いたものだった。彼らが勝利した暁にはＣＩＡ長官を交代させることも計画に入っていた。ベデル・スミスの抗議を押して選ばれ、上院でも反対なしで承認され、新聞にも歓迎されて、アレン・ダレスはかねて切望していた仕事をついに手に入れた。

リチャード・ヘルムズは八年来、ダレスをよく知っていた。ベデル・スミスが第三帝国の無条件降伏を受け入れた現場のフランスの小さな赤い学校へ、二人一緒に旅行したとき以来の仲だった。ヘルムズは当時四十歳、各方面に顔が利き、頭髪を一筋の乱れもなくなでつけ、夜、明かりを消すときは机の上に一枚の紙も残さないという男だった。ダレスは六十歳、通風の足をいたわるため一人のときはぎこちなくスリッパに履き替え、いつもぼんやりしている大学教授風だった。アイゼンハワーの当選からしばらくして、ダレスはヘルムズを長官室に呼んで、二人で話し込んだ。

「将来について一言」[14]と、ダレスはパイプの煙をたっぷり部屋の中に漂わせながら言った。「ＣＩＡの将来のことだ」。

「一九四六年にいろいろ問題を片付けようとしていたころに、謀略や殺人などがあったことは君も覚えているだろう。中央の諜報機関は何に責任をとらねばならないのか。そもそも組織はこれからも存在するのだろうか」。ダレスがヘルムズに理解してほしいと思ったのは、自分がＣＩＡ長官である限り、大胆かつ困難で、危険な任務に献身する組織をなんとしても維持するという思いだった。

「いま現に、隠密の活動や作戦がいかに重要であるかということを、君が間違いなく理解していることを確かめておきたい」とダレスは言った。「ホワイトハウスと政府は秘密工作のあらゆる側面に強い関心を抱いている」。

それから八年間、アレン・ダレスは秘密工作に献身し、詳細な分析を侮り、アメリカ大統領を欺くという危険な手法を実践することによって、自分が構築してきた組織に測り知れない打撃を与えたのである。

第二部

１９５３年から１９６１年

アイゼンハワー時代

「奇妙な天才」

PART TWO

"A Strange Kind of Genius"

The CIA under Eisenhower

1953 to 1961

アイゼンハワーとフルシチョフ　©Corbis

第8章「わが方に計画なし」スターリン死す

一九五三年三月五日、ヨシフ・スターリンが死んだとき、アレン・ダレスはCIA長官に就任してまだ一週間しか経っていなかった。数日後、CIA内部ではこんな溜め息がもれることになる。「クレムリンの考えがどうなのか、われわれには信頼できる内部情報がない。[1] ソ連の長期的計画や意図に関するわれわれの評価は、不十分な証拠に基づく推測だ」。新しく大統領になったアイゼンハワーも不満だった。[2]「一九四六年からこの方、専門家と称する連中がみんな、スターリンが死んだとき何が起きるとか、われわれが国家としてどう対処すべきだとか、あれこれ言い募っていた。さて、彼は死んだ。みんな政府内部のファイルをひっくり返して、何か計画が作られていたか調べてみたが、骨折り損だった。計画は何もなしだ。彼が死んだ後、どんな変化が生じるかさえ定かには分からない」と憤りをぶちまけた。

スターリンの死によって、ソ連の意図をめぐるアメリカ側の不安が強まった。CIAに突きつけられた課題は、スターリンの後継者がだれであれ、先制攻撃をしかけてくるかどうかだった。しかしCIAがソ連について推定していたことは、幽霊の正体見たり枯れ尾花の類だった。スターリンは世界制覇の大計画を策定したことはなかったし、それを追求するだけの手段を手にしたこともなかった。

その死後、ソ連を最終的に支配することになったのはニキタ・フルシチョフだが、フルシチョフはスターリンがアメリカを相手に世界戦争を戦うことを考えて、「おののき」「震えて」いたと回顧した。「彼は戦争を恐れていた。スターリンはアメリカとの戦争を挑発するようなことは一切しなかった(3)。自分の弱点を知っていた」と語っていた。

ソ連の国家としての基本的欠陥の一つは、日常生活のあらゆる側面が国家の安全保障に従属させられていたことである。スターリンとその後継者たちは、自国の国境について病的にこだわっていた。ナポレオンはパリからロシア国境を侵した。その後、ヒトラーはベルリンからやってきた。スターリンが第二次大戦後一貫してとってきた外交政策は、東ヨーロッパ諸国を壮大な人間の盾にすることだった。スターリンが内部の敵の粛清に血道をあげている一方で、ソ連の国民は一袋のじゃがいもを買うために、果てしなく長い行列に並んでいた。アメリカ人はアイゼンハワー政権の下で、八年間の平和と繁栄を享受しようとしていた。しかしその平和は、急拡大する軍備競争と政治的魔女狩り、それに永続的な戦争経済の犠牲の上に成り立ったものだった。

アイゼンハワーにとっての課題は、第三次世界大戦を始めたり、アメリカの民主主義を破壊したりすることなくソ連と対峙していくことだった。アイクは、冷戦のコストがアメリカをだめにするのではないかとの不安を抱いていた。もし軍部首脳の言いなりになれば、アメリカの財政が食いつぶされる心配があった。そのため、核爆弾と秘密工作という、二つの秘密兵器に頼る戦略をとることに決めた。この秘密兵器は、何十億ドルもかけて戦闘爆撃機や航空母艦を多数、建造するよりはるかに安くついた。核兵器の威力をもってすれば、アメリカはソ連に新しい世界戦争を始めることを思いとどまらせることができるし、もし戦争が始まっても勝利できる。全世界で秘密工作を展開すれば、共産主義の拡大を阻止することができるし、アイゼンハワーが公然とその政策で宣言したように、ロシア人たちを押し戻すことができる。

アイクはアメリカの命運を、核兵器とスパイ組織に賭けたのである。アイゼンハワー政権初期の国家安全保障会議（NSC）では、ほとんどいつも、これらをどのように有効に活用するかが議題に上っていた。一九四七年に創設されたNSCは、海外におけるアメリカの力の行使をコントロールする組織だが、トルーマン政権下ではほとんど召集されなかった。アイゼンハワーはこのNSCをよみがえらせ、有能な軍人が部下を使うように、NSCを使った。毎週、アレン・ダレスは少しみすぼらしい執務室のある本部を出て黒いリムジンに乗り込んだ。そしてウィズナーやその部下たちが働いている、崩れ落ちそうな仮のオフィスの前を通り過ぎ、ホワイトハウスの門を入っていった。閣議室の楕円形をしたテーブルに、国務長官を務める兄のフォスターと向き合って座った。このテーブルには、国防長官、統合参謀本部議長、副大統領のリチャード・M・ニクソン、そして大統領が席についた。会議の初めにまずアレンが、世界の紛争地点について一渡り説明するのが常だった。話はその後、秘密戦争の戦略に移っていった。

「全世界を打ち負かすこともできる」

アイゼンハワーはしきりに核のパールハーバーが起きることを心配した。CIAは大統領の心配を和らげられなかった。一九五三年六月五日の国家安全保障会議でアレン・ダレスは大統領に、CIAとしては「ソ連の奇襲攻撃を前もって諜報のチャンネルを通して警告すること」(4)はできない、と伝えた。数ヵ月の後、ＣＩＡは、ソ連が大陸間弾道ミサイルをアメリカに向けて発射することは一九六九年以前にはできないだろうとの思い切った推測を打ち出した。実際には、ソ連は、一九五七年には大陸間弾道ミサイルを開発することになる。

一九五三年八月、ソ連が最初の大量破壊兵器—熱核爆弾と言えるものではなかったが、それにかなり近いもの—の実験を行った際、ＣＩＡはまったく手がかりを持たず、予告もできなかった。六週間後、アレン・ダレスがソ連の実験に関して大統領に説明したとき、アイゼンハワーは遅きに失する前にモスクワに全面核攻撃を加えるべきかどうか思案していた。大統領は「決断するときが迫っている」[5]ようだと言い、「いまわれわれが直面しなければならない問題は、こちらの持てるすべてを敵に一挙にぶつけるかどうかだ」と語った。この発言は、秘密扱いを解除されたＮＳＣの会議録に残っている。とりわけ、ソ連の保有する核兵器が一発なのか千発なのかアメリカ側に知るすべがないときに、「敵の能力におびえて震えるなどは無意味なことだけに、大統領の問いかけは恐ろしいものだった」。「われわれは自分たちの生活様式を守ることに心を砕いている。しかし大きな危険は、いまの生活様式を守ろうとすることによって、結果的にはこの生活様式を危険に陥れるような手段に頼ることになることだ。大統領の見方に従えば、本当の問題は、ソ連の脅威に対抗し、同時に必要なら、アメリカを要塞国家に変えてしまう結果にならないような統御の仕組みを作り出すことだ。すべてがパラドックスなのだ、と大統領は語った」。

「ソ連は明日にもアメリカに核攻撃を加えることができる」とダレスが大統領に警告したとき、大統領は「ソ連との世界戦争に勝つためのコストが自分たちに負担できないほど大きなものと思う人間はここにはいないだろう」と答えた。しかし勝利の代償としてアメリカの民主主義が破壊されるかもしれない。大統領は統合参謀本部議長が次のように指摘したことに注目していた。「われわれとしては、結果がアメリカの生活様式を変えるようなことになっても必要なことはしなければならない。全世界を打ち負かすこともできる[6]……もしアドルフ・ヒトラーと同じようなシステムを採用すれば」。

アイゼンハワーはこのパラドックスに秘密工作活動でもって対処できるかもしれないと考えていた。しかし東ベルリンでの厳しい戦いは、CIAが共産主義に真正面から対処する能力を欠いていることの証左だった。一九五三年六月十六、十七日には、三十七万人近い東ドイツの人々が街頭に繰り出した。数千人の学生や労働者がソ連や東ドイツ共産党の建物に火をつけ、警察車両にごみを投げつけ、彼らを弾圧しようとしたソ連の戦車を阻止するなど、抑圧者に激しい攻撃を加えた。暴動はCIAが当初予想したよりはるかに大規模だった。しかしCIAは、立ち上がった人たちを救うために何一つできなかった。フランク・ウィズナーは東ベルリンの市民を武装させることのリスクも計算したが、結局腰砕けとなった。彼の解放部隊は役に立たなかった。六月十八日、ウィズナーは、CIAとして「この時点で東ドイツの人たちにさらに行動を起こすよう煽るべきではない」と語った。蜂起は鎮圧された[7]。

その翌週、アイゼンハワーはCIAに対し、東ドイツや他のソ連衛星国で「大規模な攻撃や持続的な戦闘を仕掛けることのできる地下組織を訓練し武装するよう[8]」命じた。命令はまた、これら衛星諸国の「(ソ連の)傀儡政権の重要人物を排除すること」をCIAに促していた。排除とは文字通りのことを意味していた。が、命令は中身の伴わないジェスチュアだけに終わった。大統領はCIAの能力の限界に気づき始めていた。

その年の夏、アイゼンハワーはホワイトハウスのサンルームに、安全保障の分野で大統領が最も信頼を置く人たちを集めて、ソ連に対する国家戦略を見直すよう要請した。集まったのは、ウォルター・ベデル・スミス、ジョージ・ケナン、フォスター・ダレス、それに一九四二年の東京爆撃を指揮したパイロットとして知られるジェームズ・R・ドゥリトル退役空軍中将といった顔ぶれだった。サンルーム・プロジェクトが結論を出すころには、秘密工作を通じてソ連を後退させようという考え方は完全に葬られた。秘密工作が始まって五年目のことだった。

大統領はCIAの活動の方向転換を図り始めた。CIAはアジア、中東、アフリカ、中南米、それにどこであろうと、植民地帝国が崩壊したところでは敵と戦うことになっていた。アイゼンハワー政権下では、四十八ヵ国で新たに百七十二件の大きな秘密工作[9]を進めていた。政治活動、心理戦争、それに準軍事活動的な戦争も任務に含まれていたが、これらの任務を遂行する国々の文化や言語、歴史や国民について、アメリカのスパイたちはほとんど何も知らなかった。

アイゼンハワーは秘密工作に関する当初の決定を、ダレス兄弟との私的な会話の際に下すことがしばしばだった。アレンがまず作戦の提案をフォスターに伝え、フォスターがこれを大統領執務室でカクテルを飲みながら大統領に伝える、というのが通例だった。フォスターは大統領の承認と助言―ばれないようにしろ―をアレンのもとに持ち帰る。二人はそれぞれの執務室での私的な会話や電話で、時には国務省の役人でもある妹のエリノアを交えた日曜日のプールサイドの話で、秘密工作の方向づけを行っていた。フォスターは、アメリカと公然と同盟関係を組まない政権は、あらゆる手段を使って首をすげ替えるか追い落とすべきだと固く信じていた。アレンはそれに全面的に賛同していた。アイゼンハワー大統領のお墨付きを手にして、二人は世界地図の書き換えを手がけようとしていた。

「急速に悪化する事態」

アレン・ダレスは就任早々、CIAのイメージ向上に取り組んだ。[10] アメリカ最有力の新聞発行人や放送会社の首脳らとの交流を深め、上院議員、下院議員らを魅了し、新聞のコラムニストらに取り入った。思慮深く沈黙を守るより、威厳をもって広報を展開するほうが好都合だと考えていた。

ダレスは『ニューヨーク・タイムズ』や『ワシントン・ポスト』、それに主要週刊誌の幹部とは密接な関係を維持した。電話一本で、発生もののニュースの内容に口をはさむことができた。あるいは気に染まない海外特派員を現場からはずさせたり、『タイム』のベルリン支局長や『ニューズウィーク』の東京支局長をCIAの仕事に協力させることもできた。ダレスにとって新聞にニュースを書かせるなどは、お手のものだった。アメリカのニュース編集室には、戦時中の政府の宣伝機関だった戦時情報局出身者が幅を利かせていた。戦時情報局はかつてワイルド・ビル・ドノバンの領域の一部だった。CIAからの呼びかけに応じた人たちのなかには、ヘンリー・ルースと彼の下にある『タイム』、『ルック』、『フォーチュン』の雑誌編集者らがいた。ほかに大衆誌『パレード』、『サタデー・レビュー』、『リーダーズ・ダイジェスト』の編集者や、CBSニュースの有力な幹部も含まれていた。ダレスは広報宣伝のためのネットワークを作り上げた。これには五十を超える報道機関、十を超える出版社が含まれ、さらに西ドイツの最有力メディア事業を率いるアクセル・シュプリンガーからは個人的な支持の約束を取り付けていた。

ダレスは自分が頭の切れる、専門的な諜報機関のボスとして見られることを望んでいた。新聞は忠実にそのイメージを映して伝えていた。しかしCIAの資料は、それとはまったく反対の事情を明らかにしている。

ダレスと幹部らによる毎日定例の会議の記録(11)を見ると、CIAの抱える問題が、国際的危機から組織内部の災難―はびこるアルコール依存症、金銭の絡む不正行為、大量辞職―へと傾斜していくのが分かる。イギリス人の同僚を殺害し殺人罪で裁判にかけられる職員をどうするか。前スイス支局長がなぜ自殺したのか。秘密工作部門の人材不足をどうするか。CIAの新しい監察総監になったライマン・カークパトリックは、ひっきりなしに人材や訓練、仕事ぶりなどについて悪いニュースばかりに付き合う羽目になった。ダレスに、朝鮮戦争中に雇い入れた熟練の軍事要員たちが何百人とCIAを辞めていっていることを指摘し、「CIAに敵意を抱いて組織を去っていく人間の比率が非常に高いことは明白」と警告していた。

朝鮮戦争の終結後、若手と中堅の職員が本部の士気の低さに驚き、同僚の間で内部の意識調査をすることを要求、それが受け入れられた。彼らは百十五人のCIA職員に面接し、長く詳細な報告をまとめ、ダレスの長官就任一年目の最後に完成させた。広範にわたる不満、混乱、目的の喪失など、「急速に悪化する事態」を記していた。海外での刺激的な任務――「まったく間違った印象」――を約束されて集められた賢明で愛国的な人々が、タイピストやメッセンジャーのような将来のない仕事に追いやられてしまっている。海外の任務を終えて帰国した人々が、本部で何ヵ月も次の仕事を探してぶらぶらし、何も得られずにいる。「人事政策の怠慢が組織にもたらす悪影響は、数列的ではなく、幾何級数的に増えている」と報告は指摘する。「有能な職員一人が不満や苛立ちを募らせて辞めていくとき、その二倍、三倍の数の有能な人材（同じような教育的、専門的、社会的背景を共有する人材）を、CIAは雇用する機会をまったく得られないで終わってしまう。……この損失はおそらく取り返しがつかないだろう」。

若いCIA職員のなかには、「自分が何をやっているのかまったく理解していない上司の下で働かされたケースがあまりにも多すぎる」。若い職員たちは「驚くべき巨額の資金」が海外の無意味な任務のために浪費されるのを見てきた。フランク・ウィズナーの現場要員の一人は、自分が担当した作戦についてこう評価している。「おおむね非効率で非常に金がかかった。なかには理にかなうどころか合法的とも言いかねるような目的に支払われたものもあった。本部や現場の仕事と権威を守るために、控えめに言っても、大げさに立場を主張して、活動の予算と計画の正当性を取り繕うことが本部の任務になっている」。「CIAは上から下まで凡庸かそれ以下の人間ばかり」というのが彼らの結論である。

これらの若い職員たちは、諜報機関が自らを欺いていることも見抜いていた。無能な人間が大きな権限を与えられ、有能な人材が廊下の端に積まれた薪のような扱いを受けているCIAの実態を指摘している。

アレン・ダレスはこの報告を公表しなかった。だから何事も変わらなかった。それから四十三年後の一九九六年、議会の調査が次のような結論を下した。CIAは「これまでもきちんと取り組んでこなかった重大な人事政策をめぐる危機(12)に引き続き直面している……今日CIAには、資格のある現場要員がまだ足りず、世界各地の多くの支局に人を配置できない状態である」。

「だれかが汚れ役を引き受けねばならない」

アイゼンハワーはCIAを効率的な大統領の権力行使の道具にしたいと考えていた。ベデル・スミスを通してCIAに指揮命令系統を押し付けようとした。アイゼンハワーが大統領に選出された後しばらくの間、ベデル・スミスは自分が統合参謀本部議長に任命されるものと期待していた。その自分を国務次官にしようという大統領の決定はベデル・スミスを打ちのめした。ベデル・スミスは、気取り屋で大ぼら吹きと見なしていた(13)フォスター・ダレスの下につくことなど望んでいなかった。しかしアイクはベデル・スミスがアイクとダレス兄弟の間の取り持ち役となることを望んでいたし、それを必要ともしていた。

ベデル・スミスは自分の怒りを、ワシントンで近所に住むニクソン副大統領にぶちまけた。ニクソンの記憶によると、時々ニクソンの家に立ち寄り、「二、三杯飲むと、人柄が変わったように口がなめらかになった。……そしてある晩、二人でスコッチのソーダ割りを飲んでいたとき、ベデルが感情を高ぶらせ、こんなことを言った。『アイクのことで言いたいことがある。……おれはアイクのただの走り使いだ……アイクは自分がやりたくない汚れ仕事をだれかにさせたいのさ。それで自分はいい子になっていたいだけだ』」[14]

ベデル・スミスは、アイクに代わって秘密工作を監督するという汚れ仕事をやってのけた。ホワイトハウスとＣＩＡの秘密工作をつなぐ重要な役割を果たしたのだ。新しく作られた「作戦調整委員会」の牽引役として、大統領と国家安全保障会議の秘密指令を遂行し、その命令をＣＩＡがどう実行しているかを監督した。自ら人選した大使たちが、これらの任務を遂行する上で中心的な役割を演じた。

ベデル・スミスが大統領の秘密工作担当の代表として働いた十九ヵ月の間に、ＣＩＡの遂行したクーデターが二つ成功した。ＣＩＡの歴史で成功したクーデターは、実はわずかにこの二つだけだった。解禁されたこれらのクーデターに関する資料を見ると、成功の理由は秘密や狡猾さによるものではなく、買収と強要、それにむき出しの武力がものを言ったことが分かる。しかしこの成功によって、ＣＩＡが民主主義にとっての武器として有効だという神話が作られた。ダレスが求めていたオーラがＣＩＡにもたらされたのである。

第9章「CIAの唯一、最大の勝利」イラン・モサデク政権転覆

一九五三年一月、アイゼンハワーの大統領就任の数日前、ウォルター・ベデル・スミスはCIAの本部にキム・ルーズベルトを呼んで尋ねた。「いったいいつになったら例の作戦は始まるのかね[1]」。

それより二ヵ月前の一九五二年十一月、ルーズベルトは、イギリスの諜報機関にいる友人たちの引き起こした問題の後始末のためテヘランに出向いていた。CIAの中東地域の責任者だったからだ。イランのモハンマド・モサデク首相は、政権の転覆を図ったこのイギリス人たちを捕まえていた。またイギリス大使館員全員を、スパイも含めて国外追放していた。ルーズベルトの訪問は、イギリスのために働いていたイラン人工作員でアメリカの支援を喜んで受け入れるものに資金を提供し、工作員のネットワークを維持するのが狙いだった。帰国の途次、ロンドンに立ち寄ってイギリスの諜報関係者に報告した。

ルーズベルトはそこで、ウィンストン・チャーチル首相もCIAがイランの政権転覆に一肌脱ぐことを期待していることを知った。チャーチルはそれより四十年前、イランの石油のおかげで権力と栄光への道に足を踏み出したのだった。ウィンストン卿はその石油を自分たちの手に取り戻したいと考えていた。

第一次大戦の前夜、当時イギリスの海軍大臣を務めていたチャーチルは、海軍艦船の燃料を石炭から石油に切り替えた。新しいアングロ・ペルシャ石油会社の五一％をイギリスが買い取ることを擁護した。同社はその五年前にイランで初めての油田を掘り当てていた。イギリスは一番大きな分け前を取った。イランの石油でチャーチルの艦隊の燃料がまかなえただけでなく、イギリスの歳入も潤った。石油はイギリス大蔵省の生命線になった。イギリス艦隊が海上を支配している間に、イランの北部ではイギリス、ロシア、トルコの軍隊が国土を踏み荒らし、イランの農業を破壊していた。そのために飢饉を招き、およそ二百万人もの人が死んだ。この混乱のなかからコサックの指揮官レザ・カーンが頭角を現し、策略と武力で権力を掌握した。一九二五年には、彼はイランのシャー（国王）となった。民族派の政治家だったモハンマド・モサデクは、イラン国会でシャーに反対した四人の議員の一人だった。

イラン国会はほどなく、いまやアングロ・イラニアン石油会社となったイギリスの巨大石油会社が、組織的にイラン政府をだまして数十億を掠めていたことを知った。一九三〇年代のイランでは、イギリスに対する憎悪とソ連に対する恐怖が極めて強く、その結果イラン国内にはナチの影響が深く及んでいた。チャーチルとスターリンはそのため、一九四一年八月、イランに侵攻した。イギリスとソ連はレザ・カーンを国外に追放し、自分たちの言いなりになる、無邪気な目をした二十一歳の息子、モハンマド・レザ・シャー・パーレビを後釜に据えた。

ソ連軍と英軍がイランを占領している間、米軍はその空港と道路を使って百八十億ドルにものぼる軍事援助をせっせとスターリンの下に輸送していた。第二次大戦中、イランにいたアメリカの重要人物といえば、イランの憲兵隊と地方警察を組織したノーマン・シュワルツコフ将軍だった（ちなみに、その名前からも分かるとおり、一九九一年の湾岸戦争で「砂漠の嵐作戦」を率いた司令官は将軍の息子である）。当時のイランは、石油労働者の賃金が一日わずか五十セント、不正選挙で権力を握った若いシャーの下で飢えにあえいでいた。ルーズベルト、チャーチル、スターリンは一九四三年十二月、テヘランで会談したが、そんなイランについては放置したままだった。戦後、モサデクは国会に対し、イギリス側と石油をめぐって譲歩を引き出すための再交渉を呼びかけた。アングロ・イラニアン石油は当時知られていた限りで世界最大の埋蔵量を持つ油田を支配していた。アバダン沖合にある同社の精製施設は地球上最大の規模だった。イギリス人の石油会社幹部や技術者が会員制のクラブやプールで優雅に遊んでいる傍らで、イランの石油労働者は水道も電気も下水もない掘立小屋で暮らしていた。この不公正が共産主義のイラン・ツデー党（当時、党員数約二千五百）への支持を育んだ。イギリスは石油収入として、イランの取り分の二倍を懐に収めていた。イランはこれを半々にすることを要求した。が、イギリスはこれを拒否、政治家や新聞の編集者、国営ラジオの首脳を買収して、世論を動かそうと試みた。

テヘランでのイギリスの諜報責任者であるクリストファー・モンタギュー・ウッドハウスは、イギリス人自らが災厄を招いていると警告していた。災厄は一九五一年四月、イラン国会が石油生産の国有化を議決するという形で訪れた。数日後、モサデクがイランの首相に就任した。六月末までには、イギリスの軍艦がイラン沖に現れた。七月、アメリカの大使であったヘンリー・グレイディは、イギリスがモサデク政権の転覆を図るという「まったくばかげた」行動に出ようとしていると報告した。九月、イギリスはイランの石油に対する国際的ボイコットを組織した。これはモサデク政権を崩壊させようとする経済戦争行動だった。そのときチャーチルが首相の座に復帰する。当時七十六歳。モサデクは六十九歳だった。ともに頑迷な老人で、パジャマ姿で政務を取り仕切った。イギリスの司令官らは七万人の兵力を動員してイランの油田とアバダンの精製施設を占拠する計画を策定した。モサデクは問題を国連とホワイトハウスに持ち出し、表向きはいい顔を見せながら、イギリスが攻撃に出れば第三次大戦につながるかもしれないとの警告を密かにトルーマンに伝えていた。トルーマンはチャーチルに、アメリカはイギリスの侵攻を支持できないとはっきり伝えた。チャーチルは、朝鮮戦争でイギリスがアメリカを支援したお返しに、イランでのイギリスの立場にアメリカの政治的支持を与えてほしいと主張した。一九五二年夏、双方の立場は行き詰まり状態にあった。

「CIAは陰で政策を作ることもある」

イギリスのスパイ、モンティ・ウッドハウスは、ベデル・スミスとフランク・ウィズナーに会うためワシントンに飛んだ。一九五二年十一月二十六日、三人は「モサデクを外す」[(2)]方法を議論した。彼らの謀略は、アメリカの大統領交代で権力移行が進みつつある時期に始まった。退任するトルーマンの権力が衰える一方で、クーデターの謀略は大きくなっていった。謀略が本格始動したときウィズナーが言ったように、「CIAはその場にいなくても陰で政策を作る」[(3)]ことがある。アメリカの表向きの外交政策はモサデクを支持していた。しかしCIAはホワイトハウスのお墨付きなしにモサデク転覆に向かって走り始めていた。

一九五三年二月十八日、新しくイギリスの諜報機関の長となったジョン・シンクレア卿がワシントンに到着した。穏やかな口調のスコットランド人は一般には「C」として知られ、友人の間では「シンバッド」と呼ばれていた。アレン・ダレスと会って、クーデターの責任者をキム・ルーズベルトにすることを提案した。イギリスは自分たちの計画に「ブート（長靴）作戦」という平凡な名前をつけていた。ルーズベルトはトロイ戦争の神話的英雄にちなんで「エイジャックス作戦」という大仰な名前を考えていた（伝説によると、気が狂ったエイジャックスは羊の群れを戦士と思い込んで殺し、正気に戻って自分の所業を恥じて自殺したという。名前の選択としては奇妙ではある)。

ルーズベルトはあかぬけした作戦を展開して見せた。ソ連のイラン侵略に対する懸念を解消するために二年間、政治、宣伝、準軍事の各領域で工作を進めていた。CIA要員は一万人の部族兵士を六ヵ月間支援できる資金と武器を隠し持っていた。ルーズベルトは、小規模ながら影響力のある、非合法のイラン共産党ツデーを攻撃できるお墨付きをすでに得ていた。いまやその目標を変え、イランの主流の政党や宗教団体の内部でモサデクへの支持を切り崩すことを狙っていた。

ルーズベルトは買収と破壊活動を強化し始めた。CIA要員やイラン人工作員らは、政治的暴力や聖職者、ならず者の力も借りた。彼らは、金を払って町のチンピラに暴力でツデーの集会を妨害させたり、聖職者にモスクからモサデクを非難させたりした。CIAにはイギリスのようにイランで何十年にもわたる経験もなかったし、工作員の数もイギリスにはとても及ばなかった。しかしばらまく金だけはふんだんにあった。少なくとも一年で百万ドルという資金は、世界の貧しい国の一つであるイランでは大変な資産だった。

CIAはイギリスの諜報機関が握っている買収工作のネットワークの例に倣った。このネットワークはラシディアン兄弟が動かしていた。彼らは船舶、銀行、不動産を支配するイギリス系イラン人の三人の息子たちだった。ラシディアン一家はイラン国会にも影響力を持っていた。テヘランの知られざる議員といわれる、バザールの有力商人の間にも勢力を張っていた。上院議員をはじめ、軍の幹部、新聞編集者や発行人、暴力団員などを買収し、そのなかには少なくとも一人、モサデク政権の閣僚も含まれていた。現金の詰まったクッキーの缶で情報を買った。彼らの仲間にはシャーの従僕までもが入っていた。これがクーデターの触媒の役を果たすことになる。

一九五三年三月四日の国家安全保障会議に出席したアレン・ダレスの手には、「ソ連による(イラン）接収の結果」[4]に焦点を当てた七ページの説明文書があった。イランには「革命の計画が熟しつつあり」、もしイランが共産化すれば、中東のすべてのドミノが倒れるだろう。自由世界の石油の六〇％がモスクワの手に落ちることになる。この破滅的な損失は「われわれの戦争に備えた備蓄を大幅に減らすことになる」。アメリカでも石油とガソリンを配給制にしなければならなくなる、とダレスは警告した。大統領はその話にまったく耳を貸さなかった。大統領は、モサデク政権を転覆するよりむしろ一億ドルの借款[5]を提供したほうがましだと考えていた。

モンティ・ウッドハウスはＣＩＡの担当者に、イギリスとしてはアイゼンハワーに少し違ったやり方で問題を提示するかもしれない、と如才なくほのめかした。イギリスはモサデクを共産主義者だと言い張ることはできそうになかった。[6]しかしモサデクが長く政権に残れば残るほど、ソ連がイランに侵攻する危険は大きくなる、と主張することはできそうだった。キム・ルーズベルトはこの話にうまく砂糖をまぶして大統領の耳に入れた。もしモサデクが左に傾いたりすれば、イランはソ連のものになるだろう。しかしモサデクをうまく操ることができれば、ＣＩＡとしてもイラン政府を確実にアメリカ側につけることはできる。

モサデクはまんまとこのワナに引っかかった。イランがソ連からの脅威に怯えていることをテヘランの米大使館に伝えたが、これは誤算だった。モサデクをよく知る外交官で、一九五三年に国務省でイラン問題を担当していたジョン・Ｈ・スタッツマンは、モサデクが「アメリカに救ってもらう」[7]ことを期待していた、という。「もしイギリスを追い出し、ロシアが覇権を握ることを口実にアメリカを脅せば、救援に駆けつけてくれるとモサデクは思っていた。それはあまり的外れではなかった」。

一九五三年三月十八日、フランク・ウィズナーはルーズベルトとウッドハウスに、アレン・ダレスから計画遂行の許可が出たことを伝えた。四月四日、ＣＩＡ本部はテヘラン支局に百万ドルを送金した。しかしアイゼンハワーは依然としてイラン政府の転覆には懐疑的だった。計画に関わったほかの幹部も同じように疑問を持っていた。

その数日後、大統領は「平和への機会」と題して、聴く人に感銘を与える演説を行った。そのなかで大統領は、「いかなる国にも自ら政府を作り、自らの経済体制を選ぶ、奪うことのできない権利がある」と言い、「いかなる国も他国に政府の形態を強制することは許されない」と断言した。この考え方はCIAテヘラン支局長のロジャー・ゴイランにいたく感銘を与えた。ゴイランは本部に対し、なぜアメリカが中東でイギリス植民地主義の伝統と手を組もうとするのかと問いただした。それは歴史的誤りであり、アメリカの国益にとって長期的な大失策だと主張した。アレン・ダレスはゴイランをワシントンに呼び戻し、支局長のポストから解任した。計画に最初から加わっていた駐イラン大使のロイ・ヘンダーソンは、クーデターの看板に自堕落なファズロラ・ザヘディ退役少将を立てようとするイギリスに強く反対していた。モサデクは、ザヘディがイギリスに後押しされた裏切り者であることを知っている、とヘンダーソン大使に告げていた。

それにもかかわらず、イギリスはザヘディを指名し、CIAもこの男を支持した。アメリカ寄りと見られる人間でただ一人、公然と権力をねらっていた男だった。四月の末近く、イフンの国家警察長官が誘拐され、殺害された。このあとザヘディは姿を隠した。その容疑者がザヘディの支持者だったためで、もっともなことではあった。その後彼は十一週間にわたって姿を見せなかった。

五月になって謀略に弾みがついた。依然として大統領の承認は下りていなかったが、大詰めの段階にきていた。ザヘディはCIAの資金七万五千ドルを武器に軍部の最高執行委員会を設け、クーデターを実行する佐官らを集めようとしていた。「イスラム戦士」と呼ばれる狂信的宗教グループは──CIAの歴史文書には「テロリスト集団」と書かれている──政府内外でモサデクを政治的、個人的に支援する人々の命を脅かしていた。彼らは尊敬を集める宗教指導者に対して暴力的攻撃をかけ、それを共産主義者の仕業に見せかけようとしていた。ＣＩＡは、パンフレットやポスターを作成するなど、十五万ドルを投じてイランの新聞や世論に働きかける宣伝戦も展開した。これらのパンフやポスターは「モサデクはツデーとソ連寄り……、モサデクはイスラムの敵……、モサデクは故意に経済破綻の道を進んでいる……、モサデクは権力により腐敗している」などと主張していた。

計画実施予定日当日、ザヘディの最高執行委員会に率いられたクーデター派は陸軍参謀本部、テヘラン放送局、モサデクの自宅、中央銀行、警察本部、それに電信電話局を占拠することになっていた。そして、モサデクと閣僚を拘束する。国会議員を買収して議員の多数が確実にザヘディ新首相を推すよう、毎週一万一千ドルが買収資金に注ぎ込まれた。これは、クーデターに合法的な見せ掛けを取り繕うのに役立つ。ザヘディは一方で、シャーに忠誠を誓い、王政への復帰を実現することになっていた。

意志薄弱のシャーにそれなりの役割が務まるのか？　ヘンダーソン大使は、シャーにクーデターを支持するだけの度胸があるとは思っていなかった。しかしルーズベルトはシャー抜きで謀略を進めることは無益だと考えていた。

六月十五日、ルーズベルトはロンドンに行き、イギリスの諜報の専門家にこの計画を見せた。会談の行われた本部会議室には「来客制限」の札がかかっていた。反対はなかった。アメリカは要するに経費を負担することになっていた。クーデターを考え出したのはイギリスだが、実際のクーデターの実行を指揮する役割は果たせそうになかった。六月二十三日、アンソニー・イーデン外相はボストンで腹部の大手術を受けていた。同じ日、ウィンストン・チャーチルは重い心臓発作を起こし、危うく死にかけていた。しかしそのニュースは内密にされていたため、ＣＩＡは何も知らなかった。

その後の二週間、CIAは二段構えの指揮命令系統を作った。一つはザヘディの軍部最高執行委員会を動かすもの、もう一つは、政治戦争と宣伝活動を取り仕切るものだった。二つは直接、フランク・ウィズナーに報告を上げることになっていた。キム・ルーズベルトはベイルートまで飛行機で入り、後は車でシリア、イラク経由、イラン入りしてラシディアン兄弟と連絡をとることになっていた。CIAはアメリカ大統領からの青信号を待っていた。

それは七月十一日に届いた。そしてそのとき以降、手がけたことのほとんどすべてが失敗に終わることになる。

「陛下、お先にどうぞ」

計画を覆っていた秘密のベールは実行する前にはがれてしまった。七月七日、CIAはツデー党のラジオ放送を傍受していた。この秘密放送は、アメリカ政府がザヘディ将軍を含むさまざまな「スパイや裏切り者」と手を組んで、「モサデク政権の粛清[8]」を図ろうとしているとイラン国民に警告していた。モサデクはツデー党とは別に、独自の軍事、政治にわたる情報網を持っており、自分の政権に何が起きようとしているのかを知っていた。

そのときになってCIAは、クーデターを実行する部隊がないことに気づいた。ザヘディ将軍は自分の支配下に一人の兵士も持っていなかった。CIAにはイランの軍事情勢に関する見取り図もなく、イラン軍の名簿さえもなかった。キム・ルーズベルトは、特殊作戦部隊の生みの親であるロバート・A・マクルア准将[9]に助言を求めた。マクルアは第二次大戦中にアイゼンハワーの下で首席情報将校を務め、朝鮮戦争では陸軍心理戦争部門を率いており、CIAとの合同作戦をもっぱら指揮していた。ダレス、ウィズナーと肩を並べて仕事をしたことがあるが、二人をまったく信用していなかった。

マクルアは、一九五〇年に創設されたアメリカ軍事支援顧問団を指揮するためテヘランに派遣されていた。顧問団の目的は、有能なイラン人将校に軍事的支援や訓練、助言を与えることにあった。マクルアはCIAの神経戦の一環として、モサデク寄りの指揮官とアメリカ側との接触を断った。ルーズベルトは、イラン軍の全体像や上級将校たちの政治的忠誠に関しては、全面的にマクルアを頼りにしていた。アイゼンハワーは、クーデターの後でマクルアに勲章を授与すると言い募っていた。マクルアが「シャーおよびわれわれが関心を持つその他の重要人物たちと非常に洗練された関係」を維持していたことがその理由だった。CIAはマクルアの軍事支援顧問団とのイラン側の連絡役を務めていた大佐を、クーデター遂行の補助役に引っ張り出していた。大佐は約四十人の同輩将校を密かに動員していた。

こうして、欠けているのはシャーだけということになった。

CIAのスティーブン・J・ミード大佐は、シャーの双子の姉で意志が強くあまり評判のよくない、アシュラフ王女を迎えにパリに飛んだ。CIAの筋書きでは、彼女に亡命先から帰国してもらい、ザヘディ将軍を支持するようシャーを説得させることにしていた。ところが、アシュラフ王女の行方が分からなかった。イギリス諜報機関の工作員、アサドラ・ラシディアンは王女がリビエラにいることを突き止めた。彼女をなだめすかしてテヘラン行きの航空機に乗せるまでにさらに十日かかった。彼女を説得するために、イギリスの諜報機関が相当な額の現金とミンクのコートを提供し、さらにミード大佐がクーデター失敗の場合、王族の生活費の面倒をみるとの約束までしていた。シャーと向き合ってさんざんやりあった後、アシュラフ王女は七月三十日、テヘランを後にした。この会談でシャーにやる気を吹き込めたと彼女は確信していたが、それは間違っていた。八月一日にはシャーを元気づけようと、ノーマン・シュワルツコフが呼ばれた。宮殿が盗聴されていることを恐れたシャーは、大広間に将軍を招きいれ、部屋の真ん中に小さなテーブルを引き寄せて、自分はクーデターには同調しないとささやいた。軍部が自分を支持してくれるとの確信を持てなかったのである。

その後の一週間、キム・ルーズベルトはお忍びで王宮に通い、シャーがＣＩＡの言うとおりにしなければイランが共産化するか「第二の朝鮮」になると脅して、容赦なく圧力をかけた。いずれになっても国王とその一族は死刑に処せられると警告した。シャーはすっかり恐れをなして、カスピ海に面した別邸へ逃げていった。

ルーズベルトは猛然といろいろな思い付きを実行し始めた。モサデクを解任し、ザヘディを首相に任命するとの国王布告の発布を準備させた。国王の警護隊長を務めていた例の大佐に命じて、モサデクに銃を突きつけて合法性に疑問のあるこの布告を提示し、これに従わなければ逮捕させようとしたのである。大佐は八月十二日、シャーを追ってカスピ海に出向き、布告にシャーの署名をもらって翌日夜、テヘランに戻った。そしてルーズベルト配下のイラン人工作員たちがテヘランの街頭に散っていった。新聞や印刷物を通じて、モサデクは共産主義者、モサデクはユダヤ人、などといった宣伝がばらまかれた。ツデー党員を装ったＣＩＡのならず者たちが聖職者を襲い、モスクを冒瀆した。モサデクは国会を閉鎖し、ＣＩＡに買収された上院議員、下院議員らの投票を封じ込めて反撃に出た。法律では、モサデクを解任できるのは国会だけで、シャーにその権限はなかった。

ルーズベルトはさらに前進を試みた。八月十四日、本部に電報を送り、ザヘディ将軍を後押しするためにさらに五百万ドルを送るよう緊急に要請した。クーデターはその日の夜に実行が予定されていた。そのことはモサデクも知っていた。イラン軍のテヘラン守備隊を動員し、自宅周辺を戦車や部隊で固めていた。シャーの警護隊員が首相の逮捕に向かうと、モサデクに忠誠を誓う将校たちが警護隊員を拘束した。ザヘディはＣＩＡの隠れ家に身を潜め、ルーズベルトの部下の一人でロッキー・ストーンという名の新人要員がその警護にあたっていた。ＣＩＡが急いでかき集めたイラン人将校グループはあっさり空中分解した。

八月十六日午前五時四十五分、テヘラン放送がクーデターは失敗に終わったと報じた。ＣＩＡ本部としては、次に打つ手が何もなかった。アレン・ダレスは軽率にもすべて順調と自信たっぷりに、一週間前にヨーロッパへの長期休暇に旅立ってしまっていた。連絡もなかった。フランク・ウィズナーには何も思いつかなかった。ルーズベルトは自分なりに、失敗したクーデターを仕組んだのはモサデクだと世界に信じ込ませようと決め込んでいた。その話はシャーの口から語らせる必要があったが、シャーは国外へ逃げ出してしまっていた。イラク駐在のアメリカ大使バートン・ベリーは、シャーがバグダッドに着いて助けを求めていることを数時間後に知った。ルーズベルトは自分の描いた筋書きの概要をベリーに伝え、ベリーは左翼の蜂起があったので逃亡した旨を声明として放送するようシャーに助言した。シャーは教えられたとおりにした。その後でシャーは、自分のパイロットにローマに向けた飛行計画を準備するよう命じた。ローマは亡命する世界の王族の集まる都だった。

八月十六日の夜、ルーズベルトの部下の一人はテヘラン支局のイラン人工作員に五万ドルを渡し、共産主義のならず者を装った群集を集めるよう指示した。翌朝、金をもらった数百人の扇動者たちがテヘランの街頭に現れ、略奪や放火、政府を象徴する器物の破壊などほしいままにした。実際のツデー党員もこれに加わったが、ほどなくこれが「仕組まれた秘密工作」であったことに気づいた。そしてＣＩＡ報告によれば「(ツデー党員は) デモをしている連中に自宅へ帰るよう働きかけようとした」。二晩めの眠れぬ夜をすごしたルーズベルトは八月十七日、ベイルートから帰任したロイ・ヘンダーソン大使を歓迎した。空港へ出迎えに出る途中、アメリカ大使館員らはシャーの父親の銅像が倒され、長靴だけが残っているのを目にした。

ヘンダーソン、ルーズベルト、マクルアの三人は大使館内で四時間にわたって情勢を協議する。結果は、無政府状態を作るために新しい計画を作成しようというものだった。マクルアの指示で、イラン軍将校が首都外縁部の守備隊に派遣され、クーデターを支持する兵士を集めることになった。CIAのイラン人工作員は街頭の暴力集団をもっと雇うよう指示された。シーア派の最高指導者を説得して聖戦を宣言させるため、宗教関係者の使節も派遣された。

しかしCIA本部では、ウィズナーが絶望していた。その日、CIAきっての分析官による評価に目を通していたからだ。それは「軍事クーデターの失敗(10)とシャーのバグダッドへの逃亡は、モサデク首相が引き続き状況を掌握していることを裏付けており、首相が今後反対派をすべて排除する思い切った行動に出ることを示唆している」というものだった。八月十七日深夜、ウィズナーはテヘランにメッセージを送り、ルーズベルトおよびヘンダーソンから強力な勧告が別途ない限り、モサデクに対するクーデター計画は中止すると伝えた。それから数時間後、午前二時を少し回ったころ、ウィズナーはCIA本部のイラン・デスクを取り仕切っていたジョン・ウォラーにあわてて電話した。

シャーはローマに飛んで、エクセルシオール・ホテルにチェックインした、とウィズナーは言った。そして「とてつもない、恐ろしい偶然が起きたのだ。何だか想像できるか」とウィズナーは言った。

ウォラーには想像がつかなかった。

「考えられる限りの最悪の事態を考えてみろ」とウィズナー。

「タクシーにはねられて死んだのですか」ウォラーは答えた。「いや、いや、そんなことじゃない」とウィズナー。「ジョン、君はたぶん知らないだろうが、ダレスが休暇を延長してローマに行くことになっていたんだ。そこで何が起きたか、想像できるか」

「ダレスの車がシャーをはねて殺したとでも？」とウォラーが言い返した。

ウィズナーは笑わなかった。
「二人がほとんど同じ時間に、エクセルシオールのフロントに現れたのだ」とウィズナーが言った。「それでダレスはこう言ったのだ『陛下、どうぞお先に』」[11]。

「熱烈な抱擁」

八月十九日の夜明け前、テヘランにはCIAが雇った暴徒が集まって、騒動を起こす準備を整えていた。CIAから金をもらった南部の部族民やその指導者たちをいっぱい乗せたバスやトラックが、テヘランに到着していた。ヘンダーソン大使の次席を務めていたウィリアム・ラウンツリーは、次に起きた出来事を「ほとんど自然発生的な革命」[12]と語っていた。

「それはヘルス・クラブか運動クラブのデモのような形で始まった。バーベルや鎖などが目についた」とラウンツリーは言う。参加者はその日のためにCIAが調達した重量挙げの選手やサーカスの屈強な男たちだった。「彼らはモサデク反対、シャー支持のスローガンを叫びながら通りを行進した。これにほかの人たちも多く加わり、やがてシャーを支持し、モサデクに反対する大掛かりな行進になっていった。『シャー万歳』という叫びが街中に広がり、群集はモサデク内閣の政府の建物がある方角に進んでいった」。群集はそこで政府の幹部を拘束し、新聞四社のオフィスを焼き払い、親モサデクの政党本部を略奪した。群集のなかには宗教指導者が二人混じっていた。一人はアヤトラ・ルホラ・カシャニだった[13]。その脇にはカシャニを信奉する五十一歳のアヤトラ・ムサビ・ホメイニがいた。後にイランの指導者となる人物だった。

ルーズベルトはイラン人工作員に、電報局と宣伝省、それに警察と軍の本部を襲撃するよう指示した。少なくとも三人が死亡する小競り合いはあったが、午後までにはCIA工作員がテヘラン放送で

少なくとも百人が死亡した。

放送を始めていた。ルーズベルトはCIAのロッキー・ストーンがかくまっていたザヘディの隠れ家に行き、自分が首相であることを宣言する準備をするように告げた。ザヘディは恐れおののいていて、軍服のボタンをはめるのにストーンが手を貸さねばならないほどだった。その日、テヘランの街頭で少なくとも百人が死亡した。

CIAは国王警護隊に、厳重に警備を固めたモサデク首相の自宅の攻撃を命じ、そのためにさらに少なくとも二百人が死亡した。首相は逃亡したが、翌日、投降した。モサデクはその後三年間、投獄され、さらに十年間、自宅軟禁されたまま死亡した。ルーズベルトはザヘディに百万ドルを現金で渡した。新首相はすべての反対勢力の弾圧に乗り出し、数千人の政治犯を投獄した。

「CIAは非常にうまくやった。適切な状況と雰囲気をつくって政権交代を実現できた」と、後に中東担当国務次官補になるラウンツリー大使は回想した。「ことが予想通りに、あるいは少なくとも希望通りに運ばなかったのは確かだが、最後はうまくいった」。

興奮冷めやらぬうちに、キム・ルーズベルトはロンドンに飛んだ。八月二十六日、午後二時、首相官邸にウィンストン・チャーチルを訪問した。ルーズベルトの報告では、首相は「ひどい様子だった」。言葉は聞き取りにくく、目も不自由、記憶もおぼつかなかった。「CIAの頭文字も首相は分かっていなかった。しかしルーズベルトが旧友のベデル・スミス[14]とどこかで関係があるということはぼんやり理解していた」。

ルーズベルトはホワイトハウスで英雄と賞賛された。秘密工作の魔力に対する信頼が高まった。「イランの〝クーデター〟に関する空想小説的なゴシップ[15]がワシントンで野火のように広がった」と、CIAの花形分析官の一人であるレイ・クラインは記している。「アレン・ダレスは偉業を成し遂げた栄光にひたっていた」。しかし本部のだれもがモサデクの失脚を勝利と見なしていたわけではなかった。「一見、見事な成功を収めたようだが、問題は、それによって生み出されたＣＩＡの力に対して、現実離れした印象が持たれたことだった」とクラインは書いている。「（クーデターの成功は）ＣＩＡが自由に政府を転覆したり新しい指導者を権力につけたりできることを証明したというわけではない。それは、正しい方向に向けてタイミングよく、最低限の援助を適切に提供できたという特殊な事例であった」。ＣＩＡは金の力で兵士と暴徒の忠誠心を借り上げて、クーデター実行に十分な程度の暴力を生み出したのである。金が人々の間を動き、金で動いた人々が政権を代《か》えたのである。

シャーは王位に戻り、次の国会選挙ではＣＩＡの雇った町のならず者を尖兵に使って、不正を押し通した。三年間、戒厳令を布《し》き、国中を厳しく締め付けた。新たな諜報機関を設けることで自分の権力を強固なものにしようと、ＣＩＡとアメリカの軍事顧問団に助けを求めた。この新しい諜報機関はＳＡＶＡＫという名で知られることになる。ＣＩＡはこのＳＡＶＡＫをソ連に対抗するための自身の耳目にしたいと考えた。シャーはＳＡＶＡＫを自分の権力を守る秘密警察にするつもりだった。ＣＩＡに訓練され、装備されたＳＡＶＡＫはその後二十年以上にわたって、シャーの支配を支えることになる。

シャーはイスラム世界に対するアメリカ外交政策の要になった。その後、アメリカを代表してシャーと話ができるのは、アメリカ大使ではなく、ＣＩＡのテヘラン支局長ということになった。ＣＩＡはイランの政治文化のなかに組み込まれ、「シャーと熱烈に抱擁」しているとアンドルー・キルゴアに言わせるほどの関係になった。キルゴアは一九七二年から七六年までアメリカ大使を務めたリチャード・ヘルムズの下で政治を担当した国務省の人間である。

このクーデターは「ＣＩＡの唯一、最大の勝利と見なされた(16)」とキルゴアは言った。「アメリカの偉大な勝利と喧伝された。このときわれわれはアメリカの進路全体を変えたのである」。この時代に成長したイラン人は、シャーを政権につけたのがＣＩＡであることを知っていた。時を経て、ＣＩＡがテヘランの街頭で引き起こした混乱が、今度はアメリカを悩ませることになる。

ＣＩＡが策略をめぐらせれば一国を転覆できるという幻想は、魅惑的に見えた。その幻想がＣＩＡを中央アメリカの紛争に巻き込み、紛争はその後四十年も続くことになるのである。

第10章 「爆撃につぐ爆撃」

グアテマラ・クーデター工作

一九五三年のクリスマスから数日経ったある日、アル・ヘイニー大佐はフロリダ州オパロッカにあるおんぼろの飛行場の端に新しいキャディラックを停めた。滑走路に降り立つと、自分の新しい城が見渡せた。エバーグレーズ公園のへりにある二階建てのバラック三棟がそれだった。ヘイニー大佐は、韓国での支局長当時に多数の犠牲者を出した大失態を極秘のベールで覆《おお》って隠蔽していた。そして人をだましてまんまと新しい職場にもぐりこんだ。三十九歳の端正な悪党で離婚したばかり、身長百八十センチを超える筋肉質の体格をこぎれいな陸軍の制服に包んでいた。アレン・ダレスから、グアテマラ政府転覆を図るCIAの謀略「オペレーション・サクセス（成功作戦）」の特別副代表に新たに任命されていた。

ハコボ・アルベンス大統領に対するクーデター計画は、かれこれ三年ばかりCIAで取りざたされていた。キム・ルーズベルトがイランから意気揚々と戻ってきた瞬間に、この謀略が息を吹き返した。アレン・ダレスはルーズベルトに中米での作戦を指揮するよう要請したが、ルーズベルトはこれを丁重に断った。ルーズベルトはこの問題を検討したうえで、CIAは何も分からずにことを起こそうとしていると判断した。CIAはグアテマラにスパイも置いておらず、軍部や国民が何を考えているかも理解していなかった。軍部はアルベンスに忠誠を誓っているのか。その忠誠を突き崩すことはできるのか。ＣＩＡは何も分かっていなかった。

ヘイニーは、一度は軍を追われたグアテマラ人のカルロス・カスティージョ・アルマス大佐を、権力の座につける方法を編み出せとの命令を受けていた。アルマスはＣＩＡが目をつけた男だった。しかしヘイニーの戦略はおおざっぱなものだった。ＣＩＡが反政府勢力を訓練し、武装してグアテマラ・シティの大統領宮殿に差し向けると述べているだけだった。ウィズナーはこの計画の草案を国務省に送り、ベデル・スミス将軍からのてこ入れを期待した。ベデル・スミスはこの作戦のために新しい大使のチームを配置した。

「大きな棍棒」

いつもピストルを携行しているジャック・プーリフォイは、一九五〇年代に国務省から左翼やリベラルを追い出したことで、その名を知られるようになった。海外での最初の仕事は、一九五一年から五三年まで駐ギリシャ大使を務めながら、ＣＩＡと緊密に協力してアテネとアメリカの間に秘密の権力の連携を構築することだった。新しい任地に到着したプーリフォイは「グアテマラで大きな棍棒を使いにやってきた」とワシントンに打電した。アルベンス大統領と会ったプーリフォイは「たとえ大統領が共産主義者でなくても、いずれ本物が登場するまで、彼を共産主義者ということにしておいて間違いないだろう」と報告した。

ベデル・スミスはホンジュラス駐在大使にホワイティング・ウィロアーを選んだ。ウィロアーは一九四九年にウィズナーが買い取ったアジアの航空会社「シビル・エア・トランスポート（ＣＡＴ）」の創業者だった。ウィロアーは台湾のＣＡＴ本社からパイロットを呼び寄せ、目立たないようにマイアミとハバナで待機するよう指示した。ニカラグアに派遣されたトマス・ホイーラン大使は、独裁者のアナスタシオ・ソモサと協力して、アルマスの配下のもののために訓練基地を作るのに力を貸していた。

一九五三年十二月九日、アレン・ダレスは正式に「成功作戦」を承認し、三百万ドルの支出を認めた。アル・ヘイニーを前線指揮官に、トレーシー・バーンズを政治戦争担当主任に任命した。

ダレスは紳士的なスパイが存在するという非現実的なことを考えていた。バーンズはそのお手本だった。育ちのよさを誇るバーンズは、一九五〇年代のCIAの古典的な経歴の持ち主だった。グロートン校、エール大学、ハーバード法科大学院卒(1)。敷地内に個人用のゴルフ・コースがあるロングアイランドのホイットニー・エステートで大きくなった。第二次大戦中にOSSの英雄となり、ドイツの堡塁を奪取したことでシルバー勲章を受章した。さっそうとして威勢がよく、華やかさがあり、傲慢でもあったが、おごる者久しからず。秘密工作機関を代表する人間としては最悪だった。「本人がどんなに努力しても、外国語を習得できそうにない連中と同じように、バーンズはどうしても秘密作戦の扱い方を会得できないことが分かった(2)」とリチャード・ヘルムズが振り返る。「さらに悪いことには、アレン・ダレスが絶えず褒めたり励ましたりするものだから、トレーシーは自分の問題にまったく気づかなかったようだ」。バーンズは引き続き、ドイツとイギリスで支局長を務め、さらにピッグズ湾まで仕事を続けた。

バーンズとカスティージョ・アルマスは一九五四年一月二十九日、オパロッカに飛んでヘイニー大佐と計画を練り始めた。翌朝、目覚めて彼らは自分たちの計画がすっかり吹き飛んでしまったことを知る。西半球の主だった新聞すべてが、「反革命の謀略」を非難するアルベンス大統領の主張を伝えていたのである。謀略は「北方の政府」に後押しされたカスティージョ・アルマスに率いられたもので、ニカラグア領内のソモサの牧場に反乱グループの訓練キャンプがあると、報道は指摘していた。この情報は、ヘイニー大佐とアルマスの連絡係をしていたＣＩＡ局員がグアテマラ・シティのホテルに置き忘れた秘密の電報と文書からもれたものだった。この不運なＣＩＡ局員はワシントンに呼びつけられ、アメリカ北西部の森林の奥深くで山火事監視の仕事につくよう言いわたされた。

この危機で、アル・ヘイニーはＣＩＡの人材の中でも最も信頼できない男ということが早々と表ざたになった。ヘイニーはグアテマラ国民の目をこの謀略から逸らそうと、地元の新聞に偽の情報を書かせるなどあれこれ手立てを試みた。「できれば人間がらみのどでかい話をでっち上げる。例えば、空飛ぶ円盤とか、田舎での六つ子の誕生とか」などといった電報をＣＩＡ本部に送った。新聞の見出しをあれこれ思い描いた。アルベンスは全カトリック部隊にスターリンを信奉する新しい教会への加入を強制している、ソ連の潜水艦が武器補給のためグアテマラに向かっている、といったものだ。この最後のアイデアがトレーシー・バーンズの想像力を捉えた。三週間後、バーンズはＣＩＡのスタッフを使ってニカラグアの海岸にソ連製兵器の隠し場所をしつらえさせた。ＣＩＡは、ソ連がグアテマラで共産主義者の暗殺団を武装させているという話をでっち上げた。しかしバーンズが売り込んだ話を信じたものは、新聞でも一般大衆でもほとんどいなかった。

ＣＩＡの綱領によれば、秘密工作はアメリカの関与が目につかぬよう巧妙に行わねばならないことになっている。しかし、ウィズナーはそんなことはほとんど気にしていなかった。「作戦を実行すれば、中南米の人たちの多くがアメリカの関与を見て取るのは疑問の余地がない」とウィズナーはダレスに語っていた。しかし「アメリカの関与がはっきり見えることを理由に」「成功作戦」を縮小しようというのなら、「この種の作戦を冷戦の武器として利用することの是非に重大な疑問が投げかけられることになる。いかに挑発が大きくても、いかに有利な兆候があってもだめなのか、という疑問である」とウィズナーは主張した。アメリカが作戦に関与を認めない限り、そしてアメリカ国民の目から隠されている限り、作戦は秘密だと考えていた。

ウィズナーは作戦を真面目に議論するためにヘイニーを本部に呼び寄せた。「今回ほど重要視されている作戦はほかにない。今回ほどCIAの名誉がかかっている作戦もほかにない」とヘイニーに言った。「作戦に必要なものは何でもそろえるということだから、トップも満足しているに違いない」。しかし「本部は、Dデイに何が起きるのか、計画の内容について明快、要を得た説明を受け取っていない」とウィズナーは言った。ヘイニー大佐の青写真といえば、オパロッカのバラックの壁に貼り付けた一二メートルもある肉包装用の巻紙に、事態の流れが時系列でつなぎ合わせて殴り書きされたものだった。ヘイニーは、オパロッカの巻紙を検討しないと作戦は理解できないだろうと説明した。

ウィズナーは「ヘイニーの判断と抑制に信頼を失い」かけていたと、リチャード・ビッセルは回顧した。きわめて知性的なビッセルは、もう一人のグロートン校、エール大学出身という名門閥の出で、かつては「ミスター・マーシャル・プラン」として知られたこともあったが、CIAに移ってきたのはごく最近のことだった。本人は「ダレスの弟子(3)」を自任し、やがては大きな責任を担う約束になっているとのことだった。ウィズナーは直ちに、次第に複雑さを増している「成功作戦」の兵站をきちんとするようビッセルに要請した。

ビッセルとバーンズは、アレン・ダレスのCIAの頭脳と心を代表していた。二人には隠密活動を指揮した経験はなかったが、アル・ヘイニーがオパロッカでしようとしていることを調べるよう二人に命じたのはダレスの信頼ぶりを示すものだった。

ビッセルは、いささか元気のよすぎるヘイニーを自分もバーンズも面白いと思った、と語っている。「バーンズはたいそうヘイニーびいきになり、作戦についてもやる気満々だった。自分もヘイニーはこの仕事に向いていると思った。というのも、この種の作戦を取り仕切るには、活動家で強力な指導者でなければならないからだ。バーンズも私もヘイニーが好きで、彼の仕事のやり方を承認していた。ヘイニーの作戦が私にいい印象を残したことは疑いない。なぜならピッグズ湾侵攻の準備をする際には、ヘイニーがやったのと同じような計画室をつくったからだ」と、ビッセルは述べている。

「やりたかったのは恐怖のキャンペーン」

「大胆だが無能」（バーンズの言）のカスティージョ・アルマスと「著しく少数で訓練もできていない」（ビッセルの言）反乱勢力は、アメリカ側からの攻撃の合図が出るのを待っていた。監督していたのは、ヘイニーの部下のリップ・ロバートソンで、かつて朝鮮で失敗したCIAの工作をいくつか指揮したことがあった。

カスティージョ・アルマスと数百人の反乱軍が五千人のグアテマラ軍に攻撃を仕掛けるとき何が起きるか、だれも分からなかった。CIAはグアテマラ・シティで数百人の反共学生運動に援助をあたえていた。しかしウィズナーに言わせると、彼らは主として愚連隊として扱われ、抵抗軍とは見なされていなかった。ウィズナーはそこで、アルベンス政権との戦いに第二の戦線を開いた。CIA最高の工作員の一人であるベルリン支局長のヘンリー・ヘクシャーをグアテマラ・シティに派遣し、上級将校を説得して政府に反抗させるよう命じた。ヘクシャーは買収資金として一ヵ月一万ドルまで使うことが認められていた。まもなくアルベンス政権のエルフェゴ・モンソン無任所相を買収するのに成功した。さらに金を注ぎ込めば、アメリカによる武器禁輸と侵略の脅威という二重の圧力にさらされてひびが入りかけた将校団にくさびを打ち込めるという希望もあった。

ヘクシャーはやがて、アメリカが実際に攻撃を加えることでグアテマラ軍部が大胆にアルベンス政権転覆に動くと確信するようになった。ヘクシャーはヘイニーに次のように書き送った。「『決定的な火種』―アメリカの火種―をくべる必要がある。首都を爆撃するという形で」。

ＣＩＡ本部はその後、ヘイニーにあてて暗殺目標に挙げた五十八人のグアテマラ人の五ページにわたる名簿を送った。目標を特定した暗殺は、ウィズナーとバーンズが承認した。これらのリストに挙げられたのは、共産主義に傾いている「政府高官か組織の指導者」のほか、「政府や軍の戦術的に重要な地位にあり、彼らを排除することが軍事行動成功のために心理的、組織的、その他の理由で欠かせない少数の個人」だった。カスティージョ・アルマスとＣＩＡは、アルマスがグアテマラ・シティに凱旋するさなかとその直後に、この暗殺を実施することで合意した。そうすることで反乱側の意図の重大さをメッセージとして伝えることができるだろう。

アレン・ダレスがアメリカの新聞に植えつけた「成功作戦」をめぐる神話の一つに、これが結果的に勝利に終わったのは暴力に訴えたためではなく、スパイ活動が見事に結実したためだというものがある。ダレスに言わせると、ことがうまくいったのはバルト海に面したポーランドのシュテティンでの、鳥の観察者を装ったアメリカのスパイのお手柄だったというのである。シュテティンは鉄のカーテンの最北端の拠点だが、このスパイは望遠鏡を通して、アルフヘムという貨物船がチェコ製の武器をアルベンスの政府に運ぼうとしていることを見て取った。そこで極微小の文字で次のようなメッセージを書き込んだ手紙を、パリの自動車部品工場で働いているＣＩＡ工作員あてに投函した。「わが神、わが神、なんぞ我を見捨て給いし」（マタイ伝の言葉）。自動車工はそれを暗号化して短波無線でワシントンに転送した。ダレスが語るところによると、バルト海から北海への出口にあたるキール運河にその船が停泊中に、ＣＩＡのもう一人の工作員が船倉を検査した。したがってＣＩＡは、アルフヘムがヨーロッパを離れた瞬間から船が武器を積んでグアテマラに向かったことを知っていた、というのである。

よくできた作り話で、歴史書でも繰り返し語られているが、実は作戦上の重大な失敗を取り繕うための真っ赤なうそだった。本当のところは、ＣＩＡは船を取り逃がしていたのである。

アルベンスは、グアテマラに対するアメリカの武器禁輸を破ろうと必死になっていた。アルベンスは将校団を武装することによって、その忠誠を取り付けることができると考えていた。ヘンリー・ヘクシャーは、グアテマラ銀行がスイスの口座を使ってチェコの兵器補給廠に四百八十六万ドルを送金したと報告していた。しかしＣＩＡはそこで手がかりを見失ってしまった。アルフヘムが無事、グアテマラのプエルト・バリオスに入港するまでの四週間、懸命の捜索が続けられた。ライフル、機関銃、榴弾砲などの武器が陸揚げされたとの報告がアメリカ大使館に届いたのは、船荷が荷解きされた後だった。

武器の到着はアメリカにとって思いがけない宣伝の材料となった。武器の多くはさびて使い物にならず、なかにはナチのカギ十字のスタンプが貼られたものもあり、武器の出所や古さがうかがわれた。フォスター・ダレスと国務省は、積荷の規模や軍事的意味合いをひどく誇張して、グアテマラがいまや西半球を転覆しようとするソ連の陰謀の一員に加わったと発表した。のちに下院議長となるジョン・マコーマックはこの積荷を、アメリカの裏庭に埋められた原子爆弾だと言った。

プーリフォイ大使は、アメリカは戦争状態にあると訴えた。一九五四年五月二十一日、ウィズナーにあてて「直接軍事介入する以外に成功の道はない」と打電。それから三日後、アメリカ海軍の軍艦と潜水艦が国際法に違反して海上封鎖に踏み切った。

五月二十六日、ＣＩＡの飛行機が一機、大統領宮殿の上空に飛来し、グアテマラ・シティに駐屯の最強部隊とされる大統領警護隊本部を目がけてリーフレットを散布した。これには「無神論の共産主義者と戦え」「カスティージョ・アルマスとともに戦え」などと書かれていた。巧みな一撃だった。「リーフレットに書かれたことなど本当は問題じゃないと思う」とトレーシー・バーンズがアル・ヘイニーに言った。大事なことは、これまで一度も爆撃されたことのない国をＣＩＡが急襲して攻撃を加えたことだった。

「われわれがやりたかったのは恐怖のキャンペーンだった」[4]と、この作戦の政治闘争を担当していたハワード・Ｅ・ハントが言った。「その目的は特にアルベンスを怖気づかせること、アルベンスの軍隊を怖気づかせることだった。ちょうど第二次大戦の初めにドイツのシュトゥーカ爆撃機がオランダやベルギー、ポーランドの人たちを怖気づかせたように」。

一九五四年のメーデーから四週間の間、ＣＩＡは海賊放送局を通じて心理戦争を遂行していた。この放送局は「ボイス・オブ・リベレーション（解放の声）」と呼ばれ、素人俳優で劇作家のデービッド・アトリー・フィリップスがＣＩＡと契約を結んで運営していた。途方もない幸運も手伝って、グアテマラの国営放送局は五月半ばから、アンテナの定期交換のため放送を中止していた。フィリップスは国営放送局の放送周波数を探り当てた。結果、国営放送を聴こうとしていた聴取者たちはＣＩＡラジオに周波数を合わせることになった。この反乱派の放送局はありもしない蜂起や寝返り、それに井戸に毒を入れたり子供を徴兵したりする陰謀の報告などを短波放送で流し、住民の間の不安はやがてヒステリーに変わっていった。

六月五日、グアテマラ空軍の退役した司令官が、放送電波を発信しているニカラグア国内のソモサの牧場に飛来した。フィリップスの部下たちは司令官にウィスキーを飲ませて煽り、グアテマラを逃げ出した理由をラジオで語らせようとした。ＣＩＡの出先のスタジオで切りばりして作られた録音テープは、熱烈に反乱を呼びかけるものになっていた。

「反乱は茶番だ」

翌朝、この放送のことを聞きつけたとき、アルベンスの頭はおかしくなった。アルベンスはCIAが描いていたような独裁者になってしまった。空軍のパイロットたちが亡命するのを恐れて飛行を禁止した。それからCIAと協力していた反共学生の指導者の自宅を捜索し、アメリカの謀略の証拠を発見した。市民の権利を制限し、数百人の人たちを逮捕し始め、CIAにつながりのある学生たちを厳しく取り締まった。少なくとも七十五人の学生たちが拷問を受け、殺害され、集団墓地に埋葬された。

「政府部内にパニックが広がっている」と、グアテマラのCIA支局は六月八日に打電した。それはヘイニーがまさに一番聞きたいと思っていたことだった。ヘイニーはさらに偽情報を流して混乱を煽るようにとの命令を送った。「モスクワの政治局員に率いられた政治委員や将校、政治顧問らのグループが上陸した……軍事要員の徴発に加えて労働要員も徴発するようだ。指令書がすでに印刷されている。十六歳の男女は一年間、特別労働キャンプに入れられるだろう。これは主として政治的洗脳と、若者に対する家族や宗教の影響を断ち切るのが目的だ。アルベンスはすでに国外へ出た。大統領宮殿から発せられる発表は、実際にはソ連の諜報機関が用意したものを大統領の代役が行っているものだ」などといった内容だ。

ヘイニーは自分の判断でバズーカ砲や機関銃をグアテマラに向けて空輸し始めた。そして農民を武装させ、グアテマラ警察官を殺害するよう促す命令を上の承認なしで出した。ウィズナーはヘイニーに電報を送った。「農民に民間防衛隊員を殺せと命じるのは……非常に問題だ。内戦を扇動することと同じだ。自分たちの運動が、罪のない命の犠牲もいとわないテロリストや無責任集団の運動と思われて信用を失うことになる」。

アルベンス政権内部のCIA工作員だったモンソン大佐は、クーデターに着手するために爆撃と催涙ガスを要求した。「これを実行することが死活的に重要」と、CIA支局はヘイニーに告げた。モンソンには「なるべく早く行動を起こすように伝えた。彼は了承し……アルベンスや共産主義者、敵は処刑されるだろう、と言った」。グアテマラのCIA支局は再度、攻撃を要請した。「われわれは緊急に次のことを要請する。爆弾を投下すること、力を誇示すること、飛行機を全部投入すること、軍隊と首都に決断のときがきたことを示すこと」。

六月十八日、カスティージョ・アルマスは、四年以上かけて準備してきた攻撃にようやくのことで着手した。百九十八人の反乱勢力が大西洋岸にあるプエルト・バリオスを襲撃した。彼らは警官や港湾労働者に打ち負かされた。別の百二十二人はサカパにあるグアテマラ陸軍の駐屯地に向かって進撃したが、三十人を残して後は全員、殺害または拘束された。六十人からなるもう一つの反乱勢力はエルサルバドルから出発したが、途中で地元の警察に逮捕された。アルマス自身は、皮のジャケットを着込み、がたのきたステーション・ワゴンを運転して百人の部下とともに、ホンジュラスから警備の手薄なグアテマラ国境の三つの村に向かった。国境から数マイルのところで野営し、CIAに食料、人員、武器の補充を要請したが、三日と経たないうちに勢力の半分以上が殺されたり、捕まったりして、敗北寸前の状態となった。

六月十九日の午後、プーリフォイ大使はアメリカ大使館内のCIA専用の安全な通信回線を使って直接、アレン・ダレスに電報を送り「爆撃されたし、繰り返す、爆撃されたし」と懇請した。二時間足らずの後に、ヘイニーも加わってウィズナーに強烈なメッセージを送り届けた。「われわれはグアテマラの自由な人々の最後の希望が、共産主義者の抑圧、暴虐の深みに沈みこんでいくのを、ただ傍観し見守るだけなのか。アメリカが敵のもとに軍隊を送り込むまで何もできないのか……こうした状況下でのわれわれの介入は、海兵隊による介入よりはるかに受け入れやすいのではないか。敵は、われわれが朝鮮戦争で戦ったのと同じ敵であり、インドシナで明日にも戦うことになるかもしれない敵である」。

ウィズナーは凍りついた。外国人を送り込んで死なせるのと、アメリカ人パイロットを使って首都を爆撃するのとでは、まったく別の問題である。

六月二十日朝、CIAグアテマラ支局はアルベンス政権が「勇気を取り戻しつつある」と報告した。首都は「非常に平静、家々の戸は閉ざされたままだが、人々は気だるげに成り行きを見守りながら、反乱が茶番だったと考えている」。

CIA本部の緊張は、ほとんど耐え難いところまで高まっていた。ウィズナーはあきらめかけていた。彼はヘイニーとCIA支局にこう打電した。「アメリカの権益に破滅的損害をもたらすことなく成功の可能性を大幅に高められると確信できれば、直ちに爆弾の使用を許可する用意あり……軍の施設に対する爆撃は部隊の離脱を誘うよりむしろ反乱に対して部隊を結束させる可能性が大なることを恐れている。また民間に対する攻撃は無辜の人々の流血を招き、共産主義者の宣伝路線にまんまと乗ることになって、住民を離反させることになりやすい」。

ビッセルはダレスに「グアテマラのアルベンス政権を転覆する試みの帰趨は、非常に疑わしい」と語った。「(CIA本部では)今後どうするかについて万策尽きた状態だった」[(5)]と、ビッセルは後に書き残している。「次々と起きた作戦上の不手際に対応しながら、自分たちがまさに失敗の瀬戸際に追い詰められていることが分かっていた」。ダレスはCIAの関与を否定できるように、カスティージョ・アルマスに対してF-47サンダーボルト戦闘爆撃機三機以上は提供しないことにしていた。そのうちの二機は使用不能だった。「(いまや) CIAの評判と自分自身の評判も問題にされる事態になっていた」とビッセルは回想録のなかで述べている。

ダレスは大統領に会う準備を進めながら、もう一度、首都の爆撃を密かに許可していた。六月二十二日の朝、CIAの飛行機が一機、町のはずれにある小さな石油タンクを炎上させた。火災は二十分ほどで消し止められた。「一般の印象では、攻撃は信じられないほど力不足で、決定力に欠け、やることも臆病だった」とヘイニーは怒り狂った。「カスティージョ・アルマスの努力は広く茶番と受け止めるもの多し。反共、反政府側の士気は消滅寸前の状態にあり」。ヘイニーはダレスあてに直接電報を送り、直ちに航空機の増強を要請した。

ダレスは電話を取り上げ、ウィリアム・ポーリーを呼んだ。ポーリーはアメリカでも有数の金持ちの実業家、一九五二年の大統領選挙ではアイゼンハワーの最大の後援者として「アイゼンハワーを支持する民主党員」の代表を務め、CIAの相談役でもあった。CIAのために密かに空軍を提供できる人間があるとすれば、それはポーリーだった。そこでダレスは、「成功作戦」に関して毎日、CIAの相談相手になっているベデル・スミスのもとにビッセルを送った。ベデル・スミス将軍は裏口からの航空機調達要請を承認した。しかし最後の瞬間になって、中南米担当国務次官補のヘンリー・ホランドがこれに強力に反対し、大統領に会うことを主張した。

六月二十二日午後二時十五分、ダレス、ポーリー、ホランドの三人が大統領執務室に入った。アイゼンハワーはその時点で、反乱が成功する可能性はどの程度か、と聞いた。皆無です、とダレスは白状した。もしCIAに航空機や爆弾がもっとあればどうか。おそらく確率は二〇%程度、とダレスは推測した。

大統領とポーリーはそのときのやり取りをほとんど同じように記憶にとどめていた。ただ一点だけ例外があった。アイゼンハワーがポーリーを歴史から消し去っていたことである。それには明らかに理由があった。大統領はこの政治的後援者と内密の取引をしていたからである。「大統領は私に向かってこう言った。『ビル、それを進めてくれ。飛行機を手当てしてくれ』」。ポーリーはそう書いている。

ポーリーはホワイトハウスから一ブロックのところにあるリッグズ銀行に電話をかけた。そのあと、ニカラグアの駐米大使にも電話した。ポーリーは十五万ドルを現金で引き出し、大使とともに国防総省に車を走らせた。ポーリーが現金を士官の一人に渡すと、士官は三機のサンダーボルトの所有権をニカラグア政府に移す手続きをさっさととった。飛行機はその夜のうちに十分な装備を積んでプエルトリコからパナマに到着した。

三機の飛行機は翌日の夜明けには戦闘態勢に入り、その忠誠がアルベンス政権転覆計画のカギを握るグアテマラ軍部隊に対して爆弾の雨を降らせた。CIAのパイロットは、前線に兵士を運ぶ列車に機銃掃射を加えた。爆弾やダイナマイト、手榴弾、火炎瓶を投下した。アメリカのキリスト教布教団が運営するラジオ放送局を爆破し、太平洋岸に係留しているイギリスの貨物船を撃沈した。

地上では、カスティージョ・アルマスがまったく役立たずだった。後戻りしてきたアルマスは、CIAに無線で空爆の強化を要請してきた。アメリカ大使館の屋上にある中継器で電波を中継していた「解放の声」放送は、数千人の反乱軍が首都に押し寄せているとの話を巧みにでっち上げて放送した。大使館の屋上の拡声器は、テープに録音したP-38戦闘機の音を大音響で夜中に流した。酔っ払って意識も朦朧としたアルベンス大統領は、自分がアメリカからの攻撃にさらされていると思い込むようになっていた。

六月二十五日午後、CIAはグアテマラ・シティ最大の軍の野営地にある練兵場を爆撃した。これは将校軍団の意気を阻喪させた。アルベンスはその夜、閣僚を召集し、陸軍の一部分子が反乱を起こしたと語った。それは事実だった。一握りの将校が密かにCIAと結託して大統領を転覆することを決めていた。

プーリフォイ大使は六月二十七日、クーデターを画策しているものに会った。勝利は手の届くところにあった。ところがアルベンスは、カルロス・エンリケ・ディアス大佐に権力を移譲、ディアスは軍事政権を樹立し、カスティージョ・アルマスと戦うことを約束した。「われわれは裏切られた」とプーリフォイは打電した。アル・ヘイニーはCIAの全支局に電報を送り、ディアスは「共産主義者の手先」だと伝えた。弁の立つCIA要員のエンノ・ホビングに翌朝早くディアスと話を付けるよう命じた。ホビングはCIAに入る前は『タイム』のベルリン支局長を務めていた。ホビングはディアスに次のようなメッセージを伝達した。「大佐、貴殿はアメリカの外交政策にとって、いささか不都合な存在だ」。

軍事政権はたちどころに消滅した。それにとって代わって、四つの軍事政権が次々と登場した。これらの政権は後になるほど親米の度合いが強まっていった。プーリフォイはそろそろCIAに手を引くよう要請した。ウィズナーは六月三十日、関係者全員に「外科医は引き下がって看護婦が患者を見るときがきた」と電報を書き送った。プーリフォイはその後、アルマスを大統領の座につけるまでにさらに二ヵ月にわたる工作を必要とした。アマルスはホワイトハウスで二十一発の礼砲と公式晩餐会をもって迎えられた。その席で当時副大統領のリチャード・ニクソンは次のように祝辞を述べた。「われわれアメリカ人は、グアテマラの人たちがすべての人間にとって大きな意味のある出来事をその歴史に刻むのを目撃した。今夕の招待客である勇敢な兵士に導かれて、グアテマラの人たちは共産主義の支配に抗して立ち上がった。そして崩壊する共産主義の浅薄さ、欺瞞、腐敗が多くの人々の目にまざまざと焼き付けられた」。このときからグアテマラにおける四十年間に及ぶ軍部支配、暗殺、武力弾圧の圧制が始まったのである。

「信じられない」

CIAの指導者たちは「成功作戦」についても、イランのクーデターの時と同じように、神話を作り上げた。CIAの公式の見方では、この作戦はまさに名人芸だった。しかし本当のところは、ジェーク・エスタラインによれば「われわれはあれが成功だったとはあまり考えていなかった」[(6)]。エスタラインはその年の夏の終わりに、グアテマラの新しい支局長になっていた。クーデターが成功したのは、主として武力と予想もできない幸運によるものだった。しかしCIAは一九五四年七月二十九日にホワイトハウスで行った大統領に対する公式の説明で、別の話を作り上げた。その前夜、アレン・ダレスはフランク・ウィズナー、トレーシー・バーンズ、デーブ・フィリップス、アル・ヘイニー、ヘンリー・ヘクシャー、リップ・ロバートソンの六人をジョージタウンの自宅に招いて、予行演習を行った。ヘイニーが朝鮮での自分の英雄的な手柄を長々と前置きにしてとりとめのない話をするのを聞いて、ダレスはだんだん恐ろしくなった。

「こんなばか話など聞いたことがない」とダレスは言い、フィリップスにスピーチを書き直すよう命じた。

ホワイトハウスのイースト・ウィングにある、スライド上映のために暗くした部屋で、CIAはアイゼンハワー大統領にきれいごとで飾り立てた「成功作戦」の話を売り込んだ。明かりがついて、大統領の最初の質問は準軍事作戦を担当したリップ・ロバートソンに向けられた。

「カスティージョ・アルマスはどれくらいの手勢を失ったのか」とアイクは尋ねた。

一人だけです、とロバートソンは答えた。

「信じられない」と大統領は言った。

アルマス側は侵攻に際して、少なくとも四十三人を失っていた。しかしだれもロバートソンの答えに異を唱えなかった。恥知らずなうそだった。

これがCIAの歴史の転換点になった。海外での秘密工作を取り繕うための話を必要とすることが、このときからワシントンにおけるCIAの政治的行動の一部になった。ビッセルがそのことをあけすけに言っている。「CIAに入ったものの多くは、CIAのスタッフとしてとった行動については必ずしもすべての倫理的規則に拘束されることはないと感じている」。ビッセルと同僚たちは、CIAのイメージを守るためには大統領に対してもうそをつく用意ができていた。そして、彼らのうそはその後、アメリカにとって長く尾を引くつけを払わされることになる。

第11章 「そして嵐に見舞われる」 ベルリン・トンネル作戦

モンタナ州選出のマイク・マンスフィールド上院議員は一九五四年三月にこう語っている。

「いまやCIAのあらゆることに秘密のベールがかかっている。[1] 経費も、有効性も、成功そして失敗も」

アレン・ダレスはごく少数の議員に対しては話をしていた。これらの議員は、議会の軍事・歳出小委員会による非公式な詮索からCIAを守ってくれていた。ダレスは常々、部下に対して「次の予算審議で使えるようなCIAの成功物語[2]」を自分のもとに送っておくように求めていた。自分の手のうちには何も材料がなかった。ごくまれに、正直な話をすることもあった。マンスフィールドからの批判を受けた二週間後、ダレスは秘密聴聞会で三人の上院議員と向き合っていた。ダレスの説明メモは、CIAによる秘密工作の急速な拡大が「冷戦の長丁場では危険が多く、賢明ではないかもしれない[3]」と述べていた。メモは「計画性のない、緊急の、そのとき限りの工作はおおむね失敗に終わった。それだけでなく、より長期的な活動に備えた入念な準備を混乱させたり、台無しにしたりしてもいた」ことを認めていた。

この種の秘密は議会では守ることができた。しかし上院議員の一人がCIAにとっては深刻な脅威になりつつあった。赤狩りのジョゼフ・マッカーシー議員である。マッカーシーとそのスタッフは、朝鮮戦争末期にCIAに対する不満から辞めていった情報提供者の地下組織を作っていった。アイゼンハワーの選出から数ヵ月の間、マッカーシーのファイルには情報がどんどん蓄積されていった。そのなかには、マッカーシーの首席法律顧問を務めたロイ・コーンが言ったように「CIAは知らず知らずのうちに多数の二重工作員を雇い入れている[4]」という主張もあった。二重工作員とは「CIAに勤めながら実際には共産主義の工作員でもあり、不正確なデータをアメリカ側に植えつけることを任務とする個人を指していた」。マッカーシーのほかの多くの非難とは違って、この点はその通りだった。ほんの少しばかり追及されれば、CIAは持ちこたえられなかっただろう。アレン・ダレスはそのことを知っていた。共産主義に対する恐怖が渦巻いているさなかに、CIAがヨーロッパやアジアでソ連や中国の諜報機関にだまされているということをアメリカ国民が知っていたなら、CIAは破滅していたに違いない。

マッカーシーはダレスに面と向かって内々に「CIAは調査できない聖域ではないし、調査すれば無傷ではいられないだろう[5]」と語ったことがある。そのときダレスは、CIAの生き残りがかかっていることを知った。フォスター・ダレスはマッカーシーの仮借ない調査に国務省の門戸を開いて殊勝なところを公に示したが、そのために国務省はその後の十年、大きな打撃を受けた。しかしアレン・ダレスはマッカーシーに対して反撃に出た。アレンはCIAのビル・バンディに関する資料提出を命じようとした上院議員の企てをはねつけた。バンディは、旧友に対する忠誠から、共産主義のスパイと疑われたアルジャー・ヒスの弁護基金に四百ドルを寄付していた。アレンは上院議員がCIAを痛めつけるのを許さなかったのである。

アレンの表向きの姿勢は筋の通ったものだった。しかしマッカーシーに対してあからさまな秘密工作[6]もしかけたのである。この秘密工作の内容は、マッカーシーの主宰する委員会と当時二十八歳の民主党側の法律顧問だったロバート・F・ケネディに対して行われたCIA局員の秘密証言のなかで概要が明かされていた。その記録は二〇〇三年に封印を解かれ、二〇〇四年にCIAの歴史として詳細が明かされた。

マッカーシーと個人的ににらみ合ったダレスはその後CIA局員を集め、上院議員の事務所にスパイを送り込むか盗聴をしかけるか、できればその両方を試みようとした。その手法はJ・エドガー・フーバーとまったく同じだった。不都合な情報を集めて、それをばらまこうというものだった。ダレスは防諜担当責任者のジェームズ・アングルトンに指示して、マッカーシーやそのスタッフに偽情報を流し、マッカーシーの信用を失墜させる方法を編み出した。アングルトンはジェームズ・マカーガーを説得して、CIAでのマッカーシーの地下組織メンバーとして知られる男にウソの報告を吹き込んだ。マカーガーはウィズナーが最初にCIAに採用した職員の一人だった。マカーガーの工作は成功した。CIAは上院に浸透したのである。

「君は国を救ったのだ」と、アレン・ダレスはマカーガーに語っている。

「基本的には受け入れがたいこの考え方」

しかしCIAに対する脅威は、一九五四年にマッカーシーの権力が衰え始めるにつれて大きくなった。マンスフィールド上院議員と三十四人の同僚議員がCIAの監視委員会を設置し、CIAの仕事に関して議会に十分かつ最新の報告を行うよう命じる法案を通そうとしていた（その法案は二十年間、議会を通過しなかった）。またアイゼンハワーの信頼する軍人仲間のマーク・クラークが率いる議会の特別委員会[7]も、CIAを調査する準備を進めていた。

一九五四年五月末、大統領は一空軍大佐から六ページに上る異例の書簡(8)を受け取った。それはCIA内部からの初めての、熱のこもった告発文書だった。アイゼンハワーはそれを読んで取っておいた。

書簡の主はジム・ケリス、CIA創設に加わった人間の一人だった。ギリシャでゲリラ戦を戦った元OSS（戦略事務局）隊員で、中国に派遣され、戦略局部隊で初代の上海支部長を務めた人物だった。CIA創設時にはごく少数の中国専門家の一人だった。ワイルド・ビル・ドノバンの調査員としてギリシャに戻り、一民間人の身分で一九四八年のCBS記者の殺害事件について調べるよう求められていた。ケリスの判断は、この殺害がアメリカの右翼とつながりのあるアテネの仲間によるもので、一般に信じられているように共産主義者の仕業ではない、というものだった。その調査結果は隠蔽された。ケリスはCIAに戻り、朝鮮戦争中は世界全体の準軍事工作および東側の抵抗組織を担当していた。ウォルター・ベデル・スミスは問題が起きた場合の調査のために、ケリスをアジアやヨーロッパに送り出した。ケリスは自分が見たものが気に入らなかった。アレン・ダレスが指揮をとるようになって数ヵ月後、ケリスは嫌気がさしてCIAを辞めた。

「CIAは腐りきっている」と、ケリス大佐はアイゼンハワーに警告した。「今日、CIAは鉄のカーテンの向こう側でこれといった工作はほとんど行っていない。外部に対する説明では、明るい展望ばかり描いているが、恐ろしい真実は『極秘』のラベルを貼られたままになっている」。

実際には「CIAが意図していたかどうかはともかく、共産側の公安機関に百万ドルを送り届けた」（これはポーランドにおけるWIN工作のことを指している。ダレスがこの工作の醜い部分について大統領に話したとは思えない。この工作はアイゼンハワーの大統領就任の三週間前に失敗に終わっていた）。「CIAは知らないうちに共産主義者のための諜報網を組織していた」とケリスは書いた。これは、朝鮮戦争中にソウル支局が引き起こした失態を指している。ダレスとその側近たちは「自分たちの評判に傷がつくのを恐れて」朝鮮と中国でのＣＩＡの工作については議会にウソをついていた。ケリスはこの問題で一九五二年に極東を回った際、個人的な調査を行っていたのだ。「ＣＩＡはだまされている」というのがその結論だった。

ケリスによると、ダレスは自分のイメージをよくするような話を新聞に流し続けていた。「学者風で、愛想のいいキリスト教の伝道者であり、アメリカの優れた諜報の専門家」というのが、そのイメージだった。「アレン・ダレスのもう一つの側面を見たことのあるものにとっては、あまりキリスト教徒的な特色は見てとれなかった」。ケリスは大統領に対し、ＣＩＡを「浄化するために必要な行動を思い切ってとるよう」強く要請した。

アイゼンハワーは秘密工作組織に対する脅威を密かに排除し、問題を一掃したいと考えていた。グアテマラの「成功作戦」が終了して間もない一九五四年七月、ジミー・ドゥリトル将軍とウィリアム・ポーリーに、ＣＩＡの秘密工作の能力を評価するよう大統領は命じた。ドゥリトルはソラリアム計画に関わったことがある人物、ポーリーはグアテマラのクーデターで戦闘爆撃機を提供した百万長者で、アイクの親密な友人だった。

ドゥリトルには報告提出までに十週間の時間があった。ポーリーとともに、ダレスとウィズナーに会い、ドイツとロンドンのＣＩＡ支局を訪ね、ＣＩＡと連携して仕事をしている軍事、外交関係の幹部にインタビューした。二人はまた、ベデル・スミスにも面会した。ベデル・スミスは二人に「ダレスは重要ポストにいる人間としてはあまりに感情的過ぎる」と言い、「彼の感情過多は見た目よりはるかにたちが悪い」と評した。

一九五四年十月十九日、ドゥリトルはホワイトハウスに大統領を訪ねた(9)。ＣＩＡは「途方もなく巨大な組織に膨れ上がり、多数の人間を抱えるに至っているが、なかにはその能力の疑われるものもいる」と報告した。ダレスが自分の周囲に置いた人間には未熟で訓練されていないものが多かった。アレン・ダレスとフォスター・ダレスの「家族関係」という微妙な問題も持ち上がった。ドゥリトルは、二人の個人的な関係が職業上の関係とならないことが、すべての関係者にとって望ましいと考えていた。「どうしても一方が他方を守ったり、一方が他方に影響を与えたりということにつながってしまう」。信頼できる文民による独立委員会が、大統領に代わってCIAを監視すべきだ、という勧告だった。

ドゥリトル報告[10]は、ウィズナーの秘密工作本部には「その職務に必要な訓練をほとんどないし、まったく受けていない人間ばかり」がいることに警告を発し、六つに分かれた本部部局、七つの地域部門、四十を超える課の「事実上すべてのレベルで無用の人間がいる」と警告していた。報告はウィズナー帝国の「全面的な再編成」を勧告した。帝国は組織の「急拡大」と「能力を超えた成果を上げる約束を受け入れたことによるすさまじい圧力」のために傾いていた。「秘密工作には量より質が重要である。無能な多数の人間より、有能な少数の人間のほうが有用である」と報告書は述べていた。

ダレスは秘密工作本部が手におえなくなっていることを十分知っていた。CIAの職員たちは指揮官の知らぬところで活動を遂行していた。ドゥリトル報告が提出された二日後、ダレスはウィズナーに懸念を伝えた。「微妙かつ細心の注意を要する工作[11]が、次官や副長官、あるいは長官らの承認もないまま、下のレベルで実行されている」。

しかしダレスは、悪いニュースを扱うときはいつもそうしたように、ドゥリトル報告も握りつぶした。CIAの最高幹部にも報告を見せなかった。ウィズナーにさえも見せようとはしなかった[12]。

報告の全文は二〇〇一年まで機密扱いになっていたが、そのまえがきは四半世紀前に公表されていた。そのなかに、冷戦について最も厳しい一節が含まれていた。

われわれがいま容赦ない敵に対峙していることは明らかである。この敵はいかなる手段、いかなる犠牲に訴えても世界支配を達成することを明確な目標としている。このゲームにルールはない。これまで受け入れられてきた人間の行動の規範もここでは当てはまらない。アメリカが生き残るとすれば、これまで長く守り続けてきた「フェアプレイ」の概念は考え直さなければならない。われわれは効果的な諜報および防諜のための組織を開発しなければならない。そして自分たちに対して用いられているものよりもっと賢明で洗練され、もっと効果的な方法で敵を倒し、妨害し、破壊することを学ばねばならない。基本的には受け入れがたいこの考え方に、アメリカ人もなじみ、理解し、支持することが必要になるかもしれない。

国は「より攻撃的な、心理的、政治的、準軍事的活動をする組織を必要としている。しかもその組織は、より効率的で、特異で、必要とあれば、敵の組織より冷酷非情であるべきだ」と報告は述べていた。なぜならCIAは「生身の工作員による潜入の問題」を解決したことがなかったからだ、と報告はいう。「いったん、パラシュートなりその他の方法なりで、国境を越えてしまうと、敵の追跡から逃れるのは著しく難しい」。そして報告は次のように結論づけていた。「この方法でわれわれが入手した情報はほとんど無きに等しく、しかもそのために払った犠牲は、金銭的にも人命の上でもきわめて大きい」。

報告はソ連に対する諜報活動を最も重視していた。ソ連に関する確かな情報には金に糸目は付けないことを強調していた。

「正しい問題提起をしなかった」

ダレスは鉄のカーテンの向こう側にアメリカのスパイを潜り込ませようと懸命になっていた。[13]

一九五三年にダレスが最初にモスクワに送り込んだCIA局員は、ロシア人の家事手伝いの女性——KGBの大佐だった——に誘惑され、情事の現場を写真に撮られ、脅迫されて、その不始末を理由にCIAから解雇された。一九五四年には、二人目の局員がモスクワ到着後まもない時期にスパイ活動の現場を取り押さえられ、逮捕されて、国外追放にあった。この事件の後まもなく、ダレスは特別補佐官のジョン・モーリーを呼んだ。モーリーは第二次大戦前にソ連を旅行したことがあり、戦争中のほとんどの時期をモスクワのアメリカ大使館で海軍情報部代表として過ごしていた。ダレスはモーリーに、秘密工作本部に加わり、モスクワでの任務の訓練に携わるよう要請した。

ウィズナーの部下には、だれ一人ソ連に行ったことのあるものがいなかった。「連中は目標について何も知らないのだ」とダレスが言った。

「わたしは秘密工作については何も知らない」とモーリーが応じた。

「連中だって何も分かってはいない」とダレスが答えた。

こんな男たちが大統領の一番求めている情報——核攻撃に対する戦略的な警告——など、とうてい提供できそうにはなかった。核攻撃に際してどう対処するかを話し合う国家安全保障会議が開かれた際、大統領はダレスに向かって「パールハーバーをもう一度繰り返したくはないのだ」[14]と言った。大統領が一九五四年に第二の秘密諜報委員会を設置したとき、委員会に課された任務はそれだった。

アイゼンハワーはマサチューセッツ工科大学（MIT）のジェームズ・R・キリアン学長に、ソ連からの奇襲を防ぐ方法を検討するグループの責任者となることを求めた。大統領はドゥリトル報告が強く勧告した技術――「差し迫った攻撃を早期に警告する」ための「通信および電子監視」技術――の開発を強く要請した。

ＣＩＡは敵を盗聴、傍受する努力をさらに強化した。それはそれなりに成功した。

ベルリン本部の屋根裏部屋では、野球選手から足を洗い弁護士を経てスパイに転じたウォルター・オブライエンという名の男が、東ベルリンの郵便局から盗んできた書類を写真に撮っていた。書類は、ソ連と東ドイツの当局者が使う新しい通信ケーブルの地下ルートについて書かれたものだった。このスパイ活動の成功が「ベルリン・トンネル」計画につながった。

このトンネルは、当時知られたＣＩＡ最大の勝利と見なされていた。このアイデア――とその失敗――は、イギリスの諜報活動からヒントを得ていた。一九五一年、イギリスはＣＩＡに対し、第二次大戦終了の直後からウィーンの占領地帯に張り巡らしたトンネル網を通じて、ソ連の通信ケーブルを盗聴していたことを伝えていた。ベルリンでも同じことをしてはどうかとの示唆が、イギリスからあった。盗んだ青写真のおかげでそれが現実的なものになった。

ベルリンのトンネルに関する資料としては、一九六七年に書かれ、二〇〇七年二月に秘密扱いを解除されたＣＩＡの歴史文書がある。[15] これには、一九五二年にベルリン基地の責任者になった、大酒のみでいつも拳銃を携えている元ＦＢＩ捜査官、ウィリアム・Ｋ・ハーベイが直面した三つの疑問が示されている。ソ連の支配地区である東ベルリンの地下に一四七六フィート（約四百五十メートル）ものトンネルを掘って――主要道路の下、わずか二七インチのところを通っている――直径二インチの標的に、相手に気づかれずにたどりつけるのか。トンネル掘りから出る三千トンもの残土をどうやってこっそりと処分できるのか。そして、アメリカ支配地区の端っこにある難民の掘立小屋が並ぶごみごみした地区で、トンネル掘りのための施設の建設をどんな偽装を凝らしてごまかすことができるのか。

アレン・ダレスと、イギリス側の諜報責任者であるジョン・シンクレア卿は一九五三年十二月、このトンネル作戦に関する一連の会議の調査事項について同意し、計画に「ジョイントリー」という暗号名を付けた。会議の結果、翌年の夏、行動計画が作成された。街の一ブロック全体にまたがる建物が瓦礫のなかに建設され、この建物の屋根にはたくさんのアンテナが林立することになった。これは、ソ連側にこの建物が電波信号を傍受するための施設と思わせる狙いがあった。人目を欺く奇術師の手法だった。アメリカは東に向かってケーブルの下まで掘り進む。イギリスはウィーンでの経験に基づいて、トンネルの先端からケーブルのところまで竪穴を掘り、盗聴装置を取り付ける。要員を三百十七人にまで増やしたロンドンのオフィスでは、CIAが録音した会話の記録を処理する。ワシントンでは三百五十人のスタッフで、トンネルで盗聴したテレタイプ通信の内容を文書化することになった。トンネルを掘る作業は陸軍工兵隊が、イギリスの技術支援を受けながら担当した。最大の問題はいつものことながら、作戦で傍受した言葉を翻訳することだった。「必要な言葉の専門家を集めることができなかった」と先のCIA史は述べている。ロシア語の専門家はもちろん、ドイツ語の専門家にさえもCIAは事欠いていた。

トンネルは一九五五年二月末に完成し、イギリスは一ヵ月後から盗聴器の取り付けを始めた。五月には情報が届き始めた。その量は、会話とテレタイプ通信合わせて何万時間分にもなった。このなかにはドイツとポーランドに駐留するソ連の核戦力や通常戦力に関する貴重な評価や、ソ連国防省の内部情報、それにベルリンにおけるソ連の防諜工作の仕組みなども含まれていた。またソ連や東ドイツ当局の政治的混乱や動揺の様子、数百人の諜報関係者の実名や偽名なども明らかになった。翻訳に数週間あるいは数ヵ月を要し、六百七十万ドルという巨費がかかったが、情報はもたらされた。CIA

はこのトンネルのことがいずれ明るみに出ることは予想していた。予想通りそれが明るみに出ると、「諜報活動にかけてはほとんどだれからも不器用な未熟ものと見なされていたアメリカが、その道では名人と長らく認められてきたソ連を相手に一矢を報いることができた」ことを示すものと受け止められた。CIA史は多少の皮肉をこめてそう書いている。

CIAはトンネル作戦がそれほど早くだめになるとは考えていなかった。しかし作戦が続いたのは一年足らず、翌年の四月にはばれてしまった。というのも、クレムリンは最初から、それこそトンネル掘りが始まる前からこの計画を知っていたのである。計画を暴いたのは、イギリスの諜報機関内部にいたソ連のスパイ、ジョージ・ブレークだった。ブレークは北朝鮮で捕虜になったときに忠誠を誓う相手を変え、一九五三年暮れには、トンネル計画の秘密をソ連に通報していた。ソ連はブレークを高く買っていたため、トンネル作戦をそのまま十一ヵ月も進行させ、その上で強引な宣伝攻勢を展開してこれを暴露した。数年後、相手側がトンネルのことを最初から知っていたことが分かった後も、CIAは依然としてこの作戦が宝の山を掘り当てたと信じていた。しかし今日まで次のような疑問が残っている。モスクワは意図的に偽情報をトンネルに送り込んでいたのか、という疑問である。証拠を見ると、CIAはこの盗聴から二つの貴重な、混じりけのない情報を得ていたことが分かる。一つはソ連と東ドイツの安全保障システムに関する基本的な見取り図を学んだこと、それに、モスクワが戦争を始めるという警告のかすかな兆し[16]にも行き当たらなかったことである。

「ロシアのことを少しばかり知っているわれわれのような人間[17]は、ロシアも西側と同じような方向への発展を望んでいる、遅れた第三世界の国と見なしていた」。かつてCIAのベルリン支局にいたことのあるトム・ポルガーは語っている。しかしそうした見方は、ワシントンの最高レベルでは受け入れられなかった。ホワイトハウスとペンタゴンは、クレムリンの「意図」が自分たちのそれとまったく同じだと考えていた。すなわち、第三次大戦の初日に敵を壊滅させようとしているものと考えていた。したがって、ホワイトハウスとペンタゴンの任務は、ソ連の軍事「能力」のありかをつきとめ、まずそれを破壊することにあった。アメリカのスパイにそれができるとは、彼らは信じていなかった。

しかしアメリカの機械になら、それができる可能性もあった。

キリアン報告は、技術の勝利と、CIAによる昔ながらの諜報活動の没落の始まりだった。報告は「ロシアに対する旧来の秘密工作からは、ほとんど意味のある情報を得られていない[18]」とアイゼンハワーに伝えていた。「しかし諜報の成果を改善するために、科学と技術の究極の部分を活用することはできる」。キリアン報告は大統領に、ソ連上空を飛び軍事施設や武器貯蔵庫を写真撮影できるスパイ機や人工衛星を作るよう促した。

技術はアメリカの手の届くところにあった。話が出てから二年が経っていた。ダレスとウィズナーは日々の運営上の問題にかまけて、一九五二年七月に同僚である当時の諜報担当副長官から出ていたメモに注意を払うゆとりがなかった。このメモは、「偵察用の衛星」の開発を提案しており、テレビ・カメラをロケットで打ち上げ、ソ連を宇宙のかなたから監視しようというものだった。かぎはカメラの製作にあった。ポラロイドを発明した異能の科学者エドウィン・ランドは、そうしたカメラを作れると確信していた。

一九五四年十一月、まだベルリンのトンネル作戦が進行しているさなかに、ランド、キリアン、ダレスの三人は大統領に会ってU-2スパイ機の製造の承認を得た。この飛行機は胴体にカメラを取り付け、グライダーの原理で飛行するもので、鉄のカーテンの向こう側にアメリカの目を送り込むことを意味していた。アイゼンハワーは計画を承認したが、同時に芳しくない予告を付け加えていた。いつか「そのうちの一機が捕まり[19]、大きな騒ぎになるだろう」と大統領は言った。

ダレスはスパイ機製造の仕事をビッセルに任せた。ビッセルは飛行機については何も知らなかったが、U-2計画があれこれ詮索されるのを避けるため秘密の政府機構を作り、飛行機の早期製造を促した。数年後、あるCIA訓練生のクラスでの話で、ビッセルは誇らしげに「わがCIAはアメリカ政府の中で組織上の秘密を守れる最後の隠れ家だ」[20]と語っていた。

ビッセルは、CIAの廊下をゆっくり大またで行き来する、野心いっぱいの不器用な男だった。いずれ自分が次のCIA長官になれると信じていた。それというのも、ダレスがビッセルにそう言っていたからだった。ビッセルはますますスパイ活動を見下すようになり、リチャード・ヘルムズやその部下の諜報員を軽蔑していた。二人は役所の中での競争相手となり、後には互いに激しい敵意を抱くようになった。二人の関係は人間と機械の間の戦いを象徴していた。この戦いは五十年前に始まり、現在も続いている。ビッセルはU-2機を、ソ連の脅威に対して攻撃的な一撃を加える兵器と見なしていた。[21]アメリカがソ連の空域を侵犯してソ連軍を監視する。もしソ連側に「それを妨げるためのすべが何もない」ということなら、それだけでもソ連の自尊心と力を殺ぐことになる、とビッセルは考えていた。U-2計画を推進するための非常に小さな秘密チームを立ち上げ、諜報調整担当次官補のジェームズ・Q・リーバーを起用して、ソ連内でU-2機に何を撮影するのかを決めさせることにした。リーバーはその後昇進し、U-2機とその後継のスパイ衛星が撮影するソ連内の標的を選択する委員会の委員長を長く務めた。しかし結局は、ペンタゴンがいつも偵察の要件に口をだすことになった。ソ連は何機の爆撃機を保有しているか、核ミサイルの数はどうか、戦車の数は、といったことが偵察の対象になった。

後年リーバーは、何か別のものをいろいろ撮影しようという考えを冷戦心理が妨げた、と語った。「われわれは正しい問題提起をしなかったのだ」とリーバーは言った。もしCIAがソ連内部の生活についてより大きな捉え方をしていれば、ソ連が本当に国を強固なものにすることにほとんど金をかけていなかったことを理解していたことだろう。ソ連は弱い敵だった。もしCIAの指導者たちがソ連の内部について効果的な諜報活動を遂行できていれば、ロシア人が生活必需品を生産できていないことを見抜けていたかもしれない。冷戦の最終的な戦いは軍事的なものではなく、経済的なものだということが、CIA指導者にとっては想像を超えていたのである。

「大統領にも言わないことがある」

CIAの能力を調査しようとする大統領の努力は、情報収集を革命的に変える技術の飛躍につながった。しかしこれは、問題の根源に触れるところまでは行かなかった。創設以来七年を経ても、CIAを監視したり、コントロールしたりする仕組みは何もなかった。その秘密は、知る必要があるものだけの間で共有されたが、だれが知るべきかを決めたのはアレン・ダレスだった。

ウォルター・ベデル・スミスが一九五四年十月に政府を離れた後は、CIAのことを監視するものはいなくなった。ベデル・スミスはその強烈な性格の力でアレン・ダレスを抑え込もうと努めていた。しかし彼が去った後は、秘密活動を抑制する力のあるものは、アイゼンハワーを除いていなくなってしまった。

一九五五年、大統領はルールを変更した。ホワイトハウス、国務省、国防総省の代表三人で構成する「特別グループ」を設け、CIAの秘密工作を検証する責任を持たせたのである。しかし彼らにも事前に秘密工作を承認する権限はなかった。ダレスはそのつもりになれば、特別グループ――新任の国務、国防両次官と安全保障担当大統領補佐官――との非公式な昼食の席で計画に軽く言及することもできた。しかしそれもしないことのほうが多かった。ダレスがCIA長官を務めた時代のCIA史

（全五巻）[22]には、ダレスが特別グループに秘密工作について知らせる必要はないと信じていたことが記されている。特別グループはダレスやＣＩＡのことを判断する立場にはない、自分の決定することに「政策承認は無用」とダレスは感じていた。

長官もその補佐も海外の支局長も、自由に自分たちの政策を設定し、独自の作戦を計画し、その結果についての判断も秘密のうちに自分たちだけですることができた。ダレスはホワイトハウスにも自分の都合に合わせて助言していた。「彼が大統領にも言わなかったことがある」[23]と、ダレスの妹が国務省の同僚に語ったことがある。「大統領は知らないほうがよかったのよ」。

第12章「別のやり方でやった」

自民党への秘密献金

占領日本を支配したダグラス・マッカーサー元帥は、ＣＩＡをその草創のころから嫌い、信用していなかった。一九四七年から五〇年まで、東京のＣＩＡ支局を極力小さく弱体にして、活動の自由も制限していた。元帥には独自のスパイ網があったのだ。広島、長崎に原爆を投下した直後から構築し始めたものだった。ＣＩＡはこのスパイ網を、元帥から受け継ぐことになったが、これはいわば毒のもられた遺贈品だった。

マッカーサーを軍事諜報面で補佐していたのはチャールズ・ウィロビー少将だった。ウィロビーの政治的立場は、米陸軍の将官の間では最も右寄りだった。ウィロビーは一九四五年九月、最初の日本人スパイをリクルートすることで、敗戦国日本の諜報機関を牛耳ることになった。この日本人スパイは、戦争終結時に参謀本部第二部長で諜報責任者だった有末精三《ありすえせいぞう》である。

有末陸軍中将は一九四五年の夏、戦勝国に提出するための諜報関係資料を秘密裏に集めていた。それが、敗戦後自分自身の身を守ることになると考えていたのだった。多くの高位にある軍人同輩と同じように、戦争犯罪者として起訴される可能性もあった。が、有末はかつての敵の秘密工作員となることを自ら申し出たのである。それはドイツのラインハルト・ゲーレン将軍がたどったのと同じ道だった。ウィロビーの最初の指示は、日本の共産主義者に対する隠密工作を計画し、実施せよというものだった。有末はこれを受けて、参謀次長の河辺虎四郎に協力を求め、河辺は高級指揮官のチーム編成にとりかかった。

一九四八年、アメリカの政治戦争の生みの親であるジョージ・ケナンは、日本については政治の改革より経済の復興の方がより重要であり、実際問題としても、実現が容易であると主張していた。ケナンはマッカーサーの政策に対して疑問を呈していた。日本の産業を解体し、解体した機材を戦時賠償のために中国に送る、共産主義者がいまにも中国を制覇しようとしているときに、そうした措置をとることにどういう理屈があるのか、とケナンは問いかけた。ケナンの力によって、アメリカの対日政策は一九四八年末までには急転換を遂げた。日本の当局者に対する戦争犯罪訴追の脅威と占領の懲罰的な性格は、緩和され始めた。これで、ウィロビー指揮下の日本人スパイにとっては仕事がやりやすくなった。

ウィロビーはその年の冬、暗号名「タケマツ」という正式な計画を発足させた。この計画は二つの部分に分かれていた。「タケ」は海外の情報収集を目的とするもの、「マツ」は日本国内の共産主義者が対象だった。河辺はウィロビーにおよそ一千万円を要求し、それを手にした。スパイを北朝鮮、満州、サハリン、千島に潜入させること、中国、朝鮮、ロシアの軍事通信を傍受すること、それに中国本土に侵攻して制覇したいという中国国民党の夢を支持し、台湾に日本人の有志を送り込むこと、などを約束した。

少数の米陸軍防諜要員は河辺に疑問を持ち、その提案をいんちきとにらんでいた。「この作戦全体が手の込んだたかりとしか思えない」と、防諜要員の一人は上司に手紙を書き送っていた。その疑問は正しかった。アメリカの占領軍に代わって日本の新しい諜報網が集めた情報は、おおむねうそかでっち上げだった。隠密行動の目的はほとんどの場合、諜報というよりは資金づくりにあった。北朝鮮を対象にした活動はその典型だった。有末は、戦時中マラヤで厳しい軍政を布《し》いた渡辺渡少将の手を借りた。しかし渡辺が自慢する軍人としての知見も、スパイに関わることとなると使い物にならなかった。一九四九年から五〇年にかけて渡辺が手がけた作戦は、ことごとく失敗した。渡辺が収集した情報はほとんどが共産側のでっち上げと判明した。

ＣＩＡが東京に最初の足場を築いて間もなく、ＣＩＡはウィロビー配下の日本人スパイの監視を始めた。ＣＩＡはその実態を知り、驚愕する。日本人スパイは諜報網などというものではなく、右翼体制の復活を狙う政治活動であり、同時に金儲けのためのもの、というのが結論だった。「地下に潜った右翼の指導者」は諜報活動を「価値ある食いぶち」と見なしていた、とＣＩＡ報告は当時の状況を要約している。

アメリカの軍事および諜報関係者も日本人スパイの忠誠に疑いを抱き始めた。有末と河辺は、諜報活動の進行状況や金銭の支払いの予定について、アメリカ側の指揮官たちを常習的にだましていた。二人とその部下がアメリカに丸抱えされた任務を自分たちの金もうけに利用していたことは疑いのないところだった。たとえば二人は台湾の国民党のもとに日本人を送り込み、その代りに大量のバナナや砂糖を入手していた。これらの食料は日本国内で転売され、巨額の利益をもたらした。

たった三人からなる小さなＣＩＡ東京支局から見て最悪だったのは、有末とその部下が在日の共産中国の工作員に情報を売っていたことである。朝鮮戦争が勃発した当初、アメリカのかつての敵がアメリカの新しい敵と協力している、それもウィロビー少将やその部下の鼻先で取引している、とＣＩＡは判断していた。

ウィロビーにとってはこの点で、自分こそが最悪の敵だったかもしれない。ウィロビーは有末を信頼して、軍とCIAの間の激しい内部抗争についても有末に話していた。有末はこうした情報を仲間の日本人将校たちに伝えないはずもなかった。そしてアメリカにとって不幸なことに、朝鮮戦争時の有末のグループには共産中国の工作員が潜入していたのだった。CIAがさらに驚いたことに、ウィロビーには荒木光子という愛人がいた。荒木は日本政府にとって、特異な情報に通じたよい情報源となっていたのである。

日本でもアジア全体でも、朝鮮戦争中のアメリカによる情報収集活動は成果がなかった。日本占領中のアメリカによる諜報活動の不毛さを要約して、CIA報告はその原因を「アメリカ側の情報不足とアメリカ人のだまされやすさ」に求めていた。「ほとんどのアメリカ人は日本の言葉や伝統、日本人の心理、国内事情に不案内であり、そのためにアメリカ人はだまされやすいのだ」。

朝鮮戦争への中国の参戦を、ウィロビーとそのスパイはむろん、CIAも予見できなかった。この中国の参戦のあと、ウォルター・ベデル・スミスと新しくその副長官になったアレン・ダレスは東京に飛んだ。日本におけるアメリカの諜報の混乱を整理するのが目的だった。一九五一年一月十六日付のメモには次のように書かれている。

「スミス将軍とアレン・ダレスは現在、東京を訪れており、マッカーサー元帥が指揮をとる戦域でCIAが諜報部門で一定の役割をはたすために、マッカーサー元帥およびウィロビー少将との間で何らかの成果を上げるべく努力をしている」

しかしベデル・スミスは国家安全保障会議に結果的に次のように報告をする。

——朝鮮戦争中、CIAは、ほとんどのケースで、真に重要で戦局を変えるような情報を取得することに失敗していた——。

ベデル・スミスはその年、ジョージ・マーシャル国防長官あての書簡のなかで、本質的な問題に触れて次のように述べた。

「秘密工作を行うにあたって、複数の組織、指揮系統があるのは問題だ。私が現在の仕事を引き受けた際、いくつもの政府機関が海外にそれぞれのスパイ網を持っていることを知った。そのうち一、二の機関は法律の趣旨に従って自発的にスパイ網をＣＩＡに移譲してくれた。それ以外はいまだに別々に存在しており、時折、仕事が交錯することがある。おかしな結果を招くこともある。時には悲劇的な結果になることもある。まとめていえば、この非常に微妙な秘密工作という活動の統制がばらばらになっていることは、仕事のやり方としてはまったくお粗末である」

アメリカの諜報機関が日本で行った「お粗末な仕事のやり方」の古典的な見本は、政治的マフィア児玉誉士夫との関係だった。

児玉は一九一一年生まれ、二十一歳の誕生日を迎える前に、帝国議会議員に対して殺害の脅迫をしたかどで五ヵ月間、投獄された。二十一歳のとき、暴力団・右翼反動派の集まりである「天行会」とともに政治家と政府当局者に対する暗殺を計画したが発覚、投獄されたが、四年と経たないうちに釈放されて極右青年運動に着手、これが戦前の日本の有力な保守派の指導者の支持を得た。

戦時中は上海に足場を置き、五年間にわたって戦時の最大規模の一つと言われる闇市を取り仕切った。占領中の中国を舞台に数千人の工作員が、戦略金属からアヘンに至るまで、日本の戦争遂行機関が必要とするあらゆるものを買い付け、盗み取った。戦争を金儲けの材料にした。戦争が終結したとき、児玉の個人財産はおよそ一億七千五百万ドルに上った。「外務省、陸軍省、海軍省、特別高等警察を含む日本政府当局は、児玉が持ち込むものを何でも高く買い取ったが、その事業のやり方については見て見ぬふりをするか、ほとんど大目に見ていた。陸軍も海軍も、児玉とその一党の『提供した』戦利品などを転売して大きな利益をあげていたとされていた」。児玉に関する初期のＣＩＡ報告にはそう記されている。

児玉は一九四八年、アメリカ占領下の拘置所から釈放され、日本の政治の行く末に重要な役割を果たすことになる。しかし児玉と彼に連なるスパイや密輸業者たちは、まず有末の隠密行動とのつながりで重大な役割を演じた。児玉の釈放からわずか数ヵ月後、有末は中国本土にスパイを潜入させる計画に児玉を利用した。児玉が支配する隠れ蓑の会社をベルトコンベアとして使って新たに樹立された共産主義の拠点に日本人工作員を送り込むことを意図していた。

児玉は朝鮮戦争中に、アメリカ人実業家やＯＳＳの元職員、元外交官らと協力しながら、ＣＩＡの資金援助を受けて大胆な秘密工作をうまくこなしていた。米軍はミサイルの堅牢化に使われる希少戦略金属のタングステンを必要としていた。児玉一味は日本軍の貯蔵所から何トンものタングステンをアメリカに密輸出し、ペンタゴンはこれに対して一千万ドルを支払った。ＣＩＡはこの作戦を支援するため、二百八十万ドルを融資した。[1] タングステン密輸グループは二百万ドル以上を荒稼ぎした。

ＣＩＡは当初、児玉はアメリカにとって有用な工作員になるかもしれないと考えていた。というのも、児玉は情報も売っていたし、ＣＩＡはそれを買いたいと思っていた。「児玉は有能で粘り強いスパイのグループを仕切っていた」。ＣＩＡの報告はそう書いて関心を露わにしていた。しかしタングステン作戦はＣＩＡ東京支局での児玉の評判を落とした。「彼は職業的なうそつき[2]で暴力団、ペテン師で根っからのどろぼう」と、一九五三年九月十日付の支局報告は記している。「児玉は諜報活動のまったくできない男で、金儲け以外のことには関心がない」。

それでも児玉は資産の一部を日本の最も保守的な政治家に注ぎ込み、それによってこれらの政治家を権力の座につけることを助けるアメリカの工作に貢献した。ファシズムに対する戦争では、こうした男たちはアメリカの憎むあらゆるものを代表する敵だった。共産主義に対する戦いでは、彼らはまさにアメリカの必要とするものとなったのである。

CIAは心理戦争と同時に政治戦争を展開していた。日本にアメリカの権力と影響力を引き続き維持するための土台づくりを進めていた。アメリカの占領統治が終わり、政治勢力としてのマッカーサーが退場するとともに、日本で独自の地位を築きにかかった。東京の舞台裏で新しい日本政府を主導するための権力闘争が始まると、CIAは占領終結後、初めての国会議員選挙に出馬しようとしている、将来性のある政治家に目を向け、彼らを支援するようになった。

CIAはまた、占領の終結とともに、日本人の心情を捉えるための戦いにも同じように懸命に取り組んだ。国家安全保障会議に対するCIA報告によると、「日本政府と日本人の間に、日本国内およびその周辺に駐屯するアメリカ軍の任務を受容する態度と積極的な責任感」を育みたいと考えたのである。別の報告では、労働者や労働組合を対象とする秘密工作について、「日本では、労働分野である種の活動が引き続き進展を見せている」と述べていた。さらに別の報告では、CIAが「重要な人物を操ることを目指す」数々の秘密工作を計画している、と述べていた。この操作は「アメリカの国益を高め、新しい日本政府をアメリカの国益に沿った方向に向けさせることを企図したものにすべきだ」と、報告は続けていた。

アメリカがその狙いを達成するのを助ける、真に強力な日本人工作員を雇い入れるまでには、さらに数年を要することになる。その任務はまさに、アメリカの国益に資する日本の指導者を選ぶことに尽きていた。CIAには政治戦争を進めるうえで、並外れた巧みさで使いこなせる武器があった。それは現ナマだった。CIAは一九四八年以降、外国の政治家を金で買収し続けていた。しかし世界の有力国で、将来の指導者をCIAが選んだ最初の国は日本だった。

岸信介は、児玉と同様にA級戦犯容疑者として巣鴨拘置所に三年の間収監されていた。東条英樹ら死刑判決をうけた7名のA級戦犯の刑が執行されたその翌日、岸は児玉らとともに釈放される。

釈放後岸は、CIAの援助とともに、支配政党のトップに座り、日本の首相の座までのぼりつめるのである。

「いまやみんな民主主義者だ」

岸信介は日本に台頭する保守派の指導者になった。国会議員に選出されて四年も経たないうちに、国会内での最大勢力を支配するようになる。そしていったん権力を握ると、その後、半世紀近く続く政権党を築いていった。

岸は一九四一年、アメリカに対する宣戦布告時の閣僚であり、商工大臣を務めていた。戦後、A級戦犯容疑者として収監されていた間も、岸はアメリカの上層部に味方がいた。そのうちの一人は、日本によるパールハーバー攻撃があったとき駐日大使を務めていたジョゼフ・グルーだった。グルーは開戦後の一九四二年、東京の収容所に入っていたが、当時、戦時内閣の閣僚だった岸がグルーを収容所から出してやり、ゴルフを共にしたことがあった。二人は友人になった。岸が巣鴨拘置所を出所した数日後、グルーは「自由ヨーロッパ全国委員会」の初代委員長になった。この委員会は「自由ヨーロッパ放送」などの政治戦争計画を支援するためにCIAが設けた偽装組織だった。

釈放された岸はその足で首相公邸を訪れた。そこには弟の佐藤栄作が占領下の政府で官房長官を務めていた。佐藤は拘置所での制服を着替えるようにと、兄に背広を手渡した。「おかしなものだな[3]」と岸は弟に言った。「いまやわれわれはみんな民主主義者だ」。

それから七年間の辛抱強い計画が、岸を戦犯容疑者から首相へと変身させた。岸は『ニューズウィーク』誌の東京支局長から英語のレッスンを受け、同誌外信部長のハリー・カーンを通してアメリカの政治家に知己を得ることになる。カーンはアレン・ダレスの親友で、後に東京におけるCIAの仲介役を務めた。岸はアメリカ大使館当局者との関係を、珍種のランを育てるように大事に育んだ。当初は用心深く行動していた。依然として悪評も高く、警察が尾行するのが常だった。

一九五四年五月、岸は東京の歌舞伎座で一種の政治的なデビューを果たした。元OSS要員で東京大使館の情報宣伝担当官としてCIAとも協力関係にあるビル・ハッチンスンを歌舞伎観劇に招待したのだ。幕間に飾り立てた劇場のロビーで、日本のエリートである友人たちにハッチンスンを引き回して紹介した。当時としてはきわめて異例のことだったが、それは純粋に政治的な見世物でもあった。岸なりに、自分が国際的な舞台に——アメリカのお気に入りとして——戻ってきたことを公表したものだった。

岸は一年ほどの間、隠密にCIAや国務省の当局者とハッチンスン家の居間で会っていた。「彼がアメリカ政府から少なくとも暗黙の支援を求めていたことは明らかだった(4)」とハッチンスンは回想している。一連の会談はその後四十年間の日米関係の土台を築くことになった。

岸はアメリカ人に、自分の戦略は自由党をひっくり返し、名前を改め、立て直して自分が動かすことだと語っていた。岸が舵を取る新しい自由民主党は自由主義的でも民主主義的でもなく、帝国日本の灰の中から立ち上がった右派の封建的な指導者たちを多くそのメンバーとしていた。岸は当初は舞台裏で仕事をし、先輩の政治家に首相の地位を譲っていたが、やがて自分の出番がめぐってきた。岸は日本の外交政策をアメリカの望むものに変えていくことを約束した。アメリカは日本に軍事基地を維持し、日本にとっては微妙な問題である核兵器も日本国内に配備したいと考えていた。岸が見返りに求めたのは、アメリカからの政治的支援だった。

フォスター・ダレス国務長官は一九五五年八月に岸と会い、面と向かって――もし日本の保守派が一致して共産主義者とのアメリカの戦いを助けるならば――支援を期待してもよろしい、と言った。そのアメリカの支援が何であるかは、だれもが理解していた。岸はアメリカ大使館上級政務担当官のサム・バーガーに、自分とアメリカの主たる連絡役として若手の、あまり日本では知られていない下級の人間と直接、話をするのが最善だろうと言った。その役割は、CIAのクライド・マカボイに割り振られた。マカボイは海兵隊上がり、沖縄戦の生き残りで、一時新聞記者をした後、CIAに加わっていた。マカボイは日本到着後まもなく、バーガーによって岸に引き合わせられることになる。このとき、CIAが外国の政治指導者との間で培った、最も強力な関係の一つが誕生した。

「情報と金の交換」

CIAと自民党の間で行われた最も重要なやりとりは、情報と金の交換だった。金は党を支援し、内部の情報提供者を雇うのに使われた。アメリカ側は、三十年後に国会議員や閣僚、長老政治家になる、将来性のある若者との間に金銭による関係を確立した。彼らは力を合わせて自民党を強化し、社会党や労働組合を転覆しようとした。外国の政治家を金で操ることにかけては、CIAは七年前にイタリアで手がけていたときより上手になっていた。現金が詰まったスーツケースを高級ホテルで手渡すというやり方ではなく、信用できるアメリカのビジネスマンを仲介役に使って協力相手の利益になるような形で金を届けていた。こうした仲介役のなかに、ロッキード社の役員がいた。同社は当時、高高度戦略偵察機U-2を製造中だったが、日本とは岸が強化を目指す新しい自衛隊に航空機を売り込む交渉をしていた。

一九五五年十一月、「自由民主党」の旗の下に日本の保守勢力は統合された。岸は保守合同後、幹事長に就任する党の有力者だったが、議会のなかに、岸に協力する議員を増やす工作をCIAが始めるのを黙認することになる。巧みにトップに上り詰めるなかで、岸は、CIAと二人三脚で、アメリカと日本との間に新たな安全保障条約をつくりあげていこうとするのである。岸を担当していたCIAのクライド・マカボイは、戦後日本の新しい外交政策に影響をおよぼすことができたのである。

一九五七年六月、四人服を脱ぎ捨ててからわずか八年後に、岸はアメリカ訪問を実現させた。ヤンキー・スタジアムで始球式のボールを投げ、アメリカ大統領とともに白人専用のカントリー・クラブでゴルフをした。ニクソン副大統領は上院で、岸をアメリカの偉大で忠実な友人と紹介した。岸は、かのマッカーサー将軍の甥に当たる新駐日大使、ダグラス・マッカーサー二世に、もしアメリカが岸の権力固めを支持してくれるなら、新安保条約を通過させ、左翼勢力の台頭も抑え込める、と語った。岸はCIAから内々で一連の支払いを受けるより、永続的な財源による支援を希望した。マッカーサー大使の回想によると、岸は「もし日本が共産化するとアジアのほかの国々が追随しないとは考えにくい(5)」と語って、大使を納得させた。フォスター・ダレスもこれに同意した。ダレスは、日本には大きな賭け金を積まねばならないと主張し、岸はアメリカにとって最良の賭けだと言った。

アイゼンハワー自身も、日本が安保条約を政治的に支持することと、アメリカが岸を財政的に支援することは同じことだと判断していた。大統領はCIAが自民党の主要議員に引き続き一連の金銭を提供することを承認した。CIAの役割を知らない政治家には、この金はアメリカの巨大企業から提供されたものだと伝えられていた。この資金は少なくとも十五年間にわたり、四人の大統領の下で日本に流れ、その後の冷戦期中に日本で自民党の一党支配を強化するのに役立った。

「CIAと日本人の協力は非常に望ましい」

アメリカとCIAは、岸および自民党との隠密の関係を公式に認めたことはない。しかし二〇〇六年七月、十年以上も続いた内部抗争の後で、国務省はCIAと日本の政界要人との間に秘密の関係があったことを認めた。注意深い文言で書かれた国務省の声明は、CIAが今日の時点で認めうるぎりぎりの内容が書かれている。以下に引用する。

声明によると、一九五八年から六八年までの間、「アメリカ政府は、日本の政治の方向性に影響を与えようとする四件の秘密計画を承認した。左翼政治勢力による選挙を通じての成功が、日本の中立主義を強化し最終的には日本に左翼政権が誕生することを懸念したのである。アイゼンハワー政権は一九五八年五月の衆院議員選挙の前に、少数の重要な親米保守政治家に対しCIAが一定限度の秘密資金援助と選挙に関するアドバイスを提供することを承認した。援助を受けた日本側の候補者は、これらの援助がアメリカの実業家からの援助だと伝えられた」。

「重要政治家に対する控え目な資金援助計画は、その後一九六〇年代の選挙でも継続された」と国務省声明は述べている。

「もう一つのアメリカによる秘密工作は、極端に左翼的な政治家が選挙で選ばれる可能性を減らすことを狙ったものだった。一九五九年にアイゼンハワー政権は、より親米的な『責任ある』野党が出現することを希望して、穏健派の左翼勢力を野党勢力から切り離すことを目指した秘密工作の実施をCIAに承認した。この計画での資金援助はかぎられていて━一九六〇年には七万五千ドル━、一九六〇年代初期を通じて基本的に同じ水準で続けられた。一九六四年までには、リンドン・ジョンソン政権の要人も、日本の政治が落ち着きを増し日本の政治家に対する秘密の資金援助の必要がなくなったと確信するようになっていた。さらに、資金援助計画は、それが暴露された時のリスクが大きいというのが多数意見になっていた。日本の政党に対する資金援助計画は一九六四年の初期に段階的に廃止された」

「一方、日本社会の重要な要素に働きかけて極左の影響を拒絶させることを目指す、宣伝と社会行動にほぼ等分されたより広範な秘密計画は、ジョンソン政権の全期を通して継続された。これには控えめな水準の資金―たとえば一九六四年には四十五万ドル―が提供された」

注意深い読者なら、声明の最初の文章が「四件の秘密計画」に触れていることに気づかれるだろう。声明では三件しか明らかにされていない。ＣＩＡ、国務省、および国家安全保障会議関係者と私が行ったインタビューによれば、四件目は岸に対する支援である。

他にも岸と同じ道をたどったものがいた。戦時内閣の大蔵大臣を務めていた賀屋興宣《かやおきのり》である。戦犯として有罪となり、終身刑の判決を受けていた。一九五五年に保釈され、五八年に赦免された。その後、岸に最も近い顧問となり、自民党外交調査会の主要メンバーになった。

賀屋は、一九五八年に国会議員に選出された直前もしくは直後からＣＩＡの協力者になった。(6) ＣＩＡとの関係ができると、アメリカを訪問してアレン・ダレスに直接会うことを希望した。ＣＩＡはかつての戦犯と長官が会うことがどう受け取られるかを気にして、この会談を五十年近く秘密にしてきた。しかし五九年二月六日、ＣＩＡ本部にダレスを訪問した賀屋は、自分が関わっている外交調査会とＣＩＡが情報を共有するために正式に取り決めを結ぶことを長官に要請した。「破壊活動防止についてＣＩＡと日本側が協力することはきわめて望ましいことであり、この問題がＣＩＡの大きな関心事であることにだれもが合意した」と、会談の議事録はしたためている。ダレスは賀屋を自分の工作員と見なしていた。六ヵ月後に賀屋にあてて次のように書き送った。「両国関係に影響を及ぼす国際問題、および日本の状況に関する貴殿の見解を知り、たいへん興味深く感じた」。

賀屋とCIAの断続的な関係は、賀屋が佐藤栄作首相の主要な政治的助言者だった一九六八年に頂点に達した。その年、日本国内での最大の政治問題は、米軍がベトナム爆撃の重要な後方基地として利用し、核兵器の貯蔵場所ともなっていた、沖縄の巨大な米軍基地の問題だった。沖縄はアメリカの支配下にあったが、十一月十日に予定されていた地方選挙では野党政治家がアメリカを沖縄からの撤退に追い込もうとしていた。CIAは選挙を自民党側に有利に動かそうと秘密工作を展開し、賀屋はその活動で重要な役割を果たしたが、その試みはわずかな差で失敗した。沖縄自体は一九七二年に日本の統治に返還されたが、沖縄のアメリカ軍基地は今日まで残っている。

日本人はCIAの支援で作られた政治システムを「構造汚職」と呼ぶようになった。CIAの買収工作は一九七〇年代まで続いていた。日本の政界における腐敗の構造はその後も長く残った。「われわれは占領中の日本を動かした。そして占領後も長く別のやり方で動かしてきた」。CIAの東京支局長を務めたホーレス・フェルドマンはそう述懐した。「マッカーサー元帥は元帥なりのやり方でやった。われわれはわれわれなりの別のやり方でやった」(7)。

第13章 「盲目を求める」 ハンガリー動乱

秘密工作に夢中になったアレン・ダレスは、大統領に情報を提供するという中核的な任務に集中することをやめてしまった。

ダレスはCIAのほとんどの分析官とその仕事の多くを故意に侮っていた。翌朝のホワイトハウスでの会合で行う説明の準備のためにやってきた分析官を、何時間も待たせるのが常だった。午後の仕事が夕方までかかると、ドアから飛び出し、待たせた人間を置き去りにして自分の夕食の約束に駆けつけた。

ダレスはいつしか「説明の内容を重さで評価する癖」がついてしまっていた、とディック・レーマンはいう。レーマンは三十年間、CIAの上級分析官をした後、大統領に毎日届ける報告の作成に当たった人物である。「ダレスは手で書類を持ち上げて、目を通しもせずに、受け付けるかどうかを決めていた(1)」。

当面の危機について助言するため、午後の時間にダレスの奥の院に招き入れられた分析官は、えてして執務室のテレビでワシントン・セネターズの野球の試合を観ている長官の姿を目にしたものである。安楽いすにくつろぎ、足を足置き台に乗せて試合に見入っているダレスに、不運な分析官はテレビの後ろから話しかける始末だった。説明が重要なポイントにさしかかっても、ダレスは試合の分析に忙しかった。

ダレスは、目前の生死に関わる問題についても注意を払わなくなっていた。

「ソ連のシステム全体を告発せよ」

ダレスとウィズナーは二人合わせて五年間に、二百以上の大きな秘密工作を海外で展開し、フランス、ドイツ、イタリア、ギリシャ、エジプト、パキスタン、日本、タイ、フィリピン、それにベトナムなどの政治に巨額のアメリカの資金を注ぎ込んだ。CIAは国家を転覆した。大統領や首相らの命運を左右した。しかし敵を操ることはできなかった。

一九五五年末、アイゼンハワー大統領はCIAの活動方針を変更した。クレムリンを秘密工作で転覆できないことを認めた大統領は、冷戦の冒頭に作られたルールを修正した。一九五五年十二月二十八日付のNSC5412／2[(2)]と記された新しい命令は、その後十五年間有効だった。新しい目標は「国際共産主義にとって厄介な問題を創出、利用し」、「共産主義の支配に直接、間接に呼応する党や個人の脅威に対抗し」、「自由世界の人々のアメリカへの志向を強める」ことにあった。それはたいへん野心的ではあったが、ダレスやウィズナーが達成しようとしたことに比べれば、控えめで繊細さも備えていた。

数週間後、ソ連の指導者ニキタ・フルシチョフは、CIAが夢にも思わなかったような厄介な問題を国際共産主義にもたらした。一九五六年二月の第二十回ソ連共産党大会での演説で、死してまだ三年と経たないスターリンのことを「自分の権力と栄光のためにはあらゆるもの、あらゆる人を犠牲にすることもいとわない、究極の利己主義者でありサディストだ」と非難したのである。CIAはその演説に関するうわさを三月に聞きつけていた。何が何でも文書を手に入れろ、とダレスは部下に言った。CIAはソ連の政治局内部から何がしかの情報を最終的には入手できただろうか。

CIAは当時も現在と同様、外国の諜報機関に大きく依存していた。自前で発掘できない秘密情報には金を払っていた。一九五六年四月、ジェームズ・アングルトンのもとにイスラエルのスパイが演説のテキストを運んできた。アングルトンは一人でユダヤ国家イスラエルとの連絡窓口になっていた。アングルトンのチャンネルはアラブ世界に関する情報のほとんどを伝えてきた。その結果、中東の出来事に関する説明は、イスラエル頼みになるという代価を払うことになった。アメリカの中東に対する見方は、その後数十年にわたってイスラエルの見方が色濃く反映されることになる。

五月、ジョージ・ケナンらがその演説文の内容を本物と判断したあとは、CIA内部で大きな議論が巻き起こった。

ウィズナーとアングルトンはともに、その演説を自由世界には秘密にしておき、部分的に外国へリークして、世界各地の共産党の間に不協和音の種をまこうと考えていた。アングルトンは、演説のテキストに宣伝をまぶして手を加えれば、「それをうまく利用してロシア人や治安部隊を混乱させ、当時まだわれわれが動かすことに期待をつないでいた移民グループの一部を使ってウクライナを解放するか、なにかに役立てられるのではないか」と考えていた。当時ダレスが一番信頼していた情報分析官の一人、レイ・クラインはそう語った。

しかしウィズナーとアングルトンが何より望んでいたのは、ウィズナーの長期にわたる作戦の一つで効果がさっぱり上がらない「レッド・キャップ」をなんとか救済することだった。そのために、演説をえさにソ連のスパイをおびき寄せることを考えていた。

「レッド・キャップ」とは、荷物の多い駅の旅行客を助ける赤帽の名にちなんでつけたものだった。

一九五二年に世界規模で始まったこの計画は、ロシア人をうまく誘い出して亡命させ、CIAのために働かせることを狙いとしていた。理想的には、彼らが「それぞれの場所にとどまったまま亡命者になること」で、政府機関で働きながらアメリカのスパイを務めてくれることだった。それに失敗すれば、西側に逃げ出して自分たちのソ連に関する知識を明らかにしてくれればよかった。しかし当時、「レッド・キャップ」計画でソ連側の重要な情報源になったものは皆無だった。CIA秘密組織のソ連部門を仕切っていたのは、ダナ・デュランというハーバード出の偏狭な男で、その地位についたのは偶然と対抗候補の不在、それにアングルトンとのつながりの三つが重なってのことだった。二〇〇四年に解禁された一九五六年六月付の監察総監の報告によると、ソ連部門は機能していなかった。(3) 同部門は「その使命及び機能について信頼できる説明」もできなかったし、ましてやソ連内部で何が起きているかも掌握していなかった。この報告には、一九五六年当時、ロシアにいる二十人のCIA「指揮下にある工作員」のリストが含まれていた。そのうちの一人は、地位の低い海軍技術将校だった。別の一人は誘導ミサイルを研究する科学者の妻だった。そのほかには、労働者、電話修理人、ガレージ経営者、獣医、高校教師、鍵屋、レストラン従業員、失業者などがいた。そのうちのだれ一人として、クレムリンの動静について知るものはなかった。

一九五六年六月最初の土曜日の朝、ダレスはレイ・クラインを長官室に呼び入れた。「ウィズナーによると、君はフルシチョフの演説を公表すべきだと考えているようだが」とダレスは言った。

クラインは自分の考えを述べた。あの演説は「長年、老いぼれスターリンの下で働かされてきた連中の本当の気持ちを」見事にぶちまけたものだ、と言った。

「ぜひとも、あれを公表しましょう」とクラインはダレスに言った。

ダレスは関節炎と通風で曲がった指を震わせながら、演説の写しを取り上げた。老人は上履きの足を机に乗せ、ふんぞり返ってグラスを頭上に上げながら言った。「ようし、おれが政策を決めるんだ」。クラインはそう回想している。ダレスはインターコムにウィズナーを呼び出し「ウィズナーが公表に反対できないように巧みに話を持ちかけ、私が言ったのといわば同じ論法で、これは大変な歴史的機会だと言った。そして私がダレスに語ったのとほとんど同じ言い回しでダレスは『ソ連のシステム全体を告発するのだ(4)』と言った」(クライン)。

ダレスはそれから電話でフォスター・ダレスを呼び出した。演説は国務省を通してリークされ、三日後に『ニューヨーク・タイムズ』に掲載された。この決定は、CIAがまったく予想もしなかった出来事を引き起こした。

「CIAは偉大な権力を代表している」

それからの数ヵ月、この秘密演説は、CIAが一億ドルをかけて作った「自由ヨーロッパ放送」によって鉄のカーテンの向こう側に向けて放送された。三千人以上に上る亡命放送人や文筆家、技術者のほか、彼らを監督するアメリカ人が加わり、八ヵ国語で一日最高十九時間もの間、電波を送り出した。理屈の上では、彼らの仕事はニュースと宣伝をそのまま流すことであった。しかしウィズナーは言葉を武器として利用したいと考えていた。ウィズナーの干渉によって自由ヨーロッパ放送から別の信号が発信されることになった(5)。

放送に携わっている亡命者たちはアメリカ人の上司に、放送で伝えるべき明確なメッセージを示すよう、かねてから訴えていた。この演説がそのメッセージというわけだった。演説は日夜、繰り返し放送された。

たちまち結果が現れた。CIAの優れた分析官は数ヵ月前、一九五〇年代に東ヨーロッパで大衆蜂起は起きないだろうとの結論を出していた。演説が放送された後の六月二十八日、ポーランドの労働者が共産主義の支配者に対して蜂起を始めた。彼らは賃金を削られたことから暴動を起こし、自由ヨーロッパ放送に向けて妨害電波を発信する無線中継器を破壊した。しかしCIAは民衆の怒りを煽るばかりで、何もできなかった。ソ連軍元帥がポーランド軍を指揮し、ソ連の諜報担当官がポーランドの秘密警察を監督しているときに、CIAとしては打つ手はなかった。この秘密警察はポーランド人五十三人を殺害し、数百人を投獄した。

ポーランドの闘争をきっかけに、国家安全保障会議はソ連の支配構造にひび割れが生じていないかを探ることになった。ニクソン副大統領は、もしソ連がハンガリーのような別の新入り衛星国を力で従属させるようなことをすれば、世界的に反共産主義の宣伝の材料を提供することになり、アメリカにとって利益になるだろうと主張した。[6] フォスター・ダレスはその主張に沿って、ソ連の隷属国で「自然発生的な不満の表明」を促すための新しい努力をすることに、大統領の承認を取り付けた。アレン・ダレスは、鉄のカーテン越えに風船を東に向けて飛ばす自由ヨーロッパ放送の計画を、さらに強化することを約束した。これらの風船には、リーフレットと「自由の勲章」——スローガンと「自由の鐘」が刻まれたアルミ製のバッジ——が積まれていた。

ダレスはその後五十七日間に及ぶ世界旅行に出発した。特別仕立ての四発エンジンを持つDC6型機で、ジッパー付きの飛行服を着用しての旅だった。ダレスは、ロンドン、パリ、フランクフルト、ウィーン、ローマ、アテネ、イスタンブール、テヘラン、ダーラン、デリー、バンコク、シンガポール、東京、ソウル、マニラ、サイゴンの各地でCIAの支局に立ち寄った。この旅行は「これまでになく派手に宣伝された隠密旅行の一つ」だったと、長官に随行したレイ・クラインは語った。秘密めかして派手に振舞う——それがアレン・ダレスの下でのCIAの流儀だった。「本当に秘密にしなければならないことが危険にさらされ」、その一方で「分析が秘密の雰囲気に覆われる。それは不必要だったし、しばしば非生産的で、長期的には有害だった」とクラインは考えていた。政府主催の晩餐会の席で外国の指導者たちがダレスに媚びへつらうのを見て、クラインはもう一つの教訓を学んだ。「CIAは大変な権力を代表している。(7) 少しばかり恐ろしいことだ」。

「盲目を求める」

ダレスがワシントンに戻って間もない一九五六年十月二十二日、ひどく疲れた様子のフランク・ウィズナーが執務室の明かりを消し、床のリノリウムが傷み壁紙がはげかけた臨時オフィスビルの廊下を通り抜けて、家路についた。そしてジョージタウンの瀟洒な自宅で、ヨーロッパ最大のCIA支局に出張するための荷造りをした。

ウィズナーも上司の長官も、そのとき世界で進行していた大きな出来事について、何の手がかりも持っていなかった。ロンドンとパリでは戦争の計画が練られていたし、一方ハンガリーでは民衆の革命がまさに起きようとしていた。決定的なその後の二週間に、これら二つの危機のすべての側面について、ダレスは大統領に誤った解釈もしくは不正確な報告を伝えていた。

ウィズナーは何も知らずに大西洋へと飛び立っていった。ロンドンまでの夜間飛行の後に待ち受けていた最初の仕事は、イギリスの諜報部門の高官、パトリック・ディーン卿と以前から約束していた食事を共にすることだった。二人は、三年前に軍事クーデターで権力を握ったエジプトの指導者、ガマル・アブデル・ナセルを転覆する計画を話し合うことになっていた。これは何ヵ月も前から温められていた問題だった。パトリック卿は数週間前にワシントンを訪れ、その際、二人の目的を達成するには、何らかの方法でナセルを権力の座から追い落とすことが必要という点で合意していた。

CIAは当初、ナセルを支持し、何百万ドルも渡して、強力な国営ラジオ放送局を建設したり、アメリカの軍事・経済援助を約束したりしていた。しかしエジプトでの事態の展開に意表を突かれた。CIAはカイロのアメリカ大使館に国務省の役人より四倍も多い人間を送り込んでいたが、予想できなかった。最大の驚きはナセルが金でCIAの言いなりにならなかったことである。ナセルはCIAがナイル・ヒルトンの正面にある中島に高塔を建設するために渡した三百万ドルの一部を賄賂に使ったのである。高塔は「ルーズベルトの塔」として知られていた。しかしこのルーズベルトとCIAが約束していたアメリカからの軍事援助が実現しなかったために、ナセルは兵器と引き換えにエジプト綿をソ連に売却することに合意した。そして一九五六年七月、イギリスとフランスが中東における人工の海運通商のルートを経営するために設立したスエズ運河会社を国有化して、植民地主義の遺産に挑戦状を叩きつけたのである。ロンドンとパリは怒りで荒れ狂った。

イギリスはナセルの暗殺を提案し、経済的自立を求めるエジプトの願いをつぶすため、ナイル川の流れを変えることまで検討した。アイゼンハワーは、軍事力の行使は「絶対に間違い(8)」だと言った。CIAは長期にわたる緩慢な作戦でエジプトを倒すことを支持した。

ウィズナーがパトリック・ディーンとの間で片付けねばならないのが、この問題だった。パトリック卿が以前から約束していた夕食に姿を見せなかったことに、ウィズナーは当初、困惑し、それから激怒した。イギリスのスパイは別の仕事を抱えていたのである。パトリック卿はそのころ、パリ郊外の屋敷で、イギリス、フランス、イスラエル合同の、エジプトに対する軍事攻撃の最後の仕上げにかかっていた。彼らの狙いは、武力でナセル政権を倒し、スエズ運河を奪い返すことにあった。最初にイスラエルがエジプトを攻撃し、その後でイギリスとフランスが平和維持軍を装って攻撃し、運河を占領することになっていた。

ＣＩＡはこの計画をまったく知らなかった。ダレスは、イスラエルと英仏の合同軍事作戦の報告などばかげているとアイゼンハワーに請け合っていた。[9] ＣＩＡの主任情報分析官やテルアビブ駐在のアメリカ大使館付き武官の報告に注意を払おうとはしなかった。主任分析官と武官の二人は共に、イスラエルがエジプト攻撃に踏み切ろうとしていることを確信していた。ダレスはまた、パリのアメリカ大使を務めていた旧友のダグラス・ディロンにも耳を傾けなかった。ディロンはフランスがこの計画に参画しているとの警告を電話で伝えていた。ダレスはジム・アングルトンと、アングルトンのイスラエルでの連絡員の話を信じていた。ＣＩＡは、フルシチョフの秘密報告の提供を受けたことで、イスラエルに絶大な感謝の気持ちを持っていた。そのためダレスもアングルトンも、中東のどこかで問題が起きるだろうと警告するイスラエル側の偽情報に目をくらまされていた。ＣＩＡ長官は十月二十六日、国家安全保障会議の席で大統領に、イスラエルから得たうその情報を報告した。ヨルダン国王が暗殺された！　エジプトはまもなくイラクを攻撃するだろう！

大統領はそうした派手な話を脇へ押しやり、「差し迫ったニュースは引き続きハンガリーだ」と宣言していた。

その二日前、ブダペストの議会には大勢の群衆が集まっていた。共産主義政府に対して立ち上がった学生のデモが集会を先導していた。国営ラジオ局の前には別の群衆と、嫌われものの国家治安警察が対峙しており、ラジオでは共産党の職員が抗議運動を非難していた。学生の一部は武装していた。放送局の建物から銃声が響き、治安警察が銃撃を始めた。そして抗議の人たちと秘密警察の間で夜通し、衝突が続いた。ブダペスト市立公園ではさらに別の群衆がスターリンの像を台座から引き倒し、国立劇場前まで引きずっていった挙句、粉々に打ち砕いてしまった。赤軍部隊と戦車が翌朝、ブダペスト市内に入った。デモの参加者たちは、少なくとも少数の若いソ連軍兵士を説得して抗議デモに参加させた。この反乱兵士たちはハンガリー国旗をはためかせながら、ソ連の戦車を議会に向けて乗り付けた。ロシア側の司令官はパニックに陥り、コッシュート広場での一瞬の混乱から闇雲の銃撃戦が起きた。少なくとも数百人が死亡した。

ホワイトハウスでは、アレン・ダレスが大統領にハンガリーでの蜂起の意味を説明しようとしていた。「フルシチョフの命運も程なく尽きることでしょう」とダレスは言った。予想は七年も外れていた。

翌十月二十七日、ダレスはロンドンにいるウィズナーに連絡をとった。ウィズナーはできる限りのことをして蜂起を支援したいと考えていた。ウィズナーはこうした瞬間が訪れることを八年もの間、祈り続けていたのである。

国家安全保障会議はウィズナーに、ハンガリーの希望を生かしておくよう命令を発した。「それをしないようなら、自由な諸国民の先頭に立つアメリカの道義的基盤を犠牲にすることになる」と、命令は述べていた。ウィズナーはホワイトハウスに対し、ローマ・カトリック教会や集団農場、徴用した工作員、亡命者グループなどを通じて、政治的、準軍事的な闘争を展開するための全国規模の地下組織を構築する、と説明していた。しかしすべて失敗に終わった。オーストリアから越境するために送り込んだ亡命者は逮捕された。ウィズナーが徴用しようとした男たちは、うそつきや泥棒ばかりだった。ハンガリー国内に秘密情報網を作ろうとしたウィズナーの努力は挫折した。ヨーロッパのあちこちに武器を埋めて隠していたが、いざというときにはだれもそれを発見できなかった。

一九五六年十月当時、ハンガリーにCIA支局はなかった。CIA本部にも、秘密工作本部にはハンガリーでの作戦を担当する部署はなかったし、ハンガリー語を話せるものもほとんど皆無だった。蜂起があったとき、ブダペストにはウィズナーが長を務める秘密工作本部の人間が一人いた。ゲザ・

カトナという名のハンガリー系アメリカ人で、自分の時間の九五％は国務省の下級事務員として手紙の発送や切手、文具の購入、書類整理などの表向きの仕事をこなしていた。ハンガリー蜂起の際、ブダペストで唯一頼りになるＣＩＡの耳目となったのは、この男だった。

ハンガリー革命が息づいていた二週間、ＣＩＡは新聞で伝えられた以上のことは知らなかった。蜂起が起きることも、どれほど活気があったかも、そしてソ連がそれを抑え込むことも、ＣＩＡはまるでわかっていなかった。仮にホワイトハウスが武器を送ることに同意していたら、ＣＩＡはどこに送っていいか、何の手がかりも持っていなかった。ハンガリー蜂起に関するＣＩＡの歴史は、秘密工作本部が「自ら求めて盲目[10]」の状態にあった、と指摘している。

「われわれは、諜報活動と間違われそうなこと、間違われてしかるべきことさえ、一度もしたことがなかった」と述べている。

「いっときの熱気」

十月二十八日、ウィズナーはロンドンに飛び、東ヨーロッパに関するＮＡＴＯ会議に出席しているアメリカ代表団のうち、信頼できる少数の団員と会った。そのなかに、ミュンヘンの自由ヨーロッパ放送本部で上級政策顧問をしているビル・グリフィスがいた。共産主義に対する本物の蜂起が起きたことに気をよくしたウィズナーは、グリフィスに宣伝をさらに強化するよう要求した。その忠告に従って、ニューヨークの自由ヨーロッパ放送の部長からミュンヘンのハンガリー人スタッフにメモが送られた。それには次のように書かれていた。「すべての制約はなくなった。いっさいの規制はない、繰り返す、いっさいの規制はない」。

その日の夜から自由ヨーロッパ放送はハンガリー市民に呼びかけを始めた。鉄道を破壊せよ、電話線を切断せよ、抵抗部隊を武装せよ、戦車を爆破せよ、ソ連と死ぬまで戦え。「こちら、自由ヨーロッパ放送、自由ハンガリーの声」とラジオは訴えた。「戦車を攻撃する場合、軽装備の銃は照準機に向けて発射せよ」「モロトフ・カクテル――ガソリンを詰めたワインの瓶――をエンジン上部の換気扇の隙間に投げ込め」などと呼びかけた。放送の最後を締めくくる決まり文句は「自由か、さもなくば死を」(11)だった。

その夜、共産党の強硬派によって党から追放されていたイムレ・ナジ元首相が国営放送に登場して「過去十年にわたる恐るべき過ちと犯罪」(12)を非難した。ナジは、ロシア軍がブダペストから出て行くだろうと言った。古い国家治安部隊は解体され、「新しい政府が人民の権力を頼りに」民主的自治を目指して戦うだろうと語った。七十二時間以内に連立政権を樹立し、一党支配を廃し、モスクワと断絶してハンガリーの中立を宣言し、国連とアメリカに支援を求めようとしていた。しかしナジが権力を掌握し、ハンガリーに対するソ連の支配を終わらせようとしていたまさにそのときに、アレン・ダレスはナジが失敗するものと見込んでいた。ダレスは大統領に、新たに自宅軟禁を解かれたバチカン代表のミンジェンティ枢機卿がハンガリーを率いるべきだし、率いていけると進言した。そしてそれが自由ヨーロッパ放送の基本路線になった。「生まれ変わったハンガリーと、神に遣わされ、任命された指導者が、いままさにこの時間に会っているところだ」。

ＣＩＡのラジオ放送は、ナジがソ連の軍隊をブダペストに招き入れたと、うそを報じていた。放送はナジを裏切り者、うそつき、殺人者と呼んで攻撃した。ナジがかつて共産主義者だったから永久に許せない、というのだった。このころになると、ＣＩＡは三つの新しい周波数で放送していた。フランクフルトからは、自由戦士の一群がハンガリー国境に向かっていると亡命ロシア人が伝えていた。ウィーンからは、ハンガリーの抵抗運動グループによる出力の弱い放送電波を、ＣＩＡが出力を高めてブダペストへと送り返していた。アテネからは、CIAの心理戦争担当者が、ロシア人を絞首台に送るよう促していた。

十一月一日の国家安全保障会議でブダペスト情勢をアイゼンハワーに報告したCIA長官は有頂天だった。「現地で起きたことは奇跡だ」[13]と言った。「ハンガリーの軍は世論を気にして、武力を行使しなかった。軍のほぼ八〇%が蜂起した市民の側につき、彼らに武器を提供した」。

しかしダレスは完全に間違っていた。蜂起した側は銃といえるほどのものも持っていなかった。ハンガリー軍も立場を変えてはいなかった。軍はただモスクワからの風がどちらに吹くか、様子を見ていただけだった。ソ連は二十万人以上の兵士と二千五百両の戦車、装甲車をハンガリーでの戦闘のために送り込もうとしていた。

ソ連の侵攻が始まった日の朝、自由ヨーロッパ放送のハンガリー語のアナウンサー、ゾルタン・トゥリーは「自由の戦士を助けるために軍事的支援を送るようアメリカ政府に求める圧力が耐え難いものになるだろう」と伝えた。その後の数週間にわたって、何万人もの動転し怒り狂った難民たちが、国境を越えてオーストリアに流れ込んだが、その多くは、この放送を「支援が届くことを約束したもの」[14]と受け止めていた。支援は届かなかった。アレン・ダレスは、CIAの放送がハンガリー国民を煽るようなことは何もしていないと主張し、大統領はその説明を信じた。放送の中身が陽の目を見るのは、それから四十年も後のことだった。

ソ連軍は四日間にわたる容赦ない弾圧でブダペストの抵抗運動を粉砕した。数万人が殺害され、さらに数千人がシベリアの収容所に送られて命を落とした。

ソ連による殺戮は十一月四日に始まった。その夜、ハンガリーの難民がウィーンにあるアメリカ大使館を取り囲み、アメリカが何らかの手を打つよう訴えた。CIAの支局長ペール・デ・シルバによると、難民から厳しい質問が投げかけられた。デ・シルバは自問した。「なぜアメリカは助けなかったのか。われわれはハンガリー人がアメリカの助けをあてにしていたことを知らなかったのか」。彼にはなんと答えてよいかわからなかった。

デ・シルバの下には本部から命令が次から次へと押し寄せた。それは、武器を捨ててオーストリア国境に向かっているという、ありもしない多数のソ連軍兵士を集めるようにとの指示だった。ダレスは大統領に、ソ連軍兵士の大量逃亡があったと伝えていた。それは妄想だった。デ・シルバは「本部は一時の熱病にうかされていたようなものだ(15)」と想像するよりほかになかった。

「不思議なことが起きる」

十一月五日、ウィズナーはトレーシー・バーンズが指揮をとるCIAのフランクフルト支局に到着した。非常に動揺した様子で、口をきくのもやっとという状態だった。ロシアの戦車がブダペストで十代の少年を殺害しているときに、ウィズナーはバーンズの自宅でおもちゃの汽車で遊びながら眠れない一夜を過ごした。その翌日、アイゼンハワーの大統領再選が決まっても喜ぶどころではなかった。大統領自身も、ソ連がスエズ運河をイギリスとフランスから守るためにエジプトに二十五万の兵を送る用意があるとの新しい、しかし偽の報告(16)をアレン・ダレスから寝覚めに聞かされて、不機嫌だった。ソ連によるハンガリー攻撃をCIAが報告できなかったことも、不愉快だ。

十一月七日、ウィズナーはハンガリー国境からわずか三十マイルのウィーンの支局に飛んだ。ハンガリーの抵抗勢力が自由世界に向け、AP通信を通じて送った最後のメッセージを、なすすべもなく読んだ。

「われわれは猛烈な機関銃攻撃を浴びている。……さようなら、友人たちよ。神よ、われらの魂に救いを」

ウィズナーはウィーンを逃げ出してローマに飛んだ。その夜、ローマ支局のアメリカ人諜報員たちと食事をした。そのなかには将来、CIA長官となるウィリアム・コルビーがいた。ウィズナーはCIAが躊躇している間にも人々が死んでいることに憤っていた。ウィズナーは「自由の戦士たちを助けに行きたいと思っていた」とコルビーは記録している。「これこそまさに、CIAに準軍事的な能力を持たせた目的だ。アメリカをソ連との世界戦争に引き込むことなく、蜂起を支援できたはずという議論も十分可能だ」。しかしウィズナーは筋の通った主張ができなかった。「明らかに神経衰弱に陥る寸前だった」(17)とコルビーは書き残している。

ウィズナーはその後、アテネに行った。CIA支局長のジョン・リチャードソンは、ウィズナーの「気分が極度に高ぶり、激している」(18)と見て取った。ウィズナーの神経をタバコと酒で落ち着かせた。ウィズナーはウィスキーのボトルを空け、惨めさと憤りで気を失った。

十二月十四日、本部に戻ったウィズナーは、アレン・ダレスからCIAによるハンガリー都市部での戦争の可能性に関する評価を聞かされた。「われわれは森の中のゲリラ戦には十分な装備を持っている」(19)とダレスは言った。しかし「市街地での接近戦向けの装備は不十分だし、特に対戦車戦の道具がない」。何が「ハンガリー人の手に持たせる武器として最善か」そして「今後共産主義に反乱を起こす鉄のカーテンの向こう側の自由戦士たちに」何が必要か、ウィズナーの意見を聞きたいと言った。ウィズナーは仰々しい答えを返した。「最近の世界の出来事がロシアの共産主義者にもたらした傷は相当のもので、その一部は非常な深手だ」。「アメリカと自由世界はかなりの程度、危機を脱したと思われる」と言った。一部の同僚は彼が戦争神経症を病んでいると思った。ウィズナーに一番近い人たちは、事態はもっと深刻だと見ていた。十二月二十日、彼はうわごとを言いながら病院のベッドに臥せっていた。医師は彼の病気を誤診していた。

同じ日、ホワイトハウスでは、アイゼンハワー大統領がＣＩＡの秘密工作本部に関する極秘調査の報告を受け取った。それが公表されていれば、ＣＩＡは破滅に追い込まれていただろう。

報告の主たる筆者はデービッド・Ｋ・Ｅ・ブルース大使だった。ブルースはフランク・ウィズナーにとってワシントンでの最も親しい友人の一人だった。ある朝、ブルースのジョージタウンの豪奢な邸宅でお湯が出なくなったとき、ウィズナーの家に駆け込んでシャワーとひげそりをさせてもらったことがあるほどの仲だった。アメリカの貴族ともいえる人物で、ロンドンのＯＳＳではワイルド・ビル・ドノバンのナンバー2を務め、トルーマン時代にはフランス大使を、その後、ウォルター・ベデル・スミスの前任者として国務次官となり、一九五〇年にはＣＩＡ長官候補に擬せられたこともある。ＣＩＡの内外における活動にもよく通じていた。ブルース自身の書きとめた記録[20]によれば、一九四九年から五六年にかけてパリやワシントンで、アレン・ダレスとフランク・ウィズナーに朝食や昼食、夕食などの席で何十回も会っており、機微に触れるおしゃべりをしたこともある。ブルースはダレスについて「非常な賞賛と好意」を持っていたことを記しており、大統領の新しい諜報諮問委員会にブルースを個人的に推薦したのはダレスだった。

アイゼンハワーは、ＣＩＡについては自分の目で確かめたいと思っていた。一九五六年一月には、ドゥリトルによる秘密の勧告を受けて、この諮問委員会設置を発表していた。大統領は自分の日記に、諮問委員会に六ヵ月ごとにＣＩＡの活動の価値に関して報告させたいと書いている。

ブルース大使は、アレン・ダレスとフランク・ウィズナーの業績であるＣＩＡの秘密工作を細部にわたって調査する権限を大統領に要請し、承認を得ていた。二人に対するブルース大使の個人的好意と職業上の敬意を考えれば、ブルースの言葉には計り知れない重みがある。その極秘報告[21]はこれまで解禁されておらず、ＣＩＡ内部の歴史記録担当者も報告がそもそも存在するのかどうかを公に疑問視したこともある。しかし調査報告の重要部分は、筆者が入手した一九六一年作成の諜報諮問委員会の記録のなかに残っていた。今回初めてその一節をここに紹介する。

「一九四八年に政府が心理戦争と準軍事活動に乗り出す決定を支持した人たちも、その工作の結果がもたらす影響を予見することはできなかっただろうと思う」と報告は述べている。「ＣＩＡで直接、日々の活動に関与しているもの以外は、だれも何がおきているのか、詳細な知識は持っていなかった」。

非常に微妙で著しく経費のかかる工作の立案と承認は「ますますＣＩＡの事業に限定されるようになり、やりとりの証拠の残らないＣＩＡ資金でまかなわれることが多くなった。……多忙で、潤沢な資金と特権を持ったＣＩＡは、『キング・メーカー』としての責任を負うことを好んだ（陰謀をたくらむのは面白い――成功すれば自己満足が得られたし、ときには賞賛を集めることもあった――〝失敗〟してもとがめられることはなかった――そして、こうした仕事は、通常のＣＩＡのやり方でソ連の秘密情報を収集するよりはるかに簡単だった）」。

ＣＩＡの心理戦争と準軍事活動がアメリカの対外関係に与える影響について、国務省は、重大な懸念をもっている。この委員会の最大の貢献はおそらく、ＣＩＡの心理戦争と準軍事活動が実際の対外政策及び「友邦」との関係形成に重要かつほとんど一方的な影響を与えることに関して、大統領の注意を喚起することだと、国務省の人間は考えている。

ＣＩＡは地元の報道機関や労働団体、政治家、政党、その他の活動を支持したり操ったりしている。それが、その国に駐在する大使の仕事に、ときには非常に大きな影響をもたらしかねないことがあるのに、大使がそのことをまったく知らないか、ぼんやりとしか認識していないことがままある。……地元の人物や団体に対するアメリカの姿勢をめぐって、特にCIAと国務省の間で意見の違いが生じることがしばしばある……（ときには、国務長官とCIA長官との兄弟関係が、恣意的に「アメリカの立場」を決めることもある）。

心理戦争と準軍事活動は（自分たちの存在を正当化するためにいつも何かをしないではいられない聡明で成績優秀な若者たちが、他国の内政問題に首を突っ込むことから始まったケースが多いのだが）、今日では世界規模でCIAの大勢の要員が遂行している（一部削除）。彼らのなかには本質的に人事上の問題（一部削除）から、政治的に未熟な人間が多い。（彼らが現場で応用する「テーマ」は本部から提案されたり、――ときには地元の楽観主義者の提案で――現地で生み出されたりしたもので、いい加減で気が変わりやすい連中を「扱う」ことから、とかくおかしな展開になりがちで、実際にそうした事態も起きている）。

一九五七年一月の大統領諜報諮問委員会による追跡調査によると、CIAの秘密工作は「外交関係に関わるきわめて重要な分野でも、自主的に自由裁量で」遂行されていた。「このために一部では、ほとんど信じられないような状況が起きている」という。

アイゼンハワー大統領はその後の任期四年間に、CIAの仕事の仕方を何とか変えようと試みた。しかしアレン・ダレスだけは変えられないことを大統領も知っていたという。CIAを動かしているものがほかにいるとも、大統領には思えなかった。それは「政府の仕事としては最もおかしな類の仕事だし、多分、よほど風変わりな天才でなければ切り盛りできないだろう」と大統領は言った。(22)

アレンは自分を監督する人間を受け入れたことがなかった。フォスターが黙ってうなずくだけで、アレンには十分だった。アメリカ政府内部でダレス兄弟のような組み合わせはかつてなかった。しかし加齢と極度の疲労が二人を次第に消耗させていた。フォスターはアレンより七つ年上で、死の影が忍び寄っていた。フォスターは自分ががんを患っていることを知っていた。病気は死まで二年をかけてゆっくり進行した。フォスターは勇敢に病と戦った。世界中を飛び回り、アメリカの持てる力をあらゆるところで誇示した。しかしフォスターは衰えた。その衰えが、CIA長官の地位にも気がかりな不安定さをもたらした。兄の衰えとともに、アレンもひらめきを失っていったのである。アレンの考えや秩序感覚もパイプの煙のようにその場限りのものになった。

フォスターの衰えが始まると、アレンはCIAをアジア、中東全域での新しい戦いに導いていった。アレンはCIA幹部に語った。

欧州の冷戦は膠着状態かもしれない、しかし太平洋から地中海に至る地域で闘争を一段と強化し、継続しなければならない――。

第14章 「不器用な作戦」 イラク・バース党

アイゼンハワー大統領がアレン・ダレスらの集まった国家安全保障会議の面々にこう語ったことがある。「もし君たちが向こうに行ってアラブの連中と暮らすことになれば、[1]彼らはわれわれの考える自由とか人間の尊厳などまったく理解できないということがすぐ分かるだろう。彼らは実に長い間、なにがしかの独裁の下で暮らしてきたのだから、自由な政府をうまく運営できるなんて期待しようもないではないか」。

CIAはこの疑問に答えるために、アジアや中東の各地で、政府を宗旨替えさせ、威圧し、操作しようとしてきた。自らの仕事を、モスクワと格闘して数百万の人たちの忠誠を勝ち取ること、地理的な偶然から何十億バレルという石油資源を手中にした国々に対する政治的、経済的影響力を確保すること、と考えていた。インドネシアからインド洋を越えてイラン、イラクの砂漠を通り、中東の古代の大都市に至る大きな弧が、新しい戦線だった。

CIAは、アメリカに忠誠を誓わないイスラムの政治指導者をすべて「合法的に認められたCIAの政治行動の標的[2]」と見なしたと、トルコ支局長のアーチー・ルーズベルトは言った。CIA近東部門のボス、キム・ルーズベルトのいとこだった。イスラム世界で強力な影響を持つ人たちの多くは、

CIAから現金を受け取り、助言も受け入れていた。CIAは可能なときは彼らを動かした。しかしCIA局員のなかに、彼らの言葉を話し、彼らの習慣に通じたものはほとんどいなかった。[3] 自分たちが支援したり、そそのかしたりしている人たちを理解しているものもいなかった。

大統領は、神を信じない共産主義者に対してイスラムの聖戦を戦うという考え方を広めたい、と言った。「あらゆる手を尽くして『聖戦』という側面を強調すべきだ」と、一九五七年九月のホワイトハウスでの会合で指摘した。この会合にはフランク・ウィズナー、フォスター・ダレスのほか、近東担当国務次官補ウィリアム・ラウントゥリー、それに統合参謀本部のメンバーが出席していた。フォスター・ダレスは「秘密機動隊」[4]を提案した。それは、ダレスの庇護の下にCIAがアメリカの武器と資金と情報をサウジアラビアのサウド国王、ヨルダンのフセイン国王、レバノンのカミーユ・シャムーン大統領、それにイラクのヌリ・サイード大統領に提供しようというものだった。

「この四人の（東西文明の）混血児たち[5]は、われわれにとって共産主義と中東のアラブ民族主義の過激派に対する防衛線になるはずだ」とハリソン・シムズが言ってのけた。彼はラウントゥリーの右腕としてCIAと緊密に協力し、後にヨルダン駐在大使を務めた。「秘密機動隊」の長く残る唯一の遺産となったのは、フランク・ウィズナーの提案[6]を実現して、ヨルダンのフセイン国王をCIAが雇ったことである。この遺産は、いまだにアラブ世界とアメリカを結ぶつなぎ目として生きている。国王はその後二十年間、秘密の資金を受け取っていた。

中東では仮に武器で忠誠を購えなくても、全能のドルがCIAの秘密兵器として残っていた。政治戦争や権力闘争ではいつも現ナマが歓迎された。アラブやアジアでアメリカの支配権を確立するのに現金が役立つなら、フォスターは無条件でそれを使った。「こんなふうに言えるだろう」[7]とシムズ大使は言った。「これらの中立主義者——反帝国主義者、反植民地主義者、急進的民族主義政権——を倒すためにできることなら、何でもやるべきだと、ジョン・フォスター・ダレスは考えていた」。「そういったことを実行する権限を、アレン・ダレスに与えていた。……そしてもちろん、アレン・ダレスはそれを人に自由にやらせただけのことだ」。その結果、「われわれはクーデターを企てたり、あらゆる不器用な工作を試みたりしてばれているのだ」。アレン・ダレスと同僚の外交官たちは「中東で計画されているこれらの謀略の一部を監視して、もしそれがまるっきり不可能な工作なら、あまり先に行かないうちにやめさせようとしたものだ。それがうまく行った事例もあったが、全部をやめさせることはできなかった」。

「クーデターの機は熟した」

そうした「謀略」の一つは十年もの間、続行された。シリア政府を倒そうという陰謀がそれである。一九四九年、CIAはアメリカ寄りのアディブ・シシャクリ大佐をシリアの指導者の地位に就けた。大佐は秘密の財政援助と同時に直接の軍事援助もアメリカから得ていた。ダマスカスのCIA支局長を務めていたマイルズ・コープランドは大佐のことを「愛嬌のあるならず者(8)」と呼んでいた。「まるっきり敬虔なところのない男であることは間違いない。神への冒瀆、不敬、殺人、強姦、窃盗など何でもござれだった」とコープランドは言った。シシャクリはバース党や共産主義者、軍の将校らによって倒されるまで四年間、持ちこたえた。一九五五年三月、アレン・ダレスはCIAの支援する「軍事クーデターの機が熟している(9)」と語った。一九五六年四月、CIAのキム・ルーズベルトとイギリス秘密諜報局（SIS）の相方ジョージ・ヤング卿は、シリアの右翼の将校を動員しようとした。CIAはこの陰謀の首謀者たちに五十万シリア・ポンドを配った。しかしスエズ問題での大混乱で中東の政治的空気は厳しくなってしまい、シリアはソ連寄りに追いやられ、アメリカとイギリスは一九五六年十月末にはこの陰謀を延期せざるを得なくなった。

この陰謀は一九五七年春から夏にかけて息を吹き返す。ハロルド・マクミラン内閣の国防相ダンカン・サンディーズの二〇〇三年に発見された私文書[10]が、彼らの努力を克明に記録している。それによると、シリアを「近隣諸国の政府に対する陰謀や破壊工作、暴力の黒幕に見せかけなければ」ならなかった。CIAとSISはイラク、レバノン、ヨルダンで「国がらみの陰謀やさまざまな暴力活動」を仕掛けて、それらの責任をシリアに押し付ける。準軍事的な派閥をつくり、ダマスカスのムスリム同胞団の間に反乱を引き起こす。不安な空気がつくられれば、政府も不安定になるだろう。アメリカやイギリスの諜報機関が引き起こす国境地帯での衝突は、西側寄りのイラク軍とヨルダン軍がシリアに侵攻する口実になるだろう。CIAとSISが政権につける新しい政府は、生き残るために「当初は抑圧的方法と恣意的な権力の行使に頼る」ことになりそうだと彼らは考えていた。ルーズベルトは、シリアの諜報機関のトップに長らく座っていたアブドル・ハミド・セラジがダマスカスで最も強力な権力を持つ人間と見ていた。セラジは、シリアの参謀長および共産党党首とともに暗殺されることになっていた。

CIAは、イランの作戦で経験を積んでいたロッキー・ストーンを新しいダマスカス支局長として送り込んだ。ストーンはアメリカ大使館の二等書記官という外交官の資格で、シリア軍の将校たちと親交を深めるために何百万ドルもの支出を約束し、政治的権力を縦横に利用した。本部への報告のなかで、自分が調達した工作員を、アメリカの支援するクーデターの精鋭軍団だと称していた。

アブドル・ハミド・セラジは数週間と経たぬうちにストーンを見抜いていた。

シリア側はおとりを使った。「ストーンが関わっていた将校たち[11]は金を受け取ったうえでテレビに出演し、自分たちは『シリアの合法政府を転覆しようと企てる、腐った悪辣なアメリカ人』からこの金をもらったと喧伝した」。ストーンが残した混乱の後始末をつけるため派遣された国務省のカーティス・F・ジョーンズは、そう証言している。セラジの手勢はダマスカスのアメリカ大使館を取り囲み、ストーンを拘束して、手荒に尋問した。ストーンは知っていることをすべてシリア側にしゃべってしまった。シリアはストーンのことを、外交官を装うアメリカのスパイ、イランでのCIAによるクーデターの経験者、そして何百万ドルものアメリカの援助と引き換えに政府の転覆をシリア軍将校や政治家と画策した謀略家だと、名指しで公表した。

シリア駐在アメリカ大使のチャールズ・ヨストの言葉を借りれば「とりわけお粗末なCIAの陰謀[12]」がこうして露見した結果は、今日まで尾を引いている。シリア政府は公式にロッキー・ストーンを好ましからざる人物と宣言した。アメリカの外交官が――秘密の任務を帯びたスパイであれ、本物の国務省職員であれ――アラブの国から追放されたのは、このときが初めてだった。これに対抗してアメリカはシリアのワシントン駐在大使を国外退去させた。外国の外交官をワシントンから追放したのも、第一次世界大戦以来、初めてだった。アメリカはシリアによる「でっち上げ」と「誹謗」を非難した。ストーンと共謀したシリア側の人間は、元大統領のアディブ・シシャクリを含めて死刑を宣告された。それに続いて、アメリカ大使館とつながりのあった軍の将校はことごとく追放された。

この政治的混乱からシリアとエジプトの同盟関係が生まれ、アラブ連合共和国になった。それは、中東における反米感情の中心的存在になっていく。ダマスカスでアメリカの評判が低落するのに伴って、ソ連の政治的、軍事的影響力が高まった。クーデターが失敗に終わった後は、ますます専制的になるシリアの指導者から、アメリカ人が信頼されることはなかった。

失敗に終わった工作の困った問題は、「工作を『もっともらしく否定』できなかった」ことだと、アイゼンハワー大統領に提出したデービッド・ブルースのくだんの報告は警告していた。アメリカの手が加わっていたことはだれの目にも明らかだった。「失望すべき事態が（ヨルダン、シリア、エジプトなどに）もたらした直接の損害は償われないのか」と報告は問う。「われわれの国際的地位に及ぼす衝撃をだれが計算しているのか」。ＣＩＡはただ「混乱を引き起こし、世界の多くの国々のわれわれに対する疑問を掻き立てているだけなのか。現在の同盟国への影響はどうか。われわれの明日はどうなっているのか」。

「ＣＩＡの列車に乗って権力を得た」

一九五八年五月十四日、アレン・ダレスは幹部と定例の朝の会議に出た。ダレスはウィズナーを非難し、中東でのＣＩＡの愚行について「少し反省してはどうか」と助言した。シリアでのクーデターの失敗に加えて、ベイルートとアルジェでは予兆もなく反米暴動が起きていた。これらはすべて世界的な陰謀の一部だろうか。ダレスとその取り巻きたちは、中東でも世界全体でも「実は共産主義者が後ろで糸を引いている(13)」と推測していた。ソ連の侵食に対する恐怖が大きくなるにつれ、ソ連の南縁に親米国家の帯を作るという目標がますます緊急のものになった。

イラクに駐在するＣＩＡの要員は、政治指導者や軍司令官、公安担当閣僚、それに政界の実力者らと協力し、金と武器を提供して、引き換えに反共同盟をつくるよう命令を受けていた。しかし一九五八年七月十四日、陸軍将校の一部がヌリ・サイードの親米イラク王政を転覆させたとき、バグダッドのＣＩＡ支局はぐっすり眠り込んでいた。当時、大使館で政務を担当していたロバート・Ｃ・Ｆ・ゴードンは「完全に虚を突かれた(14)」と語った。

アブデル・カリム・カシム将軍が率いる新政権は、旧政権の文書を掘り返した。彼らは、イラクの王政政府にＣＩＡが深く関わり、旧体制の指導者たちを買収していたことを示す証拠を手にした。Ｃ

IAの偽装組織である「アメリカ・中東友好会」の寄稿家を装い、CIAと契約して働いていたアメリカ人が、ホテルで逮捕され、跡形もなく姿を消した。CIA支局員たちは逃走した。

アレン・ダレスはイラクを「世界で最も危険な場所[15]」と言い始めた。カシム将軍はソ連の政治、経済、文化の代表団をイラクに迎え入れ始めた。「カシムが共産主義者だという証拠はない[16]」とCIAはホワイトハウスに報告した。しかし、「共産主義を抑え込む何らかの行動をとるか、あるいは共産主義者が大きな戦術的失敗を犯すかしなければ、イラクはおそらく、共産主義が支配する国になるだろう」。その脅威にどう対処していいのか、自分たちにも分からないことをCIAのトップも認めていた。「イラクで共産主義に対抗できる有能で組織された勢力は軍だけだ[17]。この軍の現状に関するわれわれの基本的な情報はきわめて弱い」。シリアでの戦いに敗れ、イラクでも失敗したCIAは、中東が共産化することを防ぐために何をすべきかで苦悩していた。

イラクでの完敗のあと、一九五〇年以降CIAで近東部門を率いてきたキム・ルーズベルトが辞任し、アメリカの石油会社のコンサルタントとして金儲けを目指すことになった。その後任になったのは、ドイツにいるラインハルト・ゲーレンとの連絡役を長く務めてきたジェームズ・クリッチフィールドだった。

クリッチフィールドはすぐさまイラクのバース党に関心を寄せた。バース党のならず者がカシムの殺害を図って銃撃戦に失敗したのがきっかけだった。彼の部下は毒を含んだハンカチを使った、もう一つの暗殺を指揮して失敗[18]していた。このアイデアはCIA指揮系統の上層部も支持したものだった。CIAがアメリカの権益のためにイラクでのクーデターを支援してついに成功させたのは、それからさらに五年後のことだった。

「われわれはCIAの列車に便乗して権力を握った[19]」。一九六〇年代にバース党の内相を務めたアリ・サレ・サアディはそう語った。その列車の乗客の一人が、サダム・フセインという名の、やり手の暗殺者だった。

第15章 「非常に不思議な戦争」 スカルノ政権打倒

地中海から太平洋に至る世界を、アメリカは黒と白に分けて見ていた。ダマスカスからジャカルタまで、ドミノが倒れるのを防ぐにはすべての首都でアメリカの強固な手を必要としていた。しかし一九五八年にインドネシア政府の転覆を図ったCIAの努力は裏目に出て、むしろロシアと中国以外の世界で最大の共産党が立ち上がるのに手を貸す結果になった。その勢力を打倒するには、本物の戦争を仕掛けなければならなくなり、それによって数十万人が犠牲になった。

インドネシアは第二次大戦後、解放を求めてオランダの植民地支配と戦い、一九四九年末にその戦いに勝った。アメリカは新しい指導者、スカルノ大統領の下でのインドネシアの独立を支持した。インドネシアがCIAの視野に入ってきたのは朝鮮戦争のあとだった。インドネシアがいまだ開発されていない二百億バレルの石油資源を有し、指導者はアメリカと連携することを潔しとせず、共産主義運動が高まりつつあることに、CIAは気付いていた。

CIAは当初、一九五三年九月九日付、国家安全保障会議あての報告のなかで、インドネシアに関する警告を発していた。CIAの深刻な情勢報告を聞いて、マーシャル・プランの後身で軍事経済援助組織の相互安全保障局（MSA）の局長をしていたハロルド・スタッセンは、ニクソン副大統領とダレス兄弟に次のように語っていた。「アメリカ政府として、インドネシアの新政権を倒すような方策を考えてもいいのではないか。[1] 明らかにかなりひどい政権だからだ。もしCIAが考えているように新政権に共産主義者が深く浸透しているようであれば、新政権を支持するより排除することのほうが理にかなっている」。しかしニクソンは四ヵ月後、ワシントンのCIA職員に対する説明で、世界歴訪に際してスカルノに会った印象を次のように報告した。この指導者は「民衆をしっかりつかんでいる。完全に非共産主義者だ。[2] アメリカの主要な『持ち駒』であることに疑いはない」。

ダレス兄弟はニクソンの言うことに強い疑いを持っていた。スカルノは自分が冷戦の戦士ではないと公言していた。ダレス兄弟の目には中立の立場などは存在しなかった。

CIAは一九五五年の春、真剣にスカルノの殺害を考えていた。「その可能性を計画したこともあった[3]」とリチャード・ビッセルは振り返る。「計画は有用な人材━暗殺者━を具体的に決めるところまで進んでいた」。暗殺者はこの目的のために雇い入れるはずだった。計画は実行可能と見なされる段階に達することも、詰めることもできなかった。難点は、工作員となる人物が標的に接近できる状況をつくりだせなかったことである。

「投票による破壊活動」

CIAが暗殺を検討している傍らで、スカルノは二十九のアジア、アフリカ、アラブ諸国の首脳をバンドンに集めて国際会議を開催した。首脳たちは、モスクワともワシントンとも連携せず、独自の道を自由に進もうという地球的な運動を提案した。バンドン会議閉幕から十九日後に、CIAはホワイトハウスから新しい秘密工作の指令を受け取った。NSC5518の番号を振られたもので、二〇〇三年に秘密扱いを解かれた。

指令は、インドネシアが左傾するのを防ぐために「あらゆる実行可能な秘密の手段」(4)をCIAが使うことを承認していた。秘密の手段には、インドネシアの選挙民や政治家を買収することや、味方を増やし敵に回るものを倒すこと、準軍事的な力を用いることなどが含まれていた。

用意された資金を基に、CIAは一九五五年の議会選挙で、スカルノの最強の対抗勢力であったマシュミ党の選挙資金として約百万ドルを注ぎ込んだ。この選挙は植民地から解放されたあとの最初の選挙だった。しかしこの作戦は一歩及ばなかった。スカルノの党が勝利し、マシュミ党は第二党、そしてPKI（インドネシア共産党）が一六％の票を獲得して第四党になった。この結果は、ワシントンを警戒させた。CIAは引き続きインドネシアで、自分たちの選んだ政党や「多数の政治家」(5)に資金の提供を行なった、とビッセルは口述した歴史のなかで述べている。

一九五六年、スカルノがワシントンのほかモスクワと北京を訪問したときにも、共産化に対する懸念がたかまった。ホワイトハウスは、スカルノがアメリカの政治形態を大いに賛美するというのを聞いていた。スカルノが西欧の民主制をインドネシア統治のモデルとして受け入れなかったことに、ホワイトハウスは裏切られた思いだった。インドネシアは東西三千マイル以上に広がり、人が住む千近い島々に八千万人を超えるイスラム系住民を中心として十三もの主だった民族が混在する国——一九五〇年代には世界で五番目の人口を持つ国だった。

スカルノは聴くものを魅了する雄弁家だった。週に三、四回は公の場で演説し、愛国的な大言壮語で人々を集め、国家の統一を守ろうとしていた。スカルノの演説を理解できるごく少数のアメリカ人は、スカルノがある日はトマス・ジェファソンを引用し、次の日には共産主義理論をまくしたてることを伝えていた。CIAはスカルノをまったく理解していなかった。しかしNSC5518でCIAに認められた権限が広かったため、スカルノに対してどのような行動をとってもほとんど正当化できた。

ＣＩＡの極東部門の新しい責任者になったアル・ウルマーは、この種の自由がお気に入りだった。それがＣＩＡを愛した理由だった。「われわれは世界中に出かけ、やりたいことをやった」と、四十年後に述懐した。「大いに楽しんだものだ(6)」。

ウルマー自身の話によると、長く務めたアテネ支局長時代、ハリウッドの映画スターと国家元首の中間くらいの豪奢な暮らしをしたという。アレン・ダレスがギリシャのフレデリカ女王にロマンティックに心酔したり、海運王と舟遊びを楽しんだりする機会を設けるのに一役買っていた。極東部門のポストはそのご褒美だった。

ウルマーは私とのインタビューのなかで、極東部門を引き継いだときインドネシアについてはほとんど何も知らなかったと証言している。しかしアレン・ダレスからは全幅の信頼を置かれていた。そして一九五六年末、フランク・ウィズナーが倒れる直前に彼と交わした会話をウルマーははっきりと覚えていた。ウィズナーは、そろそろスカルノに圧力をかけて思い知らせてやる時期がきたと言ったという。

ウルマーの下でジャカルタ支局長をしていたバル・グデールは、インドネシアで共産主義の破壊活動の気運がたかまっているとウルマーに警告した。グデールはゴム業界の大物で、植民地主義的な態度がありありと見えた。ジャカルタから送る熱のこもった電報(7)のエッセンスはメモにして伝えられ、一九五七年の最初の四ヵ月は、アレン・ダレスがこのメモをホワイトハウスで毎週行なわれる会議に持参していた。状況は危機的……スカルノは隠れ共産主義者……武器を送れ。スマトラ島の反抗的な軍の将校がこの国の将来のかぎ。グデールは本部にそんなことを伝えていた。「スマトラ島の人間は戦う用意あり(8)、ただし武器が不足している」と打電した。

一九五七年七月の地方選挙の結果は、ＰＫＩ（共産党）がインドネシアで第四党から第三の強力な政党へと躍進することを示していた。「スカルノは（政府への）共産主義者の参加を主張している」とグデールは報告した。「理由は六百万人のインドネシア人が共産党に投票したこと」。ＣＩＡはこの躍進を、共産党に「たいへんな威信」をもたらす「目覚しい前進」と表現していた。スカルノはモスクワや北京に顔を向けようとしているのだろうか。それはだれにもわからなかった。

支局長は、離任するアメリカのインドネシア大使、ヒュー・カミングとは大きく意見を異にしていた。カミングはスカルノがまだアメリカの影響を受け入れると言っていた。グデールは後任のジョン・アリソン大使とも最初からぶつかった。アリソンは日本で公使を務め、国務省では極東担当次官補も務めていた。二人の対立はたちまち険悪な袋小路に入ってしまった。アメリカはインドネシアで外交的影響力を行使するのか、それとも武力を行使するのか。

この時点でアメリカのインドネシアに対する外交政策は定まっていなかった。一九五七年七月十九日、ＣＩＡ副長官のチャールズ・パール・キャベルは「長官に対し再度、国務省の対インドネシア政策を調べるよう勧告した(9)」と、ＣＩＡ幹部会議の議事録は述べている。「長官は同意した」。

ホワイトハウスとＣＩＡは情勢を評価するために使節をジャカルタに送り出した。アレン・ダレスはアル・ウルマーを派遣した。アイゼンハワー大統領は安全保障作戦担当の特別補佐官、Ｆ・Ｍ・ディアボーンを送った。ディアボーンはためらいながらも、こう大統領に報告した。極東地域のアメリカの同盟国はほとんど全部、ぐらついている。台湾では蒋介石が「独裁政治」を進めている。南ベトナムではディエム大統領が「一人芝居」を演じている。ラオスの指導者たちは腐敗している。韓国の李承晩の評判はひどく悪い。

しかしスカルノのインドネシアの問題は性質が違う、とディアボーンは報告した。問題は「投票による破壊活動」[10]――参加型民主主義の危険だった。

アル・ウルマーはインドネシアで強力な反共勢力を見つけ、これに武器と金を与えて支持しなければならないと考えていた。[11] ウルマーとグデールはジャカルタの大使公邸のベランダで、アリソン大使と激論を交わして「長い、実りのない午後」を過ごした。CIAの二人は、インドネシア軍の指導部がほぼ全員、職業軍人として政府に忠誠を誓い、個人としては反共主義、政治的には親米だという事実を受け入れようとしなかった。二人は、反抗的な軍の将校に支持を与えることがインドネシアを共産主義による乗っ取りから救うことになると信じていた。CIAの支援でこれらの将校たちがスマトラ島に分裂政府を樹立し、それから首都を占拠しようという計画だった。ワシントンに戻ったウルマーはスカルノを「救いようがない」と非難し、アリソンをも「共産主義に甘い」と批判した。ウルマーはいずれの点でもダレス兄弟を味方につけた。

数週間後、国務省に残る最も経験豊かなアジア問題専門家のアリソン大使がCIAの勧告で更迭され、あっというまにチェコスロバキアへ転出させられた。

「私はフォスターとアレン・ダレスを大いに尊敬している」とアリソンは述べている。「しかし二人はアジア人のことをよく知らないし、いつもともすればアジア人を欧米の基準で判断しがちだ」。インドネシアの問題については「二人とも積極行動派で、すぐに何かを実行することを主張する」。支局からの報告を受けて、共産主義者がインドネシア軍に浸透し支配していると思い込み――その脅威をCIAが阻止できると信じていた。CIAは自分で勝手に反乱を招き寄せていたのである。

「アイゼンハワーの息子たち」

国家安全保障会議の一九五七年八月一日の集まりでは、CIAの報告がきっかけで鬱積した気分が爆発した。アレン・ダレスは、スカルノが「引き返せない段階に入り[12]」、「今後は共産主義者としての役割を演じることになる」と言った。ニクソン副大統領はダレスの主張を受けて「アメリカとしては共産主義に対抗する反対勢力を動員するため、インドネシア軍の組織を通じて働きかける」ことを提案した。フランク・ウィズナーは、ＣＩＡが軍の反乱を支援することはできるが、ことが動き始めても「すべてを思い通りにできる」保証はないと述べた。「危険な結果に陥ることは常にあり得る」と言った。翌日には、同僚に「政府の最高位の人たちがインドネシア情勢の悪化を非常に重大に受け止めている[13]」と告げている。

フォスター・ダレスはクーデターを全面的に支持した。インドネシアを五ヵ月前に離任したばかりの前大使ヒュー・カミングを、ＣＩＡと国防総省の幹部らを中心とする委員会の責任者の地位に据えた。このグループは一九五七年九月十三日に勧告をまとめた。それは、権力を狙っている陸軍将校らに隠密に軍事、経済支援を提供するよう促す内容だった。

しかし同時に、アメリカが隠密工作を仕掛けた場合の結果について基本的な疑問を提起していた。反乱将校を武装すれば「アメリカの支持と援助でつくられたインドネシアを解体することになる[14]公算が増す」と、カミング委員会の委員は指摘していた。「アメリカは独立インドネシアの建国に非常に重要な役割を果たしてきただけに、もしインドネシアが分裂し、とりわけその分裂にアメリカが手を貸していたことがいずれ明らかになれば（そうなることは避けられないと思われる）、アメリカはアジアおよびその他の世界各地でたいへんな打撃をこうむることにならないだろうか」。この問いかけに対する答えはなかった。

筆者が入手したＣＩＡの記録によると、アイゼンハワー大統領は九月二十五日、ＣＩＡに対してインドネシア政府転覆の命令を出した[15]。そのなかで三つの使命を明らかにしていた。第一は、インドネシア全土の「反スカルノの軍司令官」に「武器およびその他の軍事援助」を提供すること。第二に、スマトラ島およびスラウェシ島にいる反乱軍将校の「決意と士気と団結を高める」こと。第三に、ジャワ島の政党の間の「非共産主義ないし反共産主義分子を単独、あるいは合同で行動を起こすよう刺激し」支援すること。

三日後、インドの週刊新聞『ブリッツ』―ソ連の諜報機関が支配している出版物―が、「アメリカがスカルノ転覆を画策」という刺激的な見出しの長文の記事を掲載した。インドネシアの新聞はそのニュースを転載して報じた。〝隠密工作〟はざっと七十二時間、秘密が保たれたにすぎなかったわけである。

リチャード・ビッセルはインドネシアの列島上空にU‐2機を飛ばし、海と空から反乱部隊に武器と弾薬を送り込むことを画策した。ビッセルは、それまで準軍事作戦を指揮したことも作戦計画を立てたこともなかった。彼にはそれが面白くて仕方なかった。

作戦の立案には三ヵ月を要した。ウィズナーは政治戦争の作戦を立ち上げるため、スマトラ島北端からマラッカ海峡をはさんで対岸にあるシンガポールに飛んだ(16)。ウルマーは、地域で最大の米軍基地であるフィリピンのクラーク空軍基地とスービック海軍基地に軍司令部を設けた。ウルマーの配下で極東の作戦部長を務めるジョン・メーソンは、フィリピンにいる準軍事要員の小規模なチームをつくった。多くはCIAの朝鮮戦争経験者だった。彼らはスマトラ島の少数のインドネシア軍反乱分子と、ジャワ島北東のスラウェシ島で権力の掌握を狙っている指揮官のグループと、それぞれ連絡をとった。メーソンはペンタゴンと協力して、機関銃、カービン銃、ライフル銃、ロケット発射機、迫撃砲、手榴弾、弾薬類など兵士八千人分を取りまとめ、スマトラとスラウェシの反乱勢力に海と空から供給する計画を立てた。武器輸送の第一陣は一九五八年一月八日、米艦『トマストン』でスマトラ向けにスービック湾を出発した。メーソンは潜水艦『ブルーギル』でこれを追った。武器類はその翌週、シンガポールの南方二百二十五マイルにあるスマトラ北部の港パダンに到着した。荷揚げ作業は何の隠し立てもせずに行なわれた。これにはびっくりするほど群衆が集まった。

二月十日、インドネシアの反乱分子は、CIAの肝いりでパダンにつくられたラジオ局から、スカルノに真っ向挑戦するメッセージを放送、五日以内に新政権を樹立し共産党を非合法化するよう要求した。東京で芸者遊びに興じていたスカルノから何も反応がなかったため、彼らは革命政府の樹立を発表した。外相には英語を話すクリスチャンでCIA丸抱えのモールディン・シンボロン大佐が就いた。ラジオ放送で要求を読み上げた反乱分子は、外国に対しインドネシアの国内問題に介入しないよう警告した。この間、CIAはフィリピンから新たに武器を輸送する準備を進め、スカルノに反対する全国的な大衆蜂起の兆しが現れることを待っていた。

ジャカルタのCIA支局[17]は「すべてのグループが暴力を回避しようとしている」ので、政治工作に長く、緩慢で、けだるい時間を要することになるだろうと本部に報告した。それから八日後の二月二十一日、インドネシア空軍がスマトラ中部にある革命派のラジオ局を爆撃して破壊し、さらに海軍が海岸沿いの反乱側拠点を海上から封鎖した。CIAのインドネシア人工作員とアメリカ人顧問らはジャングルへ逃亡した。

インドネシア軍の最も強力な指揮官の中には、アメリカで訓練を受け、自分たちを「アイゼンハワーの息子たち[18]」と呼ぶものがいた。CIAはそのことを気にとめていないようだった。反乱勢力と戦っていたのはこうした連中だった。CIAが敵に回して戦っていたのは、反共主義者に率いられた軍だった。

「集められる最良の集団」

スマトラ島に最初の爆弾が投下された数時間後、ダレス兄弟が電話で話し合った。フォスターは「何かやることには賛成だが、何をやるか、なぜやるかを考えるのが難しい[19]」と言った。もしアメリカが地球の裏側で「内戦に関わる」ことになれば、議会やアメリカ国民にそれを何と言って正当化していいのか。アレンは、CIAが集めた勢力は「集めうる最良の連中」だと答え、「考えるべきことを全部考えている時間がないのだ」と警告した。

その週の国家安全保障会議（NSC）では、アレン・ダレスは大統領に対し、インドネシアで「アメリカは非常に難しい問題に直面している[20]」と報告した。

NSCの議事録によると、「アレン・ダレスは最新の情勢を説明したが、その大半は新聞に出ていることだった」。説明の後、ダレスは次のように警告した。「もしこの反政府運動が失敗すれば、インドネシアが共産側につくことはまず確実だと思われる」。「そうした事態になることを許してはならない」とフォスター・ダレスは言い、「もし本当に共産主義による乗っ取りの脅威が出てくれば、われわれが乗り込まねばならなくなるだろう」と認めた。その脅威があると思わせた根拠は、CIAの間違った警告だった。

アレン・ダレスは、「スカルノ軍はスマトラ島への攻撃にあまり乗り気ではない」とアイゼンハワーに報告した。その数時間後、CIA本部にインドネシアから報告が殺到した。その同じスカルノ軍が「あらゆる手段で反乱を粉砕しようと反政府勢力の拠点を爆撃、封鎖し」、さらに「空と海から中部スマトラに対する作戦を計画」している、というものだった。

アメリカの軍艦がシンガポール近辺に集結していた。スマトラ沿岸からジェット機なら十分ばかりの距離だった。海兵隊二個大隊を乗せた空母『タイコンデロガ』が駆逐艦二隻、重巡洋艦一隻とともに投錨していた。三月九日、海軍戦闘艦が集結するのを受けて、フォスター・ダレスは、スカルノの下での「共産主義独裁」に反対を呼びかける声明を公にした。スカルノの陸軍参謀長ナスチオン将軍は、これに対抗して二個大隊の兵士を乗せた八隻の艦船を送り、空軍一飛行隊を同行させた。これらの艦船はスマトラ島北端沖、シンガポール港から十二マイルほどの地点に集結した。

新任のインドネシア駐在アメリカ大使、ハワード・ジョーンズは国務長官あてに、ナスチオン将軍は信頼できる反共主義者であり、反乱側が勝つ見込みはないと打電した。このメッセージは、ビンに滑り込ませて大海に投げ込んだのと同じ効果しかもたなかった。

ナスチオン将軍の作戦本部長、アハメッド・ヤニ大佐は「アイゼンハワーの息子たち」の一人だった。献身的な親米派で、フォート・レブンワースにある米陸軍の司令参謀コースを修了しており、ジャカルタのアメリカ大使館付武官ジョージ・ベンソン少佐の友人だった。ヤニ大佐はスマトラ島の反乱勢力に対する大規模作戦の準備にあたって、ベンソン少佐に支援を要請し地図の提供を求めた。CIAの秘密工作について何も知らない少佐は、喜んで地図を提供した。

フィリピンのクラーク空軍基地では、CIAの指揮官が二十二人からなる飛行機乗組員のチームを招集した。これを率いたのは、八年前に失敗したアルバニア作戦以来、CIAのために飛行機を飛ばしてきたポーランド人のパイロットだった。彼らは最初の飛行で、五トンの武器弾薬とともに現金の束をスマトラの反乱勢力のもとに運んだ。この飛行機はインドネシア空域に入ったとたんにナスチオン将軍のパトロールに探知された。ナスチオン配下の空挺部隊員はCIAのパイロットが投下した箱を、喜んで拾い上げることになる。

東方のスラウェシ島でも、CIAの戦争は同じような調子で進行した。米海軍機がスラウェシでの標的を確定する偵察飛行に飛び立った。ところが、アメリカの支援する反乱勢力は、CIAが提供した五〇ミリ機関銃で友軍の偵察機を銃撃してしまったのである。偵察機は二百マイルほど北方のフィリピン領土に不時着し、乗組員はかろうじて命拾いした。

CIAのポーランド人パイロットたちは、この偵察飛行からいくつかの新しい攻撃目標を視認した。二人一組で二組の乗組員がスラウェシの飛行場に到着した。彼らの改造B-26は五百ポンド爆弾六発と重機関銃を搭載、装備していた。二機のうち一機はインドネシア空軍の飛行場の攻撃に成功した。もう一機は離陸時に墜落した。二人の勇敢なポーランド人は、死体搬送袋に納まってイギリス人の妻のもとに送られた。彼らの死は、念入りな作り話でうまく取り繕われた。

CIAは最後の望みを、スラウェシとその外縁部の島々——インドネシア列島のはるか北東部に位置する島々——の反乱勢力に託した。それというのも、スカルノ側の兵士は四月末の数日間で、スマトラの反乱勢力を壊滅させていたからだ。スマトラにいたCIA局員は命からがら逃走した。ジープで南に向かい、燃料が切れるまで走り続け、そのあと徒歩で海岸を目指した。生き延びるために、孤立した村の小さな店で食糧を盗んだりもした。海に出て漁船を奪い、シンガポールの支局に向けて自分たちの位置を知らせる無線連絡を送った。海軍の潜水艦『タング』が彼らを救助した。

四月二十五日、アレン・ダレスはスマトラの任務が「事実上、失敗した」ことを、アイゼンハワー大統領に浮かぬ調子で報告した。「島の反乱勢力には戦いを続けようという意欲がないように思われます。反乱勢力の指導者は、自分たちがなぜ戦っているのかを兵士たちに理解させることができなかったのです。これは非常に不思議な戦争でした(21)」。

「私は殺人犯にされた」

アイゼンハワーはこの工作へのアメリカの関与を否定できるようにしておきたいと思っていた。アメリカ人が「インドネシアにおける軍事的性格の作戦に参加すること」[22]を一切しないように、と釘をさしておいた。しかしダレスはこれに従わなかった。

CIAのパイロットは一九五八年四月十九日に、インドネシア外縁部の島々で爆撃や機銃掃射を始めていた。ホワイトハウスや大統領に対する書面での状況説明のなかでは「反乱勢力の飛行機」と書かれていた。すなわち飛行機はインドネシア人が操縦するインドネシアのものであって、CIAの人間が操縦するアメリカの飛行機ではない――というものだった。アメリカの飛行機を飛ばしたアメリカ人の一人はアル・ポープだった。年齢二十五歳ですでに四年の危険な秘密任務の経験を持っていた。人並み外れた勇敢さと熱意の持ち主だった。

「共産主義者を殺すのが楽しかったのさ」[23]とポープは二〇〇五年のインタビューで語っている。「どんな方法でもいいから、彼らを殺すのが面白かったんだ」。

ポープが最初に出撃したのは四月二十七日のことだった。その後三週間、同僚のCIAパイロットとともに、インドネシア北東部の村や港で軍事目標や民間の目標に攻撃を加えた。五月一日、アレン・ダレスは、これらの空爆は「効果がありすぎるくらいで[24]、イギリス籍とパナマ籍の貨物船を撃沈するほどの結果をもたらした」とアイゼンハワーに報告している。一方、現地のアメリカ大使館は、数百人の民間人が死亡したとの報告をあげてくる。四日後、ダレスは国家安全保障会議に対し、爆撃がインドネシア人の間に「大きな怒りを引き起こしている」[25]といらだちながら説明せざるをえなかった。飛行機を操縦していたのがアメリカ人パイロットだったとの疑いがかけられたというのがその理由だった。その疑いは正しかった。しかし大統領と国務長官はアメリカ人の関与を公式には否定したのである。

アメリカ大使館と太平洋軍司令官のフェリックス・スタンプ提督は、CIAの作戦が明らかに失敗に終わったとして、ワシントンに注意を喚起した。大統領はCIA長官に説明を求めた。CIA本部では担当官のチームがあわててインドネシア作戦の経緯をまとめた。彼らは作戦は「複雑」かつ「きわどい」もので、「用心深い計画」が必要だったのに、作戦は「その日、その日の」場当たりでしのいできたと指摘した。作戦の規模と範囲からいって「完全に秘密裏に作戦を遂行することは不可能だった」(26)。秘密を守れなかったことは、CIAの綱領と大統領の指示に違反するものだった。

アル・ポープは五月十八日日曜日の早朝、インドネシア東部アンボン市の上空を飛行しながら、軍艦を沈めたり市場を爆撃したり、教会を破壊したりしていた。公式集計による死者数は民間人六人、軍人十七人だった。ポープはそのあと、千人以上のインドネシア兵を輸送している七千トン級の船を追跡し始めた。しかしポープのB-26は船の対空砲の照準にとらえられていたし、インドネシア空軍の戦闘機に追尾されてもいた。後方と下方からの砲撃を受けて、ポープの飛行機は高度六千フィートで炎に包まれた。ポープはインドネシア人の無線士に脱出を命じ、頭上の掩蓋をはね飛ばし、脱出シートのボタンを押して飛び出した。後方に流されたとき、足が飛行機の尾翼に衝突し、大腿部が腰の部分で砕かれた。飛行機が最後に投下した爆弾は輸送船から四十フィートほどはずれ、数百人の命が助かった。ポープはゆっくり地上に降下したが、落下傘の先端で痛みにうめいていた。ジッパーで締めた飛行服のポケットには、自分の身分を示す記録や作戦行動後の飛行報告、クラーク基地の将校クラブの会員証などが入っていた。文書類は彼の身元と行動—アメリカ政府の命令に基づいてインドネシアを爆撃していたアメリカ軍人であること—を示していた。ポープはその場で射殺されても仕方なかったが、身柄を拘束された。

「やつらは私を殺人罪で有罪とし、死刑を宣告した(27)」とポープは言った。「やつらが言うには、私は戦時捕虜ではなく、ジュネーブ条約は適用されないとのことだった」。

ポープが戦闘中に行方不明になったとのニュースは、同じ日曜日の夕方にCIA本部に届いた。CIA長官は兄と相談した。二人は戦争に敗れたことで意見が一致した。

五月十九日、アレン・ダレスはインドネシア、フィリピン、台湾、シンガポールのCIA関係者に至急電報を送った。警戒態勢解除。資金供給を停止せよ。武器提供を停止せよ。証拠を焼却せよ。撤退せよ。その日朝の本部における会議の記録には「看過できない混乱(28)」に対するダレスの憤りがよく表れている。

アメリカがその立場を変えるときだった。外交政策はあっという間に進路を転換した。CIAの報告は瞬く間にその変化を反映した。CIAは五月二十一日、ホワイトハウスに対し、インドネシア軍が共産主義者を制圧しつつあり、スカルノはアメリカに好意的(29)な発言と行動を見せていると報告した。いまやかつてのCIAの友人がアメリカの権益を脅かすものに変わってしまった。

「作戦はもちろん完全な失敗だった(30)」とリチャード・ビッセルは言った。スカルノはその後、権力の座を去るまで、このことに言及することはほとんどなかった。スカルノはCIAが自分の政府転覆を図ったことを知っていた。軍もインドネシアの政治的エリートも、みなそれを知っていた。究極的な効果は、インドネシアの共産主義者の力を強めたことである。共産党の影響力と権力はその後の七年でさらに増大することになる。

「インドネシアは失敗だったと連中は言いやがった」とアル・ポープは苦々しげに振り返った。「しかしわれわれは連中を徹底的に叩きのめした。われわれは何千人もの共産主義者を殺したのだ。おそらくその半分は共産主義の意味も分かっていなかっただろうがね」。

インドネシアにおけるポープの仕事について当時残っていた唯一の記録は、一九五八年五月二十一日付ホワイトハウスあてＣＩＡ報告のなかの一行のみである。次のように書かれているが、うそだった。「反乱側のＢ-26が五月十八日、アンボンに対する攻撃中に撃墜された(31)」。

「われわれの問題は年毎に大きくなっている」

インドネシアはフランク・ウィズナーが秘密工作本部長として行った最後の作戦だった。一九五八年六月、極東への旅行から帰国したのは、かろうじて正気の世界にとどまっていたときだった。その年の夏の終わりには精神に異常をきたしていた(32)。診断は「鬱性精神異常」だった。その兆候は数年前から現れていた。意志の力で世界を変えようとする欲求、壮大な演説、自滅的な任務などにその兆しがあった。精神分析医や新しい精神薬理学も役に立たなかった。治療法は電気ショックだった。六ヵ月の間、頭を万力ようのもので締め付け、それに五百ワット電球を灯せるほどの電流が流された。ウィズナーは次第に聡明さも大胆さも失い、ロンドンの支局長に格下げされた。

インドネシアでの作戦が失敗したあと、ダレスは国家安全保障会議で毎回のように、モスクワの脅威についてあいまいで不吉な警告をとりとめなく話した。大統領は、ＣＩＡは自分たちのしていることを分かっているのか、と声に出して疑問を呈するようになった。一度は大統領が驚いて尋ねた。アレン、君は私をおびえさせて戦争を始めさせようとでもしているのかね。

ＣＩＡ本部ではダレスが幹部職員に、いったいどこに行けばソ連の情報がとれるのかと聞く始末だった。一九五八年六月二十三日の幹部会議でダレスは「ソ連について特定の情報を知りたいとき、情報局のどの部署に声をかければいいのか分からない(33)で困っている」と語った。情報局にはこれといって耳を傾けるところもなかった。ソ連に関する報告はまったくのたわごとだった。
CIA最高の分析官の一人で後に国家評価室の室長になったアボット・スミスは、一九五八年末にそれまでの十年を振り返って次のように書いた。「われわれはソ連のイメージを勝手に作り上げてきた。そして何が起きても自分たちのイメージに合わせてきた。情報を評価するものが犯した罪でこれに勝るひどい話はまずないだろう」。[34]
十二月十六日、アイゼンハワーは諜報諮問委員会からCIAを全面的に改革するようにとの報告を受けた。[35]委員会のメンバーは、CIAは「自分たちの持つ情報を客観的に評価できないだけでなく、自分たちの活動そのものについても評価できない」のではないかと恐れていた。元国防長官のロバート・ロベットが率いる委員会は大統領に対し、秘密工作をダレスの手から取り上げるよう強く要請した。
ダレスはいつものように、CIAを変えようとするあらゆる努力に抵抗した。CIAに何も問題はないと大統領に訴えた。本部に戻ると、上級職員に「われわれの問題は年毎に大きくなっている」[36]と語った。大統領に対しては、ウィズナーの後任が秘密工作本部の任務と組織をきちんとすることを約束した。その仕事にうってつけの人間がいた。

第16章　「下にも上にもうそをついた」

カストロ暗殺計画

一九五九年一月一日、リチャード・ビッセルが秘密工作本部長になった[1]。その同じ日、キューバではフィデル・カストロが権力を掌握した。二〇〇五年に陽の目を見た秘密のCIA史[2]は、この脅威をCIAがどのように捉えていたかを描いている。

CIAはじっくり時間をかけてフィデルを研究していた。しかしカストロをどう理解すべきか、分からなかった。「事情を真剣に観察している多くの人が、カストロの政権は数ヵ月以内に崩壊すると感じている」。そう予告したのはハバナ支局長のジム・ノエル[3]だった。支局員たちはハバナ・カントリー・クラブで時間をつぶして、そこから報告をあげてくるありさまだった。CIA本部では、カストロに武器と資金を提供してもいいのではないかと主張するものもあった。準軍事部門責任者のアル・コックス[4]は、「カストロと秘密に接触し」、民主的政府を樹立させるために武器と弾薬を提供してはどうかと提案した。コックスは上司に、キューバ人を船に乗り組ませて武器をカストロに送ることもできると言った。しかし「最も安全な支援の手段はカストロに金を与え、自分で武器を購入させることだ」と上司に書き送った。「武器と金の組み合わせが最上だろう」。コックスはアルコール依存症で、考えに混乱はあったかもしれないが、少なからぬ同僚たちも同じように感じていた。当時「私のスタッフも私自身もみんなフィデリスタス（フィデル派）だった」と、CIAのカリブ地域作戦デスクの責任者だったロバート・レノルズが後年、語っている。[5]

一九五九年四月と五月に、新たな勝利を収めたカストロがアメリカを訪問した際、CIAの担当官がワシントンでカストロに会っていた。彼はフィデルのことを「ラテン・アメリカにおける民主的で反独裁勢力の新しい精神的指導者」[6]と呼んでいた。

「こちらの手の内を見せてはいけない」

アイゼンハワー大統領はCIAがカストロに対する判断を間違えたことにひどく憤っていた。「諜報の専門家は何ヵ月もの間、二の足を踏んでいた[7]が、事態は次第に、カストロの登場で共産主義が西半球にまで及んできたとの結論に彼らを追い込んでいった」と、回顧録のなかに書き留めている。

一九五九年十二月十一日、その結論に到達したリチャード・ビッセルはアレン・ダレスにメモを送り、「フィデル・カストロの『排除[8]』を十分に考慮するよう」促した。ダレスはその提案に鉛筆で重要な修正を書き加えた。殺害をほのめかす「排除」を削って「キューバからの除去」という表現に置き換え、承認を与えた。

一九六〇年一月八日、ダレスはビッセルに、カストロ転覆のための特別機動班を編成するよう指示した。ビッセルは、六年前グアテマラ政府の転覆に関わった同じ人物を直接選任した。彼らはあのときのクーデターに関してアイゼンハワー大統領を面と向かって欺いた連中だった。ビッセルが選んだ人材は、政治、心理戦争担当におっちょこちょいのトレーシー・バーンズ、宣伝担当に能力のあるデービッド・フィリップス、準軍事訓練担当にやる気十分のリップ・ロバートソン、そして偽装政治グループ担当にこのうえなく凡庸なE・ハワード・ハントという顔ぶれだった。

彼らを束ねるのは、「成功作戦」でワシントンの「戦争ルーム」を取り仕切ったジェーク・エスタラインだった。エスタラインがフィデル・カストロを最初に目にしたのは、一九五九年初め、ベネズエラの支局長を務めていたときだった。独裁者フルヘンシオ・バティスタに新年早々勝利したばかりのカストロが、若き「司令官」としてカラカスを訪れ、群衆の歓呼の声に迎えられるのを目撃したのである。

「この西半球で新しい、強力な勢力が動き始めていることが誰の目にも明らかになった。[9] 何か手を打たねばならなかった」

エスタラインは一九六〇年一月、ワシントンに戻り、キューバ機動班の責任者に任命された。このグループはCIA内部での秘密細胞として結成された。金も情報も決定も、キューバ機動班に関わるものはすべてビッセルを通してもたらされた。ビッセルはスパイの仕事にはほとんど関心がなかったし、ましてキューバ内部で情報を収集することにはもっと関心が薄かった。もしカストロに反対するクーデターが成功した場合、何が起きるか、あるいは失敗した場合、どうなるか、などを立ち止まって分析することはまるでなかった。「そうしたことを多少とも深く考えることはまったくなかったと思う」とエスタラインは語った。「人々の最初の反応は、大変だ、共産主義者がこんなところにやってくるかもしれないなんて、というものだ。グアテマラでアルベンスを追い出したように、さっさと片付けてしまったほうがいい」。

ビッセルはキューバに関しては、秘密工作本部で自分に次ぐ二番手の職位にあったリチャード・ヘルムズに対してもほとんど話したことがなかった。二人は互いを嫌っていたし、まったく信頼していなかった。ヘルムズは一度、キューバ機動班から上がってきたアイデアについて意見を挟んだことがあった。それは宣伝の謀略だった。CIAで訓練を受けたキューバ人工作員がイスタンブールの海岸に現れ、ソ連の船から逃げ出したばかりの政治犯になりすますという手はずだった。カストロが何千人という人たちを奴隷にしてシベリアに送っている、と主張することになっていた。この計画は「ドリッピング・キューバン（滴り落ちるキューバ人）[10]」として知られていた。ヘルムズはこの計画をつぶしたのである。

一九六〇年三月二日―アイゼンハワー大統領がカストロに対する秘密工作を承認する二週間前―ダレスはすでに進行中の工作についてニクソン副大統領に説明した。「われわれがキューバで行っていること」と題するビッセルが署名した七ページの文書を読みながら、具体的な行動の内容を説明したのである。それには経済戦争、破壊活動、政治宣伝、それに麻薬を使用する計画も含まれていた。「この麻薬を、カストロの食事に紛れ込ませれば、カストロはばかげた行動をとり、公開の場で決定的な打撃をうける可能性がある」。ニクソンはその案に大賛成だった。

一九六〇年三月十七日、ダレスとビッセルはホワイトハウスで午後二時半から、アイゼンハワーとニクソンを含めた四人の集まりでこの計画を披露した。そこではキューバに侵攻することは提案しなかった。二人は大統領に、カストロを巧妙な早業で倒すことができると語った。こちら側にとりこんだ工作員が率いる「しっかりした、魅力のある団結したキューバ人の反対勢力」をつくるつもりだと言った。秘密のラジオ局からハバナに向けて宣伝放送を流し、蜂起を促すことになっていた。パナマにある米陸軍のジャングル戦闘訓練キャンプにいたCIA局員は、六十人のキューバ人を教育してキューバに侵入させる予定だった。CIAは彼らに空から武器と弾薬を投下することになっていた。

フィデルは六ヵ月から八ヵ月のうちには倒れるだろう、とビッセルは約束した。タイミングが極めて微妙だった。大統領選挙の日が七ヵ月半先だった。その前週に行われたニューハンプシャー州の予備選挙では、ジョン・F・ケネディ上院議員とニクソン副大統領が大差で勝利していた。

アイゼンハワーの秘書をしていたアンドルー・グッドパスター将軍がこの会合のメモをとっていた。「大統領はこれ以上にいい計画を知らないという……大きな問題は情報漏れと安全だ……だれもこのことは聞かなかったという誓いを全員に立ててもらわねばならない……やったことにわれわれの足跡が残るようなことのないようにしなければならない」。CIAはそうした注意を必要としないはずだった。CIAの綱領では、すべての秘密工作は確実な秘密の下に置かれ、大統領に責任が及ぶような証拠を残さないことになっていた。しかしアイゼンハワーは、それでもこの件をCIAが極秘で遂行するべく最善を尽くすよう、念を押しておきたかった。

「うその代償を払うことになる」

大統領とビッセルは、最大の秘密のひとつであるU-2スパイ機に関わる権限をめぐって、次第に激しい抗争をくりひろげることになった。アイゼンハワーは六ヵ月前にキャンプ・デービッドでフルシチョフと会談して以来、ソ連領空の飛行を認めていなかった。フルシチョフはワシントンから帰国して、大統領が平和的共存を求めていることを賞賛していた。アイゼンハワーは「キャンプ・デービッド精神」を自分の遺産として残したいと望んでいた。

ビッセルは秘密飛行を再開しようと懸命になっていた。大統領の気持ちは複雑だった。本当のところは、U-2機の収集する情報をほしかったからである。

大統領は「ミサイル・ギャップ」を埋めたいと切望していた。「ミサイル・ギャップ」というのは、核兵器開発でソ連がリードを広げているというもので、CIAや空軍、軍需産業、それに共和、民主両党の政治家らが主張していたが、実は間違った主張だった。ソ連の軍事力に関するCIAの公式推定は、情報に基づくものではなく、政治や憶測によるものだった。一九五七年以来、CIAは、ソ連による核弾頭搭載の大陸間弾道ミサイルの増強はアメリカの軍備増強よりはるかに速く、大規模に進められている、との恐るべき報告を大統領に送っていた。一九六〇年には、アメリカの生死に関わる重大な脅威になるとの見通しを打ち出した。すなわちソ連は一九六一年までに発射可能のICBM五百基を保有することになるだろう、というものだった。戦略空軍司令部はそうした判断に基づいて秘密の先制攻撃計画を作成していた。三千発以上の核爆弾を使って、ワルシャワから北京までのすべての都市、すべての軍事拠点を破壊しようというものだった。しかしモスクワは当時、アメリカに向けた核ミサイルを五百発も持ってはいなかった。持っていたのはたった四発だった(11)。

大統領は五年半もの間、U-2機自体が第三次世界大戦を引き起こすのではないかと懸念していた。もし飛行機がソ連領内で墜落すれば、平和への望みもそれとともについえるだろう。キャンプ・デービッド会談後の一ヵ月、大統領は新しく提案されたソ連領空でのU-2の飛行を拒否していた。アレン・ダレスに再度、はっきりと言い渡した。自分にとっては人的スパイ活動を通してソ連の意図を察知することのほうが、ソ連の軍事力の詳細を発見することよりもっと重要だ。ソ連に攻撃の意図があるかどうかを報告できるのはスパイだけであって、道具ではない、と。

そうした人的諜報の知識なしには、U-2の飛行は「針を刺す挑発的な行為(12)になり、われわれが奇襲をかけて彼らの施設を全滅させることを真剣に計画していると思わせることになるかもしれない」と大統領は言った。

アイゼンハワーは一九六〇年五月十六日、パリでフルシチョフと首脳会談を行う予定になっていた。大統領自身の言葉によれば、アメリカがソ連との間で「見たところ誠実に協議を交わしている」ときに、もしU-2が撃墜されれば、自分の最大の財産──正直との評判──が台無しにされてしまう。大統領はそれを恐れていた。

理屈の上では、U-2に任務を命令できるのは大統領だけである。しかしビッセルは秘密計画を取り仕切っており、強引に飛行計画を作成した。大統領の承認を回避するために、イギリスや中国国民党政府に飛行を委託しようとしていた。自身の回想録でビッセルは、最初のU-2機の飛行が直接、モスクワとレニングラード（現サンクトペテルブルグ）上空を通過したことをアレン・ダレスが知って驚愕したと書いている。長官はそれを知らなかったし、ビッセルはそれを知らせる必要がないと考えていた。

ビッセルは数週間にわたってホワイトハウスと議論していたが、アイゼンハワーもついに折れて、一九六〇年四月九日、パキスタンからソ連上空に飛行させることに合意した。うわべでは成功だった。しかしソ連は自国の空域が侵犯されていることを知っていた。そして警戒態勢を強化した。ビッセルはさらにもう一度の飛行を主張した。大統領は四月二十五日に期限を設けた。期限が迫り、過ぎていったが、この間、共産側の標的には雲がかかったままだった。ビッセルはさらに時間を要求し、アイゼンハワーは六日間の猶予を認めた。次の日曜日はパリ首脳会談前の最後の飛行期限だった。ビッセルはホワイトハウスを出し抜くために国防長官と統合参謀本部議長と直接掛け合い、さらにもう一度の飛行に支持を得ようとした。熱心さのあまり、最悪の場合の備えを怠っていた。

五月一日、大統領が恐れていたとおり、U-2が中央ロシアで撃墜された。CIAのパイロット、フランシス・ゲーリー・パワーズは生きて身柄を拘束された。その日、C・ダグラス・ディロンが国務長官代理を務めていた。「大統領はアレン・ダレスと作業を進めるように、と言った」とディロンは振り返った。「われわれは何らかの発表をしなければならなかった」。二人はNASA（航空宇宙局）の発表に衝撃を受けた。NASAは気象観測機がトルコで行方不明になったと発表したのである。これはCIAの書いた偽装の筋書きだった。長官はそのことをまったく知らなかったか、もしくはすべて忘れていた。

「どうしてこんなことが起きたのか、理解できなかった」とディロンは言った。「しかし何とか切り抜けねばならなかった」。

それは容易ではなかった。偽装の筋書きに従って、ホワイトハウスと国務省はこの飛行に関して一週間にわたりアメリカ国民を欺き続けた。彼らのうそはますます見え透いてきた。最後のうそは五月七日のものだった。「このような飛行は承認されていなかった」というのだ。これがアイゼンハワーの気力を打ち砕いた。「彼はアレン・ダレスがすべての責任をかぶることを許すわけにはいかなかった。なぜなら、大統領が政府内の事柄について何も知らなかったように見えるからだ」とディロンは語った。

五月九日、アイゼンハワーは執務室に入って大声でどなった。「私はもう辞めたい」。アメリカの歴史上初めて、何百万人という市民が、大統領は国家安全保障の名の下に国民をだますことができることを知ったのである。もっともらしく否定できる道を残す、という原則は反故《ほご》にされた。フルシチョフとの首脳会談はご破算になり、短い雪解けは終わって、再び冷戦の氷に覆われた。ＣＩＡのスパイ飛行がその後ほぼ十年にわたって緊張緩和の期待を打ち砕いたのである。アイゼンハワーはミサイル・ギャップのうそを証明することを期待して、最後のスパイ飛行を承認した。しかし墜落の隠蔽工作は、アイゼンハワーをうそつきにしてしまった。大統領退任後、アイゼンハワーは、在任中の最大の悔いは「U-2についてついたうそだった[13]」と語った。「あのうそでどれほど高価な代償を払うことになるか、自分では分かっていなかった」。

大統領は、国際平和と融和の精神のなかで離任したいと考えていたが、それはできない相談になった。せめて離任前に、地球上のなるべく多くの場所で警備をしっかり強化しておきたいと思っていた。

一九六〇年の夏は、CIAにとって絶え間なく危機に見舞われた時期だった。ダレスとCIA当局者がホワイトハウスに持参する地図上で、紛争地点を示す赤い矢がカリブ海地域、アフリカ、アジアでどんどん増えていった。U-2撃墜をめぐる悔悟の念は、耐え難い怒りの前に薄れていった。

まず、ビッセルがキューバ転覆のCIA計画を強化する。この戦いを率いていくには、訓練されたキューバ人亡命者五百人の勢力が必要だと、ビッセルはニクソン副大統領に告げた。数週間前には六十人とされていたものである。しかしパナマにある陸軍のジャングル戦争センターでは集めたばかりの訓練兵をさらに数百人受け入れることはできなかった。そこでビッセルはジェーク・エスタラインをグアテマラに派遣した。エスタラインは退役将軍で策士のマヌエル・イディゴラス・フエンテス大統領と単独で交渉し、秘密の合意を取り付けた。確保した場所は、飛行場も売春宿も独自の行動規範も備えていて、ピッグズ湾に備える中心的な訓練キャンプになった。エスタラインの下で準軍事活動計画を担当した海兵隊大佐のジャック・ホーキンズの報告によると、CIAのキューバ人にとってはその場所が「まるっきり不満だった」。彼らは「捕虜収容所のような状態」に置かれていた。そのため「CIAとして扱いに苦慮する」「政治的紛糾」を引き起こした。キャンプは孤立した場所にあったが、グアテマラ軍はそれに気づいていた。そして外国軍が自国の領土に存在していることが、危うく大統領に対するクーデターに発展しかねない状態を生んだ。

その後、八月の半ば、礼儀正しく人好きのするビッセルは、フィデル・カストロ対策としてマフィアとの契約を結ぶ。CIA保安局長のシェフィールド・エドワーズのもとに行き、暗殺を実行できるマフィアを紹介してもらいたいと依頼したのだ。マフィアを使った暗殺作戦は、ダレスにも説明され、ダレスは承認を与えている。CIAの歴史編纂者は「ビッセルはおそらく、奇襲部隊が（ピッグズ湾に）上陸する前に、カストロはCIA支援の暗殺者の手で命を落としていると信じていたようだ」(14)と結論付けている。

ビッセル配下の男たちは、マフィア計画については何も知らないまま、第二の暗殺計画を進めていた。問題は、訓練を受けたCIAの暗殺者をいかにしてフィデルの射程距離の範囲内に送り込むか、だった。「リップ・ロバートソンのような男を彼に近づけられるだろうか。本当に手ごわいキューバ人――肝っ玉の据わったキューバ人――を雇えるだろうか」と、キューバ機動班の作戦部長を務めるディック・ドレインが言った。答えはいつもノーだった。マイアミには、だんだん広く知られるようになったCIAの秘密作戦に参加したがっている亡命キューバ人が何千人とごろごろしていた。しかしカストロのスパイも彼らの中にいっぱいいいて、フィデルはCIAの計画について相当の情報を持っていた。ジョージ・デービスというFBIの捜査官は、数ヵ月にわたって口の軽いキューバ人の話をマイアミの喫茶店やバーで耳にしたあと、「ウェーブ」支局のCIA担当官に友人としての助言を伝えた。こんなおしゃべりの亡命キューバ人と一緒になってカストロを倒すというのは不可能な話だ。唯一希望がもてるのは、海兵隊を送り込むことだ。CIAの同僚はそのメッセージを本部に伝えたが、無視された。

一九六〇年八月十八日、ダレスとビッセルはキューバ機動班について、内々にアイゼンハワー大統領と二十分足らず協議した。ビッセルはグアテマラで五百人のキューバ人に準軍事活動の訓練を始めるために千七十五万ドルの追加支出を要請した。アイゼンハワーはイエスと答えたが、一つだけ条件があった。「統合参謀本部、国防総省、国務省、CIAが、キューバ人をこの悪夢から解放することに成功する公算が大きいと考える限り」――というのがそれだった。ビッセルが戦闘に際して米軍部隊にキューバ人を率いさせる方法を提案しようとしたとき、ダレスは二度、彼をさえぎり、議論や反対意見が出てくるのを防いだ。
大統領―アメリカの歴史上、最大の秘密侵攻作戦を率いてきた人物―は、CIAの幹部たちに「軽率な動きをする危険」や「準備が整う前に事を始める危険」を避けるよう警告した。

「もう一つのキューバを避けるために」

同じ日のおそく、国家安全保障会議（NSC）の席で大統領は、CIAがアフリカのカストロと見なしている男――コンゴの首相パトリス・ルムンバ――を排除するようCIAに指示した。

コンゴはベルギーの容赦ない植民地支配を振り払って一九六〇年夏に独立を宣言した。自由選挙で選ばれたルムンバは、アメリカに支援を求めていた。しかしアメリカは支援の手を差し伸べなかった。CIAはルムンバを麻薬付けになった共産主義の手先と考えていた。ベルギーの空挺部隊が首都の支配権を取り戻そうと乗り込んだとき、ルムンバはかろうじて機能している政府を立て直すため、ソ連の航空機、トラック、それに「技術者」を受け入れた。

ベルギーの兵士が到着した週、ダレスはブリュッセルの支局長をしていたラリー・デブリンをコンゴに派遣した。コンゴのCIAのポストを彼に仕切らせ、ルムンバを秘密工作の標的とするための評価をするのが目的だった。デブリンは現地に六週間滞在した後、八月十八日にCIA本部にあてて次のような電報を打電した。「コンゴは共産主義による典型的な政権奪取工作を経験しつつある……ルムンバが本物の共産主義者か共産主義者を気取って振舞っているだけなのかはともかく……第二のキューバを避けるために行動を起こさねばならない。それまでに時間はほとんど残されていない」。ダレスはその同じ日、このメッセージの要点をNSCの会議に伝達した。後年、NSCの記録係、ロバート・ジョンソンが上院で秘密証言したところによると、アイゼンハワー大統領はそのときダレスに向かって、ルムンバを排除すべきだとずばり言ってのけた。[15] 十五秒ばかり沈黙が続いたあと、会議は続行した。ダレスは八日後、デブリンにあてて次のような電文を送った。「もしLLL（ルムンバ）が権力を維持し続ければ、よくても混乱が起きる、最悪の場合はコンゴが共産主義に乗っ取られる事態になることも避けられない、というのが当地の有力関係者の明快な結論だ……われわれの結論は、彼を排除することを緊急かつ最重要の目的とし、現状ではこれを秘密工作において最優先させることである。よって、より広範な権限を貴殿に付与したい」。

ＣＩＡで化学の達人といわれたシドニー・ゴットリーブが致死性毒物の小瓶の入った手荷物かばんをコンゴに運び、支局長にそれを手渡した。中には毒物を食品、飲み物、歯磨きチューブなどに注入するための注射器も入っていた。ルムンバに死を送り届けるのはデブリンの仕事だった。九月十日もしくはその前後に、二人はデブリンのアパートで落ち着かない会話を交わした。デブリンは一九九八年に解禁された秘密宣誓証言の中で次のように言ったという。「私はこれらの指示を出しているのはだれか、と尋ねた」。答えは「大統領だ」というものだった。

デブリンは毒物を事務所の金庫のなかにしまってかぎをかけ、どうしたものかと思い悩んだ。次のように考えたことを覚えている。「あれ」をそのまま放っておくのはとんでもないことだ。しばらくして毒物の小瓶をコンゴ川の堤防に持ち出して埋めた。ルムンバを殺せという指示は恥ずべきことだ。ＣＩＡにとれる手段はほかにもあることをデブリンは知っていた。

ＣＩＡはコンゴの次の指導者の目星をすでにつけていた。ジョゼフ・モブツといい、「断固として行動できるコンゴで唯一の人材」と、ダレスは九月二十一日のＮＳＣの会議で大統領に告げた。ＣＩＡは十月初めにモブツに二十五万ドルを運び、そのあと十一月には武器と弾薬を送り込んだ。[16] モブツはルムンバを捕らえ、デブリンの言葉によると、「不倶戴天の敵」に引き渡した。ザンビアとの国境近くにあるエリザベートビルのCIA基地の報告では、「フランドル出身のベルギー人将校が軽機関銃でルムンバを処刑した」という。それはアメリカの次期大統領が就任する二日前のことだった。CIAからのゆるぎない支持を得たモブツは、五年にわたる権力闘争の末、ついにコンゴ全土を支配するに至った。モブツはアフリカにおけるCIAのお気に入りの協力者であり、冷戦中のアフリカ全土におけるアメリカの秘密活動に関する情報センターでもあった。三十年にわたって、世界で最も残忍かつ腐敗した独裁者として国を支配した。この間、コンゴの膨大な埋蔵ダイヤモンドや鉱物資源、戦略金属などからあがる国家の収入から何十万ドルという資金を簒奪《さんだつ》し、自分の権力を維持するために多数の人間を殺害した。

「絶対に擁護できない立場」

一九六〇年の大統領選挙が近づいていたが、ニクソン副大統領にとって、CIAによるキューバ攻撃の準備がまだまだ不十分であることは明白だった。九月末、ニクソンはいらいらしながら「いまは行動を起こすな。選挙のあとまで待て」との指示を機動班に与えた。この遅れはフィデル・カストロを有利にした。カストロのスパイはアメリカに支援された侵攻が間近に迫っていると告げていた。そしてカストロは軍事力と情報力を強化し、クーデターの際に突撃隊として役立つとCIAが期待していた反政府勢力に弾圧を加えていた。その年の夏には、カストロに対する内部の抵抗は弱まりつつあった。しかしCIAは、キューバで実際に起きていることにあまり注意を払わなかった。トレーシー・バーンズは密かにキューバで世論調査をしてみたが――結果は、国民が圧倒的にカストロを支持しているというものだった。気に入らない結果が出たので、バーンズはそれを破棄した。

キューバの反政府側に武器を投下しようというCIAの努力は混乱状態にあった。九月二十八日、荷台に載せた機関銃やライフル、コルト45口径拳銃など数百人分の武器が、グアテマラを飛び立ったCIAの飛行機からキューバに投下された。しかしこの投下は目標地点から七マイルも逸れていた。カストロ軍の兵士は武器を押収し、それを受け取るはずだったCIAの工作員を拘束し、射殺した。パイロットは帰途、帰路を見失い、メキシコ南部に着陸、飛行機は地元の警察に差し押さえられた。全部で三十回の飛行が行われたが、このうち成功したのはせいぜい三回だった。

十月初めまでには、CIAも自分たちがキューバ国内の反カストロ勢力についてほとんど何も知らないことに気づいていた。カストロ側のスパイが「彼らの間に潜入していないという自信はなかった」と、ジェーク・エスタラインは言った。なまじっかな破壊工作ではカストロは倒せないということを、いまや確信していた。

「われわれとしても潜入や補給で相当の努力もしていたのだが、あまり成功していなかった」とビッセルは振り返った。「必要なのは衝撃的な行動」――本格的な侵攻だと決意した。

CIAはその任務を遂行するために大統領の承認も得ていなかったし、兵力の持ち合わせもなかった。グアテマラで訓練を受けている五百人は「ばかげたほど不十分な数」だと、ビッセルはエスタラインに言った。カストロを相手に回して成功するにははるかに多い数の兵力が必要であることは、二人とも分かっていた。カストロ側には六万人の兵力があり、戦車や大砲のほか、いやがうえにも冷酷で効率的な治安組織があった。

ビッセルは一方の電話ではマフィアと、他方の電話ではホワイトハウスと話ができた。大統領選挙が目前に迫っていた。一九六〇年十一月の第一週あたりで、キューバ作戦の計画の核心部分が圧力に押されてひび割れた。エスタラインは計画の実行不可能を宣言し、ビッセルもその判断が正しいことを知っていた。しかしだれにもこのことを口外しなかった。侵攻前の数ヵ月間、数週間、数日間は、欺瞞のなかに引きこもってしまった。

「彼は下に向かってうそをつき、上に向かってもうそをついた」とジェーク・エスタラインは言った。下はCIAのキューバ機動班、上は大統領と次期大統領だった。

十一月の選挙で、ジョン・F・ケネディは十二万票以下の僅差でリチャード・ニクソンに勝った。共和党員のなかには、シカゴの選挙区での政治的な操作で勝利を民主党に盗まれたと考えるものもあった。ウェストバージニア州での票の買収を指摘するものもあった。リチャード・ニクソンはCIAの責任だと言った。ニクソンは、ダレスやビッセルのような「ジョージタウンに住むリベラル」が重要なテレビ討論の前にキューバに関する情報を流してケネディを密かに助けたと、信じ込んでいた。

大統領に選出されたケネディは直ちに、J・エドガー・フーバーとアレン・ダレスの再任を発表した。この決定はケネディの父親が下したもので、政治的、個人的防衛のためになされたものだった。フーバーはケネディ家の奥深い秘密のいくつかをつかんでいた。その中には、ケネディと第二次大戦中、ナチのスパイと疑われた女性との性的関係も含まれていた。フーバーはその情報をダレスにも伝えていた。ケネディはこれらをすべて承知していた。というのも、父親はかつてアイゼンハワー政権の諜報諮問委員会のメンバーだったから、父親から確実な情報として聞かされていたのである。

十一月十八日、大統領選に勝利したケネディはフロリダ州パーム・ビーチの父親の別荘で、ダレスとビッセルの二人に会った。その三日前、ビッセルはエスタラインからキューバ作戦に関して最終的な報告を受け取っていた。「われわれの当初の構想は、カストロ側の体制の厳しさを考えると達成できそうにないと思われる」とエスタラインは報告していた。「前にありうると信じていた国内での暴動などはなさそうだし、敵の防衛体制は、われわれが当初計画していたような攻撃を許すとは思えない。こちらの二番目の構想（千五百人ないし三千人体制で臨時滑走路のある海岸を確保する）も、CIA

と国防総省の合同作戦としてでない限り、達成できそうにない」。

言い換えれば、カストロを倒すためには、アメリカは海兵隊を送り込むしかない、ということだった。エスタラインはこの時の心境をこんな風にふりかえっている。

「ＣＩＡの自分の部屋に座っていて、思わずこうひとりごちたものだ。『なんてこった。せめてビッセルには事実をありのままジョン・ケネディに話すだけの根性がほしいよ』」。しかしビッセルは一言も口にしなかった。達成できない計画が実行可能な任務になってしまった。

パーム・ビーチでの説明でＣＩＡ首脳は「完全に抜き差しならない立場」に追い込まれた、とビッセルはＣＩＡの歴史記録係に語っている。その会合の記録によると、ＣＩＡ首脳は過去の勝利――とりわけグアテマラ――や現にキューバ、ドミニカ共和国、中南米各地やアジアで進行中の多数の秘密工作について説明することを考えていた。しかし実際にはそれをしなかった。会合に先立ってアイゼンハワー大統領は「狭い議題」に限るように彼らに指示していた。彼らはそれを、国家安全保障会議で出たことのある議題は議論しない方針と解釈した。その結果、大統領から次の大統領への引継ぎの過程でＣＩＡの秘密工作に関する重要な情報が抜け落ちてしまったのである。

アイゼンハワーはキューバ侵攻を承認したことはなかった。しかしケネディはそのことを知らなかった。ケネディが知っていたのは、ダレスとビッセルに告げられたことだけだった。

「八年の敗北」

八年にわたって、アレン・ダレスはＣＩＡを変えようとする外部からのあらゆる努力をかわしてきた。ＣＩＡと自分自身の名声を守らねばならなかった。秘密工作の失敗を隠し通すために、すべてを否定し、何も非を認めず、真実を明かさなかったのである。

少なくとも一九五七年以降、ダレスは理性と節度ある声を遠ざけ、大統領諮問委員会の緊急性を増す勧告も無視し、CIA監察総監からの報告も払いのけ、自分の部下をさげすんでいた。「そのころには、疲れた老人[18]」で、その仕事上の行動も「極度に負担になりがちだったし、おおむねそうだった」とディック・レーマンは言う。レーマンはCIAきっての分析官の一人だ。「彼のわれわれに対する扱いには自分の価値観が反映していた。むろん間違っていた。しかしわれわれはそれに付き合っていかねばならなかった」。

アイゼンハワー大統領は任期切れ間近になって、自分の下にスパイ機関の名に値する組織がなかったことを理解した。大統領がその結論に達したのは、CIAの変革をねがって自分が作成させた分厚い報告書を読み通したあとだった。

一九六〇年十二月十五日付の最初の報告は、U-2機撃墜事件のあと創設した合同研究班に、アメリカの諜報活動の俯瞰図を調査させたものだった。それは方向を見失い混乱する実態を指摘していた。報告書によると、ダレスはソ連による奇襲攻撃の問題に取り組んだことはなかった。軍事諜報と民間情報の分析を調整したこともなかった。危機に際して警告を発する能力を開発したこともなかった。八年を費やして秘密工作に取り組んだが、アメリカの諜報活動に精通することはなかった。

そして一九六一年一月五日には、外国諜報活動に関する大統領諮問委員会の最終勧告[19]が提出された。勧告は秘密工作について「全面的再評価」を促していた。「われわれは結局のところ、これまでCIAが実施してきた秘密行動計画のすべてが、膨大な量の人的、金銭的、その他の資源を危険にさらして取り組むに値するものであったと結論付けることはできない」。さらに報告書は「CIAが政治的、心理的、その他の関連する秘密活動に集中してきたことが、ともすれば情報収集という最重要の任務から実質的に注意をそらせてしまった」と警告した。

委員会は大統領に、陸海空などアメリカの諜報活動を調整する長官職とＣＩＡの「完全な分離」を考えるよう促した。委員会は、ダレスがＣＩＡを指揮しながら、同時にアメリカの諜報活動を調整する任務——国家安全保障局の暗号作成や暗号解読、スパイ衛星や宇宙からの写真偵察の能力向上、絶えることのない陸、海、空軍間のもめごとの調整——を遂行することはできないと指摘した。

「私は、大統領がこの問題一般に自ら何度も取り組もうとしていたことを想起してもらった[20]」と、安全保障担当補佐官のゴードン・グレイは報告書を大統領とともに検討したあとで書き残している。分かっている、とアイクは答えた。やってはみたが、アレン・ダレスを変えることができないのだ。

「多くのことを達成できた」とダレスはアイゼンハワー政権最後の国家安全保障会議の集まりで大統領に言い張った。すべてはうまくいっている。自分は秘密工作本部を立て直した。諜報活動はいままでにないほど機敏で熟達している。調整も協力もいままで以上によくなっている。大統領の諜報諮問委員会の提案はばかげている。正気じゃない、法律に反している、と言い募ったあとで、こう大統領の注意を喚起した。法律によれば諜報活動の調整は私の責任である。その責任を人にゆだねるわけにはいかない。私が指導しなければ、アメリカの諜報活動は「薄い空気の中に浮かんでいる身体みたいなもの」ですぐにも地に落ちるだろう、とうそぶいた。

アイゼンハワー大統領の怒りと不満が最後に爆発した。「わが国の諜報機関の構造には欠陥がある」と大統領はダレスに言いわたした。いまはまったく意味がない。組織をつくり直さねばならない。ずっと以前にやるべきことだったのだ。パールハーバー以降、何も変わっていない。「この件に関しては、八年間ずっと敗北を喫してきた」と大統領は言った。自分は後継者に「負の遺産（Legacy of Ashes）を残す[21]」ことになるだろう、と言った。

第三部

1961年から1968年

ケネディ、ジョンソン時代

「失われた理想」

PART THREE

"Lost Causes"

The CIA under Kennedy and Johnson

1961 to 1968

ケネディ暗殺直後、機内で大統領就任の宣誓をするジョンソン 1963 年 ©Corbis

第17章　「どうしていいか、だれにも分からなかった」　ピッグズ湾侵攻作戦

　この遺産の引継ぎは一九六一年一月十九日午前、ホワイトハウスのオーバル・オフィス（大統領執務室）で、老将軍と若き上院議員の二人だけの間で行われた。アイゼンハワーは予言でもするかのように、国家安全保障戦略、すなわち核兵器と秘密工作の概略をケネディに説明した。

　二人は執務室を出て、閣議室で国務、国防、財務の新旧長官と会った。その場でメモを取った人物の記録によると、「ケネディ上院議員は、大統領に判断を求めた。(1) たとえアメリカが公然と巻き込まれることになっても、アメリカとしてはキューバに対するゲリラ作戦を支持するのか、と。大統領はイエスと答えた。われわれはあそこの政府をそのまま存続させるわけにはいかないからだ。……大統領はまた、同時にドミニカ共和国をうまく扱うことができれば、状況はよくなるだろう、と助言した」。キューバのクーデターをドミニカのクーデターによって相殺できるというアイゼンハワーの考えは、ワシントンでこれまでだれも思いつかなかった方程式だった。

　ケネディは翌朝起床して大統領就任式に臨んだ。片やドミニカ共和国の腐敗した右翼指導者、ラファエル・トルヒーヨ大元帥は、政権に就いてからすでに三十年経っていた。トルヒーヨが政権を維持できたのは、アメリカ政府とアメリカの業界からの支持があったからだ。トルヒーヨは力とペテンと

恐怖とによって統治し、食肉をつるすフックに政敵を吊るすことに快感を覚えていた。「彼は自分専用の拷問室を持ち、政敵暗殺隊を擁していた」(2)とヘンリー・ディアボーン総領事は語る。ディアボーンは一九六一年初めにドミニカ共和国に駐在していたアメリカの有力外交官である。「しかし、当初トルヒーヨは法と秩序を維持し、衛生政策をおしすすめ、公共事業を推進した。アメリカを悩ますことはなかったし、われわれにとって問題はなかった」。ところがトルヒーヨは次第に耐えられない存在になっていく。「私が着任したころには、その非道ぶりは一段とひどくなり、アメリカだけでなく、西半球全体で、各種政治団体、公民権団体などから、この人物をなんとかしなければという要求が高まっていた」。

アメリカが一九六〇年八月にドミニカ共和国との外交関係を断絶した後、ディアボーンはサントドミンゴのアメリカ大使館を預かることになった。アメリカの外交官とスパイは、少数を残してほとんどが国外に退去した。だがリチャード・ビッセルは総領事のディアボーンに現地に残ってCIA支局の支局長代理を務めるよう要請した。ディアボーンはこれを受諾する。

一九六一年一月十九日、ディアボーンはトルヒーヨ殺害を狙うドミニカの陰謀グループ向けに小火器が送られてくることを知らされた。アレン・ダレスの主宰する特別グループが前の週に決めたことだった。ディアボーンは、海軍要員が大使館に置いていったカービン銃三丁をこれらのドミニカ人に渡すことについて、CIAの承認を求めた。ビッセルの部下で秘密工作を担当していたトレーシー・バーンズがこれに青信号を出した。それからCIAは38口径のピストル三丁をドミニカ人にあてて発送した。ビッセルは機関銃四丁と弾丸二百四十発の追加発送を承認した。ところが、これらの機関銃はサントドミンゴのアメリカ領事館にいったんとめ置かれる。ケネディ新政権内に、アメリカが外交行嚢を使って殺人兵器を引き渡していることが明るみに出たら世界はどう反応するだろうか、と心配する声があったからである。

ディアボーンはケネディ大統領自身が承認した電報を受け取った。それには「ドミニカ人がトルヒーヨを暗殺しても構わない。それは問題ない。だが、われわれの責任にされることは望まない」とあった。トルヒーヨはその二週間後に撃たれた。硝煙の残る銃はCIAのものだったかもしれないし、そうではなかったかもしれないが、指紋は出なかった。しかし、この暗殺はホワイトハウスの命令によってCIAが、殺人を実行したに限りなく等しい事例だった。

司法長官のロバート・F・ケネディはこの暗殺を知った後、次のようなメモを書き残している。

「目下の大問題は、われわれがどうしてよいか分からないことだ[3]」。

「自分の国を恥ずかしく思った」

CIAはキューバ侵攻へと突進した。「事態は強引に動き始め、制御が利かなくなった」とジェーク・エスタラインはいう。ビッセルが推進役だった。彼は突き進んだ。CIAはカストロを倒せないという事実を認めようとせず、その作戦の秘密性などとっくの昔に吹き飛んでしまったことも分からなかったのである。

三月十一日、ビッセルはそれぞれ別個の四つの計画を書面にしてホワイトハウスを訪れた。ケネディ大統領はどれにも満足しなかった。ビッセルに何かもっとよいものを三日以内にまとめるよう指示した。ビッセルは新しい上陸地点を思いついた。ピッグズ（コチーノス）湾にある三つの広い浜辺である。この地点は米政府からの新しい政治的要求を満たしていた。それはキューバ人の侵攻部隊が上陸とともに滑走路を確保し、新しいキューバ政府のために政治的橋頭堡を確立することだった。

ビッセルは大統領にこの作戦の成功を請け合った。最悪の事態があるとすれば[4]、CIAの反政府部隊が海岸でカストロ軍と対決し、山岳部まで進撃するような場合だった。しかし、ピッグズ湾はマングローブの根と泥の絡み合いで、通り抜けられるような地形ではなかった。そのことを知っているものはワシントンには一人もいなかった。CIAの手元の粗雑な測量図は、その沼地がゲリラ作戦に向いていることを示唆していたが、それは一八九五年に作られたものだった。

翌週、CIAの連絡相手のマフィアがカストロ殺害に向けて大きな動きを見せた。CIAのキューバ人のなかで最も目立つ部類に属するトニー・バロナ(エスタラインに言わせると「ならず者、ペテン師、泥棒」だったが、後にホワイトハウスでケネディ大統領と会うことになる)に毒薬と数千ドルを渡したのである。バロナはハバナのレストランの従業員に毒薬のびんを渡すことに成功した。カストロのアイスクリーム・コーンにそれを入れるはずだった。毒薬のびんは後にキューバの諜報当局によって発見された。アイスボックスのなかで蓋まで凍っていたという。

春になっても大統領は攻撃計画をまだ承認していなかった。どうすれば侵攻がうまくいくのか、分からなかったのだ。四月五日水曜日、ダレスとビッセルに再度会ったが、大統領はダレスらの戦略を理解できなかった。四月六日木曜日、大統領は二人にたずねた。カストロの小規模な空軍を爆撃する計画があるが、それで侵攻部隊の奇襲効果が消えてしまうことはないか、と。それには二人とも答えられなかったのである。

四月八日土曜日の夜、ビッセルはしつこく鳴り続ける自宅の電話の受話器を取り上げた。ジェーク・エスタラインがワシントンのCIAの作戦司令室「クウォーターズ・アイ」からかけてきた電話だった。彼の下で準軍事的な計画を担当しているホーキンズ大佐とともにできるだけ早く内密で会いたい、というのである。日曜日の朝、ビッセルが玄関の戸を開けると、エスタラインとホーキンズがキューバ侵攻は怒りを抑えられないといった様子で立っていた。二人は居間に入って腰を下ろすと、中止しなければならない、と言った。

中止するにはすでに遅すぎる、とビッセルは答えた。カストロに対するクーデターは一週間後に始まることになっている。エスタラインとホーキンズは辞表を出すと言い出した。ビッセルが二人の忠誠心と愛国心を疑うと言うと、二人はひるんだ。

「大失敗をさけるためには、カストロの空軍力をすべて奪っておく必要がある」とエスタラインはビッセルに言った。それは前にも言っていたことだった。カストロの戦闘用航空機三十一機がCIAのキューバ人上陸部隊を何百人となく殺傷できることは、三人ともよくわかっていた。私を信用してくれ、とビッセルは言い、ケネディ大統領を説得してカストロの空軍を全滅させることを約束した。「ビッセルは続行ということで私たちを説き伏せた」とエスタラインは苦々しく回想する。「彼は『空爆の規模縮小はないと約束する』と言ったのだ」。

だがいざというときに、ビッセルは派遣する米軍機の数を半分に減らしてしまった。爆撃機十六機のはずが八機になったのである。静かなクーデターを望んだ大統領を満足させるためだった。ビッセルは大統領をだまして、CIAは静かなクーデターをやろうとしている、と信じ込ませたのである。

四月十五日土曜日、米空軍のB-26爆撃機八機がキューバの飛行場三ヵ所を爆撃した。その時、CIAの大部隊千五百十一人がピッグズ湾に向かっていた。キューバの航空機五機が破壊され、ほかに十余機が損傷を受けた。カストロの空軍は半分が残った。CIAの表向きの説明によると、爆撃はフロリダに飛来していたキューバ空軍の亡命兵士一人の仕業だということになっていた。その日、ビッセルはトレーシー・バーンズをニューヨークに送り込み、アドレイ・スティーブンソン国連大使にこの話を売り込んだ。

ビッセルとバーンズは、まるで自分たちの手先でもあるかのように、スティーブンソン大使に間抜けな役を演じさせたのである。イラク侵攻前夜のコリン・パウエル国務長官と同様、スティーブンソンもCIAの説明を世界に売り込んだ。だが大使はパウエルと違って、翌日には自分が騙されたことに気づいた。

スティーブンソンが公衆の面前でCIAの捏造した嘘をつかなくてはならなくなってしまっていることを知り、ディーン・ラスク国務長官は愕然とした。このことがなくても、ラスクにはCIAに腹を立てる理由がすでに十分すぎるほどあった。その何時間か前には、別の秘密工作がばれたことから、ラスクはシンガポールのリー・クワンユー首相に公式に謝罪の書簡を送らなければならなかった。シンガポールの秘密警察がCIAの隠れ家に踏み込んだところ、そこではCIAから金銭をもらっている閣僚が尋問を受けていた、というのである。アメリカの重要な同盟者であるリー・クワンユーは、CIAの支局長から三百三十万ドルでこの問題をもみ消す話を持ちかけられた、と話している。[5]

四月十六日日曜日午後六時、スティーブンソンはニューヨークからラスクに電報を打ち、「そのような調整を欠く行動にはU-2撃墜事件に匹敵する新たな大失態をもたらす深刻この上ないリスク」のあることを警告した。午後九時半、大統領の国家安全保障問題担当補佐官マクジョージ・バンディはダレスの副長官チャールズ・ピアール・キャベル大将に電話をかけ、ピッグズ湾の「上陸拠点内の滑走路から攻撃できる」のでなければ、CIAにキューバを空爆できるはずがない、[6]と述べた。午後十時十五分、キャベルとビッセルは七階の優雅な国務長官室にかけつけた。ラスクは二人に言った。CIAの飛行機は上陸拠点を守るために戦闘に加わることはできるが、キューバの飛行場や港湾やラジオ局を攻撃してはならない、と。キャベルの書いたメモによると、「長官は大統領に直接話したいかと聞いた。ビッセル氏と私は、スティーブンソン大使や国連との関係が極めて微妙な状況にあり、アメリカの政治的立場全体がリスクに直面していることを痛感した」。—それはビッセルとバーンズの嘘がもたらしたものにほかならなかった――「私が直接、大統領と話しても意味はないと二人は思った」。ビッセルは自らの作り話のために身動きがとれなくなり、引き下がることにした。回顧録のなかで、自分の沈黙を臆病のせいにしている。

キャベルがＣＩＡの作戦司令室に戻って事態を報告したとき、ジェーク・エスタラインはキャベルを自分の手で殺すことを本気で考えたという。ＣＩＡはキューバ人たちが「あの海岸で無防備のまま標的にされて死んでいくのを見殺しにしようとしていたのだ」（エスタライン）。

キャベルの中止命令がニカラグアに届いた時、ＣＩＡの操縦士たちはエンジンをかけて操縦席で待機していた。四月十七日月曜日午前四時半、キャベルはラスクを自宅に訪ね、大統領権限で空軍力を増派してＣＩＡの船舶を保護するよう要請した。ＣＩＡの船には弾薬や軍需物資が船べりに溢れるまでに積まれていた。ラスクはバージニアの保養地、グレンオーラにいたケネディ大統領に電話をかけ、キャベルを電話口に出した。

攻撃開始日の朝に空爆があるなどということは知らなかった、と大統領は言った(7)。要請は退けられた。

四時間後、シー・フュアリー戦闘爆撃機一機がピッグズ湾に急降下してきた。操縦していたエンリケ・カレラス大尉はアメリカで訓練を受けたパイロットで、フィデル・カストロ空軍のエースだった。カレラスが狙いを定めたのは、ＣＩＡとの契約でニューオーリンズからやってきた錆びたバケツ同然の貨物船、リオ・エスコンディード号だった。眼下、南東方向には、第二次世界大戦中の上陸用舟艇を改造したブラガー号があった。これに乗り組んでいたグレイストン・リンチという名のＣＩＡの準軍事要員が欠陥品の50口径機関銃をキューバ戦闘機に向けた。カレラス大尉の発射したロケットはリオ・エスコンディード号の船首甲板に命中した。手すりの下方六フィートの辺りで、航空機用ガソリンの入った五十五ガロンドラム缶数十本を直撃した。航空燃料三千ガロンと前方の船倉にあった弾薬百四十五トンが火を噴いた。乗組員は船を捨て、命からがら泳ぎ始めた。貨物船は火の玉となって爆発し、ピッグズ湾の上空に高さ半マイルのきのこ雲が立ち上った。十六マイル離れた海岸に散乱するキューバ人大隊の死傷者とともにそれをみたCIA奇襲部隊のリップ・ロバートソンは、カストロが原爆を落としたのかと思った。

ケネディ大統領は米海軍司令官、アーリー・バーク大将にCIAを破局から救い出すよう求めた。「どうしてよいかだれにも分からない。作戦を動かし、作戦の全責任を負っているCIAも、何をすべきか、あるいは、何が起きているのかさえ、分からないでいる」。バーク大将は四月十八日にそう述べている。「侵攻計画について、われわれはほとんど何も知らされていなかった。いまやっと部分的な事実を知らされたところだ」。

カストロのキューバ人とCIAのキューバ人とは、二昼夜にわたって悲惨な殺し合いを繰り広げた。四月十八日の夜、反政府部隊の指揮官、ペペ・サン・ロマンが無線でリンチに伝えてきた。「事態がどれほど絶望的か、あなた方はわかっているのか。あなた方はわれわれを支援するのか、それとも手を引くのか。……われわれを見捨てないでほしい。戦車もバズーカの砲弾もない。夜明けには戦車が攻撃してくるだろう。私は撤退しない。もし必要であれば、われわれは最後まで戦う」。朝になっても援軍は来なかった。「弾薬が切れた。われわれは浜辺で戦っている。援軍を送ってほしい。持ちこたえられない」。サン・ロマンは無線で叫んだ。ロマンの部下たちは膝まで浸かる水のなか立ったまま虐殺された。

「上陸拠点への空中掩護は完全に不可能になった」とCIAの空中作戦責任者は正午の電報でビッセルに告げた。「キューバ人操縦士五人、副操縦士六人、アメリカ人操縦士二人、副操縦士一人を失った」。全体では、CIAとの契約でアラバマ州兵部隊から参加したアメリカ人操縦士四人が戦闘中に死亡した。CIAは何年にもわたって、死亡した操縦士らの死因を隠し、未亡人や家族に知らせなかった。

空中作戦責任者の電報には「まだ信じている。指示を待つ」とあった。ビッセルには何の指示も出せなかった。四月十九日の午後二時ごろ、サン・ロマンはCIAを呪いながら無線機を銃で撃ち、戦いをあきらめた。六十時間の戦闘で、キューバ人部隊の隊員千百八十九人が捕虜になった。死者は百十四人に上った。

「三十七年の生涯で初めて、私は自分の国を恥ずかしく思った」とグレイストン・リンチは書いている。

同じ日、ロバート・ケネディは兄に予言めいたメモを書き送った。「対決の時がきた(8)。一年か二年すれば状況はずっと悪くなるからだ。ソ連がキューバにミサイル基地を設置する前に、今決断をしなくてはだめだ」。

「汚水のバケツに別の覆いを被せる」

ケネディ大統領が側近二人に語ったところでは、アレン・ダレスは執務室で直接、大統領にピッグズ湾侵攻作戦の成功を請け合っていた。「大統領、私はまさにこの部屋で、アイクのデスクの前に立って(9)、われわれのグアテマラ作戦が成功すると確信していることをアイクに告げました。大統領、今回の計画はそれよりもさらにうまくいく見通しです」。それは真っ赤な嘘だった。ダレスが実際にアイゼンハワーに言ったのは、CIAがグアテマラで成功する確率はせいぜい五分の一、そして空軍力がなければゼロ、ということだった。

第二次世界大戦中にアメリカのスパイの親玉と言われたワイルド・ビル・ドノバン。ドノバンの情熱が、その下で働き、後にＣＩＡの幹部になった多くの男たちをこの仕事に駆り立てた。そのうちの一人が、１９８１年から87年まで長官を務めたウィリアム・ケーシーだった。

ドノバンの映像を背景にOSSの再会の集いであいさつするケーシー。

議会で証言する第二代長官のホイト・バンデンバーグ将軍。

初代長官のシドニー・スーアズ提督に勲章を授与するトルーマン大統領。

１９５０年から53年まで長官を務めたウォルター・ベデル・スミス将軍は真の意味でＣＩＡの最初の指導者だった。

対ヨーロッパ戦勝記念日の1945年5月8日、アイゼンハワー将軍と(左から3人目)。

ホワイトハウスでトルーマン大統領と。

1950年10月、CIA本部で撮影された写真。このとき、ベデル・スミス(左端)は前任者のロスコー・ヒレンケッター海軍少将(前列左から二番目)からCIAを引き継いだ。右端で不安げな表情を見せているのは、フランク・ウィズナー。ウィズナーは1948年から秘密工作を指揮していたが、1958年には精神に異常をきたした。

アレン・ダレス。1954年、CIA本部の自室で。

ジョン・F・ケネディ大統領（中）はピッグズ湾事件のあと、
ダレス（左）をジョン・マコーン（右）と交代させた。

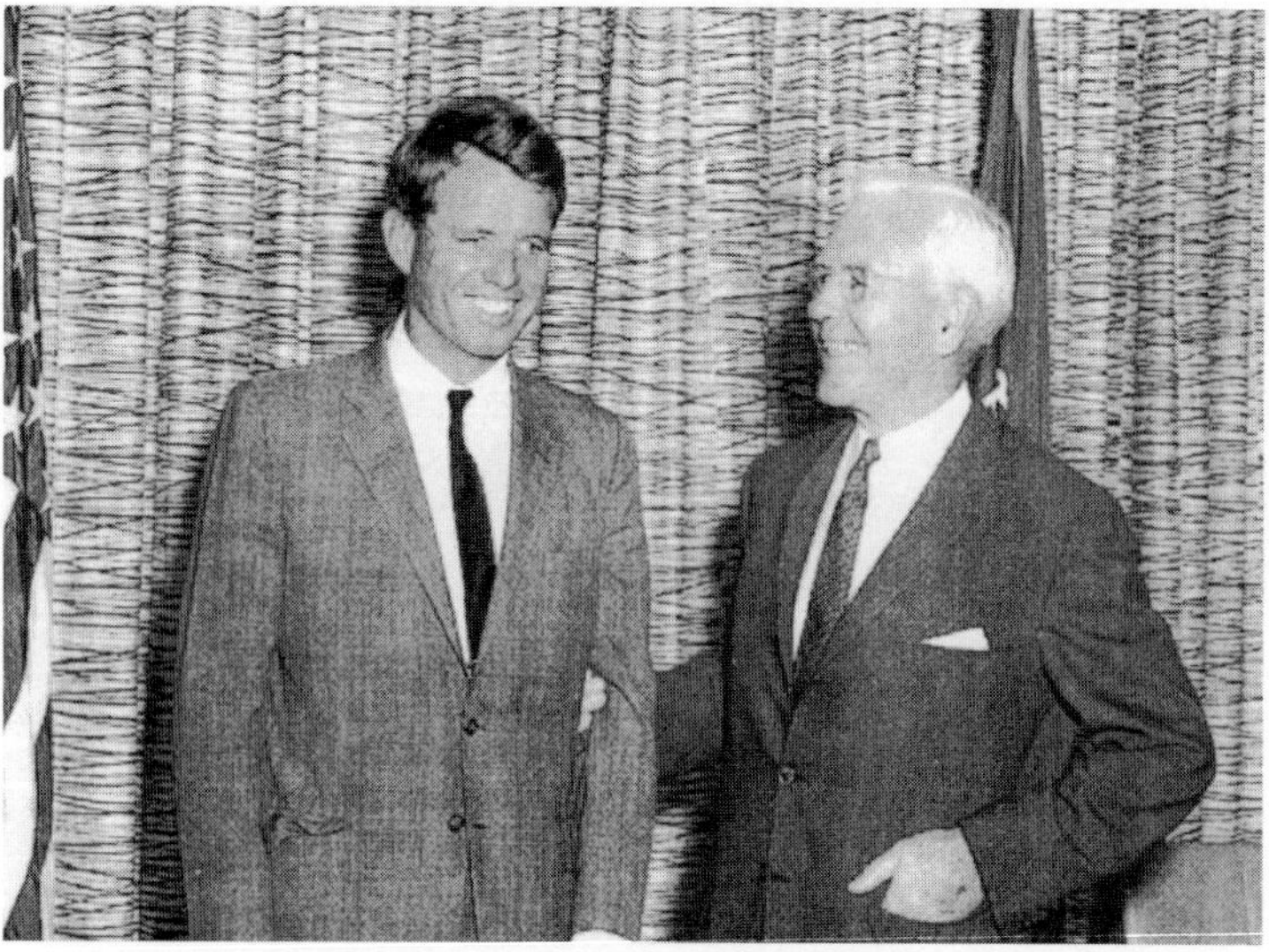

マコーンはロバート・ケネディ司法長官（左）と親しくなった。
ロバートはCIAの秘密工作で中心的役割を果たすことになる。

ジョンソン大統領（右）はマコーンの再任を拒否、代わりに不運なレッド・レイボーンを長官に据えた。1965年4月、LBJ牧場で。

1966年から73年まで長官を務めたリチャード・ヘルムズは、ジョンソン大統領から認めてもらえるよう努力し、成功した。1965年、ヘルムズは副長官に任命される前週に、ジョンソン大統領（右）と面談した。

1968年、ワシントンで最高の食卓と言われたホワイトハウスでの火曜日の昼食の席で、ジョンソン大統領（右）とディーン・ラスク国務長官（中）に自信たっぷりに説明するヘルムズ（左から2人目）

1969年3月、CIA本部で集まった人たちの歓迎に握手でこたえるニクソン大統領。ニクソンはCIAを信用せず、その仕事も軽く見ていた。

1975年4月、サイゴン陥落の事態に直面して、フォード大統領（暖炉の前、こちら向き）ら政府首脳に状況を説明するビル・コルビー長官（左端）。大統領の両脇にはヘンリー・キッシンジャー国務長官（左から3人目）とジェームズ・シュレジンジャー国防長官（右端）の姿が見える。

1976年6月17日、ベイルートからのアメリカ人の引き揚げを協議するジョージ・H・W・ブッシュ長官（左）、フォード大統領（右端）とレバノン駐在大使ディーン・ブラウン。

1979年11月、カーター大統領(右から2番目)はイランの人質問題の情勢を検討するため軍事・外交分野の政権首脳をキャンプ・デービッドに招集した。スタンズフィールド・ターナー長官(左端)もこの会合に出席した。

1985年6月、ベイルート行きのTWA旅客機がハイジャックされた問題を検討するホワイトハウスのシチュエーション・ルームのレーガン大統領(左から3人目)ら米政府首脳。右端がケーシー長官。乗っ取り劇は秘密取引が成立して決着を見た。

2003年3月、イラク戦争開戦にあたってホワイトハウスでブッシュ大統領（中）、チェイニー副大統領（後ろ向き）の二人と協議するジョージ・テネット長官（左）。テネットは、サダム・フセインが大量破壊兵器をたくさん保有しているとのCIAの立場を自信たっぷりに主張していた。

テネットの後を継いだポーター・ゴス（左）とブッシュ大統領。2005年3月、CIA本部で。ゴスは最後の中央情報長官になった。

CIAは発足60年を目前にして、アメリカ諜報組織の頂点の座から降りた。2006年3月、マイク・ヘイデン将軍（右）がCIA長官に就任したが、その上にはジョン・ネグロポンテ国家情報長官（中央）が新しいボスとして君臨することになった。左はブッシュ大統領。3人の後ろにあるのはワイルド・ビル・ドノバンの立像。

冷戦が終結したことから、ＣＩＡのトップがくるくる代わり、6年間に5人が長官に就任した。トップがひっきりなしに交代したのと同じ時期に、秘密工作部門や分析部門の有能な人材が多数、ＣＩＡを後にした。

ウィリアム・ウェブスター

生え抜きで長官になった最後のケースであるボブ・ゲーツ

ジム・ウルジー

ジョン・ドイッチュ

車いすに座ったクリントン大統領（左）とジョージ・テネット。テネットは7年にわたってＣＩＡ再建のために懸命の努力をした。

侵攻が決行された時間に、アレン・ダレスはプエルトリコで演説をしていた。おおっぴらにワシントンを離れたのは、人を欺く計画の一環だったが、いまになってみれば、提督が軍艦を見捨てたようなものである。ロバート・ケネディの話では、帰ってきた時のダレスは生ける屍とでもいうようなありさまで、震える両手に顔を埋めていた。

四月二十二日、大統領は自分が軽蔑してきた政府機関[10]、国家安全保障会議（NSC）を召集した。取り乱したダレスに「アメリカにおけるカストロの活動への監視」―CIAの権限外の任務―を強化するよう命じた後、新任のホワイトハウス軍事顧問マクスウェル・テイラー大将に、ダレス、ロバート・ケネディ、アーリー・バーク海軍大将とともにピッグズ湾の検証を行うよう指示した。その日の午後、テイラー調査委員会が開かれた。ダレスの手には、CIAの秘密工作を承認した一九五五年の文書、NSC5412／2の写しが握られていた。

「最初に確認したいのだが、私はCIAが準軍事作戦を行うべきだとは思っていない[11]」とダレスは委員会で述べた。十年間にわたってそのような作戦をまじろぎもせずに支持してきたことを、一吹きの煙で霞ませてしまおうというのである。「しかしながら、すべてをご破算にして最初からやり直すのではなく、われわれの持っているもののうち、いいものは取っておき、実際にCIAの手に余るものは捨てる、その上で立て直しを行い、それをより有効なものにすべきだと思う。われわれは五千四百十二件の書類に目を通し、準軍事作戦がなんらかの別の方法で処理されるように修正すべきである。それを任せる場所を見つけるのは容易ではないだろう。ものごとを秘密にしておくのは非常に難しいからだ」。

テイラー委員会の作業は間もなく、秘密工作遂行の新しい方法の必要を大統領にはっきり分からせた。委員会で証言した最後の証人の一人は、死期の迫ったウォルター・ベデル・スミス大将だった。

大将は、ＣＩＡの直面する最も深刻な問題に関して厳粛なまでに明確に語った。その証言は現在でもぞっとするような威厳をもって響いてくる。

問い：民主主義社会においては、どのようにすれば、政府を完全に編成し直すことなく、われわれのすべての資産を有効に利用することができるか。
スミス大将：民主主義国が戦争を戦うことはできない。戦争をするときには、大統領に非常権限を付与する法律を通過させる。国民は、非常事態が終われば、一時的に大統領に委任されていた権利と権力が、州や郡に、そして国民に返還されるものと想定する。
問い：われわれはしばしば、現時点において戦争状態にある、という。
スミス大将：その通りである。それは正しい。
問い：大統領の戦時権限に近いものを設けるべきだという意味か。
スミス大将：そうではない。しかしながら、アメリカ国民は現時点では戦争をしているとは感じておらず、それが故に、戦争を戦うのに必要な犠牲を払うことに乗り気ではない。戦争をしているときには、冷戦でもそうであるが、秘密裏に行動できる超道徳的な機関がなければならない。……ＣＩＡがあまりにも喧伝されたので、隠密の仕事は別の屋根の下に入れなければならないと思う。
問い：秘密工作をＣＩＡから取り上げるべきだと思うか。
スミス大将：汚水の入ったバケツを運び出して、[12]それに別の覆いを被せるべきだと思う。

三ヵ月後、ウォルター・ベデル・スミスは六十五歳で亡くなった。

CIAの監察総監、ライマン・カークパトリックはピッグズ湾に関して独自の検証を行った。その結論は、ダレスとビッセルはこの作戦について二人の大統領と二代の政府に正確かつ現実に沿った情報を伝えていなかった、というものだった。CIAが存続を望むのであれば、その組織と管理とを根本的に改善しなければならないだろう、とカークパトリックは述べた。ダレスの部下のキャベル大将は、この報告が敵対的な人物の手に渡ればCIAを破滅させるかもしれない、とダレスに警告した。ダレスもまったく同意見だった。報告を闇に葬ることにした。二十部印刷したコピーの十九部を回収し破棄したのである。残った一部は四十年近く錠をかけてしまいこまれたままだった。

一九六一年九月、アレン・ダレスはCIA長官を辞めて引退した。ダレスが何年にもわたって建設に奮闘してきた壮大な新しいCIA本部は、首都から七マイル離れたポトマック川西岸のバージニアの森で最後の仕上げを施されているところだった。ダレスは中央ロビーに聖書のヨハネ伝からの言葉を刻み込むよう注文していた。「また真理《まこと》をしらん、而して真理は汝らに自由を得さすべし」と。そしてダレスの肖像入りのメダルが同じ高い場所に懸けられていた。それにはラテン語で〝Si monumentum requiris circumspice〟とある。「彼の記念碑を探さば周囲を見よ」と。

リチャード・ビッセルはそれから六ヵ月、その任に留まっていた。後の秘密証言で、自分の秘密工作の専門知識は喧伝されているものの、実はうわべだけであり、「プロの能力を期待される分野ではない」と告白している。ビッセルの退任に際し、大統領は国家安全保障勲章をビッセルの衿に留めてから言った。「ビッセル氏の高い目的意識、際限のない精力、義務に対する確固たる献身は諜報機関の基準である。氏の遺産は永遠である(13)」。

その遺産の一部は壊れた信頼関係だった。以後十九年間、どの大統領もCIAに全幅の信頼と信用を置くことはなかった。

「目標地点で生きている」

ピッグズ湾で怒りの収まらないジョン・F・ケネディは当初、CIAを破壊したいと思った。だが彼はCIAの秘密活動の支配権を弟のロバート・F・ケネディ（RFK）に渡すことによって、とりあえず死のスパイラルから救うことにした。しかし、これはケネディの大統領在任中に下した決定のなかで、最も賢明さを欠いた決定の一つだった。三十五歳のRFKは容赦のないことで知られ、秘密に強い関心を持っていた。その人物がアメリカで最も微妙な秘密工作の指揮をとることになったのである。二人は前例のない熱心さで秘密工作に乗り出した。アイクが八年の在任期間中に行ったCIAの主要な秘密工作は百七十だった。ケネディ兄弟は三年足らずで百六十三に上る主要な秘密工作を展開した。

大統領はRFKを新しいCIA長官にしたかったが、ピッグズ湾の後だけに大統領に政治的保護を与えられる人物を選ぶのが最善だ、というのが弟の考えだった。何ヵ月もかけて探した末、アイゼンハワー時代の長老政治家、ジョン・マコーンに落ち着いた。

六十歳近いカリフォルニアの共和党政治家で強烈な保守主義者、敬虔なローマ・カトリック信者で激越な反共主義者のマコーンは、一九六〇年にニクソンが大統領に当選していたとしたら、おそらく国防長官になっていただろう。第二次世界大戦中に西海岸での造船事業で富を築き、その後、ジェームズ・フォレスタル国防長官の副長官となり、一九四八年に新しい国防総省の最初の予算案を作成した。朝鮮戦争では空軍次官として、戦後世界初の真にグローバルな軍事力を作り出すのに力を貸した。アイゼンハワーの下で原子力委員会（AEC）委員長を務め、アメリカの核兵器工場を監督し、国家安全保障会議（NSC）にも席を持った。マコーンの下で新たな秘密工作責任者となったリチャード・ヘルムズは、マコーンについて「ハリウッドのスタジオからそのまま出てきた」かのようで、「白い髪、血色のよい頬、きびきびした足取り、非の打ち所のないダークスーツ、縁なし眼鏡、よそよそしい態度、間違いなく自信にあふれた態度」[14]が印象的だった、と語っている。

CIAの行政管理責任者のレッド・ホワイトは、新長官について「みんなから好かれるような人物ではなかった」[15]が、すぐに「ボビー（ロバートの愛称）・ケネディと非常に緊密」になった、と述べた。マコーンはまず、同じカトリックの信者として、そして反共の同志として、ボビーと結びついた。ヒッコリーヒルにある白塗りの羽目板の司法長官宅は、新しいCIA本部から数百ヤードのところにあったので、ケネディは市内の司法省へ向かう途中、しばしばCIAに立ち寄り、毎朝八時に開かれるマコーンのスタッフ会議のあとに顔を出すなどしていた。

マコーンは自分の仕事や考え、会話などを毎日、独特のやり方で几帳面に記録していた。その多くが二〇〇三年と二〇〇四年に初めて機密扱いを解除された。これらのメモはマコーンの長官時代の時々刻々をこと細かに伝えている。ホワイトハウス内部でケネディ大統領によって極秘に録音された会話数千ページとともに、これらのメモは、冷戦の最も危険な日々の状況を詳細に記録している。その多くは二〇〇三〜〇四年まで正確に文字に起こされたことがなかった。

マコーンは就任宣誓を前に、CIAの仕事の全体像を把握しようとした。[16]アレン・ダレス、リチャード・ビッセルとともに欧州を旅行し、さらにマニラ北方の山間の保養地で開かれた極東支局長会議に出席し、記録を詳細に検討した。

だがダレスとビッセルは一部の具体的事実については説明を省略した。二人はCIAがアメリカ国内で行った最大の違法行為、最も長く続いた最も悪質な違法行為―アメリカに届き、アメリカから出て行く第一種郵便（私信）の開封―については、マコーンに話すべきことではないと判断した。一九五二年以降、CIAの保安担当職員がニューヨーク市の国際空港の主要郵便施設で手紙を開封し、ジム・アングルトンの防諜スタッフがその情報をふるいにかけていたのである。ピッグズ湾の後で一時的に中止されていたフィデル・カストロ暗殺計画についても、ダレスとビッセルはマコーンに告げなかった。CIA長官がこの殺人計画について知るのは、それから二年近く後のことになる。手紙の開封に関しては、国民全体がそれを知る時まで知る由もなかった。

ピッグズ湾の後、ケネディ大統領は就任時に廃止した秘密工作の集中管理センターの再建に応じた。大統領の対外諜報諮問委員会も復活させた。「特別グループ」（後に三〇三委員会と改称）は再編されて秘密活動を監督することになった。それから四年間、その委員長を務めることになったのは、国家安全保障担当大統領補佐官、冷静、端正、正確なマクジョージ・バンディだった。グロートン校、エール大学出身で、ハーバード大学の芸術科学部長だったこともある。このグループは、マコーン、統合参謀本部議長、国防および国務省の次官級で構成されていた。しかし、ケネディ政権の終わりに近い時期までは、CIAの秘密工作を特別グループに諮るかどうかの判断は工作担当者に任されていた。マコーンや特別グループがほとんど知らない、あるいはまったく知らない工作活動も少なくなかった。(17)

一九六一年十一月、ジョンとボビーのケネディ兄弟は極秘に、隠密活動の新たな計画組織として「特別グループ（拡大）」を設けた。これはRFKの組織で、その任務はただ一つ、カストロを消すことだった。長官就任宣誓式の九日前の十一月二十日夜、マコーンは自宅の電話に出た。ホワイトハウスへ来るようにとの大統領からの呼び出しだった。翌日の午後に出向くと、ケネディ兄弟はエド・ランズデールという名のひょろ長い五十三歳の准将と一緒にいた。准将の専門は対ゲリラ戦で、そのトレードマークはアメリカの巧妙さとドル紙幣、それにいかがわしい妙薬とを使って、第三世界の人心を虜にすることだった。ランズデールは朝鮮戦争の前からCIAと国防総省で仕事をしており、マニラとサイゴンでフランク・ウィズナーの部下として、親米的指導者の政権掌握を助けてきた。

ランズデールは特別グループ（拡大）で新しい工作責任者として紹介された。「大統領はランズデール准将が司法長官の指示でキューバにおける行動の可能性を研究してきたことをまず説明した。[18]そして大統領が、彼に当面の行動計画を二週間以内に提出するよう望んでいることを明らかにした」（マコーンのCIAのファイルによる）。「司法長官はキューバについて重大な懸念を表明し、直ちにダイナミックな行動を起こす必要のあることを指摘した」という。マコーンはその席で、CIAとケネディ政権全体がピッグズ湾以来ショック状態にあり、「それ故に、ほとんど何もしていなかった」と説明した。

マコーンは、実際に戦争でもしないかぎり、カストロを打倒することはできない、と考えていた。秘密であろうとなかろうと、CIAは戦争には向いていない、と信じていた。大統領には、CIAがいつまでも「海外諸国の政府を倒し、国家元首を暗殺し、政治問題に関与するための『マントと短剣の陰謀集団[19]』」と思われているわけにはいかない、と述べた。大統領の注意を喚起したのは、法律の下でCIAに与えられている任務は、アメリカの集めた「すべての課報を組み合わせて」、そして分析し、評価し、それをホワイトハウスに報告することである、という点だった。ケネディ兄弟は、マコーンが起草した命令文書に大統領が署名する形で、マコーンを「政府の第一の諜報責任者」とすることに同意した。その仕事は「すべての情報源からの諜報の適切な調整、相互の関係づけ、評価」になるはずだった。

マコーンはまた、自分は大統領のためにアメリカの対外政策を形成すべく雇われている、と信じていた。それはアメリカの最高諜報責任者の役割ではなかったし、またそうあるべきでもなかった。マコーンの判断は、政府の最高レベルのポストにいるハーバード大学出身者の判断より正しいこともしばしばあった。しかしマコーンがすぐさま気付いたのは、ケネディ兄弟が彼自身やCIAをアメリカの利益のために利用する方法についていろいろ斬新な構想を持っていることだった。マコーンはケネディ大統領の前で宣誓就任した日、自分がRFKや気取ったランズデール准将とともにカストロのことを任されたものとさとった。

大統領は宣誓式でマコーンに「君自身がいまや狙われる立場に立っている。[20] そこに君を迎えて嬉しく思う」と述べた。

「問題外」

大統領がマコーンに真っ先に求めたのは、ベルリンの壁を突き破る方法を見つけることだった。壁は一九六一年八月、最初は有刺鉄線で、次いでコンクリートで造られた。それは西側にとって、政治的にも宣伝面でも、棚ぼたともいうべき大きな贈り物だった。共産主義の法外な嘘が何百万もの東ドイツ市民の逃亡を防ぐ役に立たなくなったことを示す厳然たる証拠だったからである。それはCIAにとって絶好の機会になるかもしれなかった。

壁ができた週にケネディは副大統領のリンドン・B・ジョンソン（LBJ）をベルリンに派遣した。LBJはCIAのベルリン本部の責任者、ビル・グレーバーから最高機密に属する説明を受け、東のCIA工作員の全容を示す堂々たる詳細なチャートに見入っていた。

当時、ベルリン本部の成長株だったハビランド・スミスは「私もその説明用のマップを見た」といって次のように語っている。「グレーバーの話を聴いていたら、われわれはカールスルーエの施設――ソ連の諜報センター――やポーランドの軍事代表部、チェコの軍事代表部にも工作員がいると思っただろう。東ベルリンに完全に浸透し、首根っこまで抑えていたというわけだ。しかし、われわれの実情を知っていいたなら、ポーランド軍事代表部への浸透とは、街かどで新聞を売っている男であり、ソ連の軍事施設への大がかりな浸透もダッハーマイスター、つまり屋根を修理する職人にすぎないことが分かるだろう」。

スミスは「ベルリンはまやかしだった[21]」という。CIAはその実績について次期大統領に嘘をついていたのである。

当時のCIAの東欧部門責任者だったデービッド・マーフィーは、壁ができた翌週、ホワイトハウスでケネディ大統領と会った。「ケネディ政府はわれわれに強く迫って（東ドイツで）秘密の準軍事行動を行い、反体制的意見を扇動する計画を作成させようとした」が、「東ドイツにおける作戦は問題外だった[22]」とマーフィーは語った。

その理由は二〇〇六年六月に機密扱いを解かれた文書によって明らかになった。デーブ・マーフィー自身のまとめた衝撃的な評価である。

一九六一年十一月六日、西ドイツの防諜責任者、ハインツ・フェルフェが自らの配下の公安警察によって逮捕された。筋金入りのナチ党員だったフェルフェは一九五一年にゲーレン機関に入った。CIAが同機関を引き継いでから二年後のことだった。フェルフェは急速に昇進し、一九五一年にそれが西ドイツの公式諜報機関、連邦情報局（BND）となってからも昇進が続いた。

だがフェルフェは一貫してソ連のために働いていた。西ドイツの機関に入り込み、それを通じてCIAの支局およびベルリン本部に潜入した。ドイツのCIA当局者を操り、騙すことに成功し、ついには彼らが鉄のカーテンの向こう側から集めた情報が事実か虚偽か見当もつかなくなってしまった。

フェルフェは「BNDの活動を、そして後にはCIAの一部活動をも、開始し、指揮し、あるいは停止する」ことができた、とマーフィーは苦々しげに指摘している。フェルフェは一九五九年六月から一九六一年十一月まで、CIAの重要な対モスクワ任務のすべてについて、基本的な内容を東ドイツの諜報機関に渡していたのである。そのなかには主要な秘密工作約七十件、百人以上のCIA職員の身元、機密事項約一万五千件が含まれていた。

CIAはドイツと東欧全体ではほとんど閉店状態となった。(23) この打撃から立ち直るには十年かかった。

「大統領はいますぐ行動を望んでいる」

ベルリンの壁も―他のすべてのことも―ピッグズ湾で名誉失墜したケネディ家の復讐を願うケネディ兄弟の前では影が霞んでしまった。カストロ打倒が「米政府の最優先事項」(24) となった。ボビー（ロバート）・ケネディは一九六二年一月十九日、マコーンに告げた。「時間も、金も、努力も、人員も惜しんではならない」。だが新長官はケネディに、CIAには取っかかりになる実質的諜報がほとんどないと警告し、「キューバにはCIA工作員が二十七人か二十八人いるが、(25) そのうち連絡がとれているのは十二人だけであり、その連絡もまばらである」ことを伝えた。キューバに上陸したCIAのキューバ人のうち七人が四週間前に捕まったばかりだった。

エド・ランズデールはRFKの命令で、CIAのやるべきことのリストを作った。カトリック教会とキューバの地下組織(26)を味方につけてカストロに反対させる、政権を内側から切り崩す、経済を妨害する、秘密警察を転覆させる、生物または化学戦争によって作物を破壊する、一九六二年十一月の次期議会選挙までに政権を交替させる、などが含まれていた。

「エドの周りにはそんな独特の雰囲気があった(27)」と言ったのは、キューバ・デスクの新しい次席になったサム・ハルパーンである。ハルパーンはＯＳＳの出身で十年前からランズデールを知っていた。「エドを一種の魔術師だと思っている人もいたが、私は彼の人となりを知っている。基本的にはマディソン街のペテン師で、映画の題名そのままの『灰色の服を着た男』だった。カストロとカストロ政権を片付けると称する彼の計画を一目見てみればよい。まったくのナンセンスだ」とハルパーンは述べた。その計画は煎じ詰めれば空約束にほかならなかった。海兵隊を送り込まずにカストロを倒すというのだから。

ハルパーンはリチャード・ヘルムズにこう言った。「これはワシントンの政治作戦で、アメリカの安全保障とは何の関係もない」。キューバについては、ＣＩＡはなんの諜報ももっていないと警告し、「われわれは何が起きているか知らない」とヘルムズに告げた。「だれがだれに何をしているのか分からない。政治的な組織や構造の見地からみた戦力組成については見当もつかない。だれがだれを嫌っているか。だれがだれを好いているか。われわれは何もつかんでいない」というのである。それから四十年後、ＣＩＡはイラクとの関連で同じ問題に直面することになる。

ヘルムズも同意見だった。計画は夢物語だったのである。

ケネディ兄弟はそんなことを聞きたくなかった。二人はカストロを転覆させる迅速かつ静かな破壊工作を望んでいた。「やろうではないか」(28)と司法長官が怒鳴った。「大統領はいますぐに行動を起こすことを望んでいる」。ヘルムズは如才なく敬礼して、さっそく取り掛かった。エド・ランズデールとロバート・ケネディに直属する独立のタスクフォースを新設したのである。世界中からチームを集めて、平時では最大規模の諜報作戦計画を作成した。マイアミの市内や周辺に集まったＣＩＡ職員は約六百人、ＣＩＡと契約した要員は五千人近くに上った。潜水艦、巡視艇、沿岸警備隊の小艇、水上飛行機などを含めてカリブ海では三番目の規模の海軍が用意された。そしてグアンタナモ湾の基地。へルムズによると、国防総省とホワイトハウスからもカストロ攻撃の「気の利いた計画」が提案された。そのなかには、新たな侵攻の口実を作るために、グアンタナモ港でアメリカ船を爆破し、アメリカの航空機に対するテロ攻撃をでっち上げる、という構想もあった。

この作戦には暗号名が必要だった。サム・ハルパーンが思いついたのは「マングース」だった。

「もちろん、記録には何もない」

ヘルムズはマングース・チームの指導者にベルリンのトンネルを作ったウィリアム・K・ハーベイを選んだ。ハーベイはこのプロジェクトを「タスクフォースW」と呼んだ。一八五〇年代に私兵を率いて中米に渡り、ニカラグア王と称したアメリカの海賊、ウィリアム・ウォーカーの頭文字を取った呼称だった。奇妙な選択というほかないが、ハーベイの人柄を知っていれば、それも納得できるだろう。

ハーベイはCIAのジェームズ・ボンドとしてケネディ兄弟に紹介された。イアン・フレミングのスパイ小説の熱心な読者だったJFKは、煙に巻かれた様子だったという。ボンドとハーベイに共通していたのは、マティーニを好むという点だけだったからである。出目で太ったハーベイはいつもピストルを持ち歩いていた。昼食時にダブルで飲んでから仕事に戻ると、憂鬱そうにつぶやきながらRFKに会った日のことを呪っていた。マコーンの副官だったウォルト・エルダーによると、ボビー・ケネディは「すばやい行動とすばやい答を望んでいたが、ハーベイにはすばやい行動もすばやい答もなかった」という。(29)

だがハーベイには秘密兵器があった。

ケネディのホワイトハウスは二回にわたってCIAに暗殺団の結成を命じた。一九七五年に上院の調査チームと大統領委員会から厳しく尋問されたリチャード・ビッセルは、その命令が国家安全保障問題担当のマクジョージ・バンディ大統領補佐官とバンディの側近であるウォルト・ロストウから下されたものであり、大統領側近の二人にしても「それが大統領の承認を得られる[30]ことを確信していないかぎり、そのようなことを奨励しなかっただろう」と述べた。

ビッセルはこの命令をビル・ハーベイに下ろし、ハーベイが言われた通りにしたのである。ハーベイはベルリン本部の責任者を長く務めた後、一九五九年九月にCIA本部に戻り、秘密工作本部D部門の指揮をとることになった。この部門の職員は海外の外国大使館に押し入って、国家安全保障局（NSA）の盗聴チームのために暗号一覧表や暗号文を盗んでいた。「二階の男」（梁上の君子）と自称し、その技術は錠前修理から窃盗、さらにはその上にまで及んだ。同部門は海外諸国の首都の犯罪者と接触をもち、アメリカの国家安全保障の名において、侵入盗や大使館メッセンジャーの誘拐などを行っていた。

一九六二年二月、ハーベイは暗号名「ライフル」の「実行行動」プログラムを作成、外国人工作員を雇った。ルクセンブルクに住む無国籍男で、D部門との契約で仕事をすることになった。ハーベイはこの男を使ってフィデル・カストロを殺害するつもりだった。

一九六二年四月、CIAの記録によると、ハーベイは次の手を打った。まずニューヨークでギャングのジョン・ロセリと会った。次に、CIA医療サービス部のエドワード・ガン博士から新たな毒入り丸薬を受け取った。カストロの紅茶かコーヒーに入れるためだった。そして車でマイアミに向かい、運送会社Uホールのトラックに満載した武器とともに、この毒薬をロセリに渡した。

一九六二年五月七日、司法長官はCIAの法務顧問、ローレンス・ヒューストンとCIAの保安責任者、シェフィールド・エドワーズから「ライフル」プロジェクトについて詳細な説明を受けた。R

FKは「激怒した」[31]が、それは暗殺計画それ自体についてではなく、それにマフィアが絡んでいたためだった。CIAがカストロを殺害しようとしていることについては、それを止めようとはしなかった。

三ヵ月前に秘密工作の指揮を引き継いだリチャード・ヘルムズはハーベイにライフル決行の許可を与えた。ホワイトハウスが確実な方法を望んでいるのであれば、それをみつけるのがCIAの任務だとヘルムズは信じていた。マコーンには知らせないのがいちばんよいと思った。長官が宗教的、法律的、政治的観点から強く反対するに違いない、と正しくも判断したからである。

著者はヘルムズ本人に直接聞いたことがある。ケネディ大統領はカストロの死を望んでいたのか、と。「もちろん、記録には何もないが、私の考えでは、彼がそれを望んでいたことは疑う余地がない」[32]との返事だった。

平和時における政治的暗殺は道義的に常軌を逸している、とヘルムズは考えた。だが現実的な考慮もあった。「いったん外国の指導者の暗殺ということに巻き込まれると、認めたくないことだが、各国政府がそれをますます頻繁に検討するようになる。次はだれか、と必ず問われるのだ。もしこちらが相手の指導者を殺せば、彼らがこちらの指導者を殺さないという理由はないのだ」[33]とヘルムズは述べた。

「本当に不確実な状況」

ジョン・マコーンがCIA長官の職を引き継いだ時、「CIAは病んでおり、士気はかなり損なわれていた。[34]私の最初の難問は信頼の再構築を図ることだった」と述べている。

しかしマコーンが長官に就任して六ヵ月後、CIA本部は騒乱状態に陥っていた。マコーンは秘密活動担当の職員を何百人となく解雇し始めた。副長官のマーシャル・S・カーター大将の指摘によると、まずは「事故を起こしやすいもの」、「妻に暴力を振るうもの」、「アルコール中毒者」を一掃することが目的だった。こうした解雇やピッグズ湾の余震、それにキューバをめぐってホワイトハウスからほとんど毎日叩かれていることもあって、「CIAの将来に関して本当に不確実な状況」が生じていた。一九六二年六月二十六日、マコーンはライマン・カークパトリック事務局長からのメモでそう告げられた。「直ちになんとかCIAの士気を回復すべきである」[35]とカークパトリックのメモは提案していた。

ヘルムズの判断では、唯一の治療法はスパイ活動の基本に戻ることだった。ヘルムズは若干の疑念を抱きながらも、麻痺状態のソ連および東欧部門から最高の人材を持ってきて、カストロのキューバを担当させた。ヘルムズ指揮下のフロリダの職員のなかには、東ベルリンのような共産党支配下の地区に工作員やメッセンジャーを出入りさせる方法を心得ているものも若干ながらいた。そしてオパロッカに聴取センターを設け、商業航空機や自家用ボートでキューバを出てきた人々から話を聞いた。センターでは千三百人ほどのキューバ難民[36]を尋問し、政治、軍事、経済の諜報のほか、キューバに入り込む工作員の偽装に役立つ書類や日常生活の些事――衣類、硬貨、巻き煙草――に関する知識を得た。マイアミ支局は一九六二年夏、総勢四十五人[37]を使ってキューバ現地から情報を収集中、と称していた。彼らのなかには、フロリダに来てCIAの十日間特訓コースを受け、夜陰に乗じて高速艇で帰っていったものもいた。キューバ国内に作られたこの小さなスパイ網が五千万ドルのマングース作戦の唯一の成果だった。

ボビー・ケネディは特別奇襲部隊を使ってキューバの発電所、工場、製糖工場などを秘密裏に爆破するよう要求し続けたが、むだだった。「CIAは実際にそのような攻撃を行うことができるのか[38]。

なぜ、いまだに可能性の段階にあると言われるのか」とランズデールがハーベイに聞いた。カストロを転覆することのできる戦力を用意するには、あと二年の歳月と一億ドルが必要だろう、とハーベイは答えた。

ＣＩＡは秘密工作の実行に忙殺されていたため、アメリカの国家存続を揺るがす脅威がキューバで頭をもたげつつあることに気がつかなかった。

第18章　「われわれは自らも騙した」

キューバ・ミサイル危機1

一九六二年七月三十日月曜日、ジョン・F・ケネディはホワイトハウスのオーバル・オフィス（大統領執務室）に入って、新ピカの最先端テープレコーダーのスイッチを入れた。[(1)] 週末に取り付けるべく注文しておいたものだった。彼が最初に録音した会話は、ブラジル政府を転覆させ、ジョアン・グラール大統領を追放する陰謀だった。

ケネディはブラジル駐在のリンカーン・ゴードン大使と、八百万ドルでブラジルの次の選挙を買収し、グラール打倒の軍事クーデターの素地を作る相談をしていた。「必要なら追い出しましょう」とゴードン大使は大統領に言った。ゴードンは、また慎重にこうも明確にしたのである。「CIAのブラジル支局は、目的が明確であれば、どんな軍事行動であろうと、反対はしません」。「それが、左翼政権に対するものであればということだね」と大統領。ブラジルであれ、他の国であれ、西半球の国が第二のキューバになるのを許すわけにはいかなかったのだ。

CIAからブラジルの政界へと資金が流れ始めた。そのルートの一つは、アメリカ労働総同盟産別会議（AFL-CIO、事情に通じたイギリスの外交筋はAFL-CIAと呼んでいた）の一部門、アメリカ自由労働開発協会だった。もう一つはブラジルに新たに結成された業界および市民指導者の組織

「社会調査研究協会」だった。資金を受け取ったのは、グラール大統領に反対する政治家や軍部将校で、米大使館に新たに着任した武官バーノン・ウォルターズ──将来のCIA長官──と緊密な接触を保っていた。こうした投資は二年しないうちに回収できることになる。(2)

ホワイトハウスの録音テープは二〇〇一年に文字に起こされたが、それは執務室で日に日に形作られていく秘密工作計画の鼓動を記録している。

八月八日、マコーンはホワイトハウスで大統領と会い、中国国民党の兵士数百人を毛沢東の中国に降下させることの妥当性について検討した。大統領はこの準軍事的作戦をすでに承認していたが、マコーンは疑念を抱いていた。

「毛沢東は地対空ミサイルを持っている。CIAが先に中国本土上空に飛ばしたU-2は、台湾を飛び立って十二分後には共産中国のレーダーに捕捉・追跡されています」とマコーンは大統領に忠告した。ところが、安全保障問題を担当する側近で、亡くなった国防長官の息子のマイケル・フォレスタルはこうまぜかえした。

「それは面白い。大統領は新たなU-2事件を抱え込むことになるというのだね」

大統領は、そうしたら今度はどんな言い訳をするのかね、とジョークで応え、一同は大笑いした。

この会合の一ヵ月後、毛沢東の軍隊が中国上空のU-2を撃墜する。

八月九日、リチャード・ヘルムズはホワイトハウスに赴き、キューバから三十マイル離れたハイチを転覆させる可能性について話し合った。ハイチの独裁者、フランソワ「パパ・ドク」デュバリエは、アメリカの経済援助を盗み、アメリカの軍事支援を利用して、自らの腐敗政権を支えていた。大統領はすでにクーデター計画を承認していた。CIAは反体制派に武器を与えてきた。彼らは必要ないかなる手段を使ってでも政府を倒したいと言っていた。デュバリエを殺すかどうかの問題も検討ずみだった。マコーンは青信号を出していたのである。[3]

だがCIAは動きがとれなくなっていた。「大統領、この計画はあまり成功するようには思えませんが……」とヘルムズが言った。デュバリエの「暴力団」は「途方もない実力を持つ抑圧勢力」なので「陰謀を企てるのは危険だ」と警告した。CIAが雇った工作員のなかで最有力と目されるのはハイチ沿岸警備隊の責任者だった人物だったが、クーデターを決行する意志も手段も欠けていた。成功の見込みはあまりない、とヘルムズは見ていた。大統領はヘルムズに言った。「一緒にやる仲間がだれもいなければ、またクーデターをやってもなんの意味もない」。

八月十日、ジョン・マコーン、ロバート・ケネディ、ロバート・マクナマラ国防長官が国務省七階のディーン・ラスク国務長官の豪華な会議室に集まった。議題はキューバだった。[4] マコーンの記憶では、カストロとその弟のラウル・カストロ国防相ら「カストロ政権の首脳たちを消す提案が示された」という。ラウルはモスクワへ兵器買い付けに行って帰ってきたばかりだった。マコーンは「消す」というその考え方に嫌悪をいだいた。前途により大きな危険が見えた。ソ連はカストロに核兵器―アメリカを攻撃できる中距離核ミサイル―を与えるのではないか、とマコーンは四ヵ月以上にわたって危惧していたのである。確固とした情報があったわけではない。それはマコーンの本能的な直感とでもいうものだった。

その脅威をはっきり見ていたのはマコーンだけだった。「私がフルシチョフなら、[5] キューバに攻撃用ミサイルを配備する。そして靴で机を叩いてアメリカに向かって言うだろう。『突きつけられた銃口を見るのは、どんな気分か。ではベルリンでも、なんでも、こちらの選ぶ問題について話そうではないか』と」。マコーンの予言を信じるものはいなかった。「それが可能性の域を超えているという点で、専門家たちは一人残らず完全に一致していた。彼は完全に孤立していた」。マコーンの時代に関するＣＩＡの歴史にはそう書かれている。

ソ連の行動を予測するＣＩＡの能力については、懐疑的見方が強まっていた。その分析は十年にわたって一貫して間違っていた。「ＣＩＡはソ連がわれわれにやろうとしていることについて解説し、可能な限りの恐ろしい構図を描いてみせた。われわれは二流になる、ソ連がナンバーワンになろうとしている、というのだった」(6)。ＣＩＡの秘密予算を承認した一九六二年の非公開の下院小委員会でジェラルド・Ｒ・フォード（当時、下院議員、のちに大統領）はそう述べた。「彼らは壁に図表をかけ(7)、数字を示した。彼らの結論では、十年後にアメリカは軍事能力と経済成長でソ連に抜かれる、ということだった。それは恐ろしい説明だった。実際には、彼らは完全に間違っていたのである。彼らは、すなわちＣＩＡのいわゆる専門家は、われわれが有する最高の人材だったはずである」。

「世界で最も危険な地域」

八月十五日、マコーンは再びホワイトハウスを訪れ、南米カリブ海の干潟にある不幸な植民地、英領ギアナ（現ガイアナ）のチェッディ・ジェーガン首相を転覆させる最善の方策について話し合った。

ジェーガンは植民地農園の労働者の末裔で、アメリカで教育を受けて歯科医となり、ジャネット・ローゼンバーグというシカゴ出身のマルクス主義者と結婚していた。最初に首相に選ばれたのは一九五三年だった。その後間もなく、ウィンストン・チャーチルは植民地憲法を停止して政府の解散を命じ、ジェーガン夫妻を投獄した。イギリスが憲法統治を回復した後、夫妻は釈放され、ジェーガンはその後二回にわたって再選され、一九六一年にはホワイトハウスの大統領執務室を訪れた。

「私はアメリカの援助を求め、イギリスからの独立について支持を求めるため、ケネディ大統領に会いに行った(8)。彼は非常に魅力的で、陽気だった。ところで当時のアメリカは、私がガイアナをロシアに渡すのではないかと心配していた。『それがあなたの心配だとしたら、心配しないでほしい』と私は言った。われわれはソ連の基地を受け入れたりはしない」。ジェーガンはそう回顧している。

ジョン・F・ケネディは公式には、一九六一年十一月にフルシチョフの女婿であるイズベスチア紙編集長との会見で次のように述べていた。

「いかなる種類の政府を望むかという点に関して人々が自由に選択する権利を持つべきだ、という考え方をアメリカは支持する」[9]。チェッディ・ジェーガンは「マルクス主義者」かもしれないが、「アメリカは反対しない。選択は公正な選挙によって行われ、彼は勝ったのだから」。

しかし、ケネディはCIAを使ってジェーガンを退陣させることにした。

ジェーガンがホワイトハウスを後にしてから間もなく、ガイアナの首都、ジョージタウンでは冷戦が熱を帯びてきた。これまで名前も知らなかったラジオ局が放送を開始した。公務員がストを行った。暴動で百人以上の人々が命を失った。労働組合がアメリカ自由労働開発協会から助言と資金を受けて暴動を起こした。彼らをそそのかし、金を与えたのはCIAだった。ケネディ政権の特別補佐官であり公式歴史家でもあったアーサー・シュレジンガーは大統領に尋ねた。「CIAは自分たちが本当にい、秘密工作[10]を行えると思っているのでしょうか。ジェーガンが勝つにしても、負けるにしても、アメリカによる介入の証拠をジェーガンが、世界にさらすようなことにはならないとCIAは考えているのか」。

一九六二年八月十五日、大統領、マコーン、マクジョージ・バンディ国家安全保障問題担当補佐官らは、危機を最高潮に盛り上げる時[11]だと判断した。大統領は二百万ドルのキャンペーンを展開[12]し、最終的にジェーガンを政権から追い落とした。ケネディ大統領は後にイギリスのハロルド・マクミラン首相に次のように説明した。「ラテンアメリカは世界で最も危険な地域[13]である。英領ガイアナに共産主義国家ができれば……アメリカはキューバを軍事攻撃せざるをえなくなってくる」。

ジェーガンの運命が決まった同じ八月十五日の会合で、マコーンは対ゲリラ戦に関するCIAの新しいドクトリンをケネディ大統領に手渡した。それには十一ヵ国で進行中の秘密工作の概略を説明する文書が添えられていた。十一ヵ国とは、ベトナム、ラオス、タイ、イラン、パキスタン、ボリビア、コロンビア、ドミニカ共和国、エクアドル、グアテマラ、ベネズエラだった。この文書は「汚い手口についてすべてを明らかにしているので高度の機密です」とマコーンが大統領に言うと、バンディは「あなたの犯罪をまとめたすばらしい全集というか事典だ」と言って笑った。[14]

八月二十一日、ロバート・ケネディがマコーンに聞いた。[15] アメリカのキューバ侵攻の口実を作るために、CIAがグアンタナモ湾の米軍基地に偽装攻撃をかけることはできないか、と。マコーンは異議をとなえた。マコーンは、翌日個人的に大統領にこう警告した。ソ連がキューバに中距離弾道弾を配備しているかもしれない。もしそうであれば、アメリカの秘密攻撃は核戦争の引き金になりかねない。マコーンはソ連のミサイル基地の可能性について国民に警告するよう主張した。大統領はこの案を即座に退けたが、ミサイル基地があるとすれば、それを破壊するのにCIAのゲリラか米軍部隊が必要ではないか、と声に出して自問した。その時点では、ミサイル基地の存在を確信していたのはマコーンだけだった。

二人の会話は八月二十二日午後六時過ぎまで続いた。そこへケネディの最も信頼するマクスウェル・テイラー大将が加わった。大統領はキューバの話の前に他の二つの秘密工作を取り上げたがった。一つは、翌週に中国国民党の兵士二十人を中国本土に降下させる計画、もう一つは、ワシントンの記者団の盗聴を行う計画だった。

「ボールドウィンの件について整えた手はずはどうなっているか[16]」と大統領が聞いた。四週間前、

『ニューヨーク・タイムズ』の国家安全保障担当記者、ハンソン・ボールドウィンが、ソ連は大陸間弾道弾発射サイトをコンクリートの掩蔽壕で固めている、という記事を書いていた。その極めて詳細な記事は、CIAの最新の国家諜報評価の結論を正確に伝えていた。

大統領は政府から新聞への機密漏洩を阻止するために、国内対策本部を設置するようマコーンに命じた。この命令は、国内でのスパイ活動を特定して禁じたCIA綱領に違反するものだった。ニクソンがニュースの漏洩阻止のために（ウォーターゲート事件で暴露された）CIA元職員からなる「鉛管工」を組織するずっと前に、ケネディはCIAを使ってアメリカ国民に対するスパイを行っていたのである。

マコーンは後に、「CIAはこの対策本部の設置に完全に同意している。このグループは私の下で調査を続けることになる」と大統領に告げた。CIAは一九六二年から一九六五年まで、ボールドウィン、その他四人の記者、彼らのニュース源に対して監視を続けた。ケネディはCIA長官に国内監視プログラムの実施を命令することによって、ジョンソン、ニクソン、ジョージ・W・ブッシュが見習うことになる前例を作ったのである。

ホワイトハウスでの会合の話題は最後にカストロに戻った。マコーンは大統領に、過去七週間にソ連船三十八隻がキューバに入ったことを知らせた。その貨物に「ミサイル部品も含まれていたかもしれないが、われわれには分からない」。だがいずれにせよ、ソ連はキューバの軍事力を増強している。「でもそれは、彼らがミサイル基地を作っているかどうかという問題とは別個のことではないか」と大統領が言うと、マコーンは「そうではなくて、両者は関係があると思う。彼らはその両方をやっているのだと思う」と述べた。

マコーンは翌日、ワシントンを発って長い新婚旅行へ旅立った。男やもめ暮らしをやめて再婚したのである。パリと南フランスへ行く計画だった。マコーンは大統領にこう書き送っている。「(何かあれば)電話をして頂ければ幸甚です。[17] 電話を頂ければ、(大事な時にワシントンを留守にしているという)罪悪感もすこしはまぎれることと思います」。

「箱に入れて釘を打ちつけろ」

U-2が八月二十九日にキューバ上空を飛んだ。そのフィルムは夜中のうちに現像された。八月三十日、CIAの専門家が(フィルムをチェックするための)ライトテーブルにかがみこんで叫んだ。SAMサイトがあるぞ。地対空ミサイル(SAM)のSA-2だ。ソ連上空でU-2を撃ち落としたのと同じものだ。別のU-2がそれと同じ日、ソ連領空に迷い込んだ。アメリカは、厳粛な約束を破ったわけで、モスクワは正式に抗議した。

マコーンが「無理からぬことながら」と後に述べているように、キューバに地対空ミサイルがあると分かった日から、ホワイトハウスはU-2の新たな飛行の認可に関して「消極的かつ臆病な姿勢[18]」を見せるようになった。JFKは、マコーンの新婚旅行中、長官代行を務めているカーター大将にSAMに関する報告を葬り去るよう命じた。「箱に入れて釘を打ちつけろ」と大統領は言った。選挙を二ヵ月後に控えて、国際緊張のために国内に政治的混乱を巻き起こすわけにはいかなかった。次いで九月九日、U-2が中国上空で撃墜された。このスパイ機とそのリスクとは、国務省と国防総省で、CIAの表現を借りるならば、「遍《あまね》く一致した不快感[19]、あるいは少なくとも極端な不安感」をもって見守られるようになった。激怒したマクジョージ・バンディは、ディーン・ラスクに促され、大統領に代わって、U-2の次のキューバ偵察予定をキャンセルするとともに、上空偵察委員会を担当する元CIA職員、ジェームズ・Q・リーバーを呼び出した。

「こうしたミッションの計画に関わったもののなかに、だれか戦争を始めたがっている人間がいるのか[20]」とバンディはあからさまに聞いた。

ケネディ大統領は九月十一日、U-2のキューバ領空通過を制限した。四日後、ソ連の最初の中距離ミサイルがキューバのマリエル港に入った。U-2が飛んでいれば手にはいったであろう写真その空白[21]—歴史の決定的瞬間における盲点—は四十五日間続くことになる。

マコーンはフランスのリビエラから絶えず電報を送ってCIA本部を監督し、ホワイトハウスに「不意打ちの危険」を警告するようCIAに指示した。だが警告は行われなかった。CIAはキューバ駐留のソ連部隊を一万人と推定していた。実際には四万三千人だった。CIAはキューバ軍の兵力を十万と見ていたが、実数は二十七万五千だった。ソ連がキューバに核サイトを建設している可能性については、CIAはきっぱり否定していた。

「アメリカに対して使える核攻撃力をキューバの地に配備することは、ソ連の政策と相容れない」。CIAの専門家は九月十九日の特別国家情報評価でそう結論を下した。確信をもてないCIAは自分の姿を鏡に映すかのように「おそらくソ連自身も、キューバをめぐる将来の軍事プログラムについては、まだ決めかねている」と述べていた。この評価は、CIAが(イラク戦争に際して)イラクの保有兵器をめぐって判断を間違えるまでの四十年間で、CIAが犯した最大の判断の誤りだった。

異議を唱えたのはマコーンだけだった。九月二十日、新婚旅行先からの最後の電報で、CIAに再考を促した。分析官たちはため息をつきながら、八日前に届いていた道路監視係からの報告を見直してみた。諜報の階級でいえば最下位に属するキューバ人スパイからのものだった。その報告によると、サンクリストバルに近いキューバの田舎で、七十フィートもあるソ連のトラクタートレーラーが太い電柱ほどの大きさの謎の貨物を帆布に包んで運んでいた。「彼の名前は知らなかったが[22]、このスパイ一人が、マングース作戦の唯一のまっとうな成果だった。このスパイが、なにかおかしなことがおきているると教えてくれた……そして上空偵察委員会での十日にわたる議論の末、やっとスパイ飛行が承認されたのだ」とCIAのサム・ハルパーンは語っている。

十月四日、司令室に戻ったマコーンは、ホワイトハウスがU-2の飛行を禁止したことに激怒した。キューバ上空のスパイ飛行が五週間近く行われていなかったのである。ボビー・ケネディを加えた特別グループ（拡大）の会合では、だれが飛行を止めさせたのか、という点について「かなりの議論(23)（若干熱を帯びた）が見られた」。もちろん、それは大統領自身だった。ボビー・ケネディは、キューバに関してもっと諜報が必要なことを認めたが、大統領がなによりもまず望んでいるのは破壊活動の拡大だと述べた。「大統領は『大規模な活動(24)』を展開するよう促した」という。マコーンとランズデールに、キューバに工作員を送り込んで港湾を爆破し、キューバ兵士を拉致して尋問するよう要求した。この命令は十月に行われた最後のマングース・ミッションとなり、核危機の真っ最中に五十人ほどのスパイと破壊工作員が潜水艦でキューバに送り込まれた。

アメリカの諜報機関が破綻状態にあるなかで、十月四日、ソ連の核弾頭九十九個が探知されることなくキューバに到着した。どの弾頭も、ハリー・トルーマンが広島に投下した爆弾の七十倍の威力を持っていた。ソ連はたった一回の隠密行動で、アメリカに加えることのできる被害の規模を倍に増やしたのである。十月五日、マコーンはホワイトハウスに赴き、アメリカの安全がキューバ上空のU-2飛行の強化にかかっていることを強調した。バンディは、脅威はないと確信している、といってこれを一蹴した。脅威が存在していたとしても、CIAは発見できなかったのである。

「諜報におけるほぼ完全な不意打ち」

それから十日してCIAがミサイルを発見したことは、勝利だとされているが、当時、権力の座にいた人々のなかでそのような見方をしたものはほとんどいなかった。

「ソ連戦略ミサイルのキューバへの導入・配備との関連でアメリカが経験した課報におけるほぼ完全な不意打ち(25)は、大部分において、諜報の指標を評価し、報告する分析過程の機能不全の結果だった」。大統領の対外諜報委員会は数ヵ月後にそう報告した。CIAは大統領の「役に立たなかった」のである。ソ連がやっていることについて「政府の主要当局者に可能なかぎり正確な全体像を分からせることができなかった」のである。委員会は「キューバ国内における秘密工作員の活動は不十分だった」とし、「空中写真偵察も十分に活用されなかった」と指摘した。そして結論は「さまざまな諜報のパラメータの処理のしかた自体に最も重大な欠陥がある。この欠陥をこのまま放置しておけば、重大な事態をひき起こす」ということだった。

欠陥は正されなかった。二〇〇二年にイラクの兵器庫の真の状況を見極められなかったのも、その二の舞だったと言える。

だがついに、マコーンの強い要求によって、写真の空白は埋められることになった。十月十四日、戦略空軍司令部のリチャード・D・ヘイザー空軍少佐の操縦するU-2が夜明けとともにキューバ西部上空を飛び、六分間に九百二十八枚の写真を撮った。二十四時間後、CIAのアナリストが手にした写真には、これまで見たこともない大きな兵器が写っていた。彼らは十月十五日、U-2が撮影した写真と、メーデーのたびにモスクワ市内をパレードするソ連ミサイルを撮った写真とを一日がかりで比べてみた。それまでの一年間にソ連軍諜報機関のオレグ・ペンコフスキー大佐から提供された技術仕様書もチェックした。彼は一九六〇年夏から四ヵ月にわたってCIAに接近しようとしていたが、CIAの担当者があまりにも未経験で、あまりにも用心深く、あまりにも怯えていたために、取引はまとまらなかった。大佐は結局、イギリスと接触した。イギリスはロンドンでCIAと連携しながら大佐の協力を得ることにした。大佐は多大なリスクを冒して、五千ページにも上る文書を持ち出していた。その大部分はソ連軍の技術とドクトリンを明らかにするものだった。大佐は自ら名乗り出たもので、CIAがソ連に確保した初めての大物スパイだった。U-2の写真がワシントンに着いてからきっかり一週間後、ペンコフスキーはソ連諜報当局に逮捕された。

十月十五日夕刻、CIAのアナリストは自分たちの見ているのがSS-4中距離ミサイル、キューバ西部からワシントンまで一メガトンの弾頭を運ぶことのできるミサイルであることを知った。ケネディ大統領は三週間後に迫った十一月選挙の候補者応援でニューヨークに来ていた。その夜、マクジョージ・バンディは自宅で、フランス駐在大使に任命されたチップ・ボーレンのために送別会を開いていた。午後十時ごろ、電話が鳴った。CIAの諜報担当副長官、レイ・クラインだった。「心配していたことだが、やっぱりそうだったようだ」とクラインは言った。[26]

リチャード・ヘルムズがU-2の写真を司法長官室にもってきたのは翌十月十六日午前九時十五分だった。「ケネディはデスクから立ち上がって、しばらく窓の外を眺めて立っていた。それから私のほうに顔を向けて『クソッ』と大きな声で言った。シャドーボクシングでも始めるかのように、両手の拳を胸のところまで上げていた。『コンチクショウメ』[27]と言いながら……。それはまさに私の思いでもあった」。ヘルムズはそう回想している。

ボビー・ケネディはこう考えた。

「われわれはフルシチョフに騙された。だがわれわれ自身も自らを欺いていた[28]」

第19章　「喜んでミサイルを交換しよう」

キューバ・ミサイル危機2

CIAは、ソ連がキューバに核兵器を送り込むことなどない、と愚かにも勝手に思い込んでいた。そしていまやミサイルまで目にしていたのに、やはりソ連の考え方を理解できていなかった。ケネディ大統領は十月十六日、「彼らのものの見方が分からない」と嘆いた。「まったく謎だらけだ。ソ連については分からないことが多すぎる」。

マーシャル・カーター大将が再び長官代行を務めていた。マコーンは、自動車事故で亡くなった新しい義理の息子の葬式のためにシアトルに飛んでいた。カーターは午前九時半、ホワイトハウスの地下にあるシチュエーション・ルーム（緊急司令室）で開かれた特別グループ（拡大）の会議に、ロバート・ケネディの指示でまとめた対キューバ秘密攻撃の新提案を持っていった。カーターは、マングース会議でのケネディ司法長官のパーフォーマンスを、臆病なテリア犬が怒って歯をかみあわせるさまに秘かに譬えたこともある。だが、今回は、司法長官が大統領の認可を前提に八項目の新たな破壊活動を承認するのを黙って聞いていた。それからホワイトハウスの二階で、CIAの写真解読責任者、アート・ランダール、ミサイル専門家のトップ、シドニー・グレイビールと会った。三人は引き伸ばしたU-2の写真を閣議室へもっていった。閣議室には正午少し前に、国家安全保障関係の中枢をなす側近が集まっていた。
大統領は録音装置にスイッチを入れた。(1) キューバのミサイル危機をめぐる会議の正確な記録が文書の形で整理されるのは、それから四十年以上後のことになる。

「それはめちゃくちゃに危険だ」

大統領は写真を見つめて聞く。「これはどれくらい進んだものなのか」。「この種の配備は以前には見たことがありません」とランダールが答える。「ソ連国内においてもないか」とケネディ。「そうです」。「すぐに発射できる状態か」と大統領が尋ねると、グレイビールが「そうではありません」と答える。「どれだけかかるか……それが分かるか。発射できるようになるには、どれだけかかるか」との大統領の質問には、だれも答えられない。核弾頭はどこにあるか、とマクナマラ国防長官が聞くが、だれも知らない。フルシチョフはなぜこんなことをしたのか、と大統領は自問する。だれにも分からない。ラスク国務長官がうがったことを言う。「われわれがフルシチョフの核兵器を恐れている以上に、彼はわれわれの核兵器を恐れているのだ。それにこちらの核兵器は（ソ連のすぐ）近くにある。トルコだとか、そういう場所に……」。

大統領はこれらのミサイルの存在をはっきりとは認識していなかった。ソ連に狙いを定めてこれらの兵器を配置したのがほかならぬ自分だったことを、ほとんど忘れているようだった。

ＪＦＫは三つの攻撃計画を用意するよう指示した。第一は空軍または海軍のジェット機で核ミサイルサイトを破壊する、第二はそれよりもはるかに大規模な空爆を行う、第三はキューバを侵攻・占領する。「当然ながら第一は実行する。これらのミサイルを取り除くのだ」と大統領は言った。会議は午後一時に終わった。ボビー・ケネディは全面攻撃を主張していた。

午後二時半、RFKは司法省の広大なオフィスでマングース・チームに発破をかけ、新しい構想、新しい任務を示すよう要求した。九十分前に大統領から聞かれたことを受けて、アメリカが侵攻した場合にはどれだけのキューバ人が政権のために戦うか、とヘルムズに質問した。それはだれにも分からなかった。午後六時半、大統領側近は再び閣議室に集まった。ケネディ大統領はマングース・ミッションを念頭に置いて、(2)中距離弾道弾（MRBM）を銃弾で破壊することができるか、と聞いた。カーター大将は、それはできるが、移動式ミサイルなので新しい隠し場所へ動かすこともできる、と答えた。移動式ミサイルを標的にすることの問題は、今日にいたっても解決していない。

大統領はキューバをめぐる核戦争の問題について考えた。自分がソ連の指導者をいかに理解していないかを覚り始めていた。「ソ連の指導者が何をしようとしているかという点については、われわれは確かに間違っていた。彼がキューバにMRBMを配備すると思ったものは、われわれのなかに多くはなかった」と言った。ジョン・マコーン以外にはいなかった、とバンディがつぶやいた。フルシチョフはなぜそうしたのか、と大統領は続けた。「なんの利益があるのか。まるで、われわれが突然、相当な数のMRBMをトルコに配備し始めたかのようではないか。めちゃくちゃに危険なことだ、私はそう思う」。

一瞬、気まずい沈黙があった。「でも大統領、実はわれわれはそれをやったのですが……」とバンディが言った。

それから秘密戦争の話になった。「大統領、破壊活動の選択肢のリストがあります。……破壊活動には賛成だと思いますが」とバンディが言った。その通りだった。工作員五人で構成するマングース・チーム十チームを潜水艦でキューバに送り込むことが認められた。彼らの任務はキューバの港湾で水中機雷を使ってソ連船を爆破し、機関銃と迫撃砲で地対空ミサイルサイト三カ所を攻撃し、可能であれば核ミサイル発射台を狙うことだった。ケネディ兄弟はひどく高揚していた。CIAは二人のあからさまな道具だった。

大統領は二つの軍事的選択肢をテーブルに残して会議を後にした。キューバを秘かに攻撃するか、それとも全面的侵攻を行うか、そのどちらかである。出がけに、翌朝、選挙の応援でコネティカットへ発つ前にマコーンに会いたい、と言い残していった。カーター大将、マクナマラ、バンディ、その他数人が部屋に残った。

CIA副長官のマーシャル・カーターは六十一歳、背が低く、ずんぐりした体型で、禿げていて、毒舌だった。アイゼンハワーの下で北米防空司令部（NORD）の司令官を務めており、アメリカの核戦略に通じていた。大統領がいなくなったあと、副長官のカーターは深い懸念を表明した。「奇襲攻撃で向こうへ行って、ミサイルを全部つぶしたとしても、それで終わるわけではない。それが始まりなのだ」。そう、第三次世界大戦の第一日目になるだろう。

「私が進言した方針」

翌日の十月十七日水曜日、ジョン・マコーンとジョン・ケネディが午前九時半に会った。「大統領は迅速に行動したいと考えている様子だった。少なくとも何の警告もなしに行動するのが肝要だと考えている」とマコーンは自分の日誌にメモしている。大統領はマコーンにペンシルベニア州ゲティスバーグに車を走らせ、ドワイト・D・アイゼンハワーに報告するよう頼んだ。マコーンはU-2の撮影した中距離弾道弾の写真を携えて正午に到着した。「アイゼンハワーは、ハバナを切り離し、それによって政府の中枢を手中に収めるような軍事行動に傾いている様子だった（ただし具体的には勧めなかった）」とマコーンは記している。

長官はワシントンに戻り、自分の考えをまとめようとした。が、疲れ果てていた。四十八時間内に西海岸へ行って戻ってきたのである。その日の午後に書かれた、行間を詰めぎっしり六ページに上るメモ(3)が、二〇〇三年に機密扱いを解かれた。それは核戦争をせずにキューバからミサイルを取り除く方法を摸索するものだった。

造船業界の出身だけに、マコーンは海上における船舶の軍事的、政治的、経済的力を熟知していた。そのメモにはキューバ「全面封鎖」の構想も含まれていた。攻撃の脅しを背景に「入港しようとするすべての船舶を阻止する」のである。真夜中近くまで続いた会議で、マコーンはボビー・ケネディ、マクナマラ、ラスク、バンディに封鎖戦略について詳しく説明した。マコーンのメモによると、この構想は大統領の最高顧問たちから明確な支持を得られなかった。

十月十八日木曜日午前十一時、マコーンとアート・ランダールはU-2の新しい写真をもってホワイトハウスへ行った。写真には一段と大きなミサイルが写っていた。それぞれが二千二百マイルの射程をもち、シアトル以外の米主要都市のすべてを攻撃できるものだった。マコーンは、ミサイル基地を管理しているのがソ連軍であることを指摘した。マクナマラは、基地を空から奇襲攻撃すれば数百人のソ連兵が死亡するだろう、と述べた。彼らへの攻撃は、ハバナではなく、モスクワに対する戦争行為になる。次いでジョージ・ボール国務次官が二晩前にCIAのマーシャル・カーターの言っていたことを繰り返した。「警告なしで攻撃する行動方針はパールハーバーのようなものだ」と。

大統領は言った。「真の問題は核の撃ち合いの可能性を小さくするにはどのような行動をとるべきか、ということだ。核使用が最終的な失敗であることは明白だ。……宣戦布告なしの海上封鎖もある。宣戦布告した上での海上封鎖もある。攻撃計画は第一、第二、第三と三つある。侵攻計画もある」。

攻撃の脅しを背景に封鎖を行うよう主張するマコーンはその日、二人の支持を取り付けた。一人はアイゼンハワー、もう一人はRFKだった。二人ともマコーンの姿勢に近づいていた。マコーンらはまだ少数派だったが、形勢を変えることに成功した。真夜中にオーバル・オフィスに独りで座っていたケネディは隠しマイクに向かって独り言を言った。「先制攻撃が有利だという意見ははっきり変わったようだ(4)」。大統領は日曜日にマコーンの自宅に電話をかけた。長官が満足げにメモしているように、大統領は「私の進言した方針(5)で行くことを決意した」ことを告げた。大統領は十月二十二日月曜の夜、テレビを通じて演説し、その決定を世界に発表した。

「弾劾されるだろう」

十月二十三日火曜日の朝は、ホワイトハウスでのマコーンのブリーフィングで始まった。CIA長官のマコーンは今回の脅威を正確に予告していたワシントンでただ一人の人物だった。ケネディ兄弟は、それが故に長官がもたらしかねない政治的被害を強く警戒しながらも、長官を巡回説明役にして、議員やコラムニストへのブリーフィングを行わせた。マコーンはまた、国連でアメリカの立場を説明しなければならないアドレイ・スティーブンソン国連大使への梃入れも頼まれた。

マコーンはホワイトハウスから部下の諜報分析責任者、レイ・クラインに電話をかけ、U-2撮影の写真をもってニューヨークに飛ぶよう指示した。スティーブンソンのチームは「国連安全保障理事会で説得力のある主張を行うのに若干の困難を感じている」と説明した。「ピッグズ湾の時にかなり窮地に追い込まれた。スティーブンソンが偽の写真を見せて、後でそれが偽物であることがばれたからだ」。

続いてケネディ大統領の国家安全保障関連幹部十二人が集まり、翌朝から始まる封鎖をどのように実施するかを話し合った。それは技術的には戦争行為だった。マコーンはレイ・クラインから伝えられた国連ロビーでの雑談を報告し、キューバに向かっているソ連船が米海軍の軍艦をすり抜けようとするかもしれない、との見方を紹介した。

「もし、これら八隻のソ連船が、明日の朝も航海を続けているようなことになったら、どう対応するのか」とケネディ大統領が聞いた。「われわれはみんなはっきり分かっているのだろうか」。やや間をおいて、神経質に笑ってからケネディは続けた。「どうやって、その状況に対応するかを」。だれにも分かっていなかった。またしばらく沈黙が続いた。

「船の舵を撃破する、そうではないか？」マコーンが答えた。

会議は散会した。ケネディは検疫停船宣言に署名した。その後数分ほど、弟と二人だけで閣議室に残っていた。

「まったくひどいことになりそうだ。だからといって、他に選択の余地はない」。大統領は続ける。

「これでも十分ひどいのに、こんちくしょう、やつら次はいったいなにをやるつもりだ」。弟が応える。

「他に選択の方法はなかったよ。つまり、なんと言うか―この方法をとらなければ、兄貴は弾劾されるだろう」。大統領は同意した。「弾劾されるだろう」。

十月二十四日水曜日午前十時、封鎖が実施された。米軍は核戦争一歩手前の最高の警戒態勢に入った。マコーンはホワイトハウスで日課のブリーフィングを開始した。ＣＩＡ長官としてついにその本来の職務を果たすことになり、アメリカのすべての諜報を一つにまとめて大統領に伝えていた。ソ連軍はまだ全面的な警戒態勢には入っていないが、態勢を固めつつある、ソ連海軍は大西洋の潜水艦にキューバへ向かう船団の後を追わせている、と長官は報告した。新しい写真偵察で核弾頭の倉庫が見つかったが、核弾頭そのものの形跡はない。マコーンがこの日、努めて大統領の注意を促そうとしたのは、封鎖をしてもソ連にミサイル発射サイトの準備を止めさせることはできない、という点だった。

マクナマラがソ連艦船と潜水艦を阻止する計画について説明し始めた。マコーンがそれをさえぎって言った。「大統領、いま渡されたメモがあります……目下キューバ水域で確認されているソ連船六隻の全部が停止し、あるいは方向を変えたとのことです」と。「なに、『キューバ水域』とはどういう意味か」とラスクが尋ねた。大統領は「船はキューバを出て行くのか、それとも入ってくるのか」と聞いた。マコーンが立ち上がって「確認してきます」と言って出ていった。「状況が少々変わってきたようだ」とラスクがつぶやいた。

マコーンが大ニュースをもって戻ってきた。ソ連船はキューバに向かっていたが、五百マイル余り離れたところで停止し、あるいは逆戻りしている、というのである。まさにこの瞬間、ラスクがバンディにかがみこむようにしてこう言ったとされる。「われわれはにらみ合っていたが、相手のほうがたじろいで瞬きしたようだ」。

マコーンの戦略の第一段階はうまくいっていた。ソ連船に対する海上封鎖は有効だった。だが第二段階はもっと困難だろう。マコーンが絶えず大統領の注意を喚起していたように、ミサイルは依然としてそこにあり、核弾頭は島内のどこかに隠されている。危険は高まっているのである。

十月二十六日、アドレイ・スティーブンソンはホワイトハウスで、キューバからミサイルを撤去させるための交渉は何週間も、あるいは何ヵ月もかかるだろう、と述べた。マコーンはそんな時間がないことを知っていた。正午ごろ、大統領を脇へ誘って（ボビーがいたとしても、口を出さなかった）、オーバル・オフィスで写真鑑定専門家のアート・ランダールを交えて三人だけで内密に話したいと伝えた。新たな写真偵察によってソ連が戦場用の短距離兵器を持ち込んだことが判明したのである。新たに迷彩を施されたミサイル発射装置がいつでも使える状態になっていた。どのミサイルサイトにも最大限五百人の軍事要員が詰めており、ほかに三百人ほどのソ連兵士が警備に当たっている。

「私としては、懸念が募るばかりです。彼らは夕方に取りかかって、翌朝にはミサイルの照準をわれわれに合わせているかもしれません。政治的ルートを使うことについては、ますます心配になってきました」。マコーンは大統領にそう言った。

「ほかに方法があるか」と大統領が聞いた。「別の方法は空爆か侵攻だ。仮に、侵攻した場合、激戦の末にミサイルサイトに到達するころには、彼らはわれわれにミサイルの照準を合わせている、という事態になるかもしれない。そこで問題は結局、彼らが核ミサイルを発射するか否か、という点に絞られる」。

「その通りです」とマコーンは言った。大統領の心は戦争から外交のほうへ動いた。「つまり、外交以外にわれわれにとれる行動はないということ。外交では即座にミサイルを除くことはできないが……」とケネディは述べた。「もう一方の方法は空襲とおそらく侵攻との組み合わせだと思うが、その場合には、ミサイルが発射されるかもしれないという見通しに立って、この二つを実行しなければならない」。

マコーンは侵攻には慎重だった。「侵攻は大概の人々が考えているよりも遥かに重大な意味を持つでしょう」とマコーンは言った。ソ連とキューバは「ものすごい量の兵器を持っています……向こうは強力な殺傷兵器を持っています。ロケット発射装置、自走式の砲輸送車、半無限軌道式車両など……侵攻部隊はひどい目に遭うでしょう。どんな方法や手段をもってしても容易なことではありません」。

その晩、モスクワから長大なメッセージがホワイトハウスに届いた。その電報は発信から受信までに六時間以上を要し、午後九時になっても完結しなかった。ニキタ・フルシチョフからの親書で、「熱核戦争の破局」を糾弾しつつ、窮地から脱出する方法を提案しているかに思われた。アメリカがキューバに侵攻しないことを約束すれば、ソ連はミサイルを撤去する、と。

十月二十七日土曜日、マコーンは午前十時からのホワイトハウス会議の冒頭、ミサイルはわずか六時間後に発射可能の状態になるとの不吉なニュースを伝えた。その説明を終えるか終えないかのうちに、大統領がAP通信のティッカーからもぎ取ったモスクワ発の至急報を読み上げた。「フルシチョフ首相は昨日、ケネディ大統領に、アメリカがトルコからロケットを撤去すれば、キューバから攻撃兵器を引き揚げる、と伝えた」というのである。会議は大騒ぎになった。

最初はだれもその話に乗ろうとしなかった。―大統領とマコーン以外には……。

「自分たちをごまかすのはやめよう」とケネディが言った。「彼らは非常によい提案をしている」。

マコーンも同意見だった。それは具体的で、真剣で、無視するわけにはいかなかった。それにどう応えるかをめぐる議論は一日中続いた。その間にどきっとする瞬間が訪れた。最初は、U-2がアラスカ海岸沖でソ連領空に迷い込み、ソ連のジェット機が緊急発進した、というニュースだった。次いで午後六時ごろ、マクナマラが突然発表したのは、別のU-2がキューバ上空で撃墜され、ルドルフ・アンダーソン空軍少佐が死亡した、という知らせだった。

統合参謀本部は、キューバへの全面攻撃を三十六時間後に開始すべきだ、と強く勧告した。六時半ごろケネディ大統領が部屋を出た。論議はたちまちくだけたものになり、一段と乱暴になった。

マクナマラが言った。「軍事計画とは基本的には侵攻である。キューバを攻撃する時には、総力をあげて全面攻撃しなければならないだろう。それはほとんど確実に侵攻につながるだろう」。あるいは核戦争に……とバンディがつぶやいた。「ソ連はトルコのミサイルを攻撃するかもしれない。私はおそらく攻撃すると思う」とマクナマラは続けた。そうなれば、アメリカは黒海でソ連の船舶ないし基地を攻撃せざるをえないだろう。

「それはとんでもなく危険な事態だと言うべきだろう。キューバを攻撃した場合、そうした事態を避けられるかどうか、私にははっきりとしたところはわからない。だがわれわれは、それを避けるためにあらゆる努力を払わなければならないと思う。それを避ける一つの方法は、キューバを攻撃する前に、トルコのミサイルを無害にすることだ」。国防長官はそう続けた。

マコーンが突然大声を上げた。「ではなぜ（フルシチョフの）交換取引に応じないのか、私にはわからない」。そして形勢が変わった。

他にも同様の声が上がった。交換しよう。そうだ交換だ。マコーンの怒りは高まった。「われわれはそもそもそうなることを話し合ってきた。われわれとしては、トルコにあるミサイルをキューバにあるものと喜んで交換したいところだ」とマコーンは続け、さらに持論を展開した。「私ならいますぐトルコのミサイルと交換する。そんなことは相談するまでもない。そもそも、われわれはここでこうして一週間、こうなることを望んでいたのではなかったのか」

それが、フルシチョフが同じことを提案したとたんに忘れてしまったというわけだ。

大統領が午後七時半ごろ閣議室に戻ってきて、一休みして夕食にしようと言った。それからオーバル・オフィスでケネディ兄弟がマクナマラ、ラスク、バンディ、その他四人の信頼できる側近と協議した。マコーンは除外された。彼らはマコーンの案を検討した。それは大統領の望んでいたことだった。室内に居合わせた全員が秘密を守ることを誓った。ボビー・ケネディがホワイトハウスを出て、司法省の自分のオフィスでソ連のアナトリー・ドブルイニン大使と会った。ボビーはドブルイニンに、アメリカが絶対非公開を条件としてミサイルに関する交換条件を受け入れることを伝えた。ケネディ兄弟がフルシチョフと取引をした、との印象を与えるわけにはいかなかった。司法長官は会議のメモに意図的に手を加え、下書きでこの交換取引に触れていた個所を削除した。取引は極秘にされた。ジョン・マコーンが四半世紀後に述べたように、「ケネディ大統領とボビー・ケネディ司法長官は、いかなる時であれ、ソ連の代表とトルコのミサイルに関して話し合ったことはなく、そのような取引が行われたことはない、[6]と主張した」のである。

世界はそれから何年にもわたって、ケネディ大統領の冷静な決意とその弟の平和的解決への断乎たる取り組みがアメリカを核戦争から救った、と信じてきた。キューバ・ミサイル危機におけるマコーンの中心的役割は二十世紀が終わるまで知られることがなかった。

ケネディ兄弟は間もなくマコーン攻撃に転じた。長官は、キューバのミサイルを見張っていたのが自分一人だけだったことを、ワシントン中に知らせてしまった。大統領の対外諜報諮問委員会で、早くも八月二十二日に自分の直感を大統領に伝えていた、と証言したのである。同委員会の「写真の空白」に関する報告の要点は一九六三年三月四日のワシントン・ポスト紙に掲載された。その日、ボビー・ケネディは兄に言った。ＣＩＡは大統領を傷つけるためにこの情報を漏らしたに違いない、と。

「そうだ。あいつはまったく汚い奴だ、あのジョン・マコーンという奴は[7]」

「必要なら処刑してでもフィデルを除く」

ミサイル危機の最中、マコーンはマングース作戦の手綱を絞って、[8]その大きなエネルギーを国防総省のための諜報集めに向けさせようとしていた。それがうまくいっていると思っていた。ところがＣＩＡのビル・ハーベイはアメリカがキューバに侵攻しようとしていると判断して、部下のマングース工作員に攻撃命令を出した。

だれよりもマングース作戦を強く要求してきたボビー・ケネディは、指揮官の危険な失敗を知って激怒した。怒鳴り合いの末、ハーベイはワシントンから追放された。ヘルムズは彼をローマの支局長に転出させた。ハーベイがカストロ殺害のために雇ったマフィアの殺し屋、ジョニー・ロスウェルと別れの酒宴を開いていたことを、FBIがつかんだのはそのあとのことだった。大酒飲みのハーベイはローマでたがが外れてしまい、ボビー・ケネディが彼をこき使っていたのと同じように部下をこき使っていた。

ヘルムズは後任のキューバ担当責任者に極東責任者だったデズモンド・フィッツジェラルドを据えた。フィッツジェラルドはハーバード出身の百万長者で、ジョージタウンの赤煉瓦の豪邸に住み、食料貯蔵室に管理人を置き、ガレージにはジャガーを持っていた。大統領好みのタイプだった。ジェームズ・ボンドのイメージに合っていたからだ。朝鮮戦争が始まったころ、ニューヨークの法律事務所で働いていたところをフランク・ウィズナーにスカウトされ、すぐさま極東秘密工作部門の幹部職員にとりたてられた。ビルマで大失敗に終わった李弥将軍の作戦を手伝った。その後、CIAの中国ミッションを指揮し、外国人工作員を死地に送り込んでいたが、このミッションは一九五五年、本部による見直しで、時間、資金、エネルギー、人命の浪費だと判断され、打ち切られた。次いで極東部門の副責任者に昇格、一九五七年と一九五八年にインドネシアでの作戦の立案、実行に当たった。極東部門の責任者となってからは、ベトナム、ラオス、チベットにおけるCIA活動の拡大を取り仕切った。

そしていまやケネディ兄弟から、キューバの鉱山、工場、発電所、商船を爆破し、反革命を起こすために敵を滅ぼすよう命令されたのである。一九六三年四月にボビー・ケネディがフィッツジェラルドに語ったところでは、その目的は十八ヵ月内に——すなわち次の大統領選挙の前に、カストロを追放することだった。こうした無益な作戦のためにCIAのキューバ人工作員二十五人が死亡した。

そして一九六三年の夏と秋に、フィッツジェラルドはフィデル・カストロ殺害の最後の任務(9)を指揮することになった。

　ＣＩＡの計画では、キューバ政府部内で最高の地位にある工作員、ロランド・クベラを殺し屋に起用することになっていた。クベラは、神経質で口が軽く、乱暴な男で、カストロを嫌っていた。キューバ軍で少佐の地位にあった。スペイン駐在武官を務めたこともあり、世界を広く旅行していた。一九六三年八月一日にヘルシンキでＣＩＡ当局者と話をしていた時、「必要なら処刑してでもフィデルを除く」ことを買って出た。九月五日には、ブラジルのポルトアレグレでＣＩＡのケースオフィサー、ネスター・サンチェスと会った。クベラはブラジルで開かれた大学対抗の国際競技大会にキューバ政府代表として参加していた。九月七日、当然ながらＣＩＡも注目したように、カストロはハバナのブラジル大使館で開かれたレセプションで、ＡＰ通信記者を相手に延々とアメリカ非難を行った。「アメリカ指導部がキューバの指導者を片付けようとする試みに手を貸すならば、彼ら自身が危険に瀕するだろう。……キューバ指導者を消そうとするテロリストの陰謀を助けるならば、彼ら自身が安全ではなくなるだろう」と述べた。

　サンチェスとクベラは十月初めにパリで再び会った。クベラは望遠鏡付きの強力なライフル銃が必要だと告げた。一九六三年十月二十九日、フィッツジェラルドはパリに飛んでＣＩＡの隠れ家でクベラと会った。

　フィッツジェラルドは自分がロバート・ケネディから派遣された個人的な使者であることを伝えた。それは危険なまでに事実に近かった。そしてクベラにＣＩＡが好きな兵器を渡すことを明らかにした。アメリカはキューバで「本物のクーデター」が起きることを願っている、とフィッツジェラルドは告げた。

第20章　「親分、仕事はうまくやったでしょう」

ゴ・ディン・ディエム暗殺

一九六三年十一月四日月曜日、ジョン・F・ケネディはオーバル・オフィス（大統領執務室）に独りでいた。世界の裏側で自ら仕掛けた大騒動―アメリカの同盟国、南ベトナムのゴ・ディン・ディエム大統領の暗殺―についてメモを作っていた。

「われわれはそれについて多大な責任を負わなければならない[(1)]」とJFKは口述している。その時、子どもたちが部屋のなかへ駆け込んできた。しばらく口述を止めて、子どもたちの相手をした。再開。「彼が亡くなった時の状況は……」。しばらく間を置いてからケネディはこう続けた。「とりわけ忌まわしいものだった」。

CIAのルシアン・コナンは、ディエムを殺害した反乱派将軍の間にケネディのスパイとして潜り込んでいた。十余年後の驚くべき証言で自ら述べたように、「この陰謀全体の要の役を果たしていた[(2)]」のである。

コナンのあだ名は「ブラック・ルイジ」、コルシカのギャングの貫禄があった。OSSに加わって英軍と訓練を受け、フランス前線の後方にパラシュートで降下した。一九四五年にインドシナへ行って日本軍と戦い、ハノイでホー・チ・ミンに合流し、一時はホー・チ・ミンと同盟関係にあった。C

IA発足時のメンバーの一人になった。

一九四五年には、ベトナムにおける最初のアメリカ諜報員の一人となっていた。ホーがディエンビエンフーの戦いでフランス軍を破った後、ベトナムはジュネーブ国際会議で南北に分割された。この会議にアメリカ代表として出席したのは、ウォルター・ベデル・スミス国務次官である。

それから九年間、アメリカはベトナムで共産主義と戦う人物としてディエム大統領を支援した。コナンはCIAの新しいサイゴン軍事使節団でエド・ランズデールの指揮下に入った。CIAのルーファス・フィリップスによると、ランズデールは「非常に広範な権限」を持っていて、「文字通り、南ベトナムを救うためにできることはなんでもやれ[3]、と指示されていたようなものだった」という。

コナンは破壊活動の任務を帯びて北ベトナムに行き、列車やバスを破壊し、燃料や石油を汚染させ、ベトナム人ゲリラ二百人を組織し、CIAの訓練を受けさせた。ハノイの墓地に武器を埋めて隠したりもした。その後、サイゴンに戻って、仏教国の不可思議なカトリック教徒、ディエムを支えた。CIAはディエムに何百万ドルもの資金と大勢のボディガード、そしてアレン・ダレスとの直通電話を提供した。南ベトナムの政党を結成し、秘密警察を訓練し、大衆向け映画を作り、ディエムの幸運を予言する占星術雑誌を印刷して売りさばいた。ゼロから国家を作り上げようとしたのである。

「無知と傲慢」

一九五九年、北ベトナムの農民兵士たちがラオスの密林にホー・チ・ミン・ルートを作り始めた。その細道には、南ベトナムに向かうゲリラとスパイが溢れていた。

ベトナムの米大使館にいた国務省の若手職員、ジョン・ガンサー・ディーンは、当時のラオスについてこんな表現をつかって述べている。産業革命前には桃源郷だったラオスも「アメリカの利益が共産主義世界から挑戦を受ける一触即発の地」(4)となった。ＣＩＡはラオス新政府(5)の買収に着手し、共産主義者と戦い、ホー・チ・ミン・ルートを攻撃するゲリラ部隊の結成にとりかかった。北ベトナムはこれに対抗してラオスへの浸透を強化、同国内の共産主義者、パテト・ラオを育てることにした。

ラオスにおけるアメリカの政治戦略の設計者は、ＣＩＡの支局長ヘンリー・ヘクシャーだった。ヘクシャーはベルリン本部の古顔で、グアテマラ・クーデターも経験していた。下級外交官を賄賂の運び屋として使って、アメリカによる支配のネットワークを作り始めた。「ある日、ヘクシャーから首相のところへスーツケースを運んでくれないか、と言われた。スーツケースの中身は現金だった(6)」とディーンは回想する。

ディーンの言うように、ラオスの指導者はこうした現金によって「大使館で実権を握っているのは大使ではなく、ＣＩＡの支局長だということを悟った」のである。その後、タイ、インド、カンボジアなどの大使を歴任するディーンは語る。「米大使はラオス政府を支持し、基本的には波風をたてない、ということになっていた。ところが、ヘンリー・ヘクシャーは中立の立場の首相に強硬に反対し、できれば彼を失脚させようとしていた。そして実際にその通りのことが起きた」。

ＣＩＡは自由な選挙で選ばれた連合政府を締め出し、新首相にスバナ・プーマ殿下を据えた。首相担当のケースオフィサー、キャンベル・ジェームズは、鉄道事業の遺産の相続人で、服装はおろか行動や思考まで、十九世紀イギリスの近衛歩兵のようだった。エール大学を八年前に卒業。自分がラオス総督にでもなった気分で、まさにそのような暮らしをしていた。自分で設けた内輪の賭博クラブでラオス指導者の間に友人を作り、影響力を広げた。クラブの真ん中には、ジョン・ガンサー・ディーンから借りたルーレット(7)が置かれていた。

ラオスをめぐる真の戦いが始まったのは、密林でタイ人の奇襲部隊の訓練学校を開いていたCIAのビル・レアがラオスの山岳民族出身のバン・パオという人物を発見してからだった。バン・パオはラオス王国軍の将軍で、モン族と名乗る山岳民族を率いて戦っていた。一九六〇年十二月、レアは極東部門責任者、デズモンド・フィッツジェラルドにこの新たな味方のことを話した。「バン・パオは『自分たちは共産主義者と一緒には暮らせない。武器をくれるなら、われわれは共産主義者と戦う』と言っている」と報告した。フィッツジェラルドは翌朝、CIA支局でレアに提案書を書くように指示した。「それは十八ページの電報になった。返事はすぐに来た……それが実質的な出発点となった」[8]とレアは当時を回顧する。

一九六一年一月初め、アイゼンハワー政府の最後の時期に、CIAのパイロットがモン族に最初の武器を引き渡した。それから六ヵ月後、バン・パオ支配下の山岳民族九千人以上がタイ奇襲部隊三百人と合流した。彼らは共産主義者との戦闘作戦のためにレアが訓練してきたものだった。CIAは、首都のラオス軍と山岳地帯の少数民族指導者に、銃砲、資金、無線機、航空機などを送った。彼らの最も差し迫った任務は、ホー・チ・ミン・ルートを分断することだった。ハノイはすでに南ベトナムに民族解放戦線の発足を宣言していた。その年、南ベトナム政府当局者四千人がベトコンによって殺害された。

ケネディ大統領が就任して数ヵ月すると、ラオスと南ベトナムの運命は一体視されるようになった。ケネディはアメリカの戦闘部隊を密林に派遣して死なせることを望まなかった。CIAに対し、ラオスの山岳民族部隊を倍増し、アジア人を使って「北ベトナムでゲリラ作戦を展開すべく可能なあらゆる努力を払う」[9]ことを求めた。

ケネディ時代にラオスに送られたアメリカ人は、モンという部族名を知らなかった。彼らはメオ族と呼ばれていたが、これは「野蛮人」と「クロンボ」（ニガー）の中間ぐらいの呼称だった。こうした若者の一人、ディック・ホルムは当時のアメリカ人の傲慢さについて次のように自省している。「東南アジアへやってくるアメリカ人の無知と傲慢[10]……われわれは援助したい相手の人々の歴史、文化、政治について最低の理解しかなかった……大統領が共産主義に対して『境界線を引く』と決めた地域に、自分たちの戦略的利益をそのまま重ね合わせた。そしてそれを自分たちの流儀でやろうとしたのである」。

諜報担当副長官だったロバート・エイモリー・ジュニアによると、CIA本部では「積極派はすべてラオスでの戦争に賛成した[11]。彼らはそこが戦争にはうってつけの場所だと考えていた」という。

「大量のうそ」

ベトナムに派遣されたアメリカ人も、その歴史や文化については同様に徹底して無知だった[12]。だがCIAの職員は、自分たちのことを、共産主義とのグローバルな戦いの先頭に立つ斥候兵だと思っていた。

彼らはサイゴンで好き勝手にやっていた。当時のサイゴンで国務省の一職員だったレオナルド・ニーハー大使は語る。

「CIA職員は映画やドラマのプロデューサー、企業のセールスマンなど、さまざまな隠れ蓑を利用していたが、実は訓練要員だったり、武器の専門家や商人だったりした。信じられないほどの資金をもっていた……彼らはよろしくやっていた。ほしいものはなんでも手に入った[13]」

彼らに欠けていたのは、敵に関する情報だった。それは一九五九年から一九六一年までサイゴン支局長を務め、間もなく極東部門責任者になるはずのウィリアム・E・コルビーの任務だった。

ＯＳＳ工作員として敵の前線の背後で戦ったコルビーは、第二次世界大戦中にやっていたのと同じことをやった。「プロジェクト・タイガー」[14]と呼ぶ作戦を開始し、二百五十人ほどの南ベトナム人の工作員を北ベトナムにパラシュートで降下させた。二年後には、そのうち二百十七人が死亡または行方不明、あるいは二重スパイの疑いあり、と記録されている。最後の報告は一チーム十七人もの特別工作員で構成される五十二チームの運命を次のように伝えている。

「降下後間もなく捕まる」

「ハノイ放送が逮捕を発表」

「チーム壊滅」

「チームは北ベトナムの支配下にあると思われる」

「降下後間もなく捕まる」

「二重スパイ行為のため除去」。この最後の一行はあるチームが秘かに北ベトナムのために働いていることが発覚したため、そのチームを狩って、メンバーを殺害したことを示唆している。

ＣＩＡがこの作戦の失敗の理由を知ったのは、冷戦が終わった後のことだった。コルビーの同僚の一人で「プロジェクト・タイガー」の副責任者だったド・バン・ティエン大尉が実は最初からハノイのスパイだったことを自ら暴露したのである、

「われわれは大量のうそを取り込んだ」[15]。その一部がうそであることは、知っていた。そうとは知らないものもあった」。アメリカ大使館で政治セクションの副主任を務めていたロバート・バーバーはそう述べている。

一九六一年十月、ケネディ大統領は状況把握のため、マクスウェル・テイラー大将を派遣した。[16]

「南ベトナムはいま深甚な信頼感の危機を経験しつつある」。テイラーは大統領への最高機密報告で

警告した。アメリカは「単なる言葉ではなく、行動によって、ベトナムを救うアメリカの決意を本気で示す」必要があるとして、「この決意が説得力を持つためには、若干の米軍兵力をベトナムに派遣することもその決意に含まれなければならない」と書いた。これは非常に重大な秘密だった。[17]

アメリカが戦争に勝つためにはもっと多くのスパイが必要である、とテイラーは続けた。CIAサイゴン支局のデービッド・スミス副支局長はこの報告に添付した秘密文書で、主要な戦いは南ベトナム政府内部で展開されるだろう、と述べた。アメリカはサイゴン政府に浸透し、それに影響を与え、政府内部の「決定と行動のプロセスを加速させ」――必要ならば、それを変更しなければならない、と主張した。

その仕事はルシアン・コナンに回ってきた。

「ディエムはだれにも好かれない」

コナンはディエム大統領の半ば狂人ともいうべき弟、ゴ・ディン・ヌーと協力して戦略村計画を発足させた。農村から農民を徴収して、武装キャンプをつくり、共産主義者の政府転覆に対抗しようとしたのだ。米陸軍中尉の制服を着たコナンは、南ベトナムの腐敗しかけた軍隊と政府に深く入り込んだ。

「私はどの省にでも行くことができた。部隊の指揮官と話すこともできた。なかには長年来の知り合いもいた。第二次世界大戦当時から知っているものもいた。その何人かは強力な地位についていた」とコナンは述懐する。コナンの接触相手は間もなく、CIAがベトナムに擁する最高の情報源となった。だがコナンの知らないことも少なくなかった。

一九六三年五月七日、仏陀の二五二七回目の誕生日前夜、コナンはフエに飛んだ。そこには軍の関係者が大勢いたが、コナンにはその理由が分からなかった。コナンは次の飛行機で帰るよう促された。「私は残りたかった。仏陀の誕生日の祭りを見物したかった。蠟燭を点した舟が香を焚きこめた川を下るのを見たかった。だがそれは行われなかったのだ」と回想する。翌朝、ディエムの兵士たちがフエの仏教関係者を攻撃し、殺害したからである。

「ディエムは現実から遊離していた」とコナンは言う。ヒトラー・ユーゲントを模した青い制服の少年団、CIAに訓練された特殊部隊、秘密警察などディエムが作り上げた組織は、仏教国にカトリック政権を生み出すことを目指していた。ディエムは仏教の僧侶を抑圧したが、それが、かえって仏教徒の組織を強力な政治勢力に育て上げることになった。僧侶たちの政府に対する抗議は、それから五週間にわたって拡大した。六月十一日、クワン・ドゥクという六十六歳の僧侶が、サイゴン市内の交差点に座り込み、自らの身体に火をつけた。この焼身自殺の写真は全世界を駆けめぐった。焼身の後に残ったのはドゥクの心だった。ディエムは自らの権力を維持するために、寺院を襲撃し、僧侶や婦女子を殺害し始めた。

「ディエムはみんなに嫌われている」(18)とボビー・ケネディが言ったのは、それから間もなくのことだった。「しかし、問題はどうやって彼をかたづけるかだけではない。彼をかたづけた後に、戦争を続けることができ、しかも国家を分裂させないようなリーダーをどうやって確保するかが問題だ。戦争に負けないというだけが重要なのではない。同時にこの国を失わないということも重要なのだ」。

一九六三年六月末から七月初めにかけて、ケネディ大統領はディエムを除去することを内々に話題にし始めた。それをうまくやるには秘密裏にやるのが一番だ。大統領は政権変更の手始めとして、新しいアメリカ大使を任命した。横柄なヘンリー・キャボット・ロッジである。ケネディの政治的ライバルで、マサチューセッツ州の上院議員選挙と、リチャード・ニクソンの副大統領候補になった時の、二度にわたってケネディと戦い敗れていたが、サイゴンで総督並みの権限を与えられることを保証されて、喜んでこの職を引き受けたのである。

独立記念日の七月四日、ルシアン・コナンは、十四年来の知り合いで、南ベトナム陸軍統合参謀本部の議長代行、チャン・バン・ドン将軍から「キャラベル・ホテルで会いたい」とメッセージを受け取った。その晩、ホテルの地下の紫煙たちこめる満員のナイトクラブで、ドン将軍は軍がディエム反対の動きを準備していることを打ち明けた。

「われわれがそれをやり遂げた場合、アメリカはどんな反応を示すか」とドンはコナンに聞いた。

八月二十三日にジョン・F・ケネディが返事を与えた。

ケネディはハイアニスポートで雨の土曜日の夜を独りで過ごしていた。腰痛を松葉杖で支えながら、二週間前に葬式を済ませた死産の息子、パトリックのことを悲しんでいた。午後九時過ぎ、国家安全保障問題担当のマイケル・フォレスタルからの電話を取った。この電話でケネディは、国務省のロジャー・ヒルズマンが書いた新任のロッジ大使宛の極秘電報を承認した。それは「ディエム本人を保護できない(19)可能性も直視しなければならない」として、ロッジに「ディエムの後任をどうするか、具体的な計画を立てる」よう促すものだった。国務長官、国防長官、CIA長官には相談がなかった。この三人はすべてディエムに対するクーデターに疑義を抱いていた。

結果が明らかになった後、ケネディはこんなつぶやきをもらしている。「同意は与えるべきではなかった(20)」。だが命令は実行された。

ヒルズマンはヘルムズに、大統領がディエム追放を命じた(21)、と告げた。ヘルムズはその任務をCIA極東部門の新しい責任者、ビル・コルビーに与えた(22)。コルビーは自分の後任のサイゴン支局長ジョン・リチャードソンにそれを申し送った。「場合によっては、CIAは政策立案者の指示を全面的に受け入れ、その意図するところを達成する方法を探し求めなくてはならないのだ」と指示した。もっとも、ディエムを追放するというその命令は「その鳥が歌うかもしれない歌[23]を十分に確かめもせずに、手中の鳥を投げ捨ててしまうようなものに思われた」という。

八月二十九日、サイゴン着任六日目のロッジはワシントンに電報を打った。「われわれは逆戻り不可能な進路を進み始めた。ディエム政府の転覆である」。ホワイトハウスでヘルムズは、大統領がその報告を受け、承認し、ロッジへの命令を伝えるのを聞いていた。[24]命令とは、なによりもまず、クーデターにおけるアメリカの役割―コナンの役割―を秘密にしておくよう万全を期せ、ということだった。

大使のロッジはCIAがサイゴンで高い地位を占めていることに腹を立てていた。大使は自分の日記にこう書きつけている。「CIAのほうが金をもっている。外交官よりも大きな家に住み、給与も高い。設備も近代的である[25]」。ロッジはCIAのジョン・リチャードソンが握っている権力に嫉妬した。そしてリチャードソンが、クーデター計画におけるコナンの中心的役割について慎重になっていることをあざ笑った。ロッジは新しいサイゴン支局長が必要だと決断した。[26]

ロッジはリチャードソンを火あぶりにした。サイゴンに立ち寄る記者に冷徹な計算ずくで情報を漏らし「彼の名前を新聞に公表してその正体を暴いた[27]」のである。これは、ボビー・ケネディが八ヵ月後に語った秘密の口述歴史のなかで明らかにされている。その記事は大スクープになった。記事はリチャードソンの実名を挙げてこう報じていたのだ。「(CIAのリチャードソンは)大使のロッジがワシントンから携行した行動計画を妨害した。なぜならCIAがこれに賛成しなかったからである。(中略)当地のある高官―生涯の大部分を民主主義のために捧げた人物―は、CIAの肥大化を悪性腫瘍に譬え、ホワイトハウスでさえもそれを制御できるかどうか確言できない、と警告した」。『ニューヨーク・タイムズ』と『ワシントン・ポスト』がこれを取り上げた。このリークは、前例のない機密保護違反だった。経歴をめちゃめちゃにされたリチャードソンは四日後にサイゴンを去った。ロッジ大使は、あからさまにならないように一定の期間を置いてから、リチャードソンの家へ引っ越した。

コナンの古い友人のドン将軍は「リチャードソンが呼び戻されたのは、われわれにとって幸運だった[28]。彼がいたら、われわれの計画は大きな危険に陥っていたかもしれない」と述べている。

「諜報の完全な欠如」

ルシアン・コナンは十月五日、サイゴンの統合参謀本部に「ビッグ・ミン」ことドン・バン・ミン将軍を訪れた。コナンの報告によると、将軍は暗殺の件と、新たな軍事政権に対するアメリカの支持の問題を持ち出した。新たに支局長代行になったデイブ・スミスは「暗殺計画には反対しない。後戻りはしない」ことを勧告した。これはロッジの耳には心地よく響いたが、マコーンにとっては呪いの言葉だった。

マコーンはスミスに「暗殺を奨励し、承認し、あるいは支持する」のを止めるよう命令し、大統領執務室に駆けつけた。マコーンは、ホワイトハウスを殺人に結びつけるような言葉を使うのを慎重に避けながら、スポーツにたとえてこう大統領を説得した。

「大統領、もし私が野球チームのマネージャーで[29]、ピッチャーがたった一人しかいないとしたら、よいピッチャーであろうとなかろうと、そのピッチャーをマウンドに立たせておくでしょう」

マコーンは十月十七日の特別グループの会合、そしてその四日後の大統領との差しの面談でも、こう警告している。八月にロッジが着任して以来、ベトナムにおけるアメリカの対外政策はサイゴンの政治に関する「諜報の完全な欠如」にもとづいている。コナンの周囲で起きていることは「極めて危険」であり、「アメリカに絶対的災厄[30]」をもたらしかねない。

ロッジ大使は「(アメリカのクーデターへの)コナンを通じてのこれまでの関与は、もっともらしく否定できる範囲に収まっていると思う」と言って、ホワイトハウスを安心させようとした。「われわれは二つの理由からクーデターを阻止すべきではない。[31]第一に、次の政府は現在の政府ほどへまや間違いをしないだろうということ。それには、少なくとも五分五分の勝算がある。第二に、クーデターの試みに水をかけるのは、広い視野でみると、極めてばかげたことである……ベトナム国民が政府を変更できる方法はこれしかない、ということを忘れるべきではない」。

ホワイトハウスはコナンにあてて用心深い訓電を打った。将軍たちの計画内容を探り出すこと、彼らを助長させないこと、目立った動きをしないことを指示したのである。だがそれは遅すぎた。諜報活動と秘密工作との間の境界線はすでに踏み越えられていた。コナンは秘密工作を行うにはあまりにも有名になりすぎていた。「私はベトナムでは非常に目立つ存在だった」と彼自身が述べている通りである。然るべき人間は例外なく、彼がだれであるか、何を代表しているかを正確に知っていた。CIAの偵察隊の先頭に立つ男ならアメリカを代弁しているはずだ、とだれもが信じていた。

コナンは十月二十四日夜、ドン将軍と会い、クーデターが十日以内に迫っていることを知らされた。二人は十月二十八日に再び会った。ドンは後にこう書いている。「コナンは資金と兵器[32]を提供すると言ったが、われわれに必要なのはやはり勇気と信念だけである、と言って私はこれを断った」。

コナンはアメリカが暗殺に反対していることを慎重に将軍たちに伝えた。コナンの証言によると、将軍たちの反応は「あなた方がそれを好まないのか。だがわれわれは、いずれにせよ、自分たちの流儀でやるつもりだ……それを好まないのであれば、それについては以後話さないことにする」というものだった。コナンは暗殺をやめさせようとはしなかった。もしそうしていたら、「連絡を絶たれてなにも分からなくなっていただろう」と述べている。

コナンはロッジにクーデターが迫っていることを報告した。大使はCIAのルーファス・フィリップスをディエムに会いに行かせた。二人は大統領宮殿で戦争や政治について話をした。それから「ディエムは当惑げに私を見て聞いた。『私に反対するクーデターがあるのか』と」[33]。フィリップスはそう回想する。

「私は彼を見て、ただ泣きたくなった。『残念ながら、そのようです、大統領』と答えた。その問題について私たちが口にしたのはそれだけだった」


「だれが命令を下したのか」


クーデターは十一月一日に起きた[34]。サイゴンでは正午、ワシントンでは真夜中だった。ドン将軍の使いが自宅に来て呼び出されたコナンは、制服に着替え、ルーファス・フィリップスに妻と幼い子どもの世話を頼んだ。それから38口径の拳銃とCIAの資金約七万ドルが詰まった鞄をつかんでジープに飛び乗り、サイゴン市内を走り抜けて南ベトナム軍統合参謀本部（JGS-HQS）に向かった。市街には砲撃の音が響いていた。クーデター指導部は空港を閉鎖し、市内の電話を切り、中央警察本部を襲撃し、政府の放送局を占拠し、政治権力の中枢を攻撃していた。

コナンはサイゴン時間で午後二時過ぎ、第一報を送った。ジープに積んだ確実な通信装置によってCIA支局と接触を保ち、砲撃や爆撃、部隊の動きや政治的駆引きを逐次説明していた。CIA支局はその報告を暗号電報にしてホワイトハウスと国務省に転送した。考えられるかぎり最速の報告だった。

「JGS-HQSにてコナン／ビッグ・ミン、ドン両将軍および目撃者の観察から。将軍たちは電話で大統領宮殿と連絡をとろうとしているが不首尾に終わっている。彼らの提案は次の通り。大統領が即時辞任すれば、大統領とゴ・ディン・ヌーの安全な出国を保証する。大統領がこの条件を拒否すれば、一時間以内に大統領宮殿を攻撃する」。それが最初の至急電報だった。

それから一時間余りしてコナンは次の電報を打った。「大統領との話し合いはない。彼はイエスかノーかを答えるだけであり、会話はそれで終わるだろう」と。ドン将軍は仲間とともに午後四時少し前にディエム大統領に電話をかけ、降服を求めた。彼らは避難場所と安全な出国を提案した。南ベトナム大統領はこれを拒否し、次いでアメリカ大使館に電話をかけて、「アメリカの姿勢はどうか」と聞いた。ロッジはわからないと答えた。「いまワシントンは午前四時半だ。アメリカ政府が見解を出すのは不可能だ」。それから「私の受けた報告では、相手側はあなたとあなたの弟の安全な出国を提案しているとのことだが、あなたはこれを聞いているか」と尋ねた。

「いいえ」とディエムはうそをついた。それから間を置いた。ロッジが自分に対するクーデター計画に加わっていることを悟ったのかもしれなかった。「私の電話番号は知っていますね」そう言って会話を打ち切った。三時間後、彼は弟とともに華僑の商人が所有する安全な隠れ家に逃げた。ディエムがサイゴン市内に組織した私的スパイ網に資金を出した人物の屋敷で、大統領宮殿との間に直通電話が引かれていた。ディエムはそれによって、自分が依然として権力の座にあるという幻想にしがみついているようだった。戦闘は一晩中続いた。反乱軍が宮殿を襲撃した際、百人近いベトナム人が死亡した。

午前六時ごろ、ディエムはビッグ・ミン将軍に電話し、辞任の意向を伝えた。将軍はディエムの安全を保証した。ディエムは、サイゴンの華人地区にあるサン・フランシス・ザビエル教会で待っている、と言った。将軍はディエム兄弟を連れてくるために兵員輸送装甲車を回すことにした。そして自分のボディガードに装甲車の車列を先導するよう命じ、右手の指を二本立てた。二人とも殺せ、という合図だった。

　ドン将軍は自分の部隊に命じ、本部を片付け、緑のフェルト張りの大きなテーブルを運び込ませた。記者会見の準備である。友人のコナンには「出て行ってくれ」と言った。「これから記者団を呼ぶから」。コナンは家へ帰ったが、すぐまたロッジに呼ばれた。「大使館へ行ったところ、ディエムを探さなければならない、と言われた。疲れていて、いい加減うんざりしていた。『だれが命令したのか』と聞くと、命令がアメリカ大統領から出たものであることを知らされた」とコナンは述べている。

　午前十時ごろ、コナンは再び参謀本部へ行って、将軍と向き合った。「ビッグ・ミンは、二人は自殺した、といった。私は彼を見つめて聞いた。どこで？　二人はショロンのカトリック教会にいて自殺した、と彼は言った」。コナンは十二年後、この暗殺を調査した上院委員会での秘密証言でそう述べた。

「私はあの時点で冷静さを失っていたと思う」とコナンは言った。自分の深い罪や死後の世界のことを考えていたのである。

「私はビッグ・ミンに言った。あなたは仏教徒で、私はカトリック教徒だ。二人が教会で自殺し、神父が今夜ミサを行う、などという話は辻褄が合わない。二人の遺体はどこにあるのか、と尋ねた。参謀本部の裏手にあるが、見てみたいか、という。私は断った。なぜかと聞かれたので、二人が教会で自殺したというあなたの話を真に受けるものがひょっとして百万人に一人でもいて、私が自殺ではないことを見届けて話が違うということを知ったとすると、面倒なことになるからだ、と答えた」

　コナンは米大使館に戻って、ディエム大統領が死亡したことを報告した。全部の事実は報告しなかった。「ベトナム側から告げられたところでは、自殺したのは市内から出る途中だった」と電報を打った。ワシントン時間午前二時五十分、ディーン・ラスクの名前で次の返事がきた。「ディエムとヌーの自殺のニュースに当地は衝撃を受けた。これが事実であれば、その死が実際に自殺であることを疑問の余地なく公に立証することが重要である」。

一九六三年十一月二日土曜日午前九時三十五分、大統領はホワイトハウスに弟のロバート、マコーン、ラスク、マクナマラ、テイラー大将を集めて、オフレコの会議を開いた。間もなくマイケル・フォレスタルがサイゴンからの至急電報を手に駆け込んできた。テイラー大将はその時の様子について次のように語っている。大統領は急に立ち上がって「それまで見たこともなかったような衝撃と当惑の表情を浮かべて部屋を飛び出していった[35]」。

午後六時三十一分、マクジョージ・バンディはロッジに電報を打った。そのコピーを見せられたのは、マコーン、マクナマラ、テイラー大将だけだった。「ディエムとヌーの死は、彼らにどのような落ち度があったにせよ、当地に衝撃を与えており、その暗殺が後継政府の主要メンバーの一人またはそれ以上の人物の指示によるものだとの確信が広まるならば、次期政府の地位と評判は大きく損なわれるかもしれない……政治的暗殺が当地において簡単に容認されるといった幻想を彼らに与えてはならない」。

ジム・ローゼンソールはその土曜日、サイゴンの米大使館の当直館員だった。ロッジ大使に言われて、重要な訪問客を迎えるべく正面玄関に下りていった。

「あの光景は忘れられない。車が大使館に横付けになり、カメラが回っていた。コナンが前の座席から降りて後ろのドアを開けて敬礼すると、この男たちが出てきた。彼らと一緒にエレベーターで上がっていくと、ロッジが彼らを迎えた……クーデターをやって国家元首を殺したばかりの男たちだった。それがあたかも『やあ、親分、仕事はうまくやったでしょう[36]』といわんばかりに、大使館に上がり込んできたのだ」

第21章 「陰謀だと思った」 ケネディ暗殺

一九六三年十一月十九日火曜日、リチャード・ヘルムズがベルギー製の軽機関銃を航空会社の旅行バッグに隠してホワイトハウスに入ってきた。

この武器は戦利品だった。フィデル・カストロがベネズエラへ秘かに持ち込もうとした三トンの武器をCIAが押収したのである。ヘルムズはその軽機関銃を司法省へ持って行ってボビー・ケネディに見せたが、ボビーの考えで、兄のところへ持って行こう、ということになった。二人はオーバル・オフィスへ行き、フィデルと戦う方法について大統領と話し合った。晩秋の光が薄れ始めていた。大統領は揺り椅子からふと立ち上がると、窓からローズガーデンに見入った。

ヘルムズは銃をバッグに戻してからこう言った。

「シークレット・サービスに捕まらなくてよかったです。ここに銃を持ち込めたんですから」[1]。もの思いにふけっていた大統領は窓から目を離すと、窓辺を離れて、ヘルムズの手を握ってニヤッと笑いながらこう言ったものだった。「安心するね、まったく」。

その週の金曜日、マコーンとヘルムズは本部の長官室でサンドウィッチの昼食をとっていた。七階の部屋の広い高い窓から地平線に切れ目なく続く林の梢が見えた。そこへ恐ろしいニュースが飛び込んできた。

大統領が撃たれた。マコーンは中折れ帽を被り、車で一分のロバート・ケネディの家へ行った。ヘルムズは自分のオフィスへ下りて、世界中のCIA支局に送る電報を書こうとした。その瞬間に考えたことは、リンドン・ジョンソンの思いに極めて近かった。

ちなみに、ジョンソンはこう回想している。

「私の脳裏を走ったのは、[2]もし彼らが大統領を撃ったとすれば……次はだれを撃つだろうか、ということだった。そしてワシントンでは何が起こるか。ミサイルはいつ飛んでくるのか。陰謀だ、と私は思った。そしてその疑問を提起した。そして一緒にいたものは全員が同じ考えだった」

次の一年間、CIAは国家安全保障の名において、自分たちの知っていることの多くを、新大統領に、そしてケネディ暗殺事件調査のために新大統領が設置した委員会に、隠していた。CIA内部の事件調査は、混乱と猜疑のために挫折し、いまだに消えない疑惑の影を残す結果になった。以下の記述は、一九九八年から二〇〇四年の間に機密扱いを解かれたCIAの記録とCIA職員の宣誓証言に基づくものである。

「その効果は電撃的だった」

「ケネディ大統領は悲劇的な死[3]を迎えた。局員全員が、諜報上のどんなささいな異常でも注意深く見つけることを望む」。ヘルムズは十一月二十二日、世界中のCIA支局にあてたメッセージにそう書いた。本部にいたシャーロット・ブストスは、すぐ奇妙な情報に気がついた。ブストスはメキシコの秘密活動ファイルを管理していた。ダラス警察がリー・ハーベイ・オズワルドを逮捕した、との放送が流れた二分後には、オズワルドに関する資料を手にしてパステルカラーの廊下を走っていた。メキシコと中米の秘密工作の責任者で、上司のジョン・ウィッテンを探すためだった。ウィッテンは急いでファイルに目を通した。

「その衝撃は言葉では言いあらわせない」とウィッテンは回顧する。

ファイルは、一九六三年十月一日午前十時四十五分、リー・オズワルドと名乗る男がメキシコシティのソ連大使館に電話し、ソ連旅行のために申請したビザはどうなっているか、と尋ねたことを記録していた。CIAのメキシコシティ支局は、メキシコ秘密警察から計り知れない援助を得て「エンボイ」なる暗号の作戦を展開、キューバ大使館とソ連大使館の電話を盗聴していた。CIAはオズワルドの電話をつかんでいたのである。

「メキシコでは、世界のどこよりも大規模かつ活発な電話盗聴作戦が行われていた(4)。J・エドガー・フーバーはメキシコ支局のことを考えるたびに顔色を変えた」とウィッテンは語っている。アメリカ南西部に駐留するアメリカ兵で、メキシコシティのロシア人に軍事機密を売ろうとしたり、あるいは寝返ろうとしたりして捕まったものは数人にとどまらない。CIAはまた、ソ連大使館に対する写真監視も行い、大使館に届く手紙と大使館から出て行く手紙をすべて開封していた。

しかし、この盗聴作戦があまりにも大規模だったため、CIA支局は情報の洪水に見舞われ、役に立たない情報で溢れてしまった。支局が十月一日のテープを聴いて、オズワルドの旅行について報告し、CIA本部に「リー・オズワルドとはだれか」を問い合わせたのは八日後のことだった。オズワルドがアメリカ海兵隊員で、一九五九年十月に公然とソ連に亡命した人物であることを、CIAは知っていた。CIAのファイルには、オズワルドがアメリカの市民権を放棄しようとしたこと、太平洋におけるアメリカ軍の秘密施設をソ連に教えると言っていたこと、ロシア人女性と結婚し、一九六二年六月に帰国したことなどを詳述したFBIと国務省の報告があった。

ウィッテンが内部報告に書いているように、オズワルドのソ連滞在中、「その行動について、あるいはKGBがオズワルドに何をしているかについて、報告できるような情報源をCIAは持っていなかった(5)」。しかし「オズワルドや他の同様な亡命者が、すべてKGBの手のうちにあり、ソ連国内のどこに引っ越しても、KGBへの情報提供者に取り囲まれていること、さらには後の海外任務を前提にKGBに雇われる可能性さえあることはCIAも知っていた」。

ウィッテンは、大統領を撃った男が共産陣営の工作員である可能性を実感した。ヘルムズに電話をかけて、メキシコシティのエンボイ作戦のテープと文字に起こした分の全部を直ぐに点検させるよう要請した。CIA支局長のウィン・スコットは急いでメキシコ大統領に電話をかけた。大統領の秘密警察は夜を徹して、CIAの盗聴担当者とともにオズワルドの声の痕跡を探し求めた。

オズワルドのファイルの話が広がっている時、マコーンがCIA本部に戻ってきた。興奮状態の会議が六時間続いた。最後の会議は午後十一時半から開かれた。オズワルドがメキシコシティのソ連大使館を訪ねていたことをCIAは前もって知っていた、と聞かされて、マコーンは激怒(6)し、仕事のやり方について部下を叱り飛ばした。

CIAの内部調査は十一月二十三日土曜日の朝から本格化し始めた。ヘルムズはCIAの幹部を集めた。一九五四年以来、防諜部門の責任者を務めてきたジェームズ・アングルトンもそのなかにいた。アングルトンは、オズワルドの件は自分に任されると思っていた。ところがヘルムズは、ジョン・ウィッテンをその責任者に命じた。アングルトンは煮え湯をのまされた気分になる。

ウィッテンは陰謀を解明する方法を心得た人物だった。第二次世界大戦中は捕虜の尋問で手腕を発揮し、一九四七年にCIAに入った。CIAでうそ発見器のポリグラフを最初に採用したのはウィッテンだった。一九五〇年代初めには、ドイツでうそ発見器を使い、二重スパイ、偽装亡命、諜報捏造など何百件もの案件を調べた。CIAを騙そうとした最大級の悪戯をいくつも暴いた。ウィーン支局にソ連の通信暗号表の偽物を売り込もうとしたペテン師を挙げたのも、ウィッテンだった。アングルトンがイタリアで使っていたスパイをめぐる事件も、ウィッテンが解決した。アングルトンは、このスパイを使って五つもの外国諜報機関を相手にしているつもりだった。ところがこの男はいかさま師で、病的なうそつきだった。軽率にも、五つの外国諜報機関の全部に、自分がCIAのために働いていることを打ち明けていた。そのためどの相手もすぐにこの男を利用してCIAの情報をとるようになった。ウィッテンが摘発したアングルトンの作戦はこれ一つだけではなかった。ヘルムズはどの作戦についても、ウィッテンを暗くてたばこの煙のこもったアングルトンの部屋へ行かせ、本人と直接対決させていた。

「自分の保険証書を確認して、近親者に知らせてから、彼の部屋へ入っていったものだ」とウィッテンは言う。こうした対決は二人の間に「激しい憎悪、この上なく激しい憎悪(7)」を生み出した。ウィッテンがオズワルド事件を任せられた瞬間から、アングルトンは妨害をし始めた。

オズワルドは九月末と十月、キューバ大使館とソ連大使館を再三訪れ、できるだけ早くキューバへ行って、ソ連のビザが下りるまでそこで待機する手はずを整えようとしていた。CIA本部はその事実を、十一月二十三日午前半ばまでには把握していた。「オズワルドがメキシコシティでキューバとソ連の大使館へ行っていたこと(8)は、最初に抱いた印象の極めて重要な部分だった」とヘルムズは言う。正午少し過ぎ、マコーンは急いでワシントン市内へ戻り、ジョンソン大統領にキューバ・コネクションについて知らせた(9)。LBJ（Lyndon Baines Johnson＝ジョンソン大統領のこと）はドワイト・アイゼンハワーと長時間にわたって話をしていたところだった。アイゼンハワーは、ロバート・ケネディが隠密作戦に多大な権限を行使していることについて大統領に警告していたのである。

午後一時三十五分、ジョンソン大統領は旧友のウォール街の黒幕、エドウィン・ワイスルに電話をかけて打ち明けた。「今回のこと……この暗殺は……君が知っているよりはずっと複雑かもしれない……君が考えている以上に根が深いかもしれない」。[10]その日の午後、テキサス出身でLBJの親友のメキシコ駐在米大使、トム・マンは、カストロが暗殺の背後にいるのではないか、との独自の疑念を伝えてきた。

十一月二十四日の日曜日の朝、マコーンはホワイトハウスに戻った。ジョン・F・ケネディの棺を議事堂に運んで正装安置するため、葬列の人々が集まり始めていた。マコーンはジョンソンに、キューバ政府転覆をめざすCIAの作戦行動のいくつかについて、より完全に近い形で説明した。だがジョンソンはこの時点で、アメリカがこの三年間の大半を通じてカストロを殺害しようとしてきたことを、まったく知らなかった。それを知っていたのは極めて少数の人間だったのである。その一人はアレン・ダレス、そして二人目はリチャード・ヘルムズ、三人目はボビー・ケネディ。そして四人目はおそらくフィデル・カストロ自身だっただろう。

同じ日、メキシコシティのCIA支局は、オズワルドが九月二十八日にソ連の諜報機関当局者にビザ発給を要請したことに疑問の余地はない、と断定した。オズワルドはワレリ・コスティコフという名前の男と一対一で話をした。[11]この男はKGB第十三部――暗殺担当の部局――のメンバーだと見られていた。

同支局は、メキシコシティでソ連諜報関係者と接触した疑いのある外国人全員のリストを本部に送った。[12]そのなかには、最後のカストロ殺害計画を担うCIAのキューバ人工作員、ロランド・クベラの名前もあった。二日前、ちょうどケネディ大統領が撃たれたころ、クベラ担当のCIAのケースオフィサー、ネスター・サンチェスがペンに仕立てた毒入りの皮下注射器をクベラに渡していた。メキシコシティ支局からの報告は深刻な疑問を投げかけた。クベラはフィデルの二重スパイだったのだろうか？

議事堂に向かう葬列がホワイトハウスを出発しようとしていた時、リー・ハーベイ・オズワルドがダラス警察署で射殺され、それがそのまま実況でテレビ画面に映し出された。大統領はＣＩＡに、オズワルドに関する資料のすべてを直ちに提出するよう命じた。ウィッテンは摘要をまとめてヘルムズに渡し、それが数時間後に大統領に届けられた。この報告そのものは所在不明で、あるいは破棄された可能性もあるが、ウィッテンによると、その趣旨は、ＣＩＡにはオズワルドがモスクワまたはハバナの工作員であることを示す確実な証拠はない──だがそうであるかもしれない、というものだった。

「われわれは慎重にやっていた」

十一月二十六日火曜日、ジョン・マコーンは新しい合衆国大統領に正式の諜報報告を行った。「司法省の一部の人々が土曜日に大統領暗殺の調査を独立機関で行うべきだと提案してきたことに対して、大統領は相手にしようとはしなかった」とマコーンは日誌のメモに書き込んだ。「大統領はこの案を拒否した」のである。

だが、それから七十二時間後、ジョンソンは自分の本能的直感に逆らって方針を変えた。感謝祭翌日の十一月二十九日、しぶるアール・ウォレン最高裁判事を説得して、調査の指揮をとらせることにした。ウォレンは五時間がかりで電話をかけまくって、ウォレン委員会の他のメンバーを集めた。大統領はボビー・ケネディの勧告に従ってアレン・ダレスの自宅に電話をかけ、相手を驚かせ、当惑させた。「私の以前の仕事や以前の職務との絡みは検討しましたか」とダレスが聞いた。ＬＢＪは急いで、そうしたことを請け合って、電話を切った。ダレスは即座にジェームズ・アングルトンに電話した[13]。

外はすでに暗かった。大統領は夕方の新聞の締め切り時間に間に合わせようと、委員会の召集を急いだ。選ばれたメンバーのリストに目を通した。慎重さが肝要だ、と言った。「下院や上院やＦＢＩや、その他いろいろな人間が、ケネディを殺したのはフルシチョフだとか、カストロだとか、勝手に証言して歩くようなことがあってはならない」。ジェラルド・Ｒ・フォード下院議員に強く焼き付いた印象は、大統領がＣＩＡの仕組みを知っている人物を求めていたことだった。大統領に最も重要な電話があったのは午後九時ちょっと前だった。ジョンソンの良き相談相手で、議会にいてＣＩＡをこの上なく厳しく監視しているリチャード・ラッセル上院議員が、ジョージア州ウィンダーからかけてきた電話だった。ＬＢＪはすでにラッセルの名前をウォレン委員会のメンバーとして通信社に渡していたが、ラッセルは大統領の要請を断ろうとした。

「君は絶対にひきうけてくれる。そうだろ」と大統領は怒鳴った。「君はこのことに名前を貸してくれるはずだ。君はＣＩＡ委員会の委員長なのだから……」フルシチョフのケネディ殺害などという、いい加減な話は許さない、とジョンソンは繰り返した。

ラッセル上院議員は「フルシチョフが直接やったとは思わない」と言いながらも、だが「カストロがなにか関与していたとしても私は驚かない」と述べた。

ウォレン委員会の設置は、リチャード・ヘルムズをのっぴきならない倫理的ディレンマに追い込んだ。ジョン・ウィッテンは証言する。

「(カストロの)暗殺計画を明るみに出せば、ＣＩＡの体面も、自分自身の体面も、大いに傷つくことをヘルムズは悟った[14]。それに実際問題として、キューバがこの暗殺を実行したのはわれわれのカストロ暗殺作戦への報復だった、と判明するかもしれない。そうなれば、ヘルムズもＣＩＡも、破滅的な影響を受けるだろう」

ヘルムズはそのことをよく知っていた。「われわれは非常に慎重だった」[15]。ヘルムズは十五年後の極秘証言でそう述べた。「われわれは当時、なにを持ち出すかという点について非常に心配した。……この行為について外国政府を非難すれば、この上なく厄介な問題のベールを剝ぎ取ることになるからだ」。

カストロ暗殺計画を明るみに出すかどうかの問題は、ボビー・ケネディにも耐えられない重荷となってのしかかってきた。彼は沈黙を守った。

大統領は、FBIに大統領殺害の捜査を命じ、CIAに全面協力を指示し、その結果をウォレン委員会に報告するよう求めた。委員会は事件の事実関係を彼らの報告に頼ったのである。だが彼らの背任行為は目に余るものだった。

一九六二年初めには、CIA、FBI、国防総省、国務省、移民帰化局のすべてに、オズワルドに関するファイルがあった。一九六三年八月、オズワルドはニューオーリンズで、キューバ学生理事会のメンバーと一連の関わり合いを持った。この組織はCIAの資金で運営されている反カストロ・グループで、そのメンバーは担当のケースオフィサーに、オズワルドが自分たちの組織に潜り込もうとしているようだ、と報告していた。一九六三年十月にはFBIも、オズワルドが頭のおかしいマルクス主義者で、キューバ革命を支持していること、暴力を働く可能性もあること、最近はソ連の諜報部員と接触していることなどを把握していた。十月三十日、FBIはオズワルドがダラスのテキサス教科書倉庫で働いていることを知った。

要するに、カストロを信奉する怒れる亡命者、共産主義のスパイに雇われているかもしれないとCIAが思っても不思議ではない人物、ハバナ経由でモスクワに早急に帰ろうとしている人物が、ダラスで大統領一行の車のルートに張り込んでいたのである。

CIAとFBIがメモを互いに照合することはなかった。FBIは事前にオズワルドを阻止することはできなかったのである。これは二〇〇一年九月十一日に先立つ何週間かに見られた事態の予行演習のようなものだった。一九六三年十二月十日にJ・エドガー・フーバーはこれを「目に余る無能」と決め付けたが、それを記したメモも二十一世紀になるまで秘密にされていた。

FBI次官補のカーサ・デローチはフーバーに、FBI捜査員を職務怠慢で懲戒処分にしないよう訴えた。そうすれば「大統領暗殺を招いたかもしれない不注意に関して、われわれに責任のあることを直接認めた[16]」と思われるからである。にもかかわらず、フーバーは、十七人の部下を懲戒処分にした。「オズワルド捜査において、いくつかの重要な側面を見逃した。これはわれわれ全員が教訓とすべきことであるが、いまだにそれを理解していないものさえいるのではないかと思う」。フーバーは一九六四年にそう書いた。

ウォレン委員会のメンバーはそんなことはなにも知らなかった。ジョン・ウィッテンが間もなく知ったように、CIAもまた、事実の多くを委員会に隠していたのである。

ウィッテンは、CIAの海外支局から洪水のように押し寄せてくる虚偽情報のなかから事実を探し出すのに必死だった。「何十人もの人々がオズワルドを見た。あそこで見た、ここで見た、北極からコンゴまで到る所で、あらゆる怪しげな状況のなかでオズワルドを見た、というのである[17]」と回想する。何千というまやかしの糸口のためにCIAは迷路に入り込んでしまった。事件の事実を拾い出すために、ウィッテンはFBIに情報の共有を依頼しなければならなかった。一九六三年十二月にオズワルドに関するFBIの予備的捜査報告を読むことを許されたが、それまでに二週間待たなければならなかった。何年も後にウィッテンが証言したように、「オズワルドの背景に関する重要な事実で、

FBIが捜査の過程を通じて知っていたと思われるにもかかわらず、私には伝えられなかった無数のことを、その時初めて知った」のである。

FBIがCIAと情報を共有しないのはいつものことだった。だが大統領は両者に協力するよう命令したはずである。CIAでFBIとの連絡について責任を負っていたのは、ジム・アングルトンだった。「アングルトンはFBIと話したことや、そうした会合で得たFBIの情報を、私には一切伝えなかった」とウィッテンは述べている。最初の捜査方針に影響力を行使できなかったアングルトンは、ウィッテンを騙し、その仕事を非難し、事件の真相を明らかにしようとするウィッテンの努力を無にしたのである。

ヘルムズとアングルトンは、ウォレン委員会とCIA自体の捜査担当者にカストロ暗殺計画について何も話さないことで合意した。ウィッテンが十五年後に証言したところでは、それは「道義的に非難されるべき行為だった。ヘルムズはその情報を隠した。それが知れれば、地位を失っていただろう」と言う。その情報を知ることは「ケネディ暗殺を取り巻く出来事を分析するに当たって、絶対不可欠な要素」だった。もしそれを知っていたとすれば、「われわれのケネディ暗殺捜査はもっと違っていただろう」（ウィッテン）。

アングルトンがアレン・ダレスと交わした秘密の会話によって、CIAからの情報の流れは管理されることになった。アングルトンとヘルムズの下した決定がウォレン委員会の結論を形作ったのかもしれない。ところがアングルトンが証言したところによると、ウォレン委員会は、ケネディ暗殺とソ連およびキューバとの関係の重要性をアングルトンらのようには解釈できなかった、というのである。「われわれなら、この関係をもっと鋭く見ていただろう。[18] われわれはもっと深く関わっていた……ソ連の第十三部や三十年にわたるソ連の破壊活動や暗殺の歴史については、われわれのほうが多くの経験を積んでいた。多くの事例を知っていたし、ソ連の手口も知っていた」というのである。しかも、自分の手中に握っているのが最善と思われる秘密を手放すのは無意味なことだ、とアングルトンはうそぶいた。

アングルトンの行為は司法妨害だった。彼の理屈はこうだった。ソ連が、ジョン・F・ケネディ殺害におけるソ連の役割を隠蔽するために二重スパイを（アメリカに）もぐり込ませている、というものである。

「地殻変動を伴うような影響も」

アングルトンが疑っていたのは、一九六四年二月にKGBの亡命者としてアメリカへ来たユーリ・ノセンコだった。ノセンコはソ連エリートのだめ息子だった。父親は造船相でソ連共産党の中央委員を務め、死後はクレムリン内に埋葬された。ユーリは一九五三年、二十五歳の時にKGBに入った。一九五八年にソ連国内のアメリカ人およびイギリス人旅行者を担当する部署で仕事をしてからアメリカ部へ移り、一九六一年と一九六二年にアメリカ大使館を標的とするスパイを務めた後、旅行者担当部門の副部長になった。

ウォッカに目がなかったため、多くの失態を繰り返したが、父親の地位によって守られていた。しかし、一九六二年六月にジュネーブで開かれた十八ヵ国軍縮会議に出席するソ連代表団に警備担当者として同行した時は、そうはいかなかった。最初の晩に泥酔し、目が覚めたのは売春婦に九百ドル相当のスイス・フランを盗まれた後だった。金の不始末に関してKGBは非常に厳しかった。

ノセンコは、アメリカ代表団の一員のデービッド・マークなる男をCIAの職員だと判断して――というよりも勘違いして――探し回った。マークは五年前、アメリカ大使館の政治・経済担当参事官としてモスクワにいた。スパイではなかったが、ＣＩＡのために小さな便宜を図ったことがあり、ソ連側から公然と「好ましからざる人物」の烙印を押され、追い返されてしまった。これは経歴の汚点とはならず、マークはその後、大使を務め、国務省の諜報部門のナンバー2になった。

マークによると、核実験禁止条約に関する午後の会議が終わった後、ノセンコが近づいてきてロシア語で話しかけた。「あなたに話したいことがあるのだが[19]……ここでは話したくない。昼食でもどうだろう」。何かの売り込みに違いなかった。マークは郊外のレストランを思い出し、翌日に会う約束をした。「もちろん、私はこのことを直ぐにＣＩＡに知らせた。『なんであのレストランを選んだのだ。あそこはスパイがみんな集まるところだ』と言われた」。マークとノセンコは、二人のＣＩＡ職員に監視されながら、一緒に食事をした。

ノセンコは売春婦となくなった金のことをマークに話した。マークの記憶では、ノセンコは「その穴を埋めなければならない。だからＣＩＡが大いに興味を持つような情報を提供することができる。私が欲しいのはその分の金だけだ」と言った。「しかし、君は君の国を売ることになる」とマークが警告した。だが相手はそのつもりだった。そこで二人は翌日ジュネーブでもう一度会うことにした。質問を主導するために二人のＣＩＡ係官が急行した。一人はベルン駐在で、ソ連部門の職員なのにロシア語をほとんど話せないテネント・バグリー、もう一人はソ連スパイの扱いではＣＩＡの第一人者といわれたジョージ・カイズバルターで、本部から飛んできた。

最初の会合にやってきたノセンコは酔っ払っていた。実際、ノセンコ自身「むちゃくちゃに酔っぱらっていた」と後年述懐している。ＣＩＡは長時間にわたってノセンコの話をテープに録ったが、テープレコーダーがうまく動かなかった。その内容はカイズバルターの記憶に基づいてバグリーがまとめた。翻訳の過程で失われたものも多かった[20]。

バグリーは一九六二年六月十一日、本部に電報を打ち、ノセンコが「その善意を完全に立証」し、「重要な情報を提供」し、完全に協力的であることを知らせた。しかし、くだんのアングルトンが、それから一年半の間に、バグリーに、バグリー自身がノセンコに騙されていると、思い込ませたのである。かつてはノセンコの最強の後ろ盾だったバグリーは、怒りを燃やしてノセンコの最大の敵対者となった。

ノセンコはモスクワでCIAのためにスパイを働くことに同意していた。一九六四年一月末、ソ連の軍縮代表団とともに再びジュネーブを訪れ、CIAの担当者と会った。ウォレン委員会が最初の証人の聴取を行った二月三日、アメリカ側に直ちに亡命したいとの意向を伝えた。自分がKGBのオズワルド・ファイルを扱ってきたことを明らかにし、そのなかにはケネディ暗殺へのソ連の関与を示すものは何もない、と述べた。

アングルトンはノセンコがうそをついていると思い込んでいた。この判断は破壊的な結果をもたらしたのである。

ノセンコは洪水のように機密を提供した。だがアングルトンはすでに、ノセンコもソ連の基本計画(マスタープロット)の一環にすぎない、と決めてかかっていた。KGBはとっくの昔にCIAの非常に高い水準にまで浸透している、というのがアングルトンの持論だった。さもなければ、アルバニアやウクライナ、ポーランドや朝鮮、キューバやベトナムで、次々に作戦が失敗した理由は説明がつかない。ソ連に対するCIAの作戦は、すべてモスクワに筒抜けになっているのではないだろうか。もしかしたら、それもモスクワにコントロールされているのかもしれない。ノセンコはCIAに潜り込んでいるスパイを守るために送られてきたのかもしれない。アングルトンの深い懸念を裏づけ、増幅していたのは、彼がただ一人だけ受け入れた亡命者アナトリー・ゴリツィンだった。ところが、ゴリツィンは、ＣＩＡの精神科医から臨床的には偏執症と認定されていた。

防諜責任者としてのアングルトンの最高の任務は、ＣＩＡとその諜報員を敵から守ることだった。だが自分の監視の下で多くのことがうまくいかなかったのである。[21] 一九五九年には、ソ連内部に入り込んだＣＩＡ最初の大物スパイ、ピョートル・ポポフ少佐がＫＧＢによって逮捕、処刑されていた。ベルリンのトンネルが掘られる前からトンネルのことをソ連側に通報していたイギリス人ジョージ・ブレークが、モスクワのスパイとして一九六一年春に摘発され、ＣＩＡはトンネルから得られた情報もソ連の偽情報だったと考えざるをえなくなった。その六ヵ月後、西ドイツで、アングルトンと同じ立場にあるハインツ・フェルフェがソ連スパイとして摘発された。フェルフェはそれまでに、ドイツおよび東ヨーロッパにおけるＣＩＡの活動に多大の損害を与えていたのである。それから一年後、ソ連はキューバ・ミサイル危機の際の秘かな英雄、オレグ・ペンコフスキー大佐を逮捕した。ペンコフスキーは一九六二年春に処刑された。

そしてキム・フィルビーだった。一九六三年一月、アングルトンにとっては防諜の主たる師であり、古くからの親友であり、飲み仲間だったフィルビーが、モスクワへ逃げたのである。イギリス諜報機関の最高水準のポストで活動していたソ連スパイとして摘発されたのだった。フィルビーは十二年間にわたって嫌疑をかけられていた。初めて疑いがかかった時、ウォルター・ベデル・スミスはこの人物と接触をもった全員に報告を提出させた。ビル・ハーベイはその時、フィルビーは絶対にソ連のスパイだ、と断言した。ジム・アングルトンは絶対にそうではないと断言した。

一九六四年春、アングルトンは長年にわたって続いた決定的な失敗を挽回しようとした。ＣＩＡがノセンコを暴くことができれば、全体の基本計画が明るみに出るかもしれない、そしてケネディ暗殺も解明されるかもしれない、と考えた。

ヘルムズは、一九九八年に機密扱いを解かれた議会証言のなかで、この問題について次のように述べている。

ヘルムズ氏：もしもオズワルドについてノセンコの提供した情報が事実だったとすれば、それはオズワルドおよびノセンコとソ連当局との関係について一定の結論に導くことになる。もしそれが事実でなければ、つまり、ノセンコがソ連機関からの指示に基づいて情報をアメリカ政府に提供したのであれば、まったく違った結論が導き出されることになる。ノセンコがうそをついていること、すなわちその言外の意味として、オズワルドがKGBのスパイであることがいかなる疑いも残さずに立証されれば、CIAにとってでもなく、FBIにとってでもなく——アメリカ大統領とアメリカ議会にとって破壊的な意味をもっただろう。

質問：もっと具体的に言うことはできないか。

ヘルムズ氏：具体的に言える。言い換えれば、ソ連政府がケネディ暗殺を命令した、ということである。

問題はそのことだったのである。一九六四年四月、ロバート・F・ケネディ司法長官の承認を得て、CIAはノセンコを独房に監禁した。(22) その場所は最初、CIAの隠れ家だったが、それからバージニア州ウィリアムズバーグ郊外にあるCIAの訓練施設、キャンプ・ピアリーに移された。ソ連部門に拘留されたノセンコは、収容所列島に収容されているロシア人同胞と同じ待遇を受けた。食事は貧弱で、薄い紅茶と水っぽいオートミール、照明は一日二十四時間つきっぱなしの裸電球、そして人間の仲間は一人もいなかった。ノセンコは二〇〇一年に機密扱いを解除された発言で「食べ物が十分でなくて、いつも飢えていた。だれとも接触がなく、話す相手はいなかった。読むこともできなかった。たばこも吸えなかった。外の空気さえ吸えなかった」と述べた。

ノセンコの証言は、二〇〇一年九月の同時多発テロ事件のあとでCIAに捕まった容疑者の証言と酷似している。「警備員に捕まって目隠しをされ、手錠をかけられて車に乗せられ、空港で飛行機に乗せられた。それから別の場所へ連れて行かれて、コンクリートの部屋へ入れられた。ドアには鉄の横棒がついていた。部屋にはマットレスの載った鉄のベッドがあるだけだった」とノセンコは述べた。

ノセンコはさらに三年間にわたって心理的な脅迫と肉体的な苦労に耐えなければならなかった。CIAの独房でテネント・バグリーの行った敵対的な尋問の録音テープがCIAのファイルに保存されている。ノセンコの低い声がロシア語で懇願する。「心から……心の底からお願いする……どうか私を信じてくれ」。バグリーの甲高い声が英語で怒鳴り返す。「そんなのはでたらめだ。うそだ、うそだ」。

バグリーはこれによってソ連部門の次席に昇進し、リチャード・ヘルムズから諜報殊勲章を贈られた。

一九六四年夏の終わり近く、ユーリ・ノセンコについてウォレン委員会に説明する任務がヘルムズに回ってきた。それは極度に微妙な問題だった。委員会が任務を終える数日前、ヘルムズはウォレン最高裁判事に、「CIAは、大統領暗殺に関して潔白であると主張するモスクワの言い分を受け入れることはできない」と述べた。アール・ウォレンはこの土壇場の進展を快く思わなかった。委員会の最終報告はノセンコの存在には触れなかった。

ヘルムズ自身、ノセンコの監禁を心配し始めた。「これまでやってきたように、アメリカの法律に違反して彼を不当監禁しておくわけにいかないことは、私も認識していた。[23]もしも現在、同様な事態を抱えていたらどうなっていただろうか。法律は変わっていないのである。ノセンコのような人物をどうするのか、私には分からない。当時、われわれは司法省に指導を求めた。法律に違反してノセンコを拘束していることは明らかだった。しかし、どうすればよかったのだろうか。釈放してしまって、そして一年経ってから『君たちはもっと良識をもって行動すべきで、あんなことをすべきではなかった。彼こそはだれがケネディ大統領を殺害したかを知る鍵だったのだ』などと言われたかもしれなかった」。

ＣＩＡは別の調査チームを派遣してノセンコを尋問した。このチームは彼が事実を述べていると断定した。ノセンコは亡命から五年後、ついに釈放された。八万ドルと新しい身元を与えられ、ＣＩＡから給与をもらうことになった。

だがアングルトンとその仲間はそれで幕を引こうとはしなかった。ＣＩＡ内部の裏切り者探しのためにソ連部門は分裂状態になった。ＣＩＡに潜り込んだ二重スパイを探すモグラ狩りは、スラブ系の姓をもつ職員の点検から始まった。それは命令系統を上っていって、ソ連部門の責任者にまで達した。このためＣＩＡのロシア作戦は十年間にわたって麻痺状態になり、それが一九七〇年代まで続いた。

ノセンコの亡命から二十五年して、ＣＩＡはノセンコをめぐる物語の最終章を書こうと苦闘した。ＣＩＡはこの事件について全部で七件に上る大がかりな調査(24)を行った。ノセンコは有罪を宣告され、免責となり、再び起訴され、そして最後にＣＩＡのリッチ・ヒューアーが冷戦の終結にあたって最後の審判を下したのである。ヒューアーは当初、全体的なマスタープロットの存在を固く信じていた。だがその後、ノセンコがアメリカにもたらしたものの価値を考えてみた。ノセンコはＫＧＢが関心を示した外国人約二百人とアメリカ人二百三十八人について身元を明らかにし、あるいは捜査の糸口を提供した。さらにノセンコは三百人ほどのソ連諜報員と海外の連絡相手、そしてほぼ二千人のＫＧＢ職員をアメリカに教えた。ソ連がモスクワの米大使館に仕掛けた隠しマイク五十二個の場所も正確に指摘した。ソ連が外国の外交官やジャーナリストを脅迫する手口についても、CIAの知識を広げてくれた。マスタープロットの存在を信ずるには、その前提として次の四つのことを信じなければならなかった。その第一は、モスクワが潜入スパイ一人を守るために、以上のすべての情報を代償として提供すること、第二は、共産主義国からの亡命者はすべてペテンであること、第三は、ソ連の巨大な諜報機関はひたすらアメリカを惑わせるためだけに存在すること、そして最後は、ケネディ暗殺の背後には測り知れない共産主義の陰謀が横たわっていることだった。

リチャード・ヘルムズにとっては、事件はまだ完結していない。ソ連とキューバの諜報機関がすべてのファイルを引き渡すまでは、最終的な解決を見ることはない、とヘルムズは言う。ジョン・F・ケネディ殺害は、安物のライフルと七ドルの望遠鏡をもった錯乱状態の流れ者の仕業だったのか、それともリンドン・ジョンソンが大統領任期の終わり近くに語ったように真実はもっと恐ろしいものだったのか。

ジョンソンはこう語っている。

「ケネディはカストロを殺《や》ろうとしていたが、カストロのほうが先に彼を殺《や》ってしまった」

第22章　「不吉な漂流」　トンキン湾事件

ケネディ時代の秘密工作は、リンドン・ジョンソンに生涯を通じてつきまとうことになる。ジョンソンが何回となく繰り返したのは、ダラスでの出来事はディエムに代わって神が行った天罰だ、ということだった。「われわれは一緒になって悪漢どもを集め、[1]攻撃をしかけて彼を暗殺した」と嘆いていた。大統領になってからの一年間に、サイゴンではクーデターが相次ぎ、謎に包まれた反乱勢力がベトナムのアメリカ人を殺害し始めた。ＣＩＡが政治的殺人の道具になっているのではないか、とジョンソンは懸念を募らせていた。

ジョンソンはいま、ボビー・ケネディが隠密作戦に対して大きな権限を振るっていることを知った。そしてボビーが大統領の地位を争う公然たる競争相手であることを見てとった。一九六三年十二月十三日、オーバル・オフィス（大統領執務室）でジョン・マコーンと会った時、ケネディは政府を去るつもりなのか、去るとすればそれはいつか、と単刀直入に聞いた。「司法長官のロバート・ケネディは自分では留任するつもりだった[2]が、大統領が、彼に諜報活動、国家安全保障問題、防諜事項にどの程度関わらせるかはわからなかった」とマコーンは述べている。その答えはすぐに明らかになった。秘密工作の支配者としてのボビーの時代は終わっていた。七ヵ月後、ボビーは司法長官の座を去った。

十二月二十八日、マコーンはテキサス州のＬＢＪ牧場へ飛び、朝食をとりながら大統領にサイゴン訪問の報告を行った。「大統領は『いわゆるマントと短剣のスパイを連想させるＣＩＡのイメージを変えたい』(3)との願望を即座に提起した」とメモに記録している。マコーンもこれに大賛成だった。ＣＩＡの唯一の合法的任務は諜報を集め、分析し、報告することであり、海外の国家を倒す陰謀をめぐらすことではない、と答えた。ジョンソンは言った。「自分の名前やＣＩＡの名前が引き合いに出されるのは卑劣な策略と関連のある時に限られる、そんな状況にはうんざりだ」。

ところが、当時ジョンソンは、ベトナムで全面攻勢に出るべきか、それとも撤退すべきか、決めかね、夜も眠れないほどだった。アメリカの支援がなければ、サイゴンは崩壊するだろう。何千、何万ものアメリカ軍部隊を投入したくはなかった。だが、引き揚げると思われるわけにもいかなかった。戦争と外交の間にある唯一の道は秘密工作だったのである。

「諜報の仕事を管理できない」

一九六四年の初め、マコーンと新しいサイゴン支局長のピア・デシルバが大統領にもたらしたのは悪いニュースばかりだった。マコーンは「事態を極度に心配していた(4)」。「われわれが戦争の趨勢を測っている諜報データはひどく間違っている」と考えていた。ホワイトハウスと議会にこう警告した。「ベトコンは、北ベトナムから、そしてもしかしたら他からも、かなりの援助を受けており、この援助は増大する可能性がある。国境や広大な水路や長い海岸線を封鎖してこれを阻止するのは、不可能ではないにしても、困難である。ベトコンの南ベトナム国民への政治的な訴えかけは、功を奏している。それはベトコンの武装勢力に新たな兵士を供給し、ベトコンに対する反感を弱めている」。

サイゴン支局の北ベトナムに対する二年間の準軍事計画、プロジェクト・タイガーは、死と裏切りをもたらして終わった。今度は国防総省がＣＩＡと協調して再びやり直すことを提案した。作戦計画34Ａと呼ばれるこの計画は、一年間にわたって一連の隠密襲撃を行って、ハノイに南ベトナムとラオスでのゲリラ活動を止めさせることを目的としていた。その柱は、諜報および特別攻撃チームを空から北ベトナムに降下させるとともに、海岸沿いに海から攻撃を加えることだった。攻撃部隊は南ベトナム軍特殊部隊で、これを補う形で中国国民党と韓国の義勇兵が加わった。彼らの訓練に当たったのはＣＩＡだった。マコーンはこの攻撃がホー・チ・ミンの決意を変えるとは思っていなかった。「これが（アメリカ人の作り出した）ピーナツバター以来の名案ではないことを大統領に知らせるべきだ」(5)とマコーンは周囲にもらした。

ＣＩＡは命令に従って、アジアの準軍事活動ネットワークをベトナムに置かれた国防総省特殊作戦グループに引き渡した。ＣＩＡをスパイ活動から引き離し、通常の軍事支援スタッフとしての役割に押しやろうとする「不吉な流れ」にヘルムズは警告を発した。ＣＩＡの行政本部長ライマン・カークパトリックは「秘密工作本部が統合参謀本部に飲み込まれようとしているため、ＣＩＡは分裂と崩壊に直面する」と予測した。この懸念はあたることになる。

一九六四年三月、大統領はマコーンと国防長官のマクナマラを再びサイゴンに派遣した。帰国したマコーン長官は、戦争がうまくいっていないことを大統領に報告した。「マクナマラ氏は事態がうまくいっているとして、非常に楽観的な見解を示した」とマコーンはＬＢＪ大統領図書館のための口述歴史で述べている。「私はホー・チ・ミン・ルートが開かれているかぎり、補給物資や護送隊は中断することなく入ってくることができる、との立場をとらざるをえなかった。事態がそれほど良好だと言うわけにはいかなかった」。

ジョン・マコーンにとっては、それがＣＩＡ長官としての経歴の終わりの始まりだった。リンドン・ジョンソンはオーバル・オフィスの扉を閉ざしてしまったのである。CIAと大統領の間のコミュニケーションは、世界の出来事に関する週二回の書面による報告に限定された。大統領がそれを読むのは暇な時、それも気が向けばの話だった。四月二十二日、マコーンはバンディにこう言った。「ジョンソン大統領がケネディ大統領やアイゼンハワー大統領が習慣としていたように、私から直接諜報報告を受けないのは極めて遺憾である」[6]。それから一週間後、LBJに「あまりお会いしていませんが、それが気がかりです」と告げた。それでジョンソンとマコーンは五月になってバーニングツリー・カントリークラブで一緒にゴルフをやって八ホール回った。だが二人が実質的な会話をしたのは十月になってからだった。大統領は就任後十一ヵ月して初めて、CIAはどれほど大きいのか、どれだけ経費がかかるのか、具体的にはどのような形で大統領の役にたつのか、などをマコーンに質したのである。長官の勧告は、ほとんど聞き入れられず、ほとんど注意も払われなかった。大統領が耳を貸さなければ、長官にはなんの力もなかった。その力がなかったために、CIAは一九六〇年代の危険な「中間航路」へと漂流し始めたのである。

ベトナムをめぐるマコーンとマクナマラの分裂は、もっと深い政治的な溝を明るみに出した。法律の下では、CIA長官はアメリカのすべての諜報機関を統合する取締役会会長のはずである。だが国防総省は二十年来、CIA長官には第二バイオリンを弾かせようとしてきたのだ。「インテリジェンス・コミュニティ」と呼ばれる音の揃わぬ楽団で。大統領の諜報諮問委員会は六十年間にわたって、長官がこのコミュニティを統率し、最高経営責任者を別途定めてCIAの運営を任せるべきだ、と言ってきた。アレン・ダレスはこの構想に強く抵抗し、秘密工作以外のことに注意を払おうとしなかった。マコーンは「マントと短剣」のスパイ活動から脱却したいと言い続けていた。だが一九六二年には、CIAの秘密工作は予算の三分の二近く、マコーンの時間の九〇%を占有していたのである。マコーンはアメリカの諜報活動に対して権限を欲しがっていた。自らの責任に見合った権限を必要としていた。だがそれを与えられることはなかった。国防総省が至る所で妨害したのである。

それまでの十年間に、アメリカの諜報部門に重要な機関が新たに三つも生まれていた。三つとも名義上は長官の指導下にあったが、その権限は紙の上だけのものだった。そのなかの国家安全保障局(NSA)は、米諜報部門の地球規模の電子盗聴機関で、ますます巨大化していたが、これも長官が監督していることになっていた。NSAは朝鮮戦争の不意打ちを食らった後、ウォルター・ベデル・スミスの説得で一九五二年にトルーマンによって創設された。だがその資金と権限を握ったのは国防長官だった。マクナマラはまた、新しい国防情報局[7](DIA)をも支配していた。DIAは、ピッグズ湾の後、陸軍、海軍、空軍、海兵隊から上がってくる雑多な情報を調整する目的で、マクナマラ自身が作ったものである。さらに一九六二年にスパイ衛星を建造するために生まれた国家偵察局(NRO)がある。一九六四年春、空軍の将軍たちが年間十億ドル規模の同プログラムの支配権をCIAから奪おうとした。この権力争奪戦で脆弱なNROにひびが入ってしまった。

「国防長官と大統領に、NROなどくそ食らえだ[8]、と言ってやりたいところだ。私のやるべきことは、大統領に電話をかけて、新しいCIA長官を見つけてくれ、と言うことだと思う。……国防総省の役人たちがあれやこれやと口を出して、だれも諜報の仕事を管理できない状態になっている」とマコーンは怒りをぶちまけた。

マコーンはその夏に辞任しようとしたが、リンドン・ジョンソンは少なくとも選挙の投票日までは長官の職に留まるよう命じた。いまやベトナム戦争は頂点に達しており、忠誠の見せかけがなによりも重要だった。

「飛び魚を撃つ」

戦争はトンキン湾決議によって公認された。この決議は、八月四日にアメリカの船が国際水域で北ベトナムからいわれのない攻撃を受けた、と大統領と国防総省が発表し、これを受けて採択されたものだった。この攻撃に関する諜報をまとめ、管理していた国家安全保障局（NSA）は、その証拠が絶対確実であることを強調した。ロバート・マクナマラもそれを断言した。ベトナム戦争に関する海軍の公式記録もそれを決定的な事実だとしている。

それは単純な間違いなどではなかった。ベトナム戦争は捏造された諜報に基づく政治的な嘘で始まった。CIAがその綱領に沿って機能していたとすれば、マコーンが法律に基づく自らの義務とみなすものを遂行していたとすれば、その虚偽の報告は数時間も通用しなかっただろう。だが事実の全容がNSA公表の詳細な供述書(9)によって明らかにされたのは、二〇〇五年十一月になってのことだった。

国防総省とCIAは、一九六四年七月、六ヵ月前に始まった作戦計画34Aの地上攻撃は、まさにマコーンが警告していたように、一連の無意味な刺し傷を与えただけだった、との判断を下した。アメリカはCIAのタッカー・グーゲルマンの指導の下に海上での奇襲攻撃を強化した。グーゲルマンは歴戦の海兵隊員で、後にベトナム戦争の最後の米軍戦死者として名を残すことになる。グーゲルマンを支援するため、ワシントンは北に対する偵察を強化した。海軍は敵の暗号通信を盗聴する計画に乗り出した。暗号名を「デソト」という作戦がそれで、専門用語では信号諜報、省略してSIGINTと呼ばれた。この任務は貨物コンテナほどの大きさの黒い箱のなかで始まった。箱はベトナム沖合いの駆逐艦の甲板に括り付けられ、そのなかで少なくとも六人ほどの海軍安全保障グループ将校がアンテナとモニターを操作していた。彼らが傍受した北ベトナム軍の交信は、NSAで解読、翻訳された。

統合参謀本部は、ジョン・ヘリック艦長指揮下の米艦マドックスをデソト作戦のために派遣した。マドックスは奇襲攻撃に対する北ベトナムの反応を「刺激し、記録する」よう命令されていたが、陸地から八カイリ、トンキン湾内の沿岸諸島から四ノットの距離を保つよう指示された。アメリカはベトナムに関しては国際水域の限界十二カイリを認めていなかった。一九六四年七月の最後の夜と八月の最初の夜、マドックスは北ベトナム中部海岸沖のトンキン湾で作戦計画34Aのホンメ島攻撃をモニターしていた。北の反撃を追跡し、ソ連製の巡視艇が魚雷と機関銃を装備して島を出るのが分かった。

八月二日午後、マドックスはこれらの巡視艇の三隻が近づいてくるのを探知した。ヘリック艦長は第七艦隊の同僚指揮官に緊急メッセージを送り、必要な場合にはこれら巡視艇に発砲することを知らせた。駆逐艦ターナー・ジョイと空母タイコンデロガのジェット戦闘機に支援を要請した。午後三時すぎ、マドックスは北ベトナム巡視艇に三回発砲した。この発砲は、国防総省あるいはホワイトハウスから、報告もされなければ、確認もされなかった。共産側が最初に発砲した、と彼らは主張した。マドックスがまだ発砲を行っていた時、海軍のF-8Eジェット機四機が巡視艇を爆撃し、四人の水兵を死亡させ、二隻を大破させ、残りの一隻にも損害を与えた。共産側巡視艇の艇長たちは海岸の入り江に逃げ込んで避難し、ハイフォンからの命令を待っていた。マドックスにも機関銃の銃弾一発が命中した。

八月三日、ジョンソン大統領は米軍のトンキン湾でのパトロール続行を宣言、国務省はハノイに対して初めての外交覚書を送り、「今後さらにいわれなき軍事行動があった場合」には「重大な結果」が起こると警告した。まさにその時、作戦計画34Aの別のグループが挑発的な海上攻撃に派遣され、ベトナム沖合いのホンマット島にあるレーダー基地を攪乱しようとしていた。

次いで八月四日の嵐の夜、二隻の駆逐艦の艦長、第七艦隊の司令官、国防総省の指導者らは、陸上のSIGINTオペレーターから緊急警報を受け取った。八月二日にホンメ島沖で米艦と遭遇した北ベトナム巡視艇三隻が戻ってきたというのである。ワシントンではロバート・マクナマラが大統領に連絡した。トンキン湾で午後十時、ワシントン時間午前十時、米海軍の二隻の駆逐艦がいままさに攻撃を受けていることを知らせる至急メッセージを送ってきた。(10)

マドックスとターナー・ジョイ艦上のレーダーおよび水中音波探知機オペレーターたちは、その夜、ぼんやりした染みのようなものを見た、と報告している。両艦の艦長は発砲を命じた。二〇〇五年に機密扱いを解かれたNSA報告は「二隻の駆逐艦はトンキン湾の暗い海面を必死で旋回し、ターナー・ジョイは三百発以上の砲弾を死にもの狂いで撃ちまくり」、両艦とも激しい回避行動をとった、と述べている。「こうした米軍艦の海上における高速旋回が水中音波探知機に多数の魚雷の存在を誤認させる結果を招いた」のだった。アメリカの艦船は自分たちの影に怯えていたのである。

大統領は直ちに北ベトナムの海軍基地に対する爆撃をその夜から開始するよう命令した。一時間以内にヘリック艦長は「行動全体が多くの疑念を残している」旨を報告した。九十分後、こうした疑念もワシントンでは消えた。NSAが国防長官とアメリカ大統領に、北ベトナム海軍のコミュニケを傍受した、と報告したからである。それには「二隻を犠牲にするも他はすべて無事」とあった。

だがアメリカ軍による北ベトナム空爆が始まった後、NSAがその日に傍受した交信を点検したところ、何もなかった。南ベトナムとフィリピンのSIGINT傍受チームも再点検を行った。やはり何もなかった。NSAは大統領に渡した傍受記録を改めて調べ、翻訳とメッセージ原本の日付印を再確認した。

見直したところ、そのメッセージの実際の意味は「同志二人を犠牲にするも全員勇敢である」だった。このメッセージは八月四日にマドックスとターナー・ジョイが発砲する直前またはその瞬間に作られたものだった。内容はその夜の出来事ではなく、二晩前の八月二日の最初の衝突のことだった。NSAはこの突出した事実を隠してしまった。だれにも言わなかった。分析担当者も翻訳担当者も、その日付印を三回、四回と見直した。だれもが―懐疑的な人間をも含めて、だれもが―黙っていることに決めた。NSA指導部は、八月五日から八月七日の間の作戦行動報告および摘要を、別々に五種類作成した。真実の事実の公式見解として正式の時系列事件経過表を作った。すなわちトンキン湾で起きたことに関する最終的な見解、将来の世代の諜報分析専門家および軍事指揮官のために残す歴史だった。

この過程でNSAのだれかが決定的証拠―マクナマラが大統領に見せた傍受無線の記録―を隠滅してしまった。当時CIA副長官だったレイ・クラインによると、「マクナマラは生のSIGINT記録をもって行って[11]、それを二回目の攻撃の証拠だと思って大統領に見せた。それこそまさにジョンソンが求めていたものだった」。合理的な世界であれば、トンキン湾からのSIGINT報告を厳しく点検し、その意味を独自に解釈するのがCIAの任務だったはずである。だがそれはもはや合理的な世界ではなくなっていた。「もはや遅すぎて、何をしても同じことだった。飛行機はすでに飛び立っていたのである」とクラインは述べた。

二〇〇五年十一月のNSAの報告は告白する。「厖大な量の報告を利用していたとすれば、攻撃などなかった事実が明らかになっていただろう。そこで攻撃があったことを立証しようとする意識的な努力が行われた。……八月四日夜にトンキン湾で起こったと称する事態に合わせてSIGINT報告を細工しようとする積極的な努力である」。報告の結論によると、諜報は「攻撃があったとする見解を支えるために故意に歪められた」のである。アメリカの諜報担当者は「矛盾する証拠をもっともらしく説明してしまった」と言える。

リンドン・ジョンソンは二ヵ月前から北ベトナムを爆撃しようとしていた。一九六四年六月、国家安全保障問題担当大統領補佐官の兄で、かつてＣＩＡの分析官だったビル・バンディ極東担当国務次官補が、大統領の命を受けて、時機が熟せば議会に提出できるように戦争決議案を作成していたのである。

この捏造諜報はかねて用意されていた政策にぴったりだった。八月七日、議会はベトナムでの戦争を認可した。下院は四百十六対ゼロ、上院は八十八対二で可決した。クラインの言うように、この「ギリシャ悲劇」ともいうべき政治劇は、四十年後に再演され、イラクの兵器に関する虚偽の諜報が別の大統領の戦争を正当化することになった。

トンキン湾で実際にはなにが起きたのか。リンドン・ジョンソンは四年後、それをひとことで要約している。「いまいましいが、あのばかな水兵たちは飛び魚を撃っていただけだった[12]」。

（下巻に続く）

著者によるソースノート　上巻

主要文献

——国立公文書館のＣＩＡ記録検索端末から取得したＣＩＡ文書（CIA/CREST）
——ＣＩＡの諜報研究センターのＣＩＡ文書（CIA/CSI）
——機密解除文書記録システムから取得したＣＩＡ文書（CIA/DDRS）
——国立公文書館（NARA）
——*The Foreign Relations of the United States*（FRUS）．このうち“Emergency of the Intelligence Establishment, 1945-1950,”に登場する記録は“FRUS Intelligence.”
——Foreign Affairs Oral History（FAOH）
——Franklin D. Roosevelt Presidential Library, Hyde Park, NY（FDRL）
——Harry S. Truman Presidential Library, Independence, MO（HSTL）
——Dwight D. Eisenhower Presidential Library, Abilene, KS（DDEL）
——John F. Kennedy Presidential Library, Boston, MA（JFKL）
——Lyndon B. Johnson Presidential Library, Austin, TX（LBJL）
——Richard M. Nixon Presidential Library, Yorba Linda, CA（RMNL）
——Gerald R. Ford Presidential Library, Grand Rapids, MI（GRFL）
——Jimmy Carter Presidential Library, Atlanta, GA（JCL）
——George H.W. Bush Library, College Station TX（GHWBL）
——Hoover Institution Archives, Stanford University, Stanford, CA
——諜報活動に関する政府活動特別調査委員会の記録（以後“Church Committee”）

ＣＩＡの秘密工作活動に関する記録は、機密解除文書と非公式の情報源から取得した。ゲーツ、ウーズリー、ドイッチュの三人の歴代ＣＩＡ長官は、過去の主要な秘密活動九件について記録の機密解除を約束したが、ＣＩＡはその約束を守っていない。

九件の中身は次のとおり。

一九四〇年代および五〇年代におけるフランスおよびイタリアでの活動、一九五〇年代の北朝鮮における活動、一九五三年のイランでの活動、一九五八年のインドネシアでの活動、一九五〇年代および六〇年代のチベットにおける活動、さらに一九六〇年代のそれぞれコンゴ、ドミニカ共和国、ラオスにおける活動。グアテマラでの活動に関する文書はようやく二〇〇三年に公表された。ピッグズ湾をめぐる文書はほとんどが流出しており、イランの歴史に関する記録も漏出している。それ以外は依然として公式に封印されたままになっている。著者が本書執筆のため、国立公文書館で資料の収集と秘密扱い解除の許可をとろうとしている間にも、CIAは一九四〇年代にまでさかのぼる文書の機密扱いを密かに進め、法律を軽視し、約束を反故にしている。それでも歴史家や公文書記録係、ジャーナリストらの仕事は、本書執筆の基礎を築いてくれた。

第一部

第1章

18 (1) **「自分が大統領職を引き継いだとき」** Truman to David M. Noyes, December 1, 1963, David M. Noyes papers, HSTL.

19 (2) **「世界的な全体主義との戦争においては」** Donovan to Joint Psychological Warfare Committee, October 24, 1942, NARA.

19 (3) **「外国の能力、意図、活動」……「海外での破壊活動」** Donovan to Roosevelt, "Substantive Authority Necessary in Establishment of a Central Intelligence Service," November 18, 1944, reprinted in Thomas F. Troy, CIA/CSI, republished as *Donovan and the CIA* (Frederick, MD: University Publications of America, 1981), pp. 445-447.

19 (4) **「直ちに船の建造にとりかかる」** Donovan to Roosevelt, OSS folder, President's Secretary's file, FDRL. ルーズベルトはかつて、多少の悪意も込めて、もしドノバンがアイルランド人、カトリック、共和党員のいずれでもなければ大統領になれたかもしれない、と語ったことがある。

20 **(5)「彼の想像力には限りがなかった」** ダレスの演説、"William J. Donovan and the National Security," で引用されている。日付なし。おそらく一九五九年、CIA/CSI.

21 **(6)「民主主義にとっては著しく危険なもの」** Troy, *Donovan and the CIA*, p. 243. これは広く持たれた見方だった。しかし軍は戦争中、もっとまずいやり方をしていた。陸軍の諜報責任者、ジョージ・ストロング少将はドノバンの新しく独立したOSSに厳しい目を向けており、独自の諜報部門をつくることを決めていた。ストロング少将は一九四二年十月、戦争省の軍事諜報責任者のヘイズ・クローナー准将にこの組織を創設するよう指示した。それを受けてクローナーはドノバンの組織から反逆者の陸軍大尉、ジョン・「フレンチイ」・グロンバックを引き抜き、彼に途方もない命令を言い渡した。中身は、戦時の同盟国であった英国とソ連による、アメリカに対するスパイと破壊活動を監視せよというものだった。グロンバックは自分の諜報組織を「ザ・ポンド」と名づけた。この組織は上部からの抑制がきかず、その報告がまったく信用できなかった。グロンバック自ら、自身の仕事の八〇%はゴミ箱行きだったと語っている。「ザ・ポンド」は、組織の存在の秘密を保つことにだけは成功した。「その存在は知られていなかった」とクローナーは語っている。その存在を知っていたのは「大統領を含むごくわずかの人だけだった」。「大統領は、一部の作戦については承認を与えねばならないことから、組織の存在は知っていた」。しかしグロンバックに与えられた命令は野心的なものだった。「大統領は単に当面の戦争努力の一つとして秘密諜報組織を制度化しようとしただけでなく、より恒久的な、より遠くまでを見据えた諜報組織の基礎を築こうとしていた」とグロンバックは証言している。「これがわが政府における、高い水準の諜報、破壊工作の誕生だった」。National Security Act of 1947, Hearing Before the Committee on Expenditures in the Executive Departments, June 27, 1947. Mark Stout, "The Pond: Running Agents for State, War, and the CIA," Studies in Intelligence, Vol. 48, No. 3, CIA/CSIを参照。https://www.cia.gov/csi/studies/vol48no3/article07.html.

22 **(7) 国務省にある、さほど長くはない木製のファイル・キャビネットの列** 一九四一年十月、後に国務長官となるディーン・ラスク大尉は、アフガニスタンからインド、オーストラリアに至る広範な領域をカバーする陸軍諜報部門を新たに組織するよう命じられた。「情報の必要性はいくら誇張してもしたりない。われわれは無知という問題にぶつかっている」とラスクは語っている。ラスクはアメリカが手元においているファイルを見せてほしいと要請した。「ノースという名の老婦人が引き出しを開けて見せてくれた。その中にあったのは、『マーフィの旅行案内（セイロン・インド編）』だった。これには〝秘密〟の判が押してあった。ワシントンに一冊しかないため、なくさないようにという配慮からだった。それから、インドの英国軍について一九二五年にロンドンから武官が書き送った報告があった。それに、このノースさんが第一次大戦以降、切り抜いてきた『ニューヨーク・タイムズ』の記事が相当数あった。それだけだった」。第二次大戦中に、アメリカのパイロットがインドからヒマラヤを越えて中国に飛び、インドに戻ってきたときの飛行は、暗闇を飛行しているようなものだった、とラスクは振り返った。「米軍が活動している地域に関して縮尺百万分の一の地図さえもなかった」。ラスクが陸軍にビルマ語隊を設けようとしたとき、「アメリカ中でビルマ生まれの人間を捜した……ようやく一人見つけて、会いに行ったら、精神病院に収容されていた。なんとか、彼を精神病院から連れ出して、ビルマ語の教師に仕立て上げた」。Rusk testimony, President's Commission on CIA Activities (Rockefeller Commission), April 21, 1975, pp. 2191-2193, Top Secret, declassified 1995, GRFL.

22 (8) **ほとんど眠れないままに悲嘆にくれていたドノバン** Troy, *Donovan and the CIA*, p. 265.

22 (9) **「どんな意味を持つと思うか」** Joseph E. Persico, *Casey: The Lives and Secrets of William J. Casey: From the OSS to the CIA* (New York:Viking), p. 81.

23 (10) **「深刻な害を」** Park report, Rose A. Conway files, OSS/Donovan folder, HSTL.

24 (11) **「欠陥と危険」** Donovan to Truman, "Statement of Principles," FRUS Intelligence, pp. 17-21.

第2章

26 (1) **「覚えておかねばならないのは」** ヘルムズと著者のインタビュー。

27 (2) **「とても賢明とは思えない」** Stimson to Donovan, May 1, 1945, CIA Historical Intelligence Collection, CIA/CSI.

27 (3) **「ＯＳＳを守るために作戦を継続せねばならない」** McCloy to Magruder, September 26, 1945, FRUS Intelligence, pp. 235-236. トルーマンによるＯＳＳ廃止後のＣＩＡの生き残りに関する詳しい記

録はFRUS Intelligence, pp. 74-315. 特に秘密諜報活動に関するマグルーダーの試論、およびロベット報告を参照。

28 (4) **「諜報組織のための神聖な大義」** Michael Warner, "Salvage and Liquidation: The Creation of the Central Intelligence Group," *Studies in Intelligence*, Vol. 39, No. 5, 1996, CIA/CSI.

28 (5) **「われわれの主たる目標が、ロシアのしようとしていることに向けられていることがはっきりしてきた」** ポルガーと著者のインタビュー。

28 (6) **「ロシア人が東ドイツのシステムを完全に支配するのを目に」** シケルと著者のインタビュー。

29 (7) **つながりをつけることに成功** Wisner to Chief/SI, March 27, 1945, CIA/DDRS.

30 (8) **「秘密の諜報活動」** Magruder to Lovett, "Intelligence Matters," 日付なし。おそらく一九四五年十月後半か。FRUS Intelligence, pp. 77-81.

30 (9) **「情報収集の努力は多かれ少なかれ立ち往生していた」** William W. Quinn, *Buffalo Bill Remembers: Truth and Courage* (Fowlerville, MI: Wilderness Adventure Books, 1991), p. 240.

31 (10) **「見るからに粗製乱造、その場限りのもの」** Richard Helms with William Hood, *A Look over My Shoulder: A Life in the Central Intelligence Agency* (New York: Random House, 2003), p. 72.

クイン大佐は北アフリカ、フランス、ドイツに駐留する陸軍第七師団で首席諜報将校として、ＯＳＳと直接、連携して仕事をしていた。新しい諜報組織を設けるについてはワシントンで猛烈な反対に直面していた。大佐はソ連のバルチック艦隊に関する内部情報一式を海軍諜報室のある提督のもとに届けた。提督は「君の組織には共産主義者が浸透している」と応えた。「そちらが私に渡したいと考えるものも、こちらとしては受け取るわけにはいかない」。そのように情報提供を断られたケースが幾度かあった。クインはそこでワシントンで唯一のしかるべき筋から問題なしとの証明を得ることに決めた。ＦＢＩのＪ・エドガー・フーバーのもとに足を運び、事情を説明した。フーバーは笑みを浮かべ、問題を考えながら唇をなめまわした。「これはなかなかわるくない話だ」と言った。「大佐、私はあのドノバンと徹底的に戦ったよ、特に中南米の作戦に関しては、ね」。ＦＢＩは戦後、リオ・グランデ以南のすべての国から引き揚げるよう命令されていた。フーバーの捜査官たちは情報のファイルをＣＩＡに渡さず、焼き払った。それが終わりなき戦いの始まりだった。いま、さし当たってクインは頭を下げてＦＢＩにやってきたことで、フーバーの憎しみも少しは和らげられた。「私はドノバンに感心はするが、好きにはなれない」とフーバーは続けた。「くるところまできた、というわけだが、何をしてもらいたいのかね」。クインは答えた。「あなたの質問に対する単純な答えは、私の組織に共産主義者がいるかどうか、調べてもらいたいということ」。

「それはやれますね」とフーバーは言った。「全国的に調べてみましょう」。

「政府転覆活動の有無と同時に、犯罪活動の有無についても調べてもらえますか」

「結構でしょう」

「そのやり方を決める前に、後世のために、そして最善の協力を実現するために、あなたの連絡役をわれわれの組織に送り込んでもらいたいのですが」

これにはフーバーも腰を抜かしそうになった。「彼が何を考えていたか、分かっていた」とクインは振り返った。「おそらくこんな風に思っていたのではないか。何ということだ。この男はこともあろうに、自分の組織に直接、入り込んできてほしいと言っている」」。クインはその後十年近くワシントンに降りかかった赤の恐怖が始まろうとした矢先に、自分の組織がそれを生き残るためにFBIの反共予防接種を必要としていたのだ。彼の決定は、国内におけるCIAの立場と評判を一時的にせよ、高めた。

クイン大佐は一九四六年七月、バンデンバーグ中央情報長官により、特別作戦室の室長に任命され、諜報と海外での秘密活動の責任者となった。新しい任務が、「自分がそれまで経験した組織や指揮、監督の原則に反するもの」であることを知った。金を調達するために、議会へ出かけて少数の議員に千五百万ドルを諜報活動のために要求した。「この人たちがわれわれのしていることを何も知らないことは分かっていた」。そこでクインは秘密幹部会を開くよう要請し、議員たちに、ベルリンでスパイとして雇われ、夜中にソ連の文書を写真撮影する掃除婦の感動的な話をして聞かせた。議員たちはこの手の話に夢中になった。クインは隠し予算をせしめて、それがアメリカの諜報活動を支えるのに役立った。

クインはまた、ビル・ケーシーのようなOSS上がりも使おうとした。ケーシーは三十五年後にCIA長官になった。しかし一九四六年当時は、引き続き国に奉仕するよりウォールストリートで金儲けにいそしむことを望んでいた。ケーシーやそのOSS時代の仲間たちは、諜報が軍務では冷遇され、大きな戦略的構図に焦点を当てた有能な文民の下で仕事をするというのではなく、一時的な戦術に束縛された将官たちに指図されることを恐れていた。アメリカの諜報は脅かされている、とケーシーはドノバンにあてて書いた。脅かしているのは、「今日の道義的、政治的雰囲気であり、かなりの程度、亡くなったわれわれの最高司令官（ルーズベルト大統領）に責任がある」。ケーシーが推薦してきた人物のリストには、のちに朝鮮戦争中、中国に対する秘密作戦を指揮しようとしたハンス・トフテ、それに一九五〇年代初め、鉄のカーテン越しに工作を遂行しようとしたマイク・バクらが含まれていた。Quinn, *Buffalo Bill Remembers*, pp. 234-267. J. Russell Forgan letter to Quinn, May 8, 1946; all three letters in J. Russell Forgan papers, Hoover Institution, Stanford University.

31 (11) **「自分の人生で、これほどみじめで苦しい思いをしたことはかつてなかったし、これからもないと思う」** Sherman Kent, *Reminiscences of a Varied Life*, n.d., privately printed, pp. 225-231. ケントは一九四六年に次のように書いている。「当初から、運営上の問題が上層部であった。その多くは避けられるものだった。例えば、新任、交代、昇進の遅れといった人事に関する決定が氷河の動きのようにのろかったり、または全然動かなかったりした。代替のきかない専門職の人材にとって、政府外の生活がますます魅力的に見えるようになった。組織にとって重要度の高い人たちから、去っていき始めた。その交代の人材がいないために、士気が低下した」。"Prospects for the National Intelligence Service," *Yale Review*, Vol. 36, No. 1, Autumn 1946, p. 116. のちにＣＩＡ長官となるウィリアム・コルビーは、調査分析部門の研究者と、秘密工作部門のスパイを分離したことで、諜報を専門とする人たちの間に二つの文化を作ることになった、と書いている。二つの文化は切り離され、不平等な扱いをされ、二つが互いに軽蔑しあっていたという。この批判は、ＣＩＡ最初の六十年間を通して当たっていた。

31 (12) **スミスは大統領に……と警告した** 二〇〇四年にホワイトハウスが解禁したこの警告のタイトルは "Intelligence and Security Activities of the Government" 日付は一九四五年九月二十日、大統領がＯＳＳを廃した日だった。

31 (13) **「完全にぶちこわされる」** Harold D. Smith papers, "Diaries-Conferences with the President," 1945, FDRL.

31 (14) **「不名誉な扱い」** Smith memo, "White House Conference on Intelligence Activities," January 9,

1946, FRUS Intelligence, pp. 170–171.

32 (15) **「ホワイトハウスの昼食の席で」** Diary of William D. Leahy, January 24, 1946, Library of Congress; Warner, "Salvage and Liquidation," CIA/CSI.

33 (16) **トルーマンは、毎日届けられる情報を要約したものがほしいだけだと言った**　のちにＣＩＡの課報担当副長官になるラッセル・ジャック・スミスは一九四六年一月に初めて「中央情報グループ」が設けられたころのことを、次のように記憶している。「トルーマンは毎日のように『私の新聞はどこだ』と尋ねていた。トルーマンが大事だと考えていた中央情報グループの仕事は、毎日のニュースの要約であるかのように思われた」。前任者であるシャーマン・ケントは一九四九年に、ＣＩＡは「少数の礼儀正しく聡明なセールスマンが製品を売り込む、大都市圏の偉大な新聞」をまねるべく努力すべきだ、と書いた。ここでいう製品とは、大統領の新聞という意味だった。この新聞は「大統領要綱日報」として知られるようになった。その後六十年間、配送係が大統領に届けるこの日報は、ＣＩＡにとっての堅実な権力の源泉になった。しかし諜報の仕事に携わるスパイにとって、最も不必要なものは、新聞が必要とするような毎日の見出しだった。スパイ活動は毎日の見出しに都合のいいようなニュースを着実に生み出せるわけではない。背景にある真実を探り、敵の心の中を読み取るために、静かに国家機密を盗むことによって、じっくりと調査をする仕事である。「スパイ活動に対して本当に求められることと、目先の情報を伝える必要との間には、違いが」あったし、いまでもあると、二十八年間、ＣＩＡの秘密組織に関わってきたウィリアム・Ｒ・ジョンソンは書いている。アメリカの諜報の仕事は情報をもらったり、借りたり、流したりして、それに手を加えて大統領に売り込むことなのか。それとも海外で国家機密を盗み取ることなのか。この対立はスパイ活動に有利な方向で解決されることはなかった。三十年間、苦労を重ね、諜報活動の立場から発言してきたジョンソンは、目先の情報を集める仕事はＣＩＡの仕事の埒外だと結論した。次のような彼の言い分には十分な理由がある。「政治的思惑で動く人たちや、メディアへの情報提供者、金銭目当ての政治家を操る人々については、好きなようにやらせておけばいい。彼らの仕事は秘密ではない……国家安全保障会議で彼らのためにどこか場所をしつらえてやって、スパイ活動とは切り離せばいいのだ」。William R. Johnson, "Clandestinity and Current Intelligence," *Studies in Intelligence*, Fall 1976, CIA/CSI, reprinted in H. Bradford Westerfield (ed.), *Inside CIA's*

Private World: Declassified Articles from the Agency's Internal Journal 1955–1992 (New Haven, CT: Yale University Press, 1995), pp. 118–184.

33 (17) **「緊急の必要がある」** Souers, "Development of Intelligence on USSR," April 29, 1946, FRUS Intelligence, pp. 345–347.

35 (18) **「われわれは大きな敵を目前に置いておくことに慣れてしまった」** Kennan interview for the CNN Cold War series, 1996, National Security Archive transcript, available online at http://www.gwu.edu/~nsarchiv/coldwar/interviews/episode-1/kennan1.html.

35 (19) **「最高の個人教師」** Walter Bedell Smith, *My Three Years in Moscow* (Philadelphia: Lippincott, 1950), p. 86.

35 (20) **一九四六年四月の、星が空に散りばめられた寒い夜** Ibid., pp. 46–54.

37 (21) **「曲芸師の卵」** Helms, *A Look over My Shoulder*, p. 67.

37 (22) **「問題にカネをどんどん注ぎ込む」** Ibid., pp. 92–95. ベルリン本部の責任者、ダナ・デュランは、自分と部下が送り出した情報は「うわさや高級なゴシップ、政治がらみのおしゃべり」などが入り混じったものであることを認めた。Durand to Helms, "Report on Berlin Operations Base," April 8, 1948, declassified 1999, CIA. 数多くあるそうした偽情報のうち、カール－ハインツ・クラーマー「ストックホルム・アプヴェール」は、ロシアの航空機体産業に関する非常に詳細な報告をアメリカに売り込んだ。クラーマーはその報告が、ソ連国内の広範な工作員網から得られたものだと主張したが、実際には、情報源はクラーマーがストックホルムの書店で買った航空機の取扱書だった。James V. Milano and Patrick Brogan, *Soldiers, Spies, and the Rat Line: America's Undeclared War against the Soviets* (Washington, DC: Brassey's, 1995), pp. 149–150. もう一つのペテンでは、東ドイツからモスクワへの輸送品のなかから掠め取ったという触れ込みの「放射性ウラン」の塊を、ＣＩＡが買ったというものがある。この厄介な品物はアルミホイルに包まれた鉛の塊だった。この種の大失敗から、原爆を開発したマンハッタン計画の責任者だったレスリー・グローブズ将軍は、独自の諜報組織を編成し、世界中のあらゆるウランの産出源を突き止め、ソ連の核兵器開発を追跡することに専念させた。グローブズ将軍は、ヘルムズらの手のものが「満足に機能せず」、したがってソ連の原爆製造を進めるスターリンの計画を監視できないと判断し、自分の諜報組織の存在とその任務については、バンデンバーグとＣＩＡの目から隠していた。そのために、ＣＩＡはアメリカによる大量破壊兵器の独占がいつ終わるかを正確には予言できなかった。"Minutes of the Sixth Meeting of the National Intelligence Authority," August 21, 1946, FRUS Intelligence, pp. 395-400; Groves memo to the Atomic Energy Commission, November 21, 1946, FRUS Intelligence, pp. 458-460.

38 (23)「作戦行動のとれる機関」 Elsey memorandum for the record, July 17, 1946, CIA/CSI.

38 (24)「全世界の諜報工作員」 "Minutes of the Fourth Meeting of the National Intelligence Authority," July 17, 1946, FRUS Intelligence, pp. 526-533. 一九四六年の戦争恐怖騒ぎの文脈については次を参照。Eduard Mark, "The War Scare of 1946 and Its Consequences," *Diplomatic History*, Vol. 21, No. 3, Summer 1997.

39 (25)「陰謀、策謀、だまし討ち」 ホストラーと著者のインタビュー。ホストラーは戦争末期の数ヵ月、暫定的な任務でイタリアにいた。ナポリ郊外の千二百室もある王宮を足場に、ＯＳＳのジェームズ・アングルトンが「イタリアの諜報及び公安関係のネットワークに対する支配を強化する」のを手伝っていた。ルーマニアでの失敗の背景については次を参照。Charles W. Hostler, *Soldier to Ambassador: From the D-Day Normandy Landing to the Persian Gulf War, A Memoir Odyssey* (San Diego: San Diego State University Press, 1993), pp. 51-85; and Elizabeth W. Hazard, *Cold War Crucible* (Boulder, CO: Eastern European Monographs, 1996). ハザードはフランク・ウィズナーの娘。

第3章

41 (1)「とてつもなく重要な行事」 C. David Heymann, *The Georgetown Ladies' Social Club* (New York: Atria, 2003), pp. 36-37.

43 (2) この目立たない外交官の構想 ケナンはやがて、トルーマン・ドクトリンとＣＩＡをつくりあげたこの概念から身を退くようになる。彼は二十年後、次のように書いた。トルーマン・ドクトリンは特殊な問題から「普遍的な政策の枠組み」を作ろうとしたものだ。「米国から援助を受ける条件を満たすためにほかの国がやるべきことは、共産主義の脅威が存在していることを示すだけでよかった。共産主義者が少数派としても存在しない国などはほとんどなかった。それだけにこの前提は行き過ぎだった」。しかし一九四九年当時、ほとんどの米国人はこのドクトリンを自由陣営の高らかな宣言と理解した。トルーマンの演説当日、米国の諜報員だったジェームズ・マカーガーはブダペストで働いていた。ブダペストの米国公使館の士気は何ヵ月も続けて「下がる一方だった。というのも、ロシア人はしたい放題をしてハンガリーをまるごと我が物にしていた」。バルカンでも事情は同じだった。おそらくヨーロッパ全体でも同じことだった。米国とソ連の間で、「これが争いになること、本物の対決になることは疑問の余地がなかった」。「われわれはますます沈んだ気分になった」――が、それはトルーマン・ドクトリンが宣言されるまでのことだった。「われわれはその日の朝、みんな街頭に出て胸を張った」とマカーガーは言った。「われわれは世界中のほかの場所でも同じように民主勢力を支援するのだ」。George F. Kennan, *Memoirs 1925–50* (New York: Pantheon, 1983); p. 322; McCargar oral history, FAOH; マカーガーと著者のインタビュー。Vandenberg Memo, "Subject: Special Consultant to the Director of Central Intelligence," June 27, 1946, CIA/CSI.

トルーマン・ドクトリンの起源は一九四六年の戦争恐怖症にさかのぼる。一九四六年七月十二日、金曜日の夕刻、ソ連に対する最初の秘密作戦と戦争計画が姿を現そうとしていたその時に、ハリー・トルーマンはホワイトハウスで、顧問のクラーク・クリフォードとバーボンを舐めていた。大統領はクリフォードに、ソ連についてなぞを少しばかり説明してほしいと言った。それはCIAのニュース・サービスが大統領を満足させるだけの情報を提供できていないためだった。権力と自分の距離の近さにすでに少しばかり酔っていたクリフォードは、その仕事を引き受けることにした。トルーマンに彼ほど近い人物で、その資格に欠ける人物はほかにいなかった。クリフォードは外交政策や安全保障の分野については「実際の経験がなかった」。「自分は勉強しながら取り組むほかになかった。できることをやるだけだった」とクリフォードは語っている。ホワイトハウスに独自の素人による諜報集団を設けたのは、トルーマンが最初ではなかった。また最後でもなかった。トルーマンの補佐官だったジョージ・エルジーと共同で執筆したクリフォードの報告は、一九四六年九月初めに届けられた。それはケナンの言葉を借用し、それを土台に組み立てられていたが、さらに未知の領域に踏み込んだものでもあった。Clifford oral history, HSTL. "The Joint Intelligence Committee," CIA/CSI, 2000.

米国は、ソ連がいつでもどこでも攻撃できると仮想しておかねばならなかった。そのため大統領は、核兵器や生物兵器によるソ連との戦争にも備えておかねばならなかった。ソ連が理解する「唯一の言葉は軍事力の語る言葉」だからだ、と報告は指摘していた。それに替わる真に唯一の方策は、米国が世界中で「ソ連による何らかの脅威を受け危険に瀕している民主主義諸国を支え、助ける」努力をすることである。それを実行するには、米国は新しい統一性のある外交政策、軍事計画、経済援助計画、それにソ連の出ばなをくじく諜報活動を策定しなければならなかった。「自分たち自身の世界を構築するために」米国は西洋文明を先導しなければならなかった。

中央情報グループのバンデンバーグ長官はクリフォードのやろうとしていることをかぎつけた。彼はクリフォードにしてやられるのを防ぐために、トルーマンがクリフォードに報告を命じた一週間後に、報告担当主任のラドウェル・リー・モンタギューにソ連の軍事、外交政策に関するどっしりした報告をまとめるよう命じ、火曜日までに自分のデスクに届けるよう指示した。有能なスタッフのいないモンタギューはすべてを一人でやってのけた。それからの百時間以上、モンタギューはほとんど眠る時間もなく働き、締め切りまでに報告書を届けた。これはCIAが刊行したソ連に関する最初の分析となった。

モンタギューの結論は次のようなものだった。すなわち、モスクワは資本主義との衝突を予期し、鉄のカーテンの後ろにあるすべての国々に対する支配の強化を図るものの、次の戦争を引き起こすようなことはしないし、予見しうる限りの将来、米国と直接に対決する余裕は持ち得ないというものだった。これは推測としてはよくできたものだった。この報告はソ連に関する最初の評価だった。何百とある評価の一つだが、CIAの実施した作業の中でも最も難しく、かつ満足することの最も少ない仕事でもあった。その後作成された多くの評価と同じように、確実な事実に基づく部分はほとんどなかった。それはシャーマン・ケントがいみじくも言った「推定評価というものは何も知らないときに行うもの」という至言を裏付けるものだった。報告はあっけなく没になった。報告は、ホワイトハウスが白黒を明確にすることを求めているときに灰色の影を付けていた。またこれには基本的に弱点もあった。陸軍も海軍も国務省も、自分たちの考え方やましてやそれぞれが持つ秘密情報を、成り上がりもののCIAと共有しようとはしなかったのである。Sherman Kent, "Estimates and Influence," *Foreign Service Journal,*

April 1969. See also Ludwell L. Montague, *General Walter Bedell Smith as Director of Central Intelligence* (University Park, PA: Penn State University Press, 1992), pp. 120-123 {hereinafter CIA/LLM}. これは部分的に解禁されたＣＩＡの歴史である。Ludwell Lee Montague, "Production of a 'World Situation Estimates,'" CIA, FRUS Intelligence, pp. 804-806.

これは決定的な痛手だった。その後四年間にわたって、ＣＩＡは一貫して、トルーマンが求めるもの、すなわちすべてのソースから得られた情報による分析、を報告できなかった、とモンタギューは後に書いている。どうしても乗り越えられない障害は軍部だった。軍部は自分たち独自の考え方を持ち、予測や脅威の分析も独自のやり方でやりたがった。いまでもそれは続いている。モンタギューの仕事は、二年近い間にＣＩＡが大統領に提出した、ソ連に関する最後の重要な考え方を示した報告だった。時間が経つとともに、苦い教訓が深まっていった。ＣＩＡがワシントンで力を発揮できるのは、ＣＩＡが独自の秘密情報を収集しうるときだけ、というものである。

クリフォードにはこれとは対照的に、ＣＩＡにない力があった。彼はホワイトハウスの西館に最高の執務室を持ち、一日に数回大統領と面会の機会があった。大統領はクリフォードの言うことに耳を傾けた。彼は大統領の名前で、国務省、陸軍省、海軍省に秘密情報の提出を求め、受け取った。彼とエルジーが九月に提出した報告は、統合参謀本部のスタッフが作成した報告からふんだんに借用していた。しかしそれでも決定的な欠陥があった。それは、米国政府内部のもので、だれ一人、ソ連の軍事能力やその意図を正確に読み取れるものがいなかったことである。当時の米国政府がソ連に関する情報で入手できる最良の情報は、議会図書館の書庫に眠っているものだったと、リチャード・ヘルムズが五十年後に回想している。しかしクリフォードはまさに本来ＣＩＡがやるべきことを、即興の対応でやってのけたのである。彼はソ連政府の考え方をまとめたのである。Clifford-Elsey memo, draft copy, September 1946, CIA/DDRS. See also James Chace, *Acheson* (New York: Simon and Schuster, 1998), p. 157; and Clark M. Clifford with Rchard Holbrooke, *Counsel to the President* (New York: Anchor, 1992), pp. 109-129.

44 **(3)「大統領」** Chace, *Acheson*, pp. 162-165; Dean Acheson, *Present at the Creation: My Years in the State Department* (New York: W.W. Norton, 1969), p. 219.

45 (4)「海はすっかり狭くなってしまった」 Statement of Lieutenant General Hoyt S. Vandenberg on S. 758, National Security Act of 1947, NARA. バンデンバーグは次のように述べた。「時代に四百年も遅れたことをいま始めようとすれば、時間がかかるものだ」。

45 (5)「つくべきではなかった」 十九人のCIA長官のうち、その職につくだけの準備もなく、適格でもなかった人間が十二人ほどいたが、スアーズ、バンデンバーグ、ヒレンケッターはそのうちの三人である。ヒレンケッターは一九四七年五月二十一日に、ワイルド・ビル・ドノバンにあてて次のように書いている。「この仕事ははっきり言って私が求めた仕事ではない。あなたはかつてこの仕事の達人とされた人だから、私に何がしかの助言と問題に関するお考えをお聞かせいただいてもいいかと考えている」。ヒレンケッターはあらゆる助けを必要としていた。Letter to Donovan, Forgan papers, Hoover Institution, Stanford University.

46 (6) ロングワース・オフィス・ビルの一五〇一号室 ダレスの証言は、一九四七年六月二十七日、下院行政府歳出委員会での公聴会で記録されたものである。一九八二年、下院政府活動委員会のジャック・ブルックス委員長と下院諜報常任特別委員会のエドワード・ボーランド委員長が、そのスタッフの発掘した発言記録に異例の歴史についての序文を付して印刷させた。一九四七年の下院行政府歳出委員会で委員長を務めたのはミシガン州選出のクレア・E・ホフマン下院議員（共和党）だった。証人は暗号名（A氏・B氏・C氏）で証言し、ホフマン議員が公聴会の唯一の発言記録を保管していた。一九四七年十月、彼はCIAの立法顧問であったウォルター・フォーツハイマーにその記録を貸与した。フォーツハイマーは複製を作って金庫に保管し、原物はホフマンに返却した。ホフマンは一九五〇年にそれを処分した。残った唯一の複製は三十二年後にCIAの公文書庫から発掘された。

この公聴会におけるほかの重要証人は、バンデンバーグCIA長官と、一九四二年に陸軍諜報部が設けた組織「ザ・ポンド」の責任者であったジョン・フレンチー・グロンバックだった。「われわれはおはじきをもてあそんでいるのではない」とグロンバックは委員会で述べた。CIAに秘密作戦をまかせることによって「われわれは国の安全とわれわれの生命をもてあそんでいるのである」。米国のためのスパイ活動は軍に任せればいい、CIAには報告書を書かせておけばいいのだ、と彼は主張した。それ以外のやり方は「間違いであり、危険だ」。

バンデンバーグはこれに反論した。本当に危険なのは「ザ・ポンド」だ、「うまい汁が吸える仕事」で「商売の組織」、バーで秘密を喋り散らす素人の傭兵がいっぱいいる、と証言した。隠密裏に秘密情報を収集するのは難しい仕事で、緊密に管理された専門家の手で行うべきものだ、というのだった。

バンデンバーグはさらに、適切な諜報網を構築する方法を説明した。「秘密作戦の分野は非常に複雑だ」と次のように証言した。「仕事をうまくやるには、秘密作戦分野の専門家を使うこと、もしくは米国の場合のように専門家に近い人間を使うこと、そして、われわれが払える金で雇える人間を雇うことだ。……そして彼は知っている人間のつながりをつくる。その上で十分に信頼の置ける別の人間を選び、先のグループと並行して人のつながりを構築し、前のグループを監視しなければならない。先の男が別の外国政府からカネをもらいながらこちらに情報を提供しているのではないことを確認するためだ……最初にネットワークをつくった男は、表面上は政府関係者や部局と一切関係のない人間だということになっている」。彼はまた次のように注意を喚起した。「平時の米国政府を大変な困難に引き込む可能性もあるから、諜報網をいつも言いなりにできるようにしておく必要がある。事務所に現れて一年で五十万ドル出してもらえるとありがたいというような連中と契約を結んで（雇ったりして）は、言いなりには扱えない……その男は別の政府からカネをもらって、その政府が君に伝えたいと思っている情報を持ち込んでいるということだってありうる」。

これは発足当初のＣＩＡが直面していた課題を正確に説明したものだった。その後アレン・ダレスが行った次のような説明より正確だった。「私は大きな組織がいいとは思っていない。組織は小さくしておいたほうがいい。もしこれが大きな蛸のような組織になると、うまく機能しなくなる。海外では一定の数の人間が必要になるだろう。しかしあまり大きな数にしてはならない。数百人規模ではなく、数十人規模にすべきだろう」。アレン・ダレスがＣＩＡを引き継いだときは一万人近くの人間がいた。それが一万五千を超えて二万人近くまで増え、しかもそのほとんどは海外での秘密作戦に関わっていた。ダレスが秘密作戦について言及することは絶えてなかった。

47　**（7）「働きのなくなった人間の、歴史上最大の墓場」**　Walter Mills (ed.) with E. S. Duffield, The Forrestal Diaries (New York: Viking, 1951), p. 299.

48　**（8）「深刻な懸念を抱いていた」**　Acheson, *Present at the Creation*, p. 214.

48　(9)　そのうちの八十一件は、トルーマン大統領の二期目の任期中に行われた　“Coordination and Policy Approval of Covert Actions,” NSC/CIA document.　一九六七年二月二十三日付。長い闘争のあと二〇〇二年に解禁された。

48　(10)　CIA顧問のローレンス・ヒューストン　ヒューストンはヒレンケッターに、法律がCIAに秘密活動らしきものを認めてはいないと語った。法律の行間に議会のそうした含意も読み取れなかった。もしNSCがCIAにその種の任務を命じ、もしCIAが議会に対して具体的に秘密活動の権限と資金を要請し、それを受けたとするなら、それは別の問題だろう。CIAがヒューストンの助言に注意を払うまでに三十年の時間が流れた。Houston to Hillenkoetter, “CIA Authority to Perform Propaganda and Commando Type Functions,” September 25, 1947, FRUS Intelligence, pp. 622–623.

49　(11)　「ゲリラ戦」……「火をもって火を制する」　Kennan to Forrestal, September 26, 1947, Record Group 165, ABC files, 352:1, NARA.

49　(12)　厳しいメモ　Penrose to Forrestal, January 2, 1948, FRUS Intelligence, pp. 830–834.

49　(13)　「秘密の心理作戦」　心理戦争とは何だったのか。当初のCIA職員はみな首をかしげた。言葉による戦争か。もし言葉が武器であるなら、言葉は真実であるべきか、うそであるべきか。CIAは民主主義を公開市場で売るのが仕事か、それともソ連に密輸出するのが仕事か。心理戦争は放送電波を流すことを言うのか、それとも鉄のカーテンの後ろ側にリーフレットを落とすことを言うのか。あるいは敵の士気をくじくために秘密作戦を仕掛ける指揮をとることを言うのか。戦略的に相手をだます邪悪な手法は対ドイツ戦勝の日以降は使われなくなっていた。兵器抜きの戦争を遂行する新しいドクトリンを開発したものはいなかった。アイゼンハワー将軍は欧州司令官としての立場から、部下の士官に対し「心理戦争の技術を生かしておくように」と促していた。Eisenhower memo, June 19, 1947, RG 310, Army Operations, P&O 091.412, NARA; Memo from Director of Central Intelligence, “Psychological Warfare,” October 22, 1947, FRUS Intelligence, pp. 626–627.

　しかしのちに米軍特殊作戦部隊の父となるロバート・A・マクルア准将は「心理戦争に関する（アメリカ人の）無知には……驚くべきものがある」ことを知った。McClure to Propaganda Branch, MID War Department, Record Group 319, Box 263, NARA; Colonel Alfred H. Paddock, Jr., “Psychological and Unconventional Warfare, 1941-1952," U.S. Army War College, Carlisle Barracks, PA, November 1979.

ヒレンケッターは暗闇を切り開けるような「特別手続き部」の新しい責任者を探した。ケナンとフォレスタルはその仕事にアレン・ダレスを当てたいと考えていた。その仕事に就いたのは、シカゴ出身の株仲買人で銀行家でもある、元ＯＳＳの経験者のトマス・Ｇ・カサディだった。人選は大失敗だった。カサディは鉄のカーテンの後ろ側に向けて放送するラジオ局と、ドイツでの宣伝活動のための印刷所を設けようとした。しかし、抑圧されたものの情理に訴えかけるような言葉を紡げるものはいなかった。彼のとっておきの計画は「究極のプロジェクト」だった。友愛のメッセージを綴ったリーフレットを高空を飛ぶ風船を使ってソ連国内に送り込もうというものだった。国務省の懐疑的な連中は、ミッキーマウスの時計を飛行機で運んではどうか、と言った。

50 **(14)「西洋文明の最も古い中心地」** "Consequences of Communist Accession to Power in Italy by Legal Means," CIA, Office of Research and Estimates, March 5, 1948.

50 **(15)「われわれは綱領を踏み越えようとしていた」** ワイアットの著者によるインタビュー。CNN Cold War series におけるワイアットのインタビューも参照のこと。国立公文書館の速記録も以下で入手できる。http://www.gwu.edu/~nsarchive/coldwar/interview/episode3/wyatt1/htlm.

イタリアでの作戦は、ＣＩＡ最初の二十五年の歴史では、最もカネのかかった、最も長期に及ぶ作戦で、中身の濃い成果を上げた政治工作活動の一つだった。作戦が始まった一九四七年十一月、ジェームズ・Ｊ・アングルトンはローマ支局長のポストから戻り、もがいていたギャロウェイの特別工作室ソ連部門の再編成に取り組んだ。イタリアではしっかりした工作員の持ち駒を集めていた。一部の非常に扱いにくい相手には戦争犯罪の訴追免除を持ちかけるような手法も使っていた。次の選挙のことを念頭に置き、何ヵ月にもわたって計画を練っていた。ローマでアングルトンの右腕だったレイ・ロッカは、サンフランシスコ出身のイタリア系アメリカ人で、イタリア作戦の最初の段階で責任を負わされていた。ウィリアム・コルビーは振り返ってみて、イタリア作戦に格別の秘密があったとは感じていない。こつはずばり現ナマを見せることだった。その後の四半世紀も現ナマのままだった。一九四八年の奇跡は中道派が持ちこたえ、ＣＩＡがその勝利を自分たちの手柄にできたことである。選挙前、バチカンと連携しアルチデ・デ・ガスペリの率いる中道右派のキリスト教民主党は、共産党と拮抗していた。共産党指導者はモスクワに指示を仰ぎ、二百万人の一般党員を抱えていると主張していた。「彼らは大政党だった。ネオ・ファシストは問題ではなかった。王室派は死んだも同然だった」とＣＩＡのマーク・ワイアットは言った。共和党、自由党、社会民主党の三つの小政党は残っていた。ＣＩＡはキリスト教民主党と同時に小政党の候補者も支持し、いわば自分たちの支持票を割ることを三月に決めた。作戦の全体像については Ray S. Cline, *Secrets, Spies, and Scholars: Blueprint of the Essential CIA* (Washington, DC: Acropolis, 1976), pp. 99-103, および Peter Grose, *Operation Rollback: America's Secret War Behind the Iron Curtain* (Boston: Houghton Mifflin, 2000), pp. 114-117 を参照。クラインは一九六二年から六六年までＣＩＡ副長官。グロースは、財務省の通貨安定基金をＣＩＡが使ったことを明らかにした議会証言を発掘した。

イタリア作戦の経費がどれくらいかかったかについての記録はない。ただ推定では一千万ドルから三千万ドルと見積もられている。現ナマを入れた黒い袋には一部、債券も詰められていた。スナイダー財務長官はイタリア系アメリカ人の資本家、Ａ・Ｐ・ジアンニーニと親しかった。ジアンニーニは、バンク・オブ・アメリカとその他の小銀行約二百行を支配する持ち株会社「トランスアメリカ・コーポレーション」を経営していた。一方、サンフランシスコで同郷のワイアットに引き合わされた。「私はこの国の著名なイタリア系アメリカ人と多数つながりがある。銀行家、企業経営者たちはいろんなアイデアを持ち、なかには（秘密作戦が失敗した場合、クーデターをといった）常軌を逸した考えをもつものもいた」とワイアットは語った。ジアンニーニもワイアットの連絡先の一人だったが、ほかにも「有力な政治指導者とのつながりがあった。それもニューヨークやシカゴの政治組織といったところだけでなく、選挙の勝ち方を心得た優れた指導者とのつながりだった」。カネだけでなく力も関わっていた。一九四八年のイタリア作戦に関しては、港湾作業の問題で手を打つ必要があり、ＣＩＡの契約工作員三人がパレルモに出向き、地元のマフィアのメンバーに処置を依頼した、というような根拠の怪しい話もある。彼らは共産系の荷役作業員たちをうまくかわしてアメリカの武器の荷揚げに成功した。しかし本部はそんなやり方を喜ばなかった。一九四八年の選挙でＣＩＡがアメリカの大義にとってどれほど大事であったかを正確に評価することは、壊れた卵を元にもどすようなもので、できない相談だった。アメリカから武器や弾薬がどっさりとイタリアに押し寄せる。大量の食料品を運んでくるアメリカ船。チェコスロバキアの崩壊の衝撃で増幅された国際ニュースの波。これらのすべてが選挙での勝利に寄与し、ＣＩＡと腐敗が一段と進むイタリアの政治エリートの間の長い関係を強固にするのに役立った。国務省と政策調整室の仕事を掛け持ちしていたジョー・グリーンが想起するところによると、イタリア側は「イタリアがアメリカの敵から味方に転じた戦争終結時から五〇年代初めに至るまでの間、アメリカがイタリアのためにしてくれたことへの感謝のしるしを贈りたい」と発表した。イタリアは馬上の騎士の巨大な銅像を贈り、この銅像はワシントン市内にあるメモリアル橋の北西端に置かれている。デ・ガスペリはその贈呈のために訪米し、トルーマンも式典に出席した。それはなかなかの見世物だった。馬の銅像はいまもその場所にある。Greene oral history, FAOH.

51 ⒃ **ＣＩＡプラハ支局長のチャールズ・カテック**　カテックのチェコ人工作員を敵地から引き揚げさせた様子は、一九四八年当時、ドイツでＣＩＡ要員だったトム・ポルガーとスティーブ・タナーがインタビューの中で明らかにした。しかし新たに共産主義国家になったブルガリアで、アメリカ公使館の主任通訳だったブルガリア人のミハエル・シプコフの救出を要請された際のＣＩＡは、あまり芳しい働きを見せなかった。アメリカの副領事レイモンド・コートニーによると、公使館は軍にシプコフを国外に脱出させるよう要請した。「彼らはひどく子供じみた、実行できそうもない計画を持ってきた。彼を夜陰に出立させ、道路にそってではなく、五、六フィートも雪の積もったなかを山野を横切り、山を越えてギリシャ国境まで行かせ、そこの墓地で密かに連絡役と落ち合えるようにしようというものだった。私は午前三時ごろにシプコフを出発させ、この気の毒な男を送り出した。彼は最初の隠れ家には無事たどりつき、二番目の隠れ家にも到着した。しかしその先で次の連絡役が姿を見せなかった。シプコフはかくまってくれた人にそれ以上の迷惑をかけたくなかったので、案内も支援もなしに一人で出発した。民兵が彼を捕まえた。あとで分かったことだが、連絡役が現れなかったのは彼らがインフルエンザにかかって倒れ、干し草小屋で二十四時間以上も寝込んでいたためだった。シプコフの逮捕は国営ラジオで大々的に報道された。シプコフは非常に厳しい刑期を言い渡された。刑務所から釈放されたのは十五年後だった」。Courtney oral history, FAOH.

52 ⒄ **マーシャル・プラン**　ＣＩＡによるマーシャル・プランの資金利用は次の文書に記されている。

"A Short History of the PSB," December 21, 1951, NSC Staff Papers, White House Office Files, DDEL. 秘密作戦へのマーシャル・プラン資金の流用については以下の文書に詳しい。October 17, 1949, memo for Frank Wisner, chief of the Office of Policy Coordination: "CIA Responsibility and Accountability for ECA Counterpart Funds Expended by OPC," classified Secret, reprinted in Michael Warner (ed.), *CIA Cold War Records: The CIA Under Harry Truman* (Washington, DC: CIA History Staff, 1944). 以下は珍しい説明である。このCIA文書によると、このことを知る立場にあるごく少数の人間が密かに作成した「一般的及び特殊の合意」に基づいて「ECAの見返り資金の五%がCIAの秘密作戦のために提供された」。ECAはマーシャル・プランを管理していた経済協力局である。

現金はいつもふんだんにあった。パリでマーシャル・プランの管理を担当していたメルボルン・L・スペクターは次のように語った。「もちろんカネはあった。見返り資金にはありあまるほどカネがあった」。Spector oral history, FAOH.

53 ⒅ **「こちらの懐に手を突っ込んでもいいぞ、と連中に伝えてくれ」** Griffin oral history, HSTL.

53 ⒆ **「組織的な政治戦争の開始」** Kennan unsigned memo, May 4, 1948, FRUS Intelligence, pp. 668-672.

53 ⒇ **NSC指令10／2は全世界でソ連に対する秘密工作を展開するよう促した** その挑発的な物言いの全文は次の通り。

国家安全保障会議は、アメリカ及び西側諸国の目的と活動を損なおうとするソ連、その衛星国及び共産主義諸団体による悪辣な秘密活動を考慮し、世界平和とアメリカの安全保障の利益のために、アメリカ政府の海外における公然の活動に加えて、秘密作戦をもってこれを補完すべきことを決定した。その秘密作戦は権限のあるもの以外には政府の責任が明らかにならないよう計画し、実行すべきであり、もし作戦が公になった場合でも政府は一切の責任を適切に否定できるようにしておかねばならない。特にそうした作戦には、次のような活動に関わる秘密工作を含むものとする。宣伝と経済戦争。破壊活動や反破壊活動、爆破、避難などの手段を含む予防的直接行動。地下抵抗運動やゲリラ、難民解放グループへの支援、共産主義に脅かされている自由世界諸国での地元の反共団体への支持などを含む敵性国家に対する破壊活動。

指令を作成した中心人物は間違いなくケナンだった。ケナンは三十年後、自分のしたことを悔やんで、次のように語った。政治戦争を進めようとしたことが自分の最大の過ちだった。秘密工作はアメリカの伝統にそぐわなかった。「過度の秘密や二枚舌、隠密の不正行為などは、自分たちの得意とするところではなかった」。当時、権力の座にあったものでそんなことを言ったものはほとんどいなかった。目利きの間での常識ははっきりしていた。もしアメリカがソ連を抑え込もうというのなら、秘密の軍隊が必要になるだろうというものだった。ケナンは一千ページを超える回想録を書き残したが、自分が秘密活動の創始者として果たした役割については何一つ触れていない。彼の残したすばらしい著作は、優れた外交史であると同時に、二枚舌を示す小さな傑作でもある。Kennan, "Mortality and Foreign Policy," *Foreign Affairs*, Winter 1985-1986 を参照。また政治戦争を促したことが「自分の犯した最大の過ち」だったとする発言については Church Committee, October 28, 1975, quoted in the committee's final report, Vol. 4, p. 31の証言を参照。

ヒレンケッターＣＩＡ長官は秘密工作活動を新たにはじめようという考え方そのものに驚愕した。長官は、アメリカとしては平時に隠密活動をおこなうべきではないという信念を披瀝した。秘密の破壊活動に要する経費についても疑問を持ったのも長官だけではなかった。冷戦時のＣＩＡ最高の分析官であったシャーマン・ケントは、次のような考えを論文に書いている。「アメリカと戦争状態にない外国に隠密の工作員を送り込み、『邪悪な』作戦の遂行を指示することは、わが国の建国の理念に反するだけでなく、われわれが最近戦った戦争の大義にも反する」。Robin Winks, *Cloak and Gown: Scholars in the Secret War, 1939-1961* (New Haven, CT: Yale University Press, 1987), p. 451.

54

(21)「うわさの流布、買収、非共産主義団体などの組織化」 Edward P. Lilly, "The Development of American Psychological Operations, 1945-1951," National Security Council, Top Secret, DDEL, c. 1953.

54 (22) CIAのベルリン本部　シケル及びポルガーと著者のインタビュー。"Subject: Targets of German Mission, January 10, 1947," CIA/CREST. CIAのベルリン本部に関する信頼できる概略は、次を参照。David E. Murphy, Sergei A. Kondrashev, and George Bailey, *Battleground Berlin: CIA vs. KGB in the Cold War* (New Haven, CT: Yale University Press, 1997). マーフィは後に同基地の責任者になっている。

56 (23)「熱意と強烈さ」　一九七一年一月二十九日、CIA本部で行われたウィズナーの追悼式でヘルムズが述べた賛辞。ヘルムズはロバート・フロストの詩 Once by the Pacific（「かつて太平洋のほとりにて」）から次のような一節を引用して冷徹な戦士としてのウィズナーを追悼した。

It looked as if a night of dark intent
Was coming, and not only a night, an age.
Someone had better be prepared for rage….

（暗い意図を持つ夜が、いや夜だけでなく、
一時代が近づいているように思えた。
猛威に対し、誰かが備えを固めた方がよいくらいだ。）
（駒村利夫『ロバート・フロストの牧歌』国文社）

ウィズナーは「Office of Policy Coordination, 1948-1952」のなかで「秘密組織を一から立ち上げるために選ばれた唯一の人間」と記されている。ただこの文書には署名も日付も入っておらず、一九九七年三月に解禁されている。CIA/CREST文書の筆者はウィズナーの下で西ヨーロッパの作戦主任を務めたジェラルド・ミラーである。

第4章

58 (1) 今後五年間の戦闘計画　ウィズナーの野望については彼の次のメモに詳しい。"Subject: OPC Projects," October 29, 1948, FRUS Intelligence, pp. 730-731; また著者と以下のようなウィズナーの同時代人とのインタビューも参照。リチャード・ヘルムズ、フランクリン・リンゼー、サム・ハルパーン、アル・ウルマー及びワルター・プフォルツハイマー。"Office of Policy Coordination, 1948-1952," CIA/CREST.

58 (2) ルメイ将軍はウィズナーの右腕にあたるフランク・リンゼーに　リンゼーと著者のインタビュー。リンゼーはOSSのゲリラとして、ユーゴスラビアでチトーのパルチザンとともに戦った。戦後は、マーシャル・プランを承認した議会委員会のスタッフをアレン・ダレスと一緒に務めている。一九四七年九月、リンゼーは同委員会の委員たちを占領下のトリエステに案内した。ちょうどトリエステが自由地域へと移管される直前のことで、委員たちはユーゴスラビアの戦車隊と米軍がにらみ合う緊迫した状況をまのあたりにすることになる。視察した委員のなかにはリチャード・ニクソンもいた。ユーゴスラビアはまだソ連の衛星国だった。チトーがスターリンと袂を分かったのはそれから九ヵ月後のことである。一触即発の状態だった。連合軍側のトリエステでの司令官テレンス・エアリー将軍は、アメリカ、イギリス両政府に次のように警告していた。「この問題を用心深く扱わないと、ここから第三次世界大戦が始まるかもしれない」。ワシントンに戻ったリンゼーは、チトー軍への戦時使節団長として前任者であったチャールズ・セイヤーとともに、ソ連と戦うためのゲリラ戦軍団を提案した。これは「火をもって火と戦う」という考え方で、リンゼーがウィズナーの目に留まったのと同じように、ケナンの目に留まった。

60 (3) 「最高の機密」　James McCargar oral history, FAOH. マカーガーは一九四六年四月から一九四七年十二月まで、ハンガリーの「ポンド」で秘密裏に働き、国務省と陸軍の秘密情報網の双方とつながりを持っていた。

61 (4) 「われわれこそが責任者だった」　ウルマーと著者のインタビュー。

61 (5) まずアテネ　ギリシャ系アメリカ人でニューヨーク・スタッテン島出身のトマス・ハーキュリー

ズ・カラメシンズは一九四七年にアテネで仕事を始め、将来、昇進する見込みのある将校たちと親交を結んだ。二十年後、軍部がギリシャを支配するようになったあとは、秘密活動の責任者となっていて、彼らの友人となった。

61　(6)「個人も団体も、諜報機関も、自分たちが頼りにできるCIAという外国勢力があるということを、すばやく見抜いた」　"Office of Policy Coordination, 1948-1952," CIA/CREST.

61　(7)　ウィズナーはマーシャル・プランの責任者を務めていたアベレル・ハリマンとこの問題を協議するため、パリに飛んだ　一九四八年秋、フランク・リンゼーはマーシャル・プランのパリ本部で、ハリマンの下で働いていた。リンゼーはこのやりとりを目撃し、そのあと直ちにウィズナーの下で作戦部長として働くことになった。「ハリマンはOPCのことをすべて承知していた」とリンゼーは語っている。ウィズナーは一九四八年十一月十六日に十分な説明をハリマンに対して行った。その後、金は問題にはならなかった。「使える金が何百万ドルも予算にあり、とても使い切れなかった」とマカーガーは語った。ウィズナーの計画に関するハリマンの知識については次を参照。Wisner's memorandum for the file, FRUS Intelligence, pp. 732-733. ウィズナーがリチャード・ビッセルを訪ねたのはその後まもなくのことだった。Richard M. Bissell, Jr., with Jonathan E. Lewis and Frances T. Pudlo, *Reflections of a Cold Warrior: From Yalta to the Bay of Pigs* (New Haven, CT: Yale University Press, 1996), pp. 68-69.

外交官と資金管理者、それにスパイの間には互いにくつろいだ関係があった。パリのECAの責任者は元OSSにいたデービッド・K・E・ブルースだった。ハリマンの首席補佐官のミルトン・カッツは、のちにCIA長官になるウィリアム・ケーシーの下で、OSSロンドン支部の秘密諜報部門を率いたことがあった。

マーシャル・プランは、金と偽装のほかに、フランスやイタリアでの労働組合に向けた秘密の宣伝工作や反共活動にも力を貸していた。一部のマーシャル・プランの当局者は、ウィズナーとハリマンの間で提携の取り決めができたあとも、三年間にわたってウィズナーに代わって秘密作戦を指揮していた。ウィズナーは当時、ドイツ駐在のアメリカ人文民高官のジョン・マクロイにも説明した。(マクロイは、一九四五年九月、トルーマンがアメリカの諜報活動に死刑を申し渡したのに対抗して、これを守ることに手を貸した陸軍省の責任者でもあった)。ウィズナーは「マクロイ氏にOPCの一般的重要性とその出自を説明し」、さらに「ドイツにおける現在と将来の作戦のある側面について」詳述した、と記録している。ウィズナーはマクロイが「もともとの計画を策定した人たちの中にロベット、ハリマン、フォレスタル、ケナン、マーシャルらが含まれていると私が述べたことに感銘を受けたように見えた」と指摘している。FRUS Intelligence, pp. 735-736.

62 (8) コルシカ島ギャングの賄賂まみれの手　ジェラルド・ミラーのOPCの歴史には、ウィズナーが「当初はその努力を労働運動の周辺範囲内に集中していた」と記録されている。これらのうち最も初期のパイクスタッフ作戦やラルゴ作戦については、解禁された一九四八年十月付のCIA文書に、ケナンの承認署名とともに記録されている。当時、産業別労働組合会議（CIO）のヨーロッパ代表だったビクター・ルーサーは次のように語っている。「マーシャル・プランの初期のころは、共産党の労働組合勢力や共産主義政治分子がマーシャル・プランを妨害し海外からの援助の荷揚げを妨げようとして政治的なストライキを呼びかけたりすると、そんなストライキを打ち破ることが問題になった。そしてアメリカ政府はCIAを通じて、アービング・ブラウンやジェイ・ラブストーンに働きかけて反対運動を組織させようとした。もちろんストライキを打破するには乱暴狼藉もいとわず暴力の使い方も知っているような連中の力も借りる。そしてコルシカ・マフィアと呼ばれる連中を頼りにした」。のちにこの連中への支払いを担当したポール・サクワは、コルシカ・マフィアの親分のピエール・フェリ・ピザニに対する支払いを、マーシャル・プランの関与が終了した一九五三年に打ち切ったと語った。「当時、フェリ・ピザニの仕事はなくなっていた。おそらく彼はマルセイユ経由で入ってくる麻薬の密輸に関わっており、われわれの金を必要とすることはなくなっていた」と語った。Reuther and Sakwa interviews, "Inside the CIA: On Company Business," a 1980 documentary directed by Allan Francovich, transcript courtesy of John Bernhart. 著者は一九九五年にサクワ氏とインタビューを行った。ウィズナー、ラブストーン、及びブラウンの関係は次の文書に詳しい。Free Trade Union Committee's files and Lovestone's own records at the AFL-CIO International Affairs Department Collections, George Meany Memorial Archives, Silver Spring, MD, 及びLovestone Collection at the Hoover Institution, Stanford University. また次も参照。Anthony Carew, "The Origins of SIA Financing of AFL

Programs," *Labor History*, Vol. 39, No. 1, 1999.

　ラブストーンは四半世紀にわたってＣＩＡに奉仕し、状況を操縦することの巧みさで知られていた。彼の最初の事案担当官はウィズナーの補佐をしていたカーメル・オフィーだった。オフィーは労働問題、移民問題と同時に自由ヨーロッパのための全国委員会も監視していたが、ＣＩＡとしては初めての保安上の恐慌状態を引き起こした。性的な逸脱が政治的には危険と見なされた時代に、大胆な同性愛者だったのだ。ＣＩＡの保安担当官は、オフィーがホワイトハウスから一ブロックのトイレでセックスを持ちかけて逮捕されたことを示す警察の報告を発見した。報告はＪ・エドガー・フーバーに渡された。フーバーはオフィーを追ったが、オフィーは密かにＣＩＡを解雇され、その後アメリカ労働総同盟（ＡＦＬ）に雇われた。ＦＢＩ捜査官はラブストーンの電話を盗聴し、ラブストーンがワイルド・ビル・ドノバンに向かって、ＣＩＡは「社交界の名士や役立たず、倒錯者たちでいっぱいだ。……組織全体が完全にでたらめ、完全に非効率、完全に無責任だ」と怒鳴り散らしていたのを録音した。これはフーバーにとってはお誂え向きの材料だった。

63　**(9)　「知識層を目標にした壮大な計画」**　Braden in Granada Television documentary, "World in Action: The Rise and Fall of the CIA," June 1975. パリでＣＩＡに勤務しながら本を書いた新進の著述家のなかにピーター・マシーセンがいた。その世代の最も優れた著述家であり、注目されるリベラルだった。

64　**(10)　この報告はその後五十年間、秘密扱いになっていた**　"The Central Intelligence Agency and National Organization for Intelligence: A Report to the National Security Council," also known as the Dulles–Jackson–Correa report, January 1, 1949, CIA/CREST.

65　**(11)　「混乱と恨みつらみの極み」**　Roosevelt to Acheson, February 1, 1949, HSTL.

65　**(12)　「ＣＩＡの最大の弱点」**　Ohly to Forrestal, February 23, 1949, HSTL.

66　**(13)　「五十日にわたる苦悩にさいなまれた夜」**　フォレスタルは自殺に先立つ数ヵ月間、「ひどい、進行性の疲労」に襲われていた。Townsend Hoopes and Douglas Brinkley, *Driven Patriot: The Life and Times of James Forrestal* (New York: Vintage, 1993), pp. 448–475. メニンガー博士はフォレスタルが「極端な発作的自滅衝動」に見舞われていた、と語った。Menninger letter to Captain George Raines,

Chief of Neuropsychiatry, U.S. Naval Hospital, Bethesda, MD, in "Report of Board of Investigation in the Case of James V. Forrestal," National Naval Medical Center, 1949. トルーマン大統領はフォレスタルに替えてルイス・ジョンソンを据えた。ジョンソンは裕福な選挙資金の提供者で、何ヵ月もその地位を要求して大声を上げていた。その地位にふさわしい取柄のほとんどない男で、同じ時期に国務長官を務めたディーン・アチソンは、怒り狂い、無茶な理屈をこねてテーブルをたたき怒鳴り散らすジョンソンを、脳に障害があるのか、精神病を病んでいるのか、いずれかだと確信していた。統合参謀本部議長のオマール・ブラッドレー将軍は「トルーマンは精神病患者を別の精神病患者で置き換えた」と結論付けた。こうしたドラマがペンタゴンで展開しているのを見てトルーマンは、自分がアメリカの安全保障を担当する責任者に狂気の人間を据えたのではないか、と懸念していた。Dean Acheson, *Present at the Creation: My Years in the State Department* (New York: W. W. Norton, 1969), p. 374; Omar N. Bradley and Clay Blair, *A General's Life: An Autobiography* (New York: Simon and Schuster, 1983), p. 503.

第５章

67 (1) **「鉄道を動かせないのだ」** Richard Helms with William Hood, *A Look over My Shoulder: A Life in the Central Intelligence Agency* (New York: Random House, 2003), p. 82.

67 (2) **そのなかの多くは、拡大しつつあるソ連の支配の影を逃れてきた難民だった**　米軍将校のジョン・W・マクドナルドは一九四八年、占領下のフランクフルトで地方検事を務めていたとき、ＣＩＡの活動に遭遇した。そのときのことを次のように語っている。

警察は十八人からなる一味を捕まえていた。その筆頭格の男はポーランド人でポランスキーといい、難民だった。五十ドル紙幣の見事な印刷原版を作っていた。この男を捕まえて、何十万ドル分の偽札と印刷機、原版、インキなどを押収した——ほしいものは全部揃っていた。アメリカ陸軍の軍服も持っていた。身分証明書と陸軍の45口径拳銃、それにＰＸカードもあった。全部そろっていた。だからこれは大変なことだと思った。それで一味を裁判にかけることにしていた。そんなある日、一人の少佐が事務所にやってきた。

そして次のような会話があった。


「わたしはオバートだ」

「オバート少佐、お目にかかれて幸いです」

「いや、君はわかっていないな。オバート（公然の）というのはカバート（隠密の）と反対の意味だ」

「あなたはどなたですか」

「CIAの一員だ」

「どんなご用で?」

「君のところにポランスキーという名のポーランド人が捕まっている。あれはわれわれの仲間だ」

「仲間だって、どういう意味ですか」

「われわれが雇っているということだ。CIAの一部だ」

「CIAはいつから偽札作りを雇っているのですか」

「いや、いや、いや、あれはあいつが自分勝手にやったことだ」

「だから問題ない、ということですか」

「まあ、そう、問題ない。あいつは文書とか、旅券とか、われわれが東側に行くときに使うあらゆるものを作る、最上の腕利きなのだ」

「まあ、それは結構だが、しかしやはり罪を犯しているんです。だれのために働いていようが、それは私の知ったことじゃありません」


マクドナルドはさらにこう続けた。「私は彼にお引取りを願った。翌日、今度は大佐が同じ問題で会いに来て、まったく同じ議論をした。何も感銘を受けなかった。二日後、少将がやってきた。これはなかなかのお偉方だった。非常に重大なことだということは私にもわかった。しかし前の二人より抜け目がなかった。少将はこう言った。『すでにわかっているだろうと思うが、この男はわれわれのために働いている。軍服や45口径拳銃や身分証明書などいろんなものを渡したのはわれわれだ。これが公になってわれわれが恥をかくことのないよう、この男を不起訴にしてもらえると、大変ありがたい』。私は手続きを進め、一週間ばかりあとに裁判にかけ、当然ながら十年の最高刑を引き出した。それがドイツ法の下で偽札作りの最高刑だった。しかし私はオバート少佐のことを忘れたことはない。私とＣＩＡとの最初の遭遇は、あまり幸先いいものではなかった』。McDonald oral history, FAOH.

67 (3) **「ソ連の支配下で抵抗運動を促し」** Kevin C. Ruffner, "Cold War Allies: The Origins of CIA's Relationship with Ukrainian Nationalists," Central Intelligence Agency, 1998.

67 (4) **「緊急の戦争事態に備える予備役として」** "U.S. Policy on Support for Covert Action Involving Emigrés Directed at the Soviet Union," December 12, 1969, FRUS, 1969–1970, Vol. XII, document 106.

68 (5) **CIAの歴史文書** Ruffner, "Cold War Allies."

68 (6) **「われわれ軍事委員会の判断を受け入れていただくほかない。議会であれこれ質問されてもわれわれは答えられない、ということを申し上げねばなりません」** 下院軍事委員会公聴会での発言。一九四九年第八一議会第一会期。

69 (7) **ミコラ・レベッド** Norman J. W. Goda, "Nazi Collaborators in the United States," in *U.S. Intelligence and the Nazis*, National Archives, pp. 249–255. 陸軍諜報担当官はすでにウクライナ人との間で危うい関係をスタートさせ、彼らを使って戦後のドイツでソ連の軍事やスパイに関する情報を収集しようとしていた。最初にミュンヘンで雇い入れたのはマイロン・マトビエイコといって戦時中はドイツの諜報工作員をやり、その後は殺人にも偽札作りにも手を染めた男だった。男がモスクワから送り込まれたスパイかもしれないとの疑惑がまもなく出てきた。その後、男がソ連に亡命したことは、そうした恐れを裏付けた。

70 (8) **「計り知れない価値があり」「最重要作戦」** The Dulles and Wyman letters are in the National

Archives, Record Group 263, Mikola Lebed name file, made public in 2004.　レベッドがアメリカへの入国を認められたあと、ＣＩＡはレベッドのウクライナ人との仕事上の関係を維持し、それが反共移民グループとの最も弾力的な関係になった。「ウクライナ解放最高評議会」はそれほど決定的ではない形の抵抗活動になった。ＣＩＡは一九五〇年代にレベッドのためにニューヨークに出版社を設立した。レベッドは生き延びて、ソ連が崩壊しウクライナが難しい運命を自分たちで自由に描くことを見届けた。

70　**(9)「どれほど成功の可能性が低くても、あるいはいかがわしい工作員が関わっていても」**　Ruffner, “Cold War Allies.”

71　**(10)　ラインハルト・ゲーレン将軍**　ゲーレンについてはアレン・ダレスが議論に勝った。「スパイの世界に司教はほとんどいない。彼はわれわれの味方であり、それが大事なことだ。それに、仲間になってくれとこっちから頼む必要もない」。一九四五年夏という早い時点で、ナチのスパイを調達しようというアメリカの考え方は、ジョン・R・ボーカー陸軍大尉のような人物にははっきりしていた。「ソ連の情報を取ろうというのであれば、いまが理想的な時期だ」とボーカーは言った。ナチが降伏するとすぐにナチ時代のことをかぎまわり始めるという、ドイツに深く入り込んだ老練の尋問者だった。ボーカーはラインハルト・ゲーレンを使えると見込んだ。アメリカの陸軍大尉は、このドイツの将軍を「われわれが見つけた金鉱」と見なした。二人はともに、やがてソ連との新しい戦争が近づいており、自分たちの国は共産主義の脅威に対して共通の大義を持つべきだということで一致した。ヨーロッパにおける陸軍諜報部の責任者でほどなくＣＩＡの秘密作戦担当局次長になるエドウィン・L・ジバート准将は、この見方を買った。彼はゲーレンとそのスパイ一味を雇うことに決めた。そのことについて上司—ドワイト・D・アイゼンハワーとオマール・ブラッドレー両将軍—の承認は取らなかった。取ろうとすれば拒否されるだろうという、当然の想定があったからである。ジバートの一存で、ゲーレンと部下の六人のドイツ人スパイは、のちに長官になるウォルター・ベデル・スミス将軍の専用機でワシントンに運ばれた。彼らは、ワシントン郊外のフォート・ハントにある秘密の軍事施設で十ヵ月にわたって綿密に調べられ、情報を提供させられたうえで、ドイツに送り返され、ロシア人を敵に回して働くことになった。これが、アメリカの諜報担当者とヒトラーのスパイの残党との長い連携の始まりだった。John R. Boker, Jr., “Report of Initial Contacts with General Gehlen's Organization,” May 1, 1952. この任務報告とゲーレンの組織に関する一連のＣＩＡ文書は次を参照。*Forging an Intelligence Partnership: CIA and the Origins of the BND*, edited by Kevin C. Ruffner of the CIA's History Staff, printed by CIA's Directorate of Operations, European Division, and declassified in 2002. The documents include Gehlen's statements enclosed in James Critchfield {Chief of Station, Karlsruhe} to Chief, FBM, CIA HQ, February 10, 1949; "Report of Interview with General Edwin L. Sibert on the Gehlen Organization," March 26, 1970; "SS Personnel with Known Nazi Records," Acting Chief, Karlsruhe Operations Base, to Chief, FBM., August 19, 1948.

71 ⑾ **「盲目のお金持ち」** Chief, Munich Operations Base, to Acting Chief of Station, Karlsruhe, July 7, 1948.

71 ⑿ **「ロシア人がこの作戦の継続を知っていることは間違いない」** Helms to ADSO, Col. Donald Galloway, March 19, 1948.

71 ⒀ **「われわれはゲーレンたちには、触りたくなかった」** シケルと著者のインタビュー。

72 ⒁ **「われわれがやろうとしてもひどく難しいことだから、利用せざるをえなかったのだ」** タナーと著者のインタビュー。

一九七〇年にＣＩＡを退いたタナーは、ウクライナの反政府勢力を支援したＣＩＡのこれまで語られなかった話に加えて、次のような、第三人称で書いた一文を寄稿した。

> タナーは自分の基準にかなったグループを一つだけ見つけた。それがウクライナ解放最高評議会（ＵＨＶＲ）である。驚いたことに、ロシア人難民グループは基準にかなわなかった。ＵＨＶＲはカルパチア山系にいるウクライナ反政府軍と陸上経由で連絡をとれる秘密諜報員を持っていただけではない。諜報員やカトリックの神父、それにときたま旅行者や脱出者を通じてもウクライナの報告を得ていた。
>
> ＵＨＶＲとＣＩＡの重要な関心事はぴったりつながっているように見えた。双方とも、「敵の前線の向こう側」にある反政府勢力との無線による連絡を取りたがっていたことである。ワシントンで政策に関わるお偉方は、戦時中にフランス、イタリア、ユーゴスラビアで

うまくいったこの方式を承認した。

九ヵ月にわたってタナーの監督の下で、二人の諜報員が無線の操作や暗号化、パラシュート降下や自衛のための射撃などの訓練を施された。彼らは一九四九年九月五日の夜、リボフに近い山間の放牧地にパラシュート降下した。最初の降下と一九五一年の次の降下では無線連絡が実現したが、驚くような情報はもたらされなかった。最後の二つの作戦任務はアングルトンのフィルビーに対する報告を通じて漏洩されたことはまちがいない。不運な諜報員のグループはソ連のNKVD「歓迎委員会」の手でその場で逮捕された。

ソ連国内にいたウクライナ民族主義者にとっては、最初のパラシュート降下が著しく士気を高め、期待を膨らませすぎたに違いない。しかし一九五三年半ばまでには、ソ連は武装勢力の抵抗をほぼ制圧していた。

タナーの心には、戦後の四つの間違いと際立った愚行がこびりついていた。一つは、第二次大戦終結の際、連合軍側がソ連の市民を強制的に送還したことである。彼らがソ連に引き渡されることを知ったとき、その多くが自殺した。引き渡されたもののなかにもソ連の地にたどり着いたものはいなかった。みんな東ヨーロッパで保安隊の殺人集団の手で射殺されたり、吊るし首になったりした。

第二に、CIAミュンヘン支局の要員たちの身元偽装が、一九四九年の陸軍電話帳の手違いで完全に吹き飛ばされてしまったことである。所属部隊が明記されていない名前はすべてCIA要員のものだった。陸軍が名前に星印をつけたにも等しかった。

第三に、第二次大戦後、パラシュートの専門家とその訓練要員が、仕事がなくなったためにOSSから去っていったことである。それによって二つの結果が生じた。戦時中にユーゴスラビアに降下したセルビア系アメリカ人の元OSS要員は、二人のウクライナ人諜報員に対し、脇に四フィートものカービン銃をくくりつけていながら、着地の際に後ろ向きにとんぼ返りするよう指導した。また、一九四九年の投下に際しては、ワシントンが間違った貨物用パラシュートの使用を指示したため、千四百ポンドの機材を入れた木箱は着地と同時に粉々に壊れてしまった。

第四に、最悪だったのは、ジェームズ・アングルトンがイギリス諜報機関のなかに入り込んでいたソ連のスパイ、キム・フィルビーに、レッドソックス計画（鉄のカーテンの向こう側にいるソ連や少数民族系の人たちの間に浸透しようという努力）について説明していたことである。

76 (15) **「何が間違っていたのだろう」** アングルトンに対するジョン・リモンド・ハートの説得力ある批判は、彼の死後に出版された次の回想録に収録されている。*The CIA's Russians* (Annapolis, MD: Naval Institute Press, 2002), especially pp. 136–137. ハートは一九七六年に引退していたところを呼び出され、アングルトンが防諜担当の責任者としてCIAに与えた損害を評価するよう求められた。アルバニア作戦については次の資料がある。McCargar oral history, FAOH; Michael Burke, *Outrageous Good Fortune* (Boston: Little, Brown, 1984), pp. 140–169. ウィズナーはアルバニア人を訓練するためにマイク・バークを選んだ。のちにニューヨーク・ヤンキースの社長になるバークは、元OSS要員で、陰のある生活を好んだ。年俸一万五千ドルで工作員となる契約を結び、ミュンヘンへ飛び立った。ミュンヘンの労働者階級の居住地区にある隠れ家で、アルバニア人政治家と会った。「部屋の中では最年少で、若い、豊かな国を代表する私が注目を一身に集めた」と書いている。バークは自分と亡命者が互いに理解し合えたと信じていた。しかしアルバニア人は別の見方をしていた。「われわれにこれらの任務を用意したアメリカ人は、アルバニアについても、アルバニア人についても、アルバニア人の気性についても何も知らない」。ドイツでアルバニアのために人を集めたアルバニア王政派のシェマル・ラチはそう語った。この作戦は最初から完全に情報が漏れていて、失態の原因がどこにあるのか、だれにもわからなかった。アングルトンの親友だったマカーガーは、次のような結論を出していた。「イタリア国内のアルバニア人社会は、イタリア人ばかりか共産主義者にもとことん入り込まれていて、私の見たところでも、アルバニア共産党当局と同様にロシア人もここで情報を集めていた」。

77 (16) **「目的がいつも手段を正当化するわけではない」** コフィンと著者のインタビュー。

79 (17) **「ソ連との戦争ないしソ連国内での革命を想定して亡命者に支援を与えることは非現実的なことだった」** "U.S. Policy on Support for Covert Action Involving Emigrés Directed at the Soviet Union."

79 (18) **CIAは自信たっぷりに、ソ連が今後少なくとも四年間、核兵器を開発することはないだろうと宣言してしまった** CIA Intelligence Memorandum No. 225, "Estimate of Status of Atomic Warfare in the USSR," September 20, 1949, reprinted in Michael Warner (ed.), *CIA Cold War Records: The CIA Under Harry Truman* (Washington, DC: CIA History Staff, 1994). 全文は次のとおり。「ソ連が原子爆弾を製造すると予想される時期は、最も早くて一九五〇年の半ば、最も可能性が高いのは一九五三年半ばだった」。CIA科学諜報局次長のウィラード・メークルは、ヒレンケッター長官に対し、ソ連の原子力兵器に関するCIAの仕事はあらゆるレベルで「ほとんど全面的な失敗」だったと報告した。スパイはソ連の爆弾についての科学的、技術的データの収集に「完全に失敗」し、CIAの分析官はソ連のウラン採掘能力についての推定に基づく「地学的理由付け」に頼っていた。

メークルは「まずまずの資格を備えていて、CIAでの仕事を引き受けてくれる人を見つけるのが難しかった」と嘆いていた。Machel's memo to Hillenkoetter, "Inability of OSI to Accomplish Its Mission," dated September 29, 1949; Machel memo, in George S. Jackson and Martin P. Claussen, *Organizational History of the Central Intelligence Agency, 1950–1953*, Vol. 6, pp. 19–34, DCI Historical Series HS-2, CIA Historical Staff, 1957, Record Group 263, NARA.

CIA内の年代記編者のロバータ・クナップの指摘するところによると、一九四九年九月の時点で、「ソ連の核兵器完成についての公式声明が、予告された三つの異なる時期、すなわち一九五八年、一九五五年、及び一九五〇年と一九五三年の間、を想定して作成されていたが、いずれも外れていた」。このことは、「混乱があったことを示す明らかな証拠」とクナップは結論している。その結果、もう一人の年代記編者、ドナルド・P・スチューリーによると、CIAの報告・評価室（ORE）は「命運を絶たれた」。Donald P. Steury, "How the CIA Missed Stalin's Bomb," *Studies in Intelligence*, Vol. 49, No. 1, 2005, CIA/CSI. この部内史は、OREの分析官の多くがマンハッタン計画から移ってきた核科学者や技術者だったと指摘している。彼らは、公表された科学的文書を読み、秘密の情報源から得た証拠で補完すれば、ソ連の核計画の進捗状況は追跡できるとの楽観的な考え方をしていた。一九四八年までには、ソ連から出てくる公開文書には有用な証拠が見られなくなった。しかし一九四七年以来、ドイツの元I・G・ファルベン社（ナチ時代の強制収容所のガスなどを製造していた）関係筋は、ソ連がこの工場から一ヵ月に三十トンの蒸留金属性カルシウムを輸入しているとの報告を寄せていた。ウラン鉱石を精製するのに使用される、この純粋なカルシウムの輸入量は、アメリカでの年間製造量のおよそ八十倍に上った。この筋からの報告は別の筋でも裏づけがとれた。警告が発せられてしかるべきだったが、発せられなかった。

第6章

81 (1)「一人は神であり、もう一人はスターリンだ」 "Nomination of Lt. Gen. Walter Bedell Smith to Be Director of Central Intelligence Agency," Executive Session, August 24, 1950, CIA, Walter Bedell Smith papers, DDEL.

82 (2)「最悪の事態を予測している」「みなさんにこうしてお会いできて大変興味深い」 David S. Robarge, "Directors of Central Intelligence, 1946–2005," *Studies in Intelligence*, Vol. 49, No. 3, 2005, CIA/CSI.

82 (3)「金は全部そこが使い」 "Office of Policy Coordination, 1948–1952," CIA/CREST.

82 (4)「CIAの心臓と魂」 George S. Jackson and Martin P. Claussen, *Organizational History of the Central Intelligence Agency, 1950–1953*, Vol. 9, Part 2, p. 38. 一九五七年の歴史は二〇〇五年に解禁された。DCI Historical Series HS-2, CIA Historical Staff, Record Group 263, NARA.

82 (5)「不可能な任務」 Sherman Kent, "The First Year of the Office of National Estimates: The Directorship of William L. Langer," CIA/CSI, 1970.

82 (6)「評価というのは知らないことについて行うことだ」 Sherman Kent, "Estimates and Influence," *Foreign Service Journal*, April 1969.

83 (7) 四百人のCIA分析官 Jackson and Claussen, *Organizational History of the Central Intelligence Agency, 1950–1953*, Vol. 8, p. 2.

83 (8) CIAはたちの悪い友人に踊らされたり、敵の共産主義者にだまされたり、金ほしさに情報をでっち上げる亡命者の言いなりになったりした 元CIA北京支局長、ジェームズ・リリーと著者のインタビュー。この問題は一九六〇年代の末期まで残っていた。「十五年前にわれわれが抵抗し、却下したのと同じような中国側のでっち上げ情報網」がまたもや息を吹き返し、中国の地方紙から拾った断片的情報を香港のアメリカ人スパイに売り込んでいたのを、リリーは気づいていた。

84

(9)「アメリカ史上、最も重大な諜報上の損害」 David A. Hatch with Robert Louis Benson, "The Korean War: The SIGINT Background," National Security Agency, available online at http://www.nsa.gov/publications/publi00022.cfm. アメリカの諜報史におけるワイスバンドの役割は長らく不正確に伝えられてきた。世界で最も優れた諜報史の研究者であるクリストファー・アンドルーの書いた*KGB: The Inside Story*と、ソ連の諜報機関から亡命してきたオレグ・ゴルディエフスキーはワイスバンドについて三つの文章を残している。それらによれば、ソ連の諜報機関が彼を使い始めた時期は一九四六年ということになる。国家安全保障局とＣＩＡの歴史によると、ワイスバンドは一九三四年にソ連に雇われている。カリフォルニア州の航空機産業に勤める労働者は一九五〇年、ＦＢＩに対して、ワイスバンドが戦時中、ＫＧＢの指令を自分に伝える役回りだったと供述していた。ワイスバンドは一九〇八年にエジプトでロシア人の両親のもとに生まれ、一九二〇年代後期にアメリカに渡り、一九三八年にアメリカ市民になった。一九四二年に陸軍通信保安局に入り、北アフリカとイタリアに派遣されたあと、アーリントン・ホールに戻った。ワイスバンドは通信保安局で停職処分を受け、次いで連邦大陪審での共産党活動に関する審問に出席しなかった。法廷侮辱で有罪となり、禁固一年の判決を受けた。問題はそこで終わってしまった。スパイの罪で公に訴追されていれば、アメリカの諜報の問題はさらに深刻なものになっていただろう。ワイスバンドは一九六七年に五十九歳で急死した。死因は自然死と見られている。

85

(10)「信頼できる兆候は見られない」　ＣＩＡ本部が唯一、確実に知っていたのは、マッカーサー将軍が中国は進攻してこないと信じているということだけだった。一九五〇年六月から十二月までのＣＩＡの報告も分析も、そうした誤った見方を反映していた。報告は次の資料に詳しい。P. K. Rose, "Two Strategic Intelligence Mistakes in Korea, 1950," *Studies in Intelligence*, Fall/Winter, No. 11, 2001; CIA Historical Staff, "Study of CIA Reporting on Chinese Communist Intervention in the Korean War, September – December,1950," prepared in October 1955 and declassified in June 2001; and Woodrow J. Kuhns, "Assessing the Soviet Threat: The Early Cold War Years," CIA Directorate of

Intelligence, Center for the Study of Intelligence, 1997.

87 ⑾ **どうしようもない混乱状態**　ビル・ジャクソンは一九五一年にベデル・スミスの副長官を辞任する前に、ウィズナーの活動に関して長官あてに次のような報告を提出していた。"Subject: Survey of Office of Policy Coordination by Deputy Director of Central Intelligence," May 24, 1951, CIA/CREST. 報告は次のように述べていた。「この仕事は……一人の人間の能力をはるかに超えていた」。政策調整室は、管理、人事、訓練、兵站、通信などに関して必要な水準の能力を持たないまま「多くの点で軍隊に相当する世界規模の組織」を作り上げようとしていた。「各部門のトップでも非常に有能なものとまったく無能なものの間で大きな落差があった」と、彼は報告した。「仕事を遂行する重荷に、有能な人材を調達する能力が追いつかなかった」。

87 ⑿ **五億八千七百万ドル**　"CIA/Location of Budgeted Funds/Fiscal Year 1953."　これはＣＩＡ予算について知る立場にあった四人の議員うちの一人ジョージ・マハン下院議員のファイルに含まれていた文書。二〇〇四年にビラノバ大学のデービッド・バレット教授がこの文書を発見したことで歴史が変わった。それまでほとんど三十年間にわたってＣＩＡに関する本は、ことごとく一九五二年のウィズナー予算が八千二百万ドルだったとの上院の調査結果を忠実に繰り返してきた。この数字は明らかに間違いだった。一九五二年のＯＰＣ予算は、これまで考えられていたもののおよそ四倍だった。

87 ⒀ **「明確な危険」**　Director's meeting, November 14, 1951, CIA/CREST. 長官、副長官及びそのスタッフらによる毎日の会合の記録はCRESTを通じて入手した、新たに解禁された記録に含まれているが、これからはＣＩＡ部内で闘争があった形跡がうかがえる。会合の議事録は次のように述べていた。「長官は彼ら（ダレスとウィズナー）にＯＰＣをよく監視するよう求めている。準軍事活動は諜報の役に立たないほかの活動同様、予算の他の部分ときちんと選別すべきだ。彼はＯＰＣの活動の規模が情報機関としてのＣＩＡにとって明白に危険な水準にまで達していると信じている」。

ベデル・スミスはアメリカが「この種の戦争—（すなわちウィズナーが関わっている類の戦争）—を遂行するための戦略を持っていない」と見ていた。"Preliminary Staff Meeting, National Psychological Strategy Board," May 8, 1951, CIA/CREST. ベデル・スミスはダレスとウィズナーに次のように語った。「この種の戦争を遂行するための承認された基本戦略が政府にはない。……われわれには道具と力はあるが、本来やるべきことをやっていない」。

ベデル・スミスは一度ならず、ウィズナーを準軍事活動を指揮する仕事からはずそうと試みた。Director's meeting, April 16, 1952, CIA/CREST. 準軍事活動が一九四八年の政治戦争政策を示したNSC10／2で考えられていた範囲をはるかに越えていると主張したが、効果はなかった。しかし国務省と国防総省はどちらも秘密活動の拡大――「大々的な規模」のそれ――を望んだ。Bedell Smith to NSC, "Scope and Pace of Covert Operations," May 8, 1951, CIA/CREST. 「不幸な事故や重大な失敗を隠したり、ごまかしたり」しないようにとのベデル・スミスの警告は一九五一年八月二十一日のスタッフ会議で行われた。CIA/CREST. 彼はその数日前、ウィズナーやほかの上級幹部に「情報源に関するでっち上げや重複の問題に真剣な注意を払うよう」懇請していた。Minutes of meeting, August 9, 1951, CIA/CREST.

新たに入手したCRESTの記録によると、ベデル・スミスは「名ばかりの皇帝による効果的な指示も支配もないままに封建領主がそれぞれの利益を追求する、ある種の神聖ローマ帝国」を引き継いでいた。これはベデル・スミスの個人的代理として国家安全保障会議でのスタッフを務めていたラドウェル・リー・モンタギューが書きとめたものだ。モンタギューはさらにベデル・スミスは「ダレスとウィズナーが……いずれは間違った、破滅的な災難に自分を引き込んでしまうのではないかと疑うようになった」と書いている。CIA/LLM, pp. 91-96, 264.

88 (14) **CIAの解禁された歴史文書**　秘密扱いのCIA史は次の通り。"CIA in Korea, 1946-1965," "The Secret War in Korea, June 1950-June 1952," "Infiltration and Resupply of Agents in North Korea, 1952-1953."　これらの資料は退役空軍大佐のマイケル・ハースが次の研究論文のなかで初めて引用した。*In the Devil's Shadow: U.N. Special Operations during the Korean War* (Annapolis, MD: Naval Institute Press, 2000).

88 (15) **「あれは自殺作戦だった」**　シケルと著者のインタビュー。

89 (16) **「評判はよかったが、実態は恐るべきものだった」**　グレッグと著者のインタビュー。朝鮮に関しては、記録があいまいにされたり、事実が曲げられたりしている。たとえばJohn Ranelagh, *The Agency* (New York: Simon and Schuster, 1986) は長らく、CIAに関する標準的文献と考えられていたが、朝鮮戦争中の秘密の準軍事作戦についてはわずか三段落分の記述しか含まれていない。この記述は、OPC作戦の主任だったハンス・トフテが朝鮮、中国、満州の全域に工作員を配置するのに成功したと次のように主張している。「これらの閉鎖された地域には朝鮮及び中国のCIA工作員がうまく浸透した」。そして、トフテの「広範かつ複雑な」作戦は「北朝鮮で活動する訓練された工作員」を使い、「朝鮮全土に配置された工作員は、行方不明の飛行士の案内役を務め、隠れ家を提供することもできた」(pp.217-218)。これはCIAの作戦史が示すようにでっち上げだった。トフテはうそつきだった。北朝鮮で活動するCIAゲリラのフィルムもでっち上げていた。このうそは、ワシントンのだれかが真っ昼間に秘密作戦が開始されていることに疑問をもったことから、たちまち見破られた。もっと重要なことは、演出された作戦とは反対に、実際の作戦がおおむね大失敗だったことである。CIA内部の歴史は *The Agency* に描かれた小ぎれいな朝鮮戦争下の作戦とは完全に矛盾している。

91 (17) **「相手側に手綱を握られているもの」** Thomas oral history, FAOH.

91 (18) **「奇跡的な業績もしっかり調べてみよう」** John Limond Hart's posthumous memoir, *The CIA's Russians* (Annapolis, MD: Naval Institute Press, 2004). この本では、ソウルの支局長としてアル・ヘイニーのあとを継いだ経験が詳しく描かれている。

92 (19) **「CIAは新しい組織で」** Christopher Andrew, *For the President's Eyes Only: Secret Intelligence and the American Presidency from Washington to Bush* (New York: Harper Perennial, 1996), pp. 193-194.

ヘイニーの虚偽や誤りに関するハートの報告は、いずれも隠蔽された。ヘイニー自身、のちに次のように指摘していた。「朝鮮戦争中も戦後も、CIAはその経験から学んで次の朝鮮に備えるべきだとの議論は、幹部の間でもしきりに行われていた」。しかしヘイニーは次のように結論をくだしていた。「CIAが朝鮮から多少とも学んだところがあったのか、あるいはそもそも朝鮮での経験から将来の教訓を研究することはもちろん、経験を整理することすらしていたのかどうか、疑わしいと思っている」。Haney to Helms, "Subject: Staff Study re Improvement of CIA/CS Manpower Potential Thereby Increasing Operational Capability," November 26, 1954, declassified April 2003, CIA/CREST. ヘイニーは朝鮮戦争中の信じがたい仕事ぶりにもかかわらず生き延びた。それは一九五二年十一月、任期の最後で、朝鮮で重傷を負った海兵隊員を戦場から病院船「コンステレーション」に移し、アメリカまで輸送するのを助けたからである。脳を損傷したこの兵士は七週間後、父親からめったにないキスをされているところを写真に写されている。父親はアレン・Ｗ・ダレス。写真が写されたのは、ダレスのＣＩＡ長官人事承認のための公聴会が開かれる前日のことだった。ダレスはヘイニーを一九五四年、フロリダに基地をおく「成功作戦」の指揮官にすることで借りを返した。

92 (20) **「秘密工作がばれたということは失敗の現われだ」** Becker to Wisner, undated but December 1952 or January 1953, CIA/CREST. 副長官を辞任する前に、ロフタス・ベッカーは同僚に「現場の人間がどれほど情報を持っていないかを知っていらだっている」と語り、アジアで情報収集するＣＩＡの能力に疑問を表明していた。Deputy director's meeting, December 29, 1952, CIA/CREST. そのあとベッカーは直接ウィズナーに向き合った。

93 (21) **「ＣＩＡはだまされていた」** ケリスはアイゼンハワー大統領あての書簡のなかで、ＣＩＡ幹部によるうその証言を非難した。May 24, 1954, DDEL.

93 (22) **「われわれの極東における作戦が期待から大きくかけ離れていることは、みんな分かっている」** Wisner, "[Deleted] Report on CIA Installations in the Far East," March 14, 1952, CIA/CREST.

93 (23) **中国作戦デスクの担当者** 第二次大戦終了から毛沢東の独裁が始まるまでの時期の、中国及びその近辺でのアメリカによる諜報活動の歴史は、これまでその詳細が徹底的に語られたことはない。トルーマンによる廃止命令が出るまで、中国には二十人ばかりのＯＳＳ要員が、「外部保安分隊（ＥＳＤ）44」という名前の下に軍人の身分を偽ってとどまっていた。ＥＳＤ44を最初、指揮したのはロバート・Ｊ・ディレイニー大佐だった。のちに一九四七年、ＣＩＡの東京支局長になり、さらにその後、台湾にあったＯＰＣの「ウェスタン・エンタプライジズ」のナンバー2になった。戦争が終わった一九四五年に、上海から送った通信連絡のなかで、将来の任務について書いていた。アメリカの諜報要員が直面するのは南シナ海から西はアフガニスタンまで、南はサイゴンから北はシベリアまでの広範な地域で、月面の山のようにまったく未知の領域だと指摘していた。諜報要員はソ連や共産中国、国民党中国の軍部と諜報機関の能力や意図を知らねばならず、極東の政治や圧力団体の細部に分け入って答えを見つけねばならない。これらの任務をこなすにはゆうに五十年はかかるだろう。こうした任務を複雑にしたのが、Ｃ

IAに根強くあった通念だった。すなわち、毛沢東の中国も、ホー・チ・ミンのベトナムも、金日成の朝鮮もすべてはクレムリンの産物であり、モスクワが作った、心も一つのゆるぎない一枚岩だ、というものだった。極東にいたOSSと初期のCIAの男たちはワシントンに箱詰めの情報を送ってきた。その多くは読まれることもなく「静けさとねずみを相棒にアーカイブに閉じ込められてしまった」。Mao-chun Yu, *OSS in China: Prelude to Cold War* (New Haven: Yale University Press, 1997), pp. 258-259.

中国へ派遣された最初のCIA要員を指揮したのは、エイモス・D・モスクリップだった。上海のフランス居留地を足場にしていたが、社交界の名士を気取り、酒をふんだんに飲んで、白人のロシア女性と寝ていた。国務省の外交官の中には、かつてOSSと組んで日本と対抗した毛沢東と、自分たちも組んで仕事をできるのではないかと考えたものもいた。しかし共産主義者たちは、外交官であろうとなかろうと中国にいるアメリカ人は、共産主義の転覆を試みるのではないかと明らかに疑っていた。一九四八年十月までには、国務省は中国にあるアメリカの外交拠点を撤収することになった。少しでもアメリカのスパイ活動に関わりがあるとみられたものは、だれでも共産主義者に投獄されるか、さらにひどい仕打ちを受けるかもしれないというのがその理由だった。人口二百万の満州の都市、瀋陽にその撤収命令が届いたのは、アンガス・ウォード総領事と二十一人のスタッフが、毛軍に領事館を明け渡さないとの理由で、一年にわたる自宅軟禁下に置かれていたときだった。「彼はスパイとの疑いをかけられていたが、率直に言えば、実はその通りだった」と往時を振り返ったのは、当時、重慶で仕事をしていた国務省の政務担当官のジョン・F・メルビーだった。「彼はESDなんとか、ということで知られていた、CIAの出先と仕事をしていた。満州に送り込んだ連中との仕事にはまり込んでいた」。Melby oral histories, HSTL, FAOH.

「連中」の責任者はジャック・シングローブ、一九七〇年代と八〇年代に、より無謀な冷戦の担い手だった男である。一九四八年には、中国国民党勢力と共謀してソ連に白人ロシア人のグループを送り込もうとし、また当時ソ連が占領していた北朝鮮にスパイを配置する方法を模索していた。シングローブは同年、実際に朝鮮人の工作員を満州から北朝鮮に潜り込ませた。日本の捕虜になっていた男たち数十人を、北で共産軍関係者と接触を試み、その意図や能力について報告するようにとの命令とともに送り出した。一握りの工作員が当初、成功したかに見えた。しかしシングローブがソウルにこれらスパイのための隠れ家を見つけようとしたとき、マッカーサーの抵抗にあってだめになった。シングローブはCIAのチャンネルを使ってホワイトハウスに異例の要請を送った。「大統領あて、極秘メモ」との宛名書きで送られたこのメモで、トルーマンに、沖縄に保管している米軍の装備で中国国民党勢力を武装させてほしいと懇請した。大統領は動かなかった。奉天の陥落が避けられなくなると、シングローブは最も近いアメリカ海軍司令官あてに電報を送った「私が捕虜とならざることが至上命令」。高射砲の砲撃をかいくぐり、赤い星のマークを付けた偵察機をかわして脱出した。そのとき、冷戦のこの戦闘に敗北したことを知ったのである。John K. Singlaub, *Hazardous Duty: An American Soldier in the Twentieth Century* (New York: Summit, 1992), pp. 132-149.

上海では、支局長のフレッド・シュルツハイスが市内に相当規模の工作員と情報提供者のネットワークを構築しつつあった。一つには完璧な中国語を話せたことによるものだ。彼は手の届くところにあるものは新聞から漫画にいたるまで何でも読んで、その中国語に磨きをかけた。戦時中、一貫して軍とともに国内に駐留しており、アメリカ人の間では古くからの中国専門家だった。一九四八年末には、毛沢東が次々と都市を支配下に収め、シュルツハイスはじっとしていられなかった。一九四九年に支局長として香港に行き、やがて香港もまもなく共産主義の攻撃にさらされるだろうと確信するようになった。彼は、推測と想像に基づく恐ろしげな報告を次々と送り始め、香港が次に倒れるドミノになるだろうと警告した。同じ時期に香港に駐在していた国務省の役人で元OSSの要員だったジョゼフ・A・イエーガーは、そのときの恐怖をまざまざと覚えている。「われわれのもとには、攻撃が迫っていることを示すようなさまざまな情報があった。情報は間違いであることがわかった」。しかし「シュルツハイスは攻撃があると確信していた。彼は非常に心配性だった。『今度はスタンレーではないぞ。ベルゼンだろう』と言った。スタンレーというのは、日本軍が外国人を収容したスタンレー半島のこと。かなりひどいところだった。収容されたものが危うく餓死するところだった。ベルゼンはむろん、ドイツの死の収容所の一つだ」。Yager oral history, FAOH.

一九五〇年、毛沢東が中国で勝利したあと、シングローブは本部の中国担当デスク要員として、放棄された支局や完敗した作戦の後始末をしていた。縮小するCIA要員のネットワークや中国に取り残された工作員を維持し、満州や北朝鮮の壊滅したスパイ網を再建するために、懸命に働いた。

中国西部の荒野、新疆ウイグル自治区の省都、ウルムチには、館員二人のアメリカ領事館にＣＩＡのダグラス・マッキアナンがいた。戦時中、空軍将校としてその地に配属され、ウランや石油、金などが豊富にある現地の事情に詳しかった。地球上のいずれのアメリカ人よりも西欧文明から遠いところで暮らしていた。共産軍に直面して領事館の放棄を迫られたとき、マッキアナンは立ち往生した。自分で脱出の方法を見つけねばならなかった。七ヵ月にわたり一二〇〇マイルを歩いて、いざ中国を脱出しようという最後のところで、チベットの国境警備兵から何の理由もなく銃撃を受け死亡した。職務遂行中に亡くなった最初のＣＩＡ要員だった。

上海では、瀋陽でシングローブの部下だったヒュー・レッドモンドが英国の貿易会社の地元代表という、すぐにもばれそうな偽装のもとに活動しようとしていた。「彼は人好きのする男だが、あまりやり手ではなかった」とシングローブは語っていた。「ヒュー・レッドモンドのような人のいい若い素人が、どんなに一生懸命にやったところで、容赦ない全体主義の敵に対抗してうまく機能できると考えるのは、愚の骨頂だった」。中国の公安当局はレッドモンドをスパイとして逮捕した。彼は二十年近く投獄されたあと、自殺した。国務省の中国諜報の専門家、ロバート・Ｆ・ドレクスラーがレッドモンドの遺骸を引き取った。「彼の遺骨は、いまでも目に見える」とドレクスラーは回想した。「大きな包みだった。長さが二フィート、幅が一フィートほどで、モスリン織布がかけられ、側面に大きな字で彼の名前が書かれていた。それが私の机の上に置かれた。まったくおそろしいことだった。中国側は、レッドモンドが二十年獄中にあったあと、赤十字の包みのなかにあったかみそりで自殺したと言った。赤十字は包みにかみそりなど入れたりしないと言った」。Drexler oral history, FAOH; Ted Gup, *The Book of Honor: The Secret Lives and Deaths of CIA Operatives* (New York: Anchor, 2002).

93 **(24)** **「われわれは蒋介石に対してさえ政策を持ち合わせていないのだ」** Bedell Smith, preliminary staff meeting, National Psychological Strategy Board, May 8, 1951, CIA/CREST.

94 **(25)** **「ＣＩＡが私の忠誠心を試し」** Kreisberg oral history, FAOH.

95 **(26)** **「自分にとって幸いなことに」** マイク・コウは、中国沿岸沖にあるホワイト・ドッグ島に送られた。そこには任務の空しさを少なからず癒してくれる仲間がいた。仲間の一人はフィル・モントゴメリーだった。本名はフィリップ＝ルイ・ド・モントゴメリー、ノイリー・プラット・ベルモットの財産を相続する御曹司で、自宅のバーには酒がしこたま仕込まれていた。もう一人は伝説的なところのあるR・キャンベル・ジェームズ・ジュニアで、バーの酒を思いっきり飲み干していた。「ザップ」・ジェームズはエール大学の一九五〇年卒業組で英国の近衛歩兵よろしく気取った仕草ときれいにそろえたひげの持ち主だった。一九五五年に台湾を離れた最後のウェスタン・エンタプライジズの職員だった。その後ラオスに渡り、カクテルとルーレットでその国の指導者たちを抱きこんだ。

95 ⑵⑺ CIAは中国に「第三勢力」があるはずだと考えた　リリー及びコウとの著者のインタビュー。Lilley FAOH.

95 ⑵⑻ 二十万人分のゲリラ向けの武器や弾薬　"OPC History," Vol. 2, p. 553, CIA.

96 ⑵⑼ ディック・フェクトウとジャック・ダウニー　CIAは最近、解禁した文書のなかで初めて、フェクトウとダウニーの拘束につながった第三勢力の失敗と不手際で工作員が死亡したことを公式に認めた。Nick Dujmovic, "Two CIA Prisoners in China, 1952-1973," *Studies in Intelligence*, Vol. 50, No. 4, 2006.

パラシュートで降下させる最初の第三勢力チームが配置されたのは一九五二年の四月になってからだった。四人からなるこのチームは、中国南部に降下したが、それっきり音沙汰はなかった。二番目のチームは五人の中国人からなり、一九五二年七月中旬に、満州の吉林地方に落とされた。ダウニーは、チームを訓練していたので、チームの工作員たちにはよく知られていた。チームは中国領土外にあったダウニーのCIA部隊と早々に連絡をとり、八月と十月には空からの補給を受けていた。チームと指揮部隊の連絡役を果たす六人目のメンバーは九月に降下した。

十一月初め、チームは地元の反政府派の指導者と連絡がとれたと報告、当局の証明書など、活動に必要な文書を入手したと言ってきた。連絡役を空路、脱出させたいとの要請も送ってきた。連絡役はそのための訓練を受けていたが、CIAとしてはそれまで作戦として実行したことはなかった。……パイロットのノーマン・シュウォーツとロバート・スノディは、一九五二年の秋にかけて空からの回収技術の訓練を積んでおり、任務遂行の意欲をもっていた。十一月二十九日も遅い時間に、ダウニーとフェクトウはシュウォーツとスノディの濃いオリーブ色のC-47に朝鮮半島にある飛行場から乗り込み、四百マイルほど離れた満州の集結地点へと……ワナに向かって飛び立った。

飛行機に乗っていた男たちは知る由もなかったが、工作員のチームは共産中国の保安部隊に捕まり、寝返っていた。連絡役の脱出要請も策略で、約束された文書や地元指導者との接触もえさに過ぎなかった。チームのメンバーはほぼ間違いなく、自分たちの活動やCIAの要員、それに関連する施設などについて、洗いざらいしゃべっていた。中国側の待ち伏せのやり方からみると、共産中国は何が起きるか正確に知っていたことは明らかだった。……空中からの回収のためC-47が低空を約六〇ノットの速度で入ってくると、雪の多い地形のため二基の対空砲を覆っていた白いシーツがはがされ、まさに回収が行われようとしたその瞬間に対空砲が火を噴いた。対空砲は飛行機の進入路の両側から猛烈な十字砲火を浴びせた……フェクトウがのちに回想したところによると、彼はダウニーと飛行機の外に立って、互いに「ひどいことになったものだ」と語り合った。中国の保安部隊が歓声をあげ、怒鳴りながら、二人の上に飛びかかってきた。二人は保安部隊のなすがままに任せるほかなかった。

配置されたチームが共産側に寝返ったのではないかとの警告を現場が無視したのかどうか、という問題はある。……一九五二年、若いころダウニーとフェクトウの下で働いた元作戦担当の幹部は……十一月の飛行に先立つ夏、チームが送ってきた二本のメッセージを分析した結果、チームが二重スパイになったことは「九〇％」確実だと主張した。その懸念を部隊長に告げ注意を喚起したが、それ以上の証拠がないとして、懸念は却下された。彼がさらにその点を主張すると、別のCIA部隊に配置換えされてしまった。ダウニーとフェクトウの飛行機が帰還しなかったとき、隊長はその職員を呼び返して、この問題を口外しないようにと言った。職員はその指示に従ったが、あとになって大いに後悔した……。

ダウニーとフェクトウを飛行機で送り出した決定に関しては、記録が残っている様子がない。この問題でだれも処罰されていないことははっきりしている……後年、ダウニーは事情聴取に、自分をこの任務に送り出したものに対して恨みは持っていないと語った。「彼の気持ちもわかる。彼の立場からすると、たまたまとてつもない失敗をしでかしてしまったというところだろう」。

96 **(30)** **李弥作戦**　その作戦はいくつかのひどい結果をもたらすことになった。第一の結果は、CIAがアメリカのビルマ駐在大使、デービッド・M・キーに李弥についての報告を怠ったことから起きた。大使がこれを知ったとき、激怒した。大使はワシントンに電報を送り、作戦がビルマの首都だけでなくバンコクでも公然の秘密になりつつあるとし、ビルマの主権を踏みにじることはアメリカの権益に深刻な打撃を与えているとして抗議した。極東担当国務次官補のディーン・ラスクは、大使に口を慎むよう指示した。ラスクは全面的にアメリカの関与を否定し、すべてはフリーランスの武器密売人の仕業だと言った。李弥とその勢力はのちにその武器の矛先をビルマ政府に向けることになった。ビルマ政府の指導者は、背後にアメリカが関与しているものと疑い、アメリカとの関係を断絶、このときからその後、半世紀にわたる西側からの孤立が始まり、世界でも最も抑圧的な政権の一つをつくることになった。李弥作戦についてはMajor D. H. Berger, USMC, "The Use of Covert Paramilitary Activity as a Policy Tool: An Analysis of Operations Conducted by the United States Central Intelligence Agency, 1949-1951," available online at http://www.globalsecurity.org/intell/library/reports/1995/BDH.htm. さらなる詳細は以下の人たちから提供された。極東部門の責任者としてデズモンド・フィッツジェラルドを継いだアル・ウルマー、フィッツジェラルドの副官を務めたサム・ハルパーン、それにジェームズ・リリー。

タイのCIA協力者も李弥のヘロイン密売に深く絡んでいた。一九五二年、バンコクでは危うくことが制御不能になるところだった。当時CIAの特別作戦部次長を務め、ウィズナーの後継者と見なされていたライマン・カークパトリックが一九五二年の九月末、ウィズナーの部次長だったパット・ジョンストン大佐とともにアジアを訪問した。麻薬取引に関わっていたアメリカ人の少なくとも一人が死亡しており、問題がアメリカの司法長官のもとに送られそうになっていた。問題は、だれ一人満足する形に整理されてはいなかった。ジョンストン大佐はその直後、辞任した。カークパトリックはこの旅行中に小児麻痺に感染し、危うく命を落とすところだった。一年後にCIAにもどったが、出世は見送られた。余生を車椅子で過ごし、CIAの監察総監として気のめいるような仕事に携わった。彼自身が満たされぬ野望の研究対象となったというわけだ。

97 (31) **「厳しい経験を通して私が学んだことは」** Smith to Ridgway, April 17, 1952, CIA, DDEL.

97 (32) **朝鮮戦争におけるCIAの災難を上塗りするような出来事**　李承晩を取り替える動きについては以下を参照。"Rhee was becoming senile, and the CIA sought ways to replace him.....," The Ambassador in Korea (John Muccio) to the Assistant Secretary of State for Far Eastern Affairs (John Allison), Secret, February 15, 1952, FRUS, Vol. XV, pp. 50-51. 一九五五年二月十八日付、ダレス国務長官あてのNSCメモは、アイゼンハワー大統領が「新しい韓国の指導者を選び、内々に育て、必要とあれば権力につけることを促す」工作を承認していた、と述べていた。CIAが李大統領を狙撃しそうになった話は次の回想録を参照。Peer de Silva, *Sub Rosa: The CIA and the Uses of Intelligence* (New York: Times Books, 1978), p. 152.

98 (33) **「われわれの諜報はあまりにお粗末で、役所の不正行為にも近いものがある」** Melby, FAOH.

98 (34) **「準備を整え、勇んで立ち上がり、結果を受け入れる、そういう人々」** "Proceedings at the Opening Session of the National Committee for a Free Europe," May 1952. 二〇〇三年五月二十八日解禁。DDEL.

第7章

100 (1) **「こちらから出て行って攻勢をかけるとすれば」** "Proceedings of the National Committee for a Free Europe," May 1952. 二〇〇三年五月二十八日解禁。DDEL.

101 (2) **「共産主義のコントロール・システムの心臓部」に狙いをつけて「ソ連に対する大規模な隠密攻勢を」** 命令は「ソ連の力を収縮させ、減殺するのに寄与すること」であり、「戦略的地域で地下の抵抗運動を促し、隠密活動やゲリラ活動を容易にすること」だった。これらの命令は統合参謀本部の上級戦争計画立案者であるL・C・スティーブンス海軍大将から出ていた。スティーブンスはかつてスミスの下でモスクワ大使館の海軍武官を務めていた。Admiral L. C. Stevens memo to Wisner, "Subject: OPC Strategic Planning," July 13, 1951, CIA/CREST. 目的は「ソ連の権力構造に最大限の圧力をかけること」だった。NSC staff memo, "Scope and Pace of Covert Operations," June 27, 1951, CIA/CREST.

102　(3)「グアンタナモと同じように」　ポルガーと著者のインタビュー。トラスコットに対するベデル・スミスの命令の日付は一九五一年三月九日。CIA/CREST.

102　(4)「プロジェクト・アーティチョーク」と名づけられたプログラム　Untitled memo for deputy director of central intelligence, May 15, 1952; memo for director of central intelligence, "Subject: Successful Application of Narco-Hypnotic Interrogation (Artichoke)," July 14, 1952, CIA/CREST. 二番目の報告は、ダレスが一九五一年四月、軍の諜報機関のトップと会い、アーティチョーク計画への支援を要請したと指摘している。実現したのは海軍との連絡がつくことになったことだけだった。海軍からの支援の結果はパナマの営倉だった。ベデル・スミスに送られた関連のメモは、一九五二年六月の二週間にわたってロシア人二人がアーティチョーク計画に基づいて海軍とＣＩＡ合同の尋問を受け、薬物と催眠術の組み合わせが有用だったと報告した。これらはすべて、朝鮮戦争と、アメリカ人捕虜が北朝鮮で洗脳されているのではないかとの疑いがもたらした、国をあげての危機感が生み出したものである。上院の調査が三十年まえにこの計画の周縁にまで及んだが、過去の記録はおおむね処分されていた。調査はアーティチョーク計画について、四つの段落の文章であっさりと次のように報告している。この計画には「海外における尋問」も含まれており、これらの尋問では、「ペントタールナトリウムと催眠術の組み合わせ」や「自白薬」を含む「特別の尋問技術」が使われていた。「海外における尋問」の性格がどのようなものかについては、議会は追及しなかった。

104　(5)「特殊尋問」技術の使用はその後数年、続いていた　上院の調査は、海外における尋問計画が一九五一年から一九五六年に至るまでのＣＩＡの月例会議で話題にのぼっていたこと、おそらくその後も数年にわたって議論されていたことを確認した。「ＣＩＡは計画が一九五六年に終了したと主張しているが、保安局と医務室による『特別尋問』技術の使用はその後数年にわたって続いていたことを示す証拠がある」。Report of the Senate Select Committee on Intelligence, "Testing and Use of Chemical and Biological Agents by the Intelligence Community," Appendix I, August 3, 1977.

104 **(6)「ヤング・ジャーマンズ（ドイツ青年団）」と称するグループ**　トム・ポルガー及びマクマーンと著者のインタビュー。

105 **(7) CIAの自由法律家委員会**　ポルガー及びピーター・シケルと著者のインタビュー。また次を参照。David E. Murphy, Sergei A. Kondrashev, and George Bailey, *Battleground Berlin: CIA vs. KGB in the Cold War* (New Haven, CT: Yale University Press, 1997), pp. 113-126.

106 **(8)「ポーランドは、地下抵抗運動の進展では最も希望の持てる例だ」** Smith and Wisner at deputies' meeting, August 5, 1952, CIA/CREST. シャックリーとWINの遭遇については次を参照。Ted Shackley with Richard A. Finney, *Spymaster: My Life in the CIA* (Dulles, VA: Potomac, 2005), pp. xvi-20.

107 **(9)「CIAは活動できると明らかに考えていた」** Loomis oral history, FAOH.

107 **(10) リンゼーはダレスとウィズナーに、共産主義に対するCIAの戦略として、秘密工作に代えて科学的、技術的スパイの手法をとるべきだと述べた**　リンゼーの予言的報告と呼ばれたのは以下の報告である。"A Program for the Development of New Cold War Instruments," March 3, 1953, declassified in part July 8, 2003, DDEL. リンゼーと著者のインタビュー。ダレスは報告を隠そうと懸命だった。CIAの幹部たちは、秘密活動の失敗の結果を評価しようともしなかったし、外部にもれたら失職しかねない批判を受け入れようともしなかった。また一九五〇年代に東ヨーロッパでのスパイ活動の責任者としてヘルムズを助けた、最上のスパイの一人といわれるピーター・シケルにも耳を貸そうとはしなかった。シケルは敵と戦う唯一の策は敵を知ることだと警告していた。シケルによれば、彼はこう主張した。「イデオロギーに首を突っ込んだ瞬間から、頼れる諜報は得られなくなる。諜報工作員を危険にさらすことになる。政治工作員になろうとすれば、自分が転覆を図っている政治システムに自分をさらすことになる。専制的な政治システムの転覆を図ろうとすれば、自分が怪我をすることになる」。

107 **(11)「ソ連の内部に対する洞察は皆無だった」**　マクマーンと著者のインタビュー。

108 **(12)「十分に資格のある人材を得られないのだ」** *CIA Support Functions: Organization and Accomplishments of the DDA-DDS Group, 1953-1956*, Vol. 2, Chap .3, p. 128, Director of Central Intelligence Historical Series. 二〇〇一年三月六日解禁。CIA/CREST.

108 (13)**「訓練不十分な要員や質の劣った人材」** Minutes of meeting, October 27, 1952, CIA/CREST.

109 (14)**「将来について一言」** Richard Helms with William Hood. *A Look over My Shoulder: A Life in the Central Intelligence Agency* (New York: Random House, 2003), pp. 102–104.

第二部

第８章

112 (1)**「われわれには信頼できる内部情報がない」** The report, "Intelligence on the Soviet Bloc," は以下に引用されている。Gerald Haines and Robert Leggett (eds.), *CIA's Analyses of the Soviet Union, 1947–1991: A Documentary History*, CIA History Staff, 2001, CIA/CSI.

112 (2) **アイゼンハワーも不満だった** Emmet J. Hughes, *The Ordeal of Power: A Political Memoir of the Eisenhower Years* (New York: Atheneum, 1963), p. 101. 大統領は、ソ連がスターリンの葬儀のあとまもなくかけてきた平和攻勢に、ＣＩＡが即座に何も対応しなかったことを知って、同じように不快だった。ソ連の平和攻勢は粗雑で、自己中心的で、時には効果的な宣伝だったが、世界に向けて正義と自由の概念がクレムリンの専売特許であることを納得させようとしていた。

113 (3)**「スターリンはアメリカとの戦争を挑発するようなことは一切しなかった」** Jerrold Schecter and Vyacheslav Luchkov (trans. and ed.), *Khrushchev Remembers: The Glasnost Tapes* (Boston: Little, Brown, 1990), pp. 100–101.

114 (4)**「ソ連の奇襲攻撃を前もって諜報のチャンネルを通して警告すること」** NSC minutes, June 5, 1953. 二〇〇三年二月十二日解禁。DDEL.

115 (5)**「決断するときが迫っている」** NSC minutes, September 24, 1953. 一九九九年九月二十九日解禁。DDEL.

115–116 (6)**「ソ連は明日にもアメリカに核攻撃を加えることができる」「われわれは全世界を打ち負かすこともできる」** NSC minutes, October 7, 1953. 二〇〇三年二月二十八日解禁。DDEL.

116　(7)　蜂起は鎮圧された　一九五三年六月の東ベルリンにおける蜂起は、次の本のなかに確定的に記録されている。David Murphy, *Battleground Berlin: CIA vs. KGB in the Cold War*（New Haven, CT: Yale University Press, 1997), pp. 163-182. 限りなく繰り返されてきた、ＣＩＡのベルリン基地が東ドイツの反政府分子に武器を配ることを望んでいたという話は間違いである。その話を書いている数多い本の一つは次のものである。John Ranelagh, *The Agency*（New York: Simon and Schuster, 1986), p. 258. 反政府分子が三十七万人という数字は次の資料からきている。James David Marchio, “Rhetoric and Reality: The Eisenhower Administration and Unrest in Eastern Europe, 1953-1959”（Ph.D. diss., American University, 1990), cited in Gregory Mitrovich, *Undermining the Kremlin: America's Strategy to Subvert the Soviet Bloc, 1947-1956*（Ithaca, NY: Cornell University Press, 2000), pp. 132-133.

116　(8)　「地下組織を訓練し武装するよう」　NSC 158, “United States Objectives and Actions to Exploit the Unrest in the Satellite States,” DDEL. アイゼンハワーは一九五三年六月二十六日に命令に署名した。

117　(9)　百七十二件の大きな秘密工作　“Coordination and Policy Approval of Covert Actions,” February 23, 1967, NSC/CIA.

117　(10)　イメージ向上に取り組んだ　アレン・ダレスのＣＩＡと協力した報道機関の一部にはＣＢＳ、ＮＢＣ、ＡＢＣ、ＡＰ、ＵＰＩ、ロイター、スクリップス・ハワード・ニュースペーパーズ、ハースト・ニュースペーパーズ、コプレー・ニュース・サービス、マイアミ・ヘラルドなどが含まれている。一九五三年当時、アメリカの報道機関の編集局で戦争宣伝に携わっていた復員兵全員のリストは次の資料を参照。Edward Barrett, *Truth Is Our Weapon*（New York: Funk and Wagnalls, 1953), pp. 31-33. この話はまだ全部伝えられてはいない。ただしカール・バーンスタインが次の記事のなかで優れた取り上げ方をしている。“The CIA and the Media,” *Rolling Stone*, October 20, 1977. 次の文章でバーンスタインは問題を正確に指摘している。「第二次世界大戦を取材した多くのジャーナリストは、ＣＩＡの戦時中の前身である戦略事務局（ＯＳＳ）の人たちと親しかった。もっと重要なことは、彼らはみんな同じ側に立っていたことである。戦争が終わって多くのＯＳＳの要員がＣＩＡに移ったとき、こうした関係がそのまま続いたことはごく自然なことだった。一方で、戦後世代初めてのジャーナリストもこの仕事に入ってきた。彼らもまた先輩たちと同じ政治的、職業的価値観を共有した。『第二次大戦中、一緒になって働いた連中は、戦争の経験を忘れることはできなかった』と、CIAの職員が言った。『彼らは根っからやる気があったし、謀略や内側の人間であることに弱かった』」。

118 **(11) ダレスと幹部らによる毎日定例の会議の記録**　記録は二〇〇五年と二〇〇六年に、国立公文書館のCRESTシステムから得られた。記録には、CIAの弱点が公の目にさらされることへのひどい恐怖が表れている。

一九五三年八月二十八日と九月二十三日の会合では、CIA監察総監のライマン・カークパトリックが、軍人が集団でCIAを辞めていること、それも「非友好的な態度で」辞めていっていることを警告した。CIAの人事政策が「不満を引き起こし、広くドアを開いて彼らが議会の議員に接近することを許している」。

一九五五年六月十三日、カークパトリックはダレスに、「英国空軍の将校とけんかをして、その結果、殺人罪で有罪になった」CIAの要員を「解雇するか、辞職の申し出を認めるかどうか」を質した。一九五五年十月五日、ロバート・エイモリー諜報担当副長官は「陸軍が現在、朝鮮の歴史を準備しており、これが現在書かれている形のままで出版されるとCIAにとってはまずいことになる」と指摘していた。

スイスの支局長を務め、自殺したのはジェームズ・クロンソールである。ベルンでアレン・ダレスの後を継ぎ、一九四六年からそこに在勤していた。同性愛者で、ソ連の脅迫に屈したのではないかと見られている。事件は立証されなかった。クロンソールはダレスが長官に就任して間もない一九五三年三月、ワシントンで自殺した。

年間の離職率は一七%に上っていた—一九五三年にはCIA職員の六人に一人が辞めていったとの調査結果は次の資料にある。"Final Report on Reasons for Low Morale Among Junior Officers," November 9, 1953, CIA/CREST. 百十五人のCIA職員に対する調査では、腐敗、浪費、任務に関する指示の誤りなどに対する強い不満が記録されている。

120 **(12) 重大な人事政策をめぐる危機**　House Permanent Select Committee on Intelligence, IC21, "Intelligence Community Management," p. 21.

120 ⒀ **気取り屋で大ぼら吹きと見なしていた** CIAの歴史記録係は、ベデル・スミスがアイゼンハワーによって統合参謀本部議長に任命されるものと期待していたこと、国務次官にはなりたくなかったこと、ジョン・フォスター・ダレスを嫌っていたこと、アレン・ダレスのCIA長官任命にも不安を持っていたことなどを推測している。John L. Helgerson, "Getting to Know the President: CIA Briefings of Presidential Candidates, 1952-1992," CIA/CSI.

121 ⒁ **「二、三杯飲むと、人柄が変わったように口がなめらかになった」** Transcript of Nixon interview with Frank Gannon, April 8, 1983, Walter J. Brown Media Archives, University of Georgia, available online at http://www.libs.uga.edu/media/collections/nixon.

第9章

この章は部分的に、秘密扱いされているCIA秘密工作本部に関する次の二つの文書に基づいている。"Zindabad Shah!" 改定済み、著者が入手した文書で二〇〇三年のもの。及び、一九五四年三月に書かれたDonald Wilber, "Overthrow of Premier Mossadeq of Iran." ウィルバーはエイジャックス作戦の宣伝担当責任者。この文書は二〇〇〇年に『ニューヨーク・タイムズ』のウェブサイトで公表された。このクーデターに関する、承認済みの公式版報告であり、当時現場にいたCIAの要員らが記録し、本部に報告したことを要約したものである。しかし真実の全容に近いものではなかった。キム・ルーズベルトのように現場にいた要員は、クーデターの終末期にはほとんど本国へのニュースの伝達をやめていた。そのほとんどが悪いニュースばかりだったからである。CIAの歴史は作戦の論理的な説明を無視しているし、モサデクの転覆に果たしたイギリスの中心的役割を懸命に過小評価している。CIAの歴史は、アイゼンハワーが「決定的な時期にテヘランの現場にいた観察者からの報告は、歴史的事実というよりは三文小説のように聞こえた」と回想していたわけも説明している。ウィルバーはまた、クーデターそのものの筋書きを書き直した男でもある。ウィルバーとイギリスのご同輩であるノーマン・ダービーシャーは、陰謀のすべての部分について一九五三年五月、ニコシア（キプロス）のイギリス諜報機関の支部で最後の仕上げをした。ウィルバーは戦時中、イランに勤務したOSSの元職員で、再度テヘランに戻っていた。出来上がったものは、イラン人を操り人形にした芝居だった。

122 (1)「いったいいつになったら例の作戦は始まるのかね」 Kermit Roosevelt, *Countercoup: The Struggle for Control of Iran* (New York: McGraw-Hill, 1979), pp. 78–81, 107–108. この本は事実を書き連ねたものというより、小説に近い。しかしこのなかで引用されている人の言葉などは本物と思わせる響きがある。裕福な家に生まれたキム・ルーズベルトは、グロートン校で強力なキリスト教教育を受け、OSSのカイロ支局で秘密諜報の仕事の経験を積んだ。ドノバンの下で働いたスパイたちは、戦争終結までにサウジアラビアを除く中東全体で、五百人ほどのアラブ人のスパイ網をもっていたと主張していた。ルーズベルトは戦後、中東に戻り、表向き『サタデー・イブニング・ポスト』の仕事で一九四七年に出版された『アラブ人と油と歴史』のための材料集めをしていた。フランク・ウィズナーの秘密機関に加わらないかとの電話があったとき、キムはその意図を明確に理解していた。パナマ運河やフィリピンを割譲させた祖父から威圧外交の遺産を受け継いでいただけに、一九五〇年のイスラム諸国におけるウィズナーの大幹部となることを否応なく受け入れた。近東部門の責任者となった後、八年をかけてエジプト、イラク、シリア、レバノン、ヨルダン、サウジアラビアなどの指導者を甘言でだまし、アメリカへの協力を約束させようとした。そのために武器や金、アメリカによる支援などを誘い水に使い、そうした手段が失敗したときにはクーデターを仕組むこともあった。ヨルダンの若いフセイン国王にCIAから手当てを支払わせたり、新しいエジプトの指導者、ガマル・アブデル・ナセルの警護隊を訓練するために、元ナチ突撃隊のラインハルト・ゲーレン将軍の部隊を派遣したりした。

　エイジャックスの前には、CIAは中東で活動を指揮したことがほとんどなかった。一九五〇年代の初め、アラビア語を話すアラバマ出身の洗練された男で、CIA初代のダマスカス支局長を務めたマイルズ・コープランドが、シリア駐在武官のスティーブン・J・ミードと緊密に協力して、「軍の支援する独裁」——一九四八年十二月にミードが国防総省に送った電報ではそう表現された——を後押しする計画を進めていた。彼らが推した男はホスニ・ザイム大佐で、コープランドは大佐のことを「鉄の意志とそれにマッチする頭脳」として知られる人物と紹介していた。コープランドは大佐に、大統領を転覆するよう促していた。大統領はアラビア・アメリカ石油会社のパイプラインがシリアを通るのを妨害していた。コープランドはまた、トルーマン大統領が大佐に政治的認知を与えると約束していた。ザイムは一九四九年三月三十日、政府を倒し、パイプライン計画については完全な協力を約束した。そして、ミードの報告によれば、「四百人を超える共産主義者」を投獄した。鉄の頭脳を持った大佐は五ヵ月と持たず、彼もまた倒され、処刑された。白紙に戻った、とコープランドはうれしそうに認めた。

ＣＩＡによる一九五三年のイラン・クーデターはイギリス抜きでは始められなかったし、成功することもなかっただろう。イギリスの諜報機関はイランの底流にある政治謀略について深い部分まで理解していた。彼らは政府部内や街角の市場やヤミの世界の工作員からこつこつと情報を集めていた。イギリス政府には大きな経済的動機があった。そしてモサデクを排除しようというその陰謀には、強力な政治的勢いがあった。それを突き動かしていたのは、ウィンストン・チャーチル卿自身であった。

125 (2)「モサデクを外す」 長らく諜報担当副長官を務めたロバート・エイモリーの一九五二年十一月二十六日の公式日誌には、長官と「モサデクを排除する努力」に関して議論があったこと、そのあとの昼食時にもイランが話題の中心であったことが記録されている。この昼食に加わったのはウィズナー、ロイ・ヘンダーソン大使、それに解禁された文書では名前が削除されているが、疑いなくモンティ・ウッドハウスらであった。

125 (3)「ＣＩＡはその場にいなくても陰で政策を作る」 Deputies' meeting, August 10, 1953, CIA/CREST.

127 (4)「ソ連による（イラン）接収の結果」 Dulles briefing notes for NSC meeting, March 4, 1953, CIA/CREST.

127 (5) 一億ドルの借款 NSC meeting minutes, March 4, 1953, DDEL.

127 (6) モサデクを共産主義者だと言い張ることはできそうになかった 一九五三年のソ連諜報機関の報告では、モサデクはもっと簡潔に「ブルジョワ民族主義者」と判断され、モスクワ側の目には協力者とは映っていない。Vladislav M. Zubok, "Soviet Intelligence and the Cold War: The 'Small' Committee of Information, 1952–53," *Diplomatic History*, Vol. 19, Summer 1995, pp. 466–468.

127 (7)「アメリカに救ってもらう」 Stutesman oral history, FOAH.

130 (8)「モサデク政権の粛清」 "Radio Report on Coup Plotting," July 7, 1953, National Security

Archive, CIA/Freedom of Information Act (FOIA) release.

130 (9) **ロバート・A・マクルア准将**　このクーデターにおけるマクルア将軍の中心的役割は認められていない。CIA部内の公式歴史では、この陰謀に関連して彼のことはほとんど抹消されている。CIAは意図的に彼の仕事を控えめに扱っているが、これは将軍がCIAに対してあまり好意的ではなかったからである。Alfred H. Paddock, Jr., *U.S. Army Special Warfare: Its Origins* (Washington, DC: National Defense University Press, 1982). マクルアの個人文書を読んで得た知見をパドックに教えてもらえたことに感謝している。マクルアの「シャーとのすばらしい関係」は次の資料にも触れられている。Note from Eisenhower to Army Secretary Robert Ten Broeck Stevens, April 2, 1954, Presidential Papers of Dwight D. Eisenhower, document 814.

134 (10) **「軍事クーデターの失敗」**　CIA Office of Current Intelligence, "Comment on the Attempted Coup in Iran," August 17, 1953. 二〇〇六年十一月十六日解禁。

135 (11) **「『陛下、どうぞお先に』」**　このやりとりは"Zindabad Shah!"（シャーに勝利を）という表題の秘密扱いのCIA文書の中で再現されている。

135 (12) **「ほとんど自然発生的な革命」**　Rountree oral history, FAOH.

135 (13) **一人はアヤトラ・ルホラ・カシャニだった**　アヤトラ・カシャニはCIAから金を受け取っていたと言われている。Mark J. Gasiorowski, "The 1953 Coup D'Etat in Iran," *International Journal of Middle East Studies*, Vol. 19, 1987, pp. 268–269. しかし一九八五年に秘密工作機関のイラン・デスクの一員に加わったルール・マーク・ゲレクトは、カシャニは「外国人には恩義を受けていない」と書いている。ゲレクトはエイジャックス作戦に関するCIAの歴史を読んで、それから得た教訓を次のように指摘している。「シャーを復権させた功績をイランにいたアメリカ人要員のせいにするには、よほど寛容でなければならない。事実上、アメリカ人の計画はことごとく不首尾に終わった。わが大使館にいたアメリカ人の主だった担当者はだれもペルシャ語を話せなかった。テヘラン情勢が紛糾し始めて、英語やフランス語を話すイラン側の情報源との連絡が取れなくなったとき、CIA支局はまったく盲目になった。クーデターが成功したのは、ひとえに、アメリカともイギリスとも金のつながりがなく、外国の支配に影響されないイラン人がモサデク首相転覆の主導権を握ったためである」。Reuel Marc Gerecht,

“Blundering Through History with the C.I.A.,” *The New York Times*, April 23, 2000.

136 ⒁ **旧友のベデル・スミス**　この場面は公式のＣＩＡの歴史“Overthrow”の第九章にある。

136 ⒂ **「イランの〝クーデター〟に関する空想小説的なゴシップ」**　Ray S. Cline, *Secrets, Spies and Scholars: Blueprint of the Essential CIA* (Washington, DC: Acropolis, 1976), p. 132. クラインがクーデターに〝〟をつけていることに注意。

137 ⒃ **「ＣＩＡの唯一、最大の勝利と見なされた」**　Killgore oral history, FAOH.

第10章

本章は、ＣＩＡの秘密活動に関して現在、入手できる最も豊富な文書に基づいている。二〇〇三年五月、国務省は*The Foreign Relations of the United States* の補足として、一九五四年のグアテマラ政府転覆でアメリカの果たした役割について記述した一冊を公刊した (http://www.state.gov/r/pa/ho/frus/ike/guat/)。またこれとともに、秘密活動に関する五一二〇点のＣＩＡ文書が、年代順に整理、分析され、改訂を加えられて、同じ日に公表された (http://www.foia.cia.gov/guatemala.asp)。これら文書の公表は二十年にわたる闘争の結果であり、ＣＩＡの歴史研究の頂点を示すものである。

本章での引用は、特に注記のないかぎり、これらの一次資料およびニコラス・カラザーが執筆した、次のＣＩＡの内部歴史（改訂版）から原文どおり採録したものである。*Secret History: The CIA's Classified Account of Its Operations in Guatemala, 1952–1954* (Stanford, CA: Stanford University Press, 1999).

クーデターの決定的時期にウィリアム・ポーリーが果たした役割は、歴史家、マックス・ホランドが以下の論文のなかで明らかにした。Max Holland, “Private Sources of U.S. Foreign Policy: William Pawley and the 1954 Coup d'État in Guatemala,” *Journal of Cold War Studies*, Vol. 7, No. 4, 2005, pp. 46–73.　ホランドはポーリーの未公表の回想記をバージニア州レキシントンのジョージ・Ｃ・マーシャル図書館で発掘した。

重要人物による回想録には以下のものがある。Dwight Eisenhower, *The White House Years: Man-*

date for Change, 1953–1956 (Garden City, NY: Doubleday, 1963); Richard Bissell, Jr., with Jonathan E. Lewis and Frances T. Pudlo, *Reflections of a Cold Warrior: From Yalta to the Bay of Pigs* (New Haven, CT: Yale University Press, 1996); David Atlee Phillips, *The Night Watch: 25 Years of Peculiar Service* (New York: Atheneum, 1977). フィリップスは関係者の偽名を使っているが、秘密扱いを解かれた文書は偽名を取り払っている。

　グアテマラ作戦は一九五二年一月二十四日、ウォルター・ベデル・スミス将軍の下で開始された。アレン・ダレスは中南米担当の国務省当局者に「ＣＩＡは、グアテマラ政府の転覆を画策しているカルロス・カスティージョ・アルマス大佐のグループに支援を与える可能性を考慮している」と伝えた。カスティージョ・アルマスは中南米の最も強力な独裁者—ニカラグアのソモサ、ドミニカ共和国のトルヒーヨ、キューバのバティスタ—からの助けを求めていた。その提案が次第にＣＩＡ幹部の耳に届くようになった。一九五二年の春から夏にかけて、ベデル・スミスとデービッド・ブルース国務次官は繰り返し、ＣＩＡの支援するクーデター計画を議論した。作戦は「フォーチュン」と名づけられ、ＣＩＡで新たに編成された西半球部門トップのＪ・Ｃ・キングにその仕事が委ねられた。

　キングはカスティージョ・アルマスとその協力者に武器と二十二万五千ドルを運ぶ計画を策定した。一九五二年十月、ピストル三百八十丁、ライフル二百五十丁、機関銃六十四丁、手榴弾四千五百発を荷造りし、農業機器との荷札をつけて、ニューオーリンズから南へ向けて発送する手はずができていた。しかしニカラグアのソモサとその息子のタチョは陰謀のことを気楽にしゃべっていた。秘密がすっかり露見してしまったとの情報がワシントンに届き、ブルースは計画全体を中止した。しかし国務省の知らぬところで、キングはベデル・スミスの承認を取り付け、老朽化した海軍の輸送船を徴用して武器をニカラグアとホンジュラスに運んだ。最初の便は、人気《ひとけ》のない島に船を着けるはずだったのに、数百人の物見高いニカラグア人の目にとまってしまった。二便目では船のエンジンが故障し、乗組員と船荷を救出するために海軍の駆逐艦を送らねばならないありさまだった。

　それでもわずかながらＣＩＡの援助がカスティージョ・アルマスのもとに届いた。そして一九五三年三月、アルマスとその支持者たち約二百人が、遠隔地にあるグアテマラ軍の駐屯地を占拠しようとした。彼らは粉砕され、カスティージョ・アルマスはホンジュラスに逃亡したが、彼の運動はひどい打撃を受けた。「フォーチュン作戦」は失敗に終わった。

これが「成功作戦」としてよみがえったとき、ベデル・スミスは国務次官としての役割を十分に果たすことになった。グアテマラ、ホンジュラス、ニカラグアのアメリカ大使は、ベデル・スミスを通してCIAに報告を上げた。全員が「共産主義は全世界でクレムリンの指示を受けており、そう思わないものは自分の言っていることがわかっていない」という、プーリフォイ大使と考え方を共有していた。しかしクレムリンはカストロが権力を握るまで、中南米についてはほとんど何も考えていなかった。中南米を、十九世紀から西半球で支配的な力を振るってきたアメリカの領分だと、ほとんど決め込んでいた。もしCIAがグアテマラの小さいながら影響力のあった共産党に潜り込んでいたら、グアテマラがソ連とは連絡のないことを分かっていただろう。

それにもかかわらず、CIAはグアテマラのアルベンス大統領をモスクワの奏でる音楽に合わせて踊る赤の操り人形だと見なしていた。大統領は中南米では最も野心的で成功した土地改革計画を実行していた。ユナイテッド・フルーツ社のような大企業から休耕地を取り上げ、数十万人の農民に譲渡していた。ユナイテッド・フルーツ社は脅威を感じていた。CIAはそのことを知っていた。同社はワシントンで大きな政治的影響力を持っていたから、政府の最高レベルに会社側の怒りを伝えた。しかしCIAはバナナのために戦っているのではなかった。グアテマラが西側でのソ連の橋頭堡になり、アメリカにとって直接の脅威になると見なしていた。また、ユナイテッド・フルーツ社とそのロビイストたちを目障りな障害と考えていた。作戦が勢いをますにつれ、CIAは彼らを視界の外に棚上げしようと試みた。

141　(1)　**一九五〇年代のCIAの古典的な経歴の持ち主だった。グロートン校、エール大学、ハーバード法科大学院卒**　グロートン校で実践されている力強いキリスト教主義がCIAにもたらした影響については、おそらく誇張されすぎている。しかしイランでのエイジャックス作戦を指揮したのは一九三六年卒業組のカーミット・ルーズベルトだし、それを助けたのは一九三四年卒業組のいとこのアーチー・ルーズベルトだった。成功作戦の立案と実行を指揮したのは一九三二年組のトレーシー・バーンズであり、リチャード・ビッセルは一九三二年組だった。ピッグズ湾で指導的立場にあったのはビッセル、バーンズと一九三二年組の風紀委員をしていたジョン・ブロスだった。そしてフィデル・カストロ殺害の目的に使う毒物を用意したCIAの実験室の責任者は、一九三四年組のコーネリウス・ルーズベルトだった。

141 (2) **「バーンズはどうしても秘密作戦の扱い方を会得できないことが分かった」** Richard Helms with William Hood, *A Look over My Shoulder: A Life in the Central Intelligence Agency* (New York: Random House, 2003), pp. 175-177.

143 (3) **「ダレスの弟子」** Bissell, *Reflections of a Cold Warrior*, pp. 84-91.

147 (4) **「われわれがやりたかったのは恐怖のキャンペーンだった」** E. Howard Hunt interview for the CNN Cold War series, 1998, National Security Archive transcript available online at http://www.gwu.edu/~nsarchiv/coldwar/interviews/episode~18/hunt1. html.

150 (5) **「万策尽きた状態だった」** Bissell, *Reflections of a Cold Warrior,* pp. 84-91.

154 (6) **「われわれはあれが成功だったとはあまり考えていなかった」** Esterline oral history in James G. Blight and Peter Kornbluh (eds.), *Politics of Illusion: The Bay of Pigs Invasion Reexamined* (Boulder, CO: Lynne Rienner, 1998), p. 40.

第11章

156 (1) **「秘密のベールがかかっている」** *Congressional Record* 2811-14 (1954).

156 (2) **「CIAの成功物語」** Deputies' meeting, February 29, 1956, CIA/CREST.

156 (3) **「危険が多く、賢明ではないかもしれない」** Dulles, "Notes for Briefing of Appropriations Committee: Clandestine Services," March 11, 1954, CIA/CREST. 議会でのこうした率直さはきわめて珍しいことだ。これよりはるかに典型的な、ダレスと下院歳出委員会のクラレンス・キャノン委員長（ミズーリ州選出）との間のやり取りを、CIAでのダレスの法律顧問の一人、ジョン・ウォーナーが次のように回想している。当時、キャノンは八十歳に近かった。「キャノンがダレスと挨拶を交わす。『またお目にかかれて幸いです、長官』。どうやら彼はフォスター・ダレスと思っているようだ。……二時間ほど、お互いに話をする。そして最後に――『さて、長官、今年の予算、来年の予算には十分なお金がおありですかな？』――『ええ、大丈夫だと思いますよ、委員長。ありがとうございました』。これが予算の公聴会だった」。

157　(4)「CIAは知らず知らずのうちに多数の二重工作員を雇い入れている」 Roy Cohn, McCarthy (New York: New American Library, 1968), p.49.

157　(5)「CIAは調査できない聖域ではないし、調査すれば無傷ではいられないだろう」 アレン・ダレスとフォスター・ダレスの間の電話での会談記録。以下の引用からの再引用。David M. Barrett, *The CIA and Congress: The Untold Story from Truman to Kennedy* (Lawrence: University of Kansas Press, 2005), p.184.

158　(6)　あからさまな秘密工作　マッカーシーに対するCIAの対応の概容を記述したCIAの歴史で秘密扱いを解かれたものは以下の資料である。Mark Stout, “The Pond: Running Agents for State, War, and the CIA,” *Studies in Intelligence*, Vol. 48, No. 3, 2004, CIA/CSI.　議会証言は、エール大学で訓練を受けた心理学者のウィリアム・モーガンのものである。モーガンは元OSS要員でCIAの訓練担当の次席を務めたこともある。一九五四年三月四日にマッカーシー委員会で行われた公聴会は「委員長に対するいわゆる脅迫」とのタイトルがついていた。このときの発言記録は二〇〇三年一月に解禁された。ベデル・スミスの作戦調整委員会に派遣されたモーガンは、ホーレス・クレイグという名のCIAの上司が「最善の手段はマッカーシーの組織に潜り込むことだ」と示唆したと証言した。それに失敗したら、もっと厳しい手段をとることになるだろうと、クレイグは推測していた。

チャールズ・E・ポター上院議員（共和党、イリノイ州選出）：要するに彼は、マッカーシー上院議員のことを指して、この男を抹消すべきだ、と言ったのですね。

モーガン博士：それが必要になるかも、と。

ポター上院議員：そして気のふれた連中がいる、と。

モーガン博士：報酬があればそれを喜んでやる連中が。

CIAがマッカーシーの殺害を考えていたという疑いを裏付ける証拠は、ほかには知られていない。上院議員は平時に自分の飲みすぎが原因で死亡した。

158 **(7) アイゼンハワーの信頼する軍人仲間のマーク・クラークが率いる議会の特別委員会**　二〇〇五年に解禁されたクラークの秘密報告は、CIAが「法律をわがもの」にしているといい、その行動を「特異で、多くの点でわが民主主義的な政体には異質」と呼んでいる。Michael Warner and J. Kenneth McDonald, "US Intelligence Community Reform Studies Since 1947," 2005, CIA/CSI.

159 **(8) 六ページに上る異例の書簡**　Kellis to Eisenhower, May 24, 1954, DDEL.

160 **(9) ドゥリトルはホワイトハウスに大統領を訪ねた**　President's meeting with Doolittle Committee, October 19, 1954, DDEL. あわててとったこの会合のメモには、悪いニュースを携えてきたぎこちなさが表れている。

161 **(10) ドゥリトル報告**　Special Study Group, "Report on the Covert Activities of the Central Intelligence Agency," September 30, 1954. 二〇〇一年八月二十日解禁。CIA/CREST.

161 **(11) 「微妙かつ細心の注意を要する工作」**　Director's meeting, October 24, 1954, CIA/CREST. 管理の行き届かない秘密活動は、ダレスの任期中、続けられていた。局長たちは、自分たちのやろうとしていることを上司に報告するかどうか決めるのは自分たちだと決意していた。局長の部下たちもまた、局長やその補佐官たちに対して同じように考えていた。CIA上級職員の一人、ジョン・ウィッテンは一九七八年の上院での秘密証言で、一九五〇年代、一九六〇年代初めには、「DDOもADDOも知らないような活動が秘密機関では数多く進行していた」と述べていた。DDOは工作担当副長官―秘密工作本部長―であり、ADDOはその次席である。Deposition of John Whitten, *Assassination Transcripts of the Church Committee*, May 16, 1978, pp. 127–128. ウィッテンは「ジョン・スケルソ」という偽名で証言した。その本名は二〇〇二年十月にCIAから解禁された。

161 **(12) ウィズナーにさえも見せようとはしなかった**　一九五四年十一月八日の次席会議でウィズナーはダレスに、ドゥリトル報告を読ませてもらえるだろうかと尋ねた。ダレスはその頼みを拒否した。ウィズナーに報告の勧告をまとめた簡略版を見せたが、衝撃的な批判そのものは見せなかった。

163 **(13) ダレスは鉄のカーテンの向こう側にアメリカのスパイを潜り込ませようと懸命になっていた**　John Maury and Edward Ellis Smith interviews, R. Harris Smith papers, Hoover Institute, Stanford University.

163 **⒁ 「パールハーバーをもう一度繰り返したくはないのだ」** NSC minutes, March 3, 1955, DDEL.

164 **⒂ ベルリンのトンネルに関する資料としては、一九六七年に書かれ、二〇〇七年二月に秘密扱いを解除されたＣＩＡの歴史文書がある** "Clandestine Services History: The Berlin Tunnel Operation, 1952-1956," CIA, August 25, 1967, declassified February 15, 2007.

166 **⒃ モスクワが戦争を始めるという警告のかすかな兆し** リチャード・ヘルムズの下のベルリン本部で仕事を始めたＣＩＡ職員は、当時もベルリンと、そこで身に着けた技術がモスクワを知るための最上の窓だと見ている。ヘルムズとその部下たちは、ドイツ、オーストリア、ギリシャのＣＩＡ支局は注意深く、かつ辛抱強く東ヨーロッパの内側に地付きの工作員を置くべきだと考えていた。これらの信頼される外国人のネットワークは、同じような考え方のスパイを仲間に引き入れ、次第に権力の座に接近して、それぞれに情報源を開発するだろう。これを分析し選択すれば、大統領に情報を提供できるようになるだろう。それが敵を知る方法だと彼らは信じ、一九五〇年代半ばまでには、暗闇からだんだん姿が現れ始めたと考え始めていた。

ＣＩＡは、ベルリンのトンネル計画が実施に移されたころ、初めて本物のロシアのスパイに出会った。ウィーン支局は、ソ連軍事諜報員のピョートル・ポポフ少佐と連絡がとれた。彼はＣＩＡがこれまでに手にした、長く価値のある最初のロシア人スパイだった。戦車や戦術ミサイル、ロシアの軍事理論に少し通じていたが、その後五年にわたって、同僚スパイ、六百五十人ほどの身元を明らかにしたのである。フランク・ウィズナーは当然のこととして、ポポフを抵抗戦士の地下組織を束ねる指導者に仕立て上げたいと考えていた。ＣＩＡの諜報を司る側はこれに強く反対し、このときばかりはウィズナーが引き下がった。そのときの対立はその後何年も尾を引いた。ポポフは完璧なスパイではなかった。鯨飲し、物忘れが激しく、大きな危険を冒した。しかし五年間、特異な存在だった。ＣＩＡは、ポポフがアメリカの軍事研究開発の分野で五億ドルの節約に貢献したと確信をもって主張していた。ＣＩＡが彼に支払っていたのは一年に四千ドルほどだった。英国側に潜り込んでいたスパイでベルリンのトンネルに関する情報を売り渡したジョージ・ブレークは、ポポフについてもソ連に通報した。ポポフ少佐は一九五九年、ＫＧＢによって銃殺された。

166 **⒄ 「ロシアのことを少しばかり知っているわれわれのような人間」** ポルガーと著者のインタビュー。

167 (18) 「ロシアに対する旧来の秘密工作からは、ほとんど意味のある情報を得られていない」 Technological Capabilities Panel, "Report to the President," February 14, 1955, DDEL.

167 (19) 「そのうちの1機が捕まり」 James R. Killian, *Sputnik, Scientists and Eisenhower: A Memoir of the First Assistant to the President for Science and Technology* (Cambridge, MA: MIT Press, 1967), pp. 70-71.

168 (20) 「組織上の秘密を守れる最後の隠れ家だ」 Bissell, "Subject: Congressional Watchdog Committee on CIA," February 9, 1959, declassified January 29, 2003. CIA/CREST.

168 (21) ビッセルはU-2機を、ソ連の脅威に対して攻撃的な一撃を加える兵器と見なしていた U-2機事件に関するビッセルの考えについては彼自身の次の回想録を参照。*Reflections of a Cold Warrior: From Yalta to the Bay of Pigs* (New Haven, CT: Yale University Press, 1996), pp. 92-140.「われわれは正しい問題提起をしなかった」というリーバーの見方は一〇五ページに。ヘルムズはU-2が特効薬でないことは知っていた。ヘルムズはビッセルの絶頂期に秘密工作本部の職員の集まりで次のように語ったことがある。「優秀な記者は有用な情報を取るのに魔法の黒箱を必要としない。……飛行機がある限り、写真はそれで撮ってくることができる。ＣＩＡは可能な限りあらゆる種類の道具を使う必要がある。……しかし最後のところでは、人が何を考えているかを知るには、その人に話しかけてみることだ」。

170 (22) CIA史（全五巻） Wayne G. Jackson, *Allen Welsh Dulles as Director of Central Intelligence,* declassified 1994, Vol 3, 1973, pp. 71ff., CIA.

170 (23) 「彼が大統領にも言わなかったことがある」 William B. Macomber, Jr., oral history, FAOH. マコーマーはアイゼンハワーの下で議会対策担当の国務次官補を務めていた。

第12章

日本占領中のマッカーサーの諜報活動を詳述しているＣＩＡ文書は二〇〇七年に公開され、歴史家のマイケル・ピーターセンが、国立公文書館から刊行した論文のなかで最初に取り上げた。これらの文書は以下のアドレスで取得することができる。http://www.archives.gov/iwg/japanese-war-crimes/introductory-essays.pdf 本章の冒頭部分で使ったその他のＣＩＡ文書も二〇〇七年に秘密扱いを解かれたもので、以下に収められている。*The Intelligence Community, 1950-1955*, published in the Foreign Relations of the United States series. これも国務省の以下のウェブサイトで取得することができる。http://www.state.gov/r/pa/ho/frus/truman/c24687.htm

一九五〇年代におけるＣＩＡと日本の指導者の間の関係については、著者が行った以下の人々とのインタビューのなかで詳細が語られている。アル・ウルマー（一九五五年から五八年までＣＩＡ極東部部長）、クライド・マカヴォイ（一九五〇年代半ば、ＣＩＡの岸信介担当官）、ホーレス・フェルドマン（元ＣＩＡ東京支局長）、ロジャー・ヒルズマンおよびＵ・アレクシス・ジョンソン（ケネディ及びジョンソン政権時代の国務省高官）、ジム・リリー（元ＣＩＡ支局長、元中国駐在大使）、ドン・グレッグ（元ＣＩＡ支局長、元韓国駐在大使）、ダグラス・マッカーサー二世（アイゼンハワー政権下の駐日大使）。

この関係は最初、一九九四年十月九日付『ニューヨーク・タイムズ』の著者執筆の記事（「ＣＩＡが五〇年代、六〇年代に日本の右翼を支援」）で報じられた。この記事は、一九六〇年代の日本に関する「アメリカの外交政策」の文書について機密解除扱いとするかどうかをめぐるＣＩＡと国務省の間の抗争を端緒としている。十二年後の二〇〇六年七月、国務省は遅まきながら「アメリカ政府は日本の政治の方向に影響を与えるべく四件の秘密計画を承認していた」ことを認めた。発表は四件のうち三件の計画について内容を明らかにした。それによると、アイゼンハワー政権は、一九五八年五月の衆院議員選挙の前に「少数の親米的な保守政治家」に対して資金を提供することを承認した。アイゼンハワー政権はまた、ＣＩＡが「より親米的で『責任ある』野党が登場することを期待して左派系野党から穏健派を分裂させる隠密工作を実施する」ことを承認した。これに加えて「宣伝と社会活動のほぼ半々に分けて行ったより広範な隠密工作」では、日本人が政権政党を受け入れ、左派の影響を拒むよう働きかけることも試みた。勢力を伸ばし将来の首相になる岸との深層の関係については明らかにされなかった。

FRUS, 1964-1968, Vol. XXIX, Part 2.

日本の敗戦の後、アメリカ占領軍はマッカーサー元帥の下で、岸やその仲間など右翼軍国主義者を追放した。しかし一九四八年、マーシャル国務長官がジョージ・ケナンを日本に派遣し、マッカーサーを説得して見解を変更させようとしてから、事情が変化した。マッカーサーの政策の一例は大阪の造船所において見られた。ここでは日本の工場から取り外した機械に油をさし、木枠に収め、膨大な経費をかけて、それを戦時賠償の一環として中国に送った。アメリカは日本を解体し、そのころ共産主義者が勢力を広げていた中国をアメリカの負担で支持していたのである。ケナンは、アメリカとしてはできるだけ速やかに日本の改革を進め、経済の回復に向かうことを主張した。この方向転換で、マッカーサーによる追放が終わらせられることになった。それは岸や児玉のような戦犯容疑者を釈放することにつながった。この釈放によってCIAは彼らをリクルートでき、強力な指導者に育てあげ、経済カルテルの復活、警察予備隊の創設、保守党の復活の素地をつくったのである。

「アメリカは日本の有力な保守指導層を激励するためにできるだけのことはすべきである」。作戦調整委員会は一九五四年十月二十八日付のホワイトハウスあて報告の中で、そう述べている。五十年後に解禁されたこの報告で委員会はまた、もし保守派が一致団結すれば日本の政治を牛耳ることができるとし、「共産主義者に対する法的措置をとり、中立主義者や、日本の有識者グループの多くの個人に見られる反米的な傾向とも戦うことができる」と述べている。一九五四年以降にCIAが実行したのはまさにこのことだった。

176　（1）**CIAはこの作戦を支援するため、二百八十万ドルを融資した**　日本の保守派はカネを必要としていた。アメリカの軍部はタングステンを必要としていた。「だれかのアイデアだが、一石二鳥でいこう」と言ったのは、ニューヨークの弁護士で元OSS要員のジョン・ハウリーだった。彼がこの取引をまとめる手助けをした。児玉―CIA作戦は大量のタングステンを日本軍の貯蔵所からアメリカに密輸し、ペンタゴンに一千万ドルで売却した。密輸グループの一人は、第二次大戦中にカリフォルニアの収容所からOSSに徴用された日系二世のケイ・スガハラだった。彼のファイルについては、メイン大学のハワード・ションバーガーが調査し、一九九一年に当人が死亡したとき本の執筆をほとんど終えていた。このファイルには作戦の詳細が書かれている。取引からの収益は、一九五三年に占領終結後に行われた選挙で、保守派の選挙運動に注ぎ込まれた。ハウリーは言う。「われわれはOSSで学んだことがある。目的を達成するには、しかるべきカネをしかるべき手に託さねばならないということだった」。

176 **(2)「彼は職業的なうそつき」** "Background on J.I.S. and Japanese Military Personalities," September 10, 1953, National Archives, Record Group 263, CIA Name File, box 7, folder: Kodama, Yoshio.

178 **(3)「おかしなものだな」** Dan Kurzman, *Kishi and Japan: The Search for the Sun* (New York: Obolensky, 1960), p.256.

179 **(4)「彼がアメリカ政府から少なくとも暗黙の支援を求めていたことは明らかだった」** Hutchinson oral history, FAOH.

181 **(5)「もし日本が共産化するとアジアのほかの国々が追随しないとは考えにくい」** マッカーサーと著者のインタビュー。

(以下日本版編集部による注釈)

なお、マッカーサー駐日大使から国務省にあてた一九五八年七月二九日付の公電が、一九九〇年六月十六日に機密扱いが解除され公になっている。以下に全文を紹介する。

〈親愛なる〉ジェフ

岸の弟・佐藤栄作（岸政権下の大蔵大臣）が、共産主義と戦うためにアメリカからの財政援助を願い出ていることについては、あなたも、ハワード・パーソンズも興味をそそられていることと思います。

佐藤の申し出は私たちにとってさほど意外ではありません。というのも、彼は昨年にも大略同じような考えを示唆していましたし、最近彼と話した際にもそうした様子を抱いているようだったからです。

同封いたしましたのは、佐藤とスタン・カーペンターとの会話についての覚え書きであり、もちろん省内では、極秘で扱われるべきものです。この九月にワシントンに着きましたら、この件についてさらに詳しくお知らせ致します。

敬具

国務省極東国務次官補

J・グラハム・パーソンズ様

一九五八年七月二十九日
東京・アメリカ大使館
ダグラス・マッカーサー二世〉

公電とともに添付されている佐藤栄作とS・S・カーペンター（大使館一等書記官）の東京グランドホテルの会見の覚え書き（カーペンターによる）も、機密解除されている。これを読むと、当時の政治状況のなか、なぜ自民党が米国からの秘密献金を欲したのかがよくわかる。以下に全文を紹介する。

〈大蔵大臣で岸首相の弟である佐藤栄作氏から申し入れがあったため、私（カーペンター一等書記官）は七月二十五日に氏に会った。会見は、報道関係者に知られるのを避けるため、東京グランドホテルで行われ、出席したのは佐藤氏と私だけであった。

佐藤氏は非常に腹を割った話を、しかも極秘で行いたいとのことだった。

佐藤氏は、現在東京で行われている二つの会議は、岸内閣率いる日本政府及び自民党が直面している問題を象徴しているものだと指摘した。そのふたつの会議とは、ひとつは共産党大会。もうひとつは、総評大会である。

佐藤氏は、日本共産党は①日本国内に反米感情を醸成すること、そして②政府転覆のために革新諸勢力を糾合、強化するという二つの目的を持っているのだと語った。

総評の組織内では、共産党と密接な協力関係にある高野派（編集部注・高野実――総評を設立した全国金属労働組合出身の組合運動家）が、同じこの二つの目的のために活動している。幸いにも高野派は総評内では少数派だが、それでも日本の労働者層にかなり不穏な動きを生み出しうる立場にある。また過激派勢力の主導する日教組は、勤務評定制度をめぐって政府との間で激しい闘争を展開している。六都道府県でこの闘争は非常に激しく、それ以外の十七の都道府県でも、同じ問題が存在する。

政府はこれら過激派諸勢力との戦いに最善を尽くしてはいるが、十分な資金源を利用できないため限界がある。自由民主党も可能な限り手を尽くしてはいるが、やはり資金面の限界という点では同様である。この問題に対処する一策として、自民党は日本の実業界・財界トップからなる非政府グループを設立した。これは秘密組織であるため、その結成についても行動についても報道はされていない。佐藤氏によれば、先の選挙で自民党は実業界・財界に、企業献金、個人献金の形で大きな負担をしてもらったと言う。来年には参議院選挙を控えており、自民党は同じ個人・企業にまたもや資金援助を要請せざるを得ないだろうが、共産主義との戦いのためにこうした資金源からさらに資金援助を期待することは、不可能ではないにしても非常に難しいと言うのである。

佐藤氏は、「ソ連や中国共産党が、日本の共産勢力に対し、かなりの資金援助を行っているのは確実だ」と指摘した。こうした外国からの支援があるため、日本の共産主義勢力は日本政府にとって深刻な問題を引き起こせるだけの力がある。

こうした状況を考慮して、佐藤氏は、共産主義との闘争を続ける日本の保守勢力に対し、米国が資金援助をしてくれないだろうかと打診してきたのである。佐藤氏によれば、もし米国がこの要請に同意すれば、この件は極秘扱いとされ、米国には何の迷惑もかけないように処理されるとのことであった。

佐藤氏はこの資金工作の受取り役として川島正次郎幹事長の名をあげた（He mentioned Mr. KAWASHIMA as a possible channel.）。

佐藤氏には、こうした要請の可能性については、佐藤氏との会見以前にマッカーサー大使と協議済みであると話した。マッカーサー大使は岸氏や保守勢力を可能な限り援助しようと常に尽力している。日本における共産勢力の影響に対する保守党の憂慮は大使も十分共感するところだし、可能であれば保守党に対する援助には前向きではある。だが、大使個人の意見としては、米国がその目的のために資金援助を提供するのは難しいと伝えた。私は、もしそうした援助がアメリカから行われ、マスコミに知れた場合、日本の内政に対する干渉であるとして直ちにアメリカが非難を受けるだろうと指摘した。

佐藤氏は、大使の考えはよく理解できると語り、この件によって彼本人や岸氏が大使を悪く思うことは決してないと私に保証した。彼は、現在の日本の問題について、随時私と自由に意見を交わしたいと語った。私は、いつでも喜んで佐藤氏と会うと彼に言った〉

この文書が公開された直後、一部日本の報道機関は、マッカーサー大使が自民党の秘密献金の要求を断ったとして、このメモを秘密献金の存在に否定的なメモとして紹介をした。しかし全文をよく読めばわかるように、マッカーサー大使は公になるとまずいといっているだけで、佐藤の申し出を本国にあげているのである。

本文に記した二〇〇七年公開の国務省文書が示すように（182ページ）、自民党にたいするＣＩＡによるアメリカの秘密献金は一九六〇年代終わりまで続けられた。

（以上日本版編集部による注釈終わり）

183　(6)　賀屋は、一九五八年に国会議員に選出された直前もしくは直後からＣＩＡの工作員になった　賀屋とＣＩＡとの関係に関する記録は次のところにある。National Archives, Record Group 263, CIA Name File, box 6, folder: Kaya, Okinori.

184　(7)　「われわれはわれわれなりの別のやり方でやった」　フェルドマンとのインタビュー

第13章

185　(1)　「ダレスは手で書類を持ち上げて、目を通しもせずに、受け付けるかどうかを決めていた」　Lehman oral history interview, "Mr. Current Intelligence," *Studies in Intelligence*, Summer 2000, CIA/CSI.

186　(2)　ＮＳＣ５４１２／２　"Directive on Covert Operations," December 28, 1955, DDEL.

188　(3)　ソ連部門は機能していなかった　"Inspector General's Survey of the Soviet Russia Division, June 1956," declassified March 23, 2004, CIA/CREST.

189　(4)　『ソ連のシステム全体を告発するのだ』　Ray Cline oral history, March 21, 1983, LBJL.

189　(5)　ウィズナーの干渉によって自由ヨーロッパ放送から別の信号が発信されることになった　元ＯＳＳ要員でラジオ部長のボッブ・ラングは、ウィズナーとその取り巻きが「われわれの業務のあらゆる部分に逐一、口出しすること」に苦情を述べていた。「自由ヨーロッパ放送」を担当する部門の責任者を務めたＣＩＡのコード・マイヤーは「ラジオ放送の目的をゆがめる圧力」を感じていたと言った。

190 (6) **アメリカにとって利益になるだろうと主張した**　NSC minutes, July 12, 1956, DDEL; NSC 5608/1, "U.S. Policy Toward the Soviet Satellites in East Europe," July 18, 1956, DDEL.　自由ヨーロッパ計画の支援の下に、CIAはすでに、三億枚のリーフレットやポスター、パンフレットを乗せた三十万個の風船を西ドイツからハンガリー、チェコスロバキア、ポーランドに向けて飛ばしていた。風船には暗黙のメッセージが込められていた。アメリカはアルミ製のバッジや放送電波以上のもので鉄のカーテンを越えることもできる、というメッセージだった。

191 (7) **「CIAは大変な権力を代表している」**　Ray Cline, *Secrets, Spies, and Scholars, Blueprint of the Essential CIA* (Washington, DC: Acropolis, 1976), pp. 164-170.

192 (8) **「絶対に間違い」**　NSC minutes, October 4, 1956, DDEL.

193 (9) **ダレスは、イスラエルと英仏の合同軍事作戦の報告などばかげているとアイゼンハワーに請け合っていた**　Memorandum of conference among Eisenhower, Allen Dulles, and acting secretary of state Herbert Hoover, Jr., July 27, 1956, DDEL; Eisenhower diary, October 26, 1956, Presidential Papers of Dwight David Eisenhower, document 1921; Dillon oral history, FAOH; deputies' meeting notes from October, November, and December 1956, CIA/CREST.

195 (10) **「自ら求めて盲目」**　ハンガリーにおけるウィズナーの作戦の状況については以下の二つの秘密工作機関の歴史に記述がある。*The Hungarian Revolution and Planning for the Future: 23 October–4 November 1956*, Vol. 1, January 1958, CIA; and *Hungary, Volume I* [*deleted*] *and Volume II: External Operations, 1946–1965*, May 1972, CIA History Staff, all declassified with deletions in 2005.

196 (11) **「自由か、さもなくば死を」**　Transcripts of Radio Free Europe programs, October 28, 1956, in Csasa Bekes, Malcolm Byrne, and Janos M. Rainer (eds.), *The 1956 Hungarian Revolution: A History in Documents* (Budapest: Central European University Press, 2002), pp. 286-289.

196 (12) **「過去十年にわたる恐るべき過ちと犯罪」**　"Radio Message from Imre Nagy, October 28, 1956," in Bekes, Byrne, and Rainer, *The 1956 Hungarian Revolution*, pp. 284-285.

ウィズナーが複数の周波数の電波を持っていたことはほとんど知られていない。フランクフルトでは、一九四九年からCIAのために働いているソリダリストという名のロシア人ネオファシストがハンガリー向けに、亡命戦士の部隊が国境に向かっていると放送を始めていた。彼らはアンドラーシ・ザコの名前でメッセージを送っていた。ザコは、ハンガリーのファシスト戦時政府で将軍として軍務を務め、ハンガリー退役軍人連盟という名の鉄十字勲章団体を取り仕切っていた。「ザコは諜報活動の請負人の手本そのものだった」とリチャード・ヘルムズは指摘した。

197 (13) **「現地で起きたことは奇跡だ」** NSC minutes, November 1, 1956, DDEL.

197 (14) **「支援が届くことを約束したもの」** William Griffith, Radio Free Europe, "Policy Review of Voice for Free Hungary Programming" (December 5, 1956), in Bekes, Byrne, and Rainer, *The 1956 Hungarian Revolution*, pp. 464-484. この文書は、CIAが長い間否定してきたことを公式に認めたことを意味している。すなわちハンガリーの聴取者に支援が向かいつつあることを暗にもしくははっきりとRFE（自由ヨーロッパ放送）が伝えたことを認めたのである。グリフィスの詳細な、しかし自分を赦免するかのごとき報告が出たあと、RFEのハンガリー・デスクは追放された。二年後、RFEの声が変わった。非常に人気の高い、本当に政権をひっくり返すような番組の放送を始めて、大衆の想像力をとりこにした。「ティーンエイジャー・パーティ」と呼ばれるロックンロール・ショーがそれだった。次も参照。Arch Puddington, *Broadcasting Freedom: The Cold War Triumph of Radio Free Europe and Radio Liberty* (Lexington: University Press of Kentucky, 2000), pp. 95-104; George R. Urban, *Radio Free Liberty and the Pursuit of Democracy: My War Within the Cold War* (New Haven, CT: Yale University Press, 1997), pp. 211-247.

198 (15) **「本部は一時の熱病にうかされていたようなものだ」** Peer de Silva, *Sub Rosa: The CIA and the Uses of Intelligence* (New York: Times Books, 1978), p. 128.

198 (16) **ソ連がスエズ運河をイギリスとフランスから守るためにエジプトに二十五万の兵を送る用意があるとの新しい、しかし偽の報告** Eisenhower diary, November 7, 1956, DDEL.

199 (17) **「神経衰弱に陥る寸前だった」** William Colby, *Honorable Men: My Life in the CIA* (New York: Simon and Schuster, 1978), pp. 134-135.

199 (18) **「気分が極度に高ぶり、激している」** John H. Richardson, *My Father the Spy: A Family History*

of the CIA, the Cold War and the Sixties (New York: HarperCollins, 2005), p. 126.

199 (19) **「ゲリラ戦には十分な装備を持っている」** Director's meeting, December 14, 1956, CIA/CREST.

200 (20) **ブルース自身の書きとめた記録**　ブルースの日誌はバージニア大学にある。日誌によると、パリ駐在大使だったブルースは、一九五〇年六月のある日—アレン・ダレスと昼食をともにした日に—ダレスがCIA長官になるかもしれないという「恐ろしい可能性」を口伝えに聞いていた。実際にその職に就いたのはウォルター・ベデル・スミスだった。

200 (21) **その極秘報告**　大統領諜報諮問委員会の報告は「ブルース／ロベット報告」として知られるようになったが、その文体からは明らかにブルースが書いたことが分かる。調査チームはブルース、元国防長官のロバート・ロベット、元海軍作戦部次長のリチャード・L・コノリー退役海軍大将の三人だった。この報告の存在を示す証拠は、歴史家のアーサー・シュレジンガーがある文書から書き取ったノートだが、この文書はジョン・F・ケネディ記念図書館からなくなったとされている。この文書の解禁版—ピッグズ湾事件のあとケネディ・ホワイトハウスのために編集されたアイゼンハワー時代の諜報報告集からの長い抜粋—を公刊された書物で初めて以下に掲載する。分かりやすくするために省略記号などは元に戻し、タイプ・ミスは正し、CIAが削除した部分はその旨指摘している。

> 隠密活動の構想、計画、ときにはその承認自体〔削除〕も、われわれの軍事政策、外交政策にとって非常に大きな意味をもつものだが、これがますますCIAの独占的な仕事—領収書の要らないCIA資金に大きく依存した仕事—になりつつある。(これはそうした活動の着手と実行に関わる組織やシステム、人材などからくる避けがたい結果に過ぎない)。CIAは忙しいが、カネがあり、特権があり、「政界のトップを決める」責任が好きだ。(陰謀はうっとりするほど面白い—かなり自己満足もある、成功すると時には喝采を浴びる—〝失敗〟しても非難されることはない—そして仕事全体が、通常のCIA的方法でソ連の秘密情報を収集するよりははるかに単純だ！)。
>
> 　こうした著しく微妙でカネのかかる活動は、アメリカの軍事、外交政策を支援するためのものである限りにおいて正当化できるのだが、これに対する責任ある長期的な計画や持続的

な指針は、本来、国防総省や国務省から示されてしかるべきだが、しばしばそれを欠いているように見える。むろん、手あかのついた二つの目的が常に周知されてはいる。「ソ連をくじく」ことと、ほかの国々を「西側寄りに」しておくことだ。こうした二つの目的の下なら、ほとんどどのような心理戦争も準軍事行動も正当化できるし、現に正当化している〔削除〕。

心理戦争や準軍事行動を主導し推進するのは、大部分、CIAの仕事である。そしていったん構想ができれば、どのような計画であれ、最終的な承認（作戦調整委員会＝OCB＝内部グループの非公式会合による）は、せいぜい形式的手続きと言った程度のものである。

承認が下りれば、ほとんどの場合、計画はCIAの管理の下に移され、最後までそこにとどまることになる。これらの活動はほかの外交政策活動と密接につながっているため（そしてときには外交政策を左右することもあるため）、（OCBではなく）国家安全保障会議そのものの事前承認を得るだけでなく、それによる継続的監視も受けるべきだと思われる。

実際問題としてほとんどの場合、新しい計画の承認は、単に長官の提案への支持という形をとっている。通常、これにはほかの重要問題にかまけている個人からの異議の申し立てはない。もちろん、それぞれの計画について予備的に（CIAに属する）人が配置され、最終的には（ことが終わったあと）結果についてNSCに報告が行われる――しかしこの後でも、CIA長官は「オフレコ」で、当然理解できることだが、偏見に基づく報告を口頭で行うことがある。

心理戦争や準軍事活動自体は、いつでも、国務長官とCIA長官の個人的な取り決め（両者間で時に応じて利用できる最善の「資産」を使用することを決定）によるものであろうと、長官の個人的な思惑に基づいて、しかもしばしば、CIAの支局員と外国元首の間での直接かつ継続的な交渉によるものであろうと〔削除〕。関与する外国の人物が「反対勢力」であったようなときは、この種の交渉がしばしば実際には、確立された唯一の継続的関係ということもある。（上席のアメリカ代表〔すなわち大使〕より格下の人間が、二国間の公式の関係に関することがらで相手国の国家元首と直接、交渉するというのはすこしばかり理解しにくいことだ）。こうしたことがもたらす明白かつ避けがたい結果は、アメリカの外交政策の資産を分割し、外国人をしてアメリカの役所をほかの役所と競わせたり、どちらか自分の当面の目的に沿う役所を利用したりする気持ちにさせることである。この外国人は、かつての「反対勢力」が権力の座についていることもある（しかも誰と交渉することになるのかだれにも分からない）。〔削除〕

こうしたことの必然の結果は、任務を適切に遂行する上で当然知っておかねばならない知識を、責任あるアメリカの当局者に与えないことである。（CIAの心理戦争や準軍事活動が外交関係に与える衝撃を強く懸念する声が国務省全体にあることは、諜報関係者の間では伝えられている。当委員会としてできる最大の貢献はおそらく、CIAの心理戦争や準軍事活動が実際に外交政策の形成や「友好国」との関係に与える重大かつほとんど一方的な影響について、大統領の注意を促すことだと国務省の人間は感じている）。

CIAは地元の報道機関や労働団体、政治家、政党、その他の活動を支持したり操ったりしている。それが、その国に駐在する大使の仕事に、ときには非常に大きな影響をもたらしかねないことがあるのに、大使がそのことをまったく知らないか、ぼんやりとしか認識していないことがままある。……地元の人物や団体に対するアメリカの姿勢について、特にCIAと国務省の間で意見の違いが生じることがしばしばある。……（ときには、国務長官とCIA長官との兄弟関係が、恣意的に「アメリカの立場」を決めることもある）。

……CIAは宣伝計画も進めているが、〔このあと五行削除。おそらく数十点の雑誌や会報、出版社、それに「文化自由会議」に対するCIAによる資金提供を扱った部分と思われる〕これは議会及び国家安全保障会議から与えられた任務の一部と明示することが困難である。

軍部は、不正規戦争の遂行は自分たちの責任だと考えている（ここでも、その責任の範囲についてては意見の違いがある）。戦時におけるその他の心理戦争や準軍事活動に誰が責任を持つのか――あるいはいかにして（またはいつ）その責任が配分されるのか――もはっきりしていない。

心理戦争と準軍事作戦は（自分たちの存在を正当化するためにいつも何かをしないではい

られない聡明で成績優秀な若者たちが、他国の内政問題に首を突っ込むことから始まったケースが多いのだが）、今日では世界規模でＣＩＡの大勢の要員が遂行している〔削除〕。彼らのなかには本質的に人事上の問題〔削除〕から、政治的に未熟な人間が多い。（彼らが現場で応用する「テーマ」は本部から提案されたり、——ときには地元の楽天主義者の提案で——現地で生み出されたもので、いい加減で変わりやすい人物たちを「扱う」ことから、とかくおかしな展開になりがちで、実際にそうした事態も起きている）。

これらの活動の多くは、ある場合は幸いにして、別の場合には不幸にして、比較的短期間で終結している〔七行削除〕。もし露見すると、これらの活動は「もっともらしく否定」することもできそうにない—これらの活動にアメリカの手が関わっていることを当該国や共産党当局だけでなくほかに多くの人が（報道機関も含めて）知らないと考えるのは無邪気に過ぎると思われる—アメリカの関わりは、ＮＳＣ（の秘密活動におけるアメリカの関与を隠すようにとの命令）にある特定の警告を軽んじることになる。

わが政府のいずれかの権威ある地位にある誰かが、どこかで継続的に、期待はずれに終わったケース（ヨルダン、シリア、エジプト、その他）に要した直接の経費を計算し、われわれの国際的立場に与える影響を考慮する必要があったのではないか。そしてもし主張されている程度に成功したとしても、国際間の「黄金律」を事実上放棄するに至り、世界の多くの国々に混乱を引き起こし、今日のわが国に対する疑問を生じさせる原因となった活動が、長期的に賢明であったかどうかを心にとめておかねばならなかったのではないか。現在の同盟国に対する影響はどうか。われわれの明日はどうなっているのか。

一九四八年に政府として積極的な心理戦争や準軍事計画の開始の決定を支持した人たちは、その活動からこうした結果が生じるとは予見していなかったと確信する。ＣＩＡの内部にあって直接、日々の活動に関わっているもの以外は、何が行われているか、詳細な知識を持っているものはいない。今日のような世界情勢にあって、いまこそ、この計画の見直しと現実的な調整に取り組むときである。それにはおそらくわれわれの関与の「もつれをほどき」、われわれの活動をいまよりもっと合理的に適用することが必要になるだろう。

202 (22) 「風変わりな天才」 Ann Whitman memo, October 19, 1954, DDEL.

第14章

204 (1) 「もし君たちが向こうに行ってアラブの連中と暮らすことになれば」 NSC minutes, June 18, 1959, DDEL.

204 (2) 「合法的に認められたCIAの政治行動の標的」 Archie Roosevelt, *For Lust of Knowing: Memoirs of an Intelligence Officer* (Boston: Little, Brown, 1988), pp. 444-448.

205 (3) 彼らの言葉を話し、彼らの習慣に通じたものはほとんどいなかった "Inspector General's Survey of the CIA Training Program," June 1960, declassified May 1, 2002, CIA/CREST; Matthew Baird, CIA Director of Training, "Subject: Foreign Language Development Program," November 8, 1956, declassified August 1, 2001, CIA/CREST.

205 (4) 「『聖戦』という側面」「秘密機動隊」 Goodpaster memorandum of conference with the president, September 7, 1957, DDEL. 急進的無神論者からイスラムを保護するために軍事行動をおこしたいというアイゼンハワーの希望と、サウジアラビア、ヨルダン、イラク、及びレバノンに秘密の軍事援助を提供するためのラウンドトゥリーとの会談は、大統領の秘書官が記録していた。General Andrew J. Goodpaster, in memos dated August 23 and August 28, 1957, DDEL.

205 (5) 「この四人の（東西文明の）混血児たち」 Symmes oral history, FAOH.

205 (6) フランク・ウィズナーの提案 Frank G. Wisner, memorandum for the record, "Subject: Resume of OCB Luncheon Meeting," June 12, 1957, CIA/CREST. メモは次のように述べている。「ウィズナーはヨルダンに対して（CIAの支援のほかに）全面的な支援の必要を主張した」。「CIAはサウジアラビアとイラクに対してもできるだけ資金を拠出することを強く支持する」。

205 (7) 「こんなふうに言えるだろう」 Symmes oral history, FAOH.

206 (8) 「愛嬌のあるならず者」 Miles Copeland, *The Game Player* (London: Aurum, 1989), pp. 74-93.

206 (9) **「軍事クーデターの機が熟している」** Dulles in NSC minutes, March 3, 1955. この地域におけるCIAの仕事に関して書かれた最良の記述としては次のものがある。Douglas Little, "Mission Impossible: The CIA and the Cult of Covert Action in the Middle East," *Diplomatic History*, Vol. 28, No. 5, November 2004. リトルの論文は一次資料に基づく力作である。コープランドの回想記は雰囲気をよく映しているが、詳細の記述については、リトルのような独自の学問的な裏づけがないと信頼性に欠ける。

207 (10) **二〇〇三年に発見された私文書** CIAとSISのシリアに対する共同謀略について記述した英国の文書は、マシュー・ジョーンズが発見、以下の論文に詳しく紹介されている。"The 'Preferred Plan': The Anglo-American Working Group Report on Covert Action in Syria, 1957," *Intelligence and National Security*, September 2004.

207 (11) **「ストーンが関わっていた将校たち」** Curtis F. Jones oral history, FAOH. 「われわれはロッキー・ストーンの話以上のものを克服しようとしていた」とジョーンズは語った。「たとえば、アルメニア人が武器を購入してこれをシリアに埋めたのを、われわれは資金的に支援していた」。これはシリアの諜報機関が隠匿された武器を掘り出し、地下部隊を壊滅させるまで続いていた。

208 (12) **「とりわけお粗末なCIAの陰謀」** Charles Yost, *History and Memory: A Statesman's Perceptions of the Twentieth Century* (New York: Norton, 1980), pp. 236-237.

209 (13) **「少し反省してはどうか」「実は共産主義者が後ろで糸を引いている」** Deputies' meeting, May 14, 1958, CIA/CREST.

209 (14) **「完全に虚を突かれた」** Gordon oral history, FAOH.

210 (15) **「世界で最も危険な場所」** NSC minutes, May 13, 1958, DDEL.

210 (16) **「カシムが共産主義者だという証拠はない」** CIA briefing to NSC, January 15, 1959, CIA/CREST.

210 (17) **「イラクで共産主義に対抗できる有能で組織された勢力は軍だけだ」** Deputies' meeting, May 14, 1959, CIA/CREST.

210 (18) **もう一つの暗殺を指揮して失敗** 一九六〇年に、クリッチフィールドが毒を含ませたハンカチを提案した。ヘルムズがこれを支持した。ビッセルも同じく支持し、ダレスが承認した。全員が、自分たちは大統領の意思を遂行していると信じていた。

210 (19)「われわれはCIAの列車に便乗して権力を握った」 サアディの引用は次の資料から。Said Aburish, *A Brutal Friendship: The West and the Arab Elite* (New York: St. Martin's, 2001). アブリッシュは根っからのバース党員で、サダムと袂を分かって彼の政権の暴虐ぶりを記録した。PBSのドキュメンタリー番組フロントライン（ウェブサイトで公開されている）で示唆に富むインタビューをしている。(http://www.pbs.org/wgbh/pages/frontline/shows/saddam/interviews/aburish.html).「一九六三年のイラクのカシムに対するクーデターにはアメリカが実質的に関わっていた」とアブリッシュは述べた。「クーデターに関与した陸軍将校にCIAの工作員が連絡を取っていた証拠がある。クウェートに電子司令センターが設けられ、カシムと戦っていた勢力を支援していた証拠がある。成功を確実にするために直ちに抹殺すべき人物のリストをCIAがクーデター側に提供していた証拠がある。当時、その時点でのアメリカとバース党との関係は非常に緊密だった。そして双方の間で情報の交換も行われていた。たとえば、アメリカがミグ戦闘機の一部のモデルを手にしたのも、ソ連で製造された一部の戦車を手にしたのも、このときがおそらく初めての機会だった。あれは賄賂だった。あれはアメリカがカシム排除に力を貸したことに対するお返しとして、バース党がアメリカに提供したものだった」。秘密機関の近東担当責任者としてこの作戦を準備したジェームズ・クリッチフィールドは、二〇〇三年四月に死亡する前に、AP通信に次のように語っていた。「君たちは当時の文脈と、われわれが直面していた脅威の範囲を理解しなければならない。『CIAにいたお前たちがサダム・フセインを生み出したのだ』という人たちに対して、これが私の言いたいことだ」。

第15章

213 (1)「アメリカ政府として、インドネシアの新政権を倒すような方策を考えてもいいのではないか」 NSC minutes, September 9, 1953, DDEL.

213 (2)「民衆をしっかりつかんでいる。完全に非共産主義者だ」 "Meeting with the Vice President,

"Friday, 8 January, 1954," CIA/DDRS.

213 (3) **「その可能性を計画したこともあった」** Bissell testimony, President's Commission on CIA Activities (Rockefeller Commission), April 21, 1975, Top Secret, declassified 1995, GRFL.

214 (4) **「あらゆる実行可能な秘密の手段」** NSC 5518, declassified 2003, DDEL.

214 (5) **「多数の政治家」** Bissell oral history, DDEL.

215 (6) **「大いに楽しんだものだ」** ウルマーと著者とのインタビュー。

215 (7) **熱のこもった電報** CIA report summaries, "NSC Briefing: Indonesia," February 27 and 28, March 5 and March 14, and April 3 and 10, 1957; CIA deputies' meeting, March 4, 1957; CIA estimate, "The Situation in Indonesia," March 5, 1957.

215 (8) **「スマトラ島の人間は戦う用意あり」** "NSC Briefing: Indonesia," April 17, 1957; CIA chronology, "Indonesian Operation," March 15, 1958, declassified January 9, 2002. All CIA/CREST.

216 (9) **「国務省の対インドネシア政策を調べるよう勧告した」** Director's meeting, July 19, 1957, CIA/CREST.

217 (10) **「投票による破壊活動」** F. M. Dearborn to White House, "Some Notes on Far East Trip," November 1957, declassified August 10, 2003, DDEL. アイゼンハワー大統領の日記によると、ディアボーンは十一月十六日に、自分の旅行について大統領に直接面会して報告した。CIA, "Special Report on Indonesia," September 13, 1957, declassified September 9, 2003, DDEL. "Indonesian Operation," March 5, 1958, CIA/CREST.

217 (11) **アル・ウルマーはインドネシアで強力な反共勢力を見つけ、これに武器と金を与えて支持しなければならないと考えていた** ウルマー及びシケルと著者とのインタビュー。一九五七年夏、ウルマーは秘密工作機関の要員に、スカルノが毎年恒例のお遊び旅行でパン・アメリカンのチャーター機を使ってアジア最高級の売春宿に出かける際、監視するようにとの指示を出した。この任務で得た収穫は、医学的分析のためにスカルノの便のサンプルを採取したことだけにとどまった。このサンプルは、香港支局長のピーター・シケルがCIAから報酬を受けている、愛国心のあるパン・アメリカンの搭乗員の協力で入手したものだった。何も分かっていないときには、あらゆる証拠に価値があった。

218 (12) 「引き返せない段階に入り」 NSC minutes, August 1, 1957, DDEL.

218 (13) 「非常に重大に受け止めている」 Deputies, meeting, August 2, 1957, CIA/CREST.

218 (14) 「インドネシアを解体することになる」 Cumming Committee, "Special Report on Indonesia," September 13, 1957, declassified July 9, 2003, DDEL.

　このときアリソン大使は、くだけたおしゃべりをしに大統領宮殿に出向いてきてほしいとの誘いを受け入れた。スカルノはアイゼンハワー大統領にインドネシアを訪問してもらい、自身の目でインドネシアを見てほしいと思っていた。そしてバリ島に建設中の美しい新ゲストハウスを訪れる最初の国賓になってもらいたいと考えていた。二週間後、ワシントンから冷たい断りの返事が届いたとき、アリソンはビクビクしながらその回答をスカルノに手渡した。「アイゼンハワー大統領からの書簡に目を通しながら、スカルノが驚きで文字通り口をぽかんと開けるのが見えた。スカルノはそれが信じられなかったのだ」。本章で引用したアリソンの見方や発言は次の資料による。John M. Allison, *Ambassador from the Prairie, or Allison Wonderland* (Boston: Houghton Mifflin, 1973), pp. 307–339.

218 (15) アイゼンハワー大統領は九月二十五日、CIAに対してインドネシア政府転覆の命令を出した 命令の文言はCIA年代記に印刷されている。"Indonesian Operation," March 15, 1958, CIA/CREST.

219 (16) ウィズナーは……シンガポールに飛んだ　CIAの記録では、一九五七年秋と一九五八年春の二回、この地域に出張している。ウィズナーは、自分たちの秘密活動について国務省にはできるだけ知らせないように努めていた。一九五七年十二月二十六日の局長会の議事録によると、ウィズナーは十二月三十日に「インドネシア情勢に関する」会合を国務省当局者と行う日程を組んでいた。「ウィズナー氏は、ここでの議論をできるだけ政策問題に絞り、作戦上の問題にはなるべく踏み込ませないようにしたいとの希望を表明した」。

220 (17) ジャカルタのCIA支局　"Indonesian Operation," March 15, 1958, CIA/CREST.　準軍事作戦については次の資料がくわしい。Kenneth Conboy and James Morrison, *Feet to the Fire: CIA Covert Operations in Indonesia, 1957–1958* (Annapolis, MD: Naval Institute Press, 1999), pp. 50–98.　政治戦争計画の背景についてはAudrey R. Kahin and George M. T. Kahin, *Subversion as Foreign Policy: The Secret Eisenhower and Dulles Debacle in Indonesia* (Seattle: University of Washington Press,

1995).

220 (18)「**アイゼンハワーの息子たち**」 Office of U.S. Army attaché, Jakarta, to State, May 25, 1958, cited in Kahin and Kahin, *Subversion as Foreign Policy*, p. 178.

ＣＩＡはペンタゴンに対し、ＣＩＡの支援の下で権力をとりたいという、英語を話すインドネシア陸軍の将校をもっと多く見つけてほしいと要請していた。Memo to Allen W. Dulles from Major General Robert A. Schow, the army's intelligence chief, February 5, 1958.

反応を見れば、アメリカはしばし立ち止まってもいいはずだった。インドネシア軍を率い、政府に忠誠を誓っている職業軍人のナスチオン将軍は、ジャカルタ駐在の米軍武官、ジョージ・ベンソン少佐に、共産主義者と疑われるものはすべて、影響力のあるポストからすでに追放しつつあると保証していた。ボンに駐在していたインドネシアの武官、Ｄ・Ｉ・パンジャイタン中佐—キリスト教徒だとアメリカの武官が指摘していた—は、はっきりこう言っていた。「もしアメリカが共産主義者を知っているというのなら、われわれに教えてもらいたい。われわれが彼らを除去するだろう。……スカルノを撃ったり、違法行為の証拠もない共産主義者を攻撃したりすることはできないが、それ以外なら何でもやる。わが国では、共産主義者だという理由だけで逮捕することはできない。われわれは彼らを除去する」—ここで中佐はあたかもナイフを持っているかのような仕草で空を突いた—「外れたことをすれば」と言った。Memorandum of conversation with Indonesian army officers, date unclear but probably early 1958, declassified April 4, 2003, CIA/CREST.

221 (19)「**何かやることには賛成だが、何をやるか、なぜやるかを考えるのが難しい**」 JFD telephone call transcript, DDEL.

221 (20)「**アメリカは非常に難しい問題に直面している**」 NSC minutes, February 27, 1958, DDEL.

223 (21)「**これは非常に不思議な戦争でした**」 NSC minutes, April 25, 1958, DDEL.

224 (22)「**インドネシアにおける軍事的性格の作戦に参加すること**」 NSC minutes, April 14, 1958, DDEL. John Foster Dulles, memorandum of conversation with the president, April 15, 1958, DDEL.

224 (23)「**共産主義者を殺すのが楽しかったのさ**」 ポープと著者のインタビュー。

224 (24)「**効果がありすぎるくらい**」 NSC minutes, May 1, 1958, DDEL.

224 (25) **「大きな怒りを引き起こしている」** NSC minutes, May 4, 1958, DDEL.

225 (26) **「完全に秘密裏に作戦を遂行することは不可能だった」** "Indonesian Operation," March 15, 1958, CIA/CREST. 信じがたいことだが、アレン・ダレスは任務が失敗に終わった理由に資金不足を挙げた。CIAとしては秘密活動予算に少なくともさらに五千万ドル必要だと、アイゼンハワーに訴えた。「インドネシアのような情勢に対処するには財源が乏しいのです」。

226 (27) **「やつらは私を殺人罪で有罪とし、死刑を宣告した」** ポープと著者のインタビュー。スカルノはポープを裁判にかけるまでに二年の猶予をおいた。このCIAのパイロットはメラピ山の中腹にある避暑地で拘留されたが、警備兵は彼を狩猟に連れ出すなど、逃亡する機会を作っていた。ポープはこれを、政府が金髪で青い目のアメリカ人パイロットを縛り上げてインドネシア共産党に引き渡すための陰謀だとにらんでいた。四年二ヵ月を囚われの身で過ごしたあと、ロバート・F・ケネディ司法長官の個人的な要請により、一九六二年七月、自由の身になった。ポープはまたCIAに戻り、一九六〇年代の残りをCIAのためにベトナムの空を飛ぶことになった。二〇〇五年二月、七十六歳のとき、フランス政府からレジョン・ド・ヌール勲章を受章した。一九五四年、ディエンビエンフーで包囲されたフランス軍への補給活動で果たした役割に対するものだった。

226 (28) **「看過できない混乱」** Director's meeting, May 19, 1958, CIA/CREST.

226 (29) **アメリカに好意的** "NSC Briefing: Indonesia," May 21, 1958, declassified January 15, 2004, CIA/CREST.

226 (30) **「作戦はもちろん完全な失敗だった」** Bissell oral history, DDEL.

227 (31) **「反乱側のB-26が五月十八日、アンボンに対する攻撃中に撃墜された」** "NSC Briefing: Indonesia," May 21, 1958, CIA/CREST.

227 (32) **極東への旅行から帰国したのは、かろうじて正気の世界にとどまっていたときだった。その年の夏の終わりには精神に異常をきたしていた** しかしフランク・ウィズナーは一九五六年の末ごろから、目に見えて健康を害していたし、秘密工作機関も同じように不健康だった。国務省でケナンの後を継いでウィズナーと緊密に仕事をした友人のポール・ニッツェは、「ハンガリー情勢とスエズ情勢の緊張がもたらした結果に耐えられず、フランクはその後、神経衰弱に陥っていた。（秘密工作本部での）問題が起き始めたのはフランクが神経衰弱になってからのことだった……フランクが指揮する能力を失ってから問題が起き始めた」と語った。Nitze oral history, HSTL. ウィズナーは治療中、「非常に難しい時期に」ずっと苦しんでいた、とダレスは一九五八年十二月、かつての部下のビル・ジャクソンに書き送った。「できるだけ早く、療養所から出られることをねがっている」。Allen Dulles papers, declassified February 13, 2001, CIA. 当時は電気ショック療法が「さまざまな異常に対して実施され、しばしば大量に、長期にわたって行われた……こうした方法の多くは効果に乏しく、時には弊害さえあった」。次を参照。"Report of the National Institute of Mental Health Consensus Development Conference on Electroconvulsive Therapy," *Journal of the American Medical Association*, Vol. 254, 1985, pp. 2103–2108.

227 (33) **「情報局のどの部署に声をかければいいのか分からない」** Director's meeting, June 23, 1958, CIA/CREST.

228 (34) **「われわれは……作り上げてきた」** Douglas Garthoff, "Analyzing Soviet Politics and Foreign Policy," in Gerald K. Haines and Robert E. Leggett (eds.), *Watching the Bear: Essays on CIA's Analysis of the Soviet Union*, CIA/CSI.

228 (35) **諜報諮問委員会から…報告を受けた** "Subject: Third Report of the President by the President's Board of Consultants on Foreign Intelligence Activities" and memorandum of conference with the president {by the board}, December 16, 1958, CIA/DDEL. 大統領とのこの会合で、ロバート・ロベット元国防長官は「インドネシアの例を挙げて、現在の組織が弱体であるとの外交諜報活動諮問委員会の見方を一層強めた」と、会合の極秘議事録には書いてある。「ロベット氏は全体の要約をするなかで次のように指摘した。信頼できる情報を入手するには基本的に二つの方法がある。道具を使って得る場合と個々の秘密工作員を通して得るものとである。彼が最上の情報を得る手段と感じているのは、この後者の方法、すなわち工作員を通して得ることである。……われわれはこの分野であまりうまくいっていない。ここをもっと改善しなければならない」。

228 (36) **「われわれの問題は年毎に大きくなっている」** Dulles, minutes of senior staff meeting, January 12, 1959, CIA/CREST.

第16章

229 (1) リチャード・ビッセルが秘密工作本部長になった　ビッセルのCIAにかける野望は大きかった。しかしそれを阻む障害はさらに大きかった。ビッセルは幹部たちに、自分の仕事の権限は、アメリカの「熱い戦争の計画と冷たい戦争の能力」を融合することーソ連との戦いにおいてCIAを盾よりも剣にすることーだと言った。新しい「開発プロジェクト」部門を創設し、自分の財布で秘密活動を指揮できるようにした。CIAをアメリカの力の手段と見なし、核兵器や第一〇一空挺師団に劣らず強力で、それよりはるかに有用な組織と考えていた。"Mr. Bissell's Remarks, War Planners Conference," March 16, 1959, declassified January 7, 2002, CIA/CREST.

ビッセルは、CIAがこうした自分の目標を達成するには、危険なほどに人材不足であることを知っていた。彼自身の「ずばり卓越した才能をもってしても、秘密工作が基本的に人的資源によるものであるという事実は克服できない」と、幹部の一人、ジム・フラナリーは語った。Peter Wyden, *Bay of Pigs: The Untold Story* (New York: Simon and Schuster, 1979), p. 320.

ビッセルはすぐに、各部門の責任者に「水準に達しない職員を見つけ出して、始末するように」命じた。容赦なく、絶えず群れのなかのだめな部分を間引いていこうと考えた。「非効率や不祥事よりもっと先を見ろ」と部下に指示した。「職員のなかで、当然すべきことをしていない、できない、する意思のない職員を洗い出し、辞めさせろ」。Richard Bissell, "Subject: Program for Greater Efficiency in CIA," February 2, 1959, declassified February 12, 2002, CIA/CREST.

一九五九年十一月の、CIA秘密工作機関に関する詳細な内部調査を見ると、ビッセルの懸念の原因が分かる。有能な若い職員の採用が減る一方で、ぱっとしない中年の採用が増えていたことである。CIAの「相当な割合の」職員がまもなく少なくとも五十歳になる。彼らは第二次世界大戦世代で、わずか三年のうちに、二十年の軍事、諜報の仕事を終えて大量に退職し始める。「秘密工作機関の最も優れた職員の間には、強い失望感が広がっている。その原因はCIAが人材の問題を解決できそうにないことに発している」。CIAの内部調査がそれを示している。この問題はいまだに解決されていない。

"Subject: A Manpower Control Problem for the Clandestine Services Career Program," November 4, 1959, declassified August 1, 2001, CIA/CREST.

229 **(2) 秘密のCIA史**　本章でのCIAおよびキューバに関する引用等は、別に注釈がない限り、ピッグズ湾事件計画について書かれた次のCIA秘密活動の歴史からのものである。Jack Pfeiffer, *Evolution of CIA's Anti-Castro Policies, 1951–January 1961*, Vol. 3 of *Official History of the Bay of Pigs Operation*, CIA, NARA（今後はPfeifferとして引用）。

プファイファーは一九七六年にCIAの年代記編者主任に任命された。一九八四年に退職し、その後十年間、この仕事の秘密扱いを解除するよう求めてCIAを訴えてきたが、成功しなかった。三百ページにのぼる彼の書いた歴史は二〇〇五年六月に国立公文書館に保管されているところを、ビラノバ大学のデービッド・バレット教授によって発見された。

229 **(3) ジム・ノエル**　ノエルの引用はプファイファー所収。一九六三年夏、ケネディ大統領とカストロをつなぐ個人的な裏チャンネルの役割を果たしたウィリアム・アットウッド大使は、次のように回想している。「私は五九年にキューバに行って、そこのCIAの人たちと会ったが、彼らの主たる情報源はハバナ・カントリー・クラブのメンバーだった。……彼らは普通の人々のあいだには出て行かなかった」。Attwood oral history, FAOH.

229 **(4) アル・コックス**　Cox quoted in Pfeiffer.

230 **(5) ロバート・レノルズ**　レノルズは二〇〇一年、ハバナで開かれたピッグズ湾に関する会議に参加していた筆者と、ほか数人の記者に対してこの意見を述べた。

230 **(6) 「新しい精神的指導者」**　Quoted in Pfeiffer.

230 **(7) 「諜報の専門家は何ヵ月もの間、二の足を踏んでいた」**　Dwight D. Eisenhower, *Waging Peace: The White House Years: 1956–1961* (Garden City, NY: Doubleday, 1965), p. 524.

230 **(8) 「フィデル・カストロの『排除』」**　メモの筆者は、当時西半球部門の責任者として九年目を終えようとしていたJ・C・キングだろう。ダレスによる編集はプファイファーを参照。

231 **(9) 「誰の目にも明らかになった」**　特別に断りのない限り、この本でのジェーク・エスタラインの引用は、国立安全保障公文書館のコーンブルーによるビデオ・インタビューか、一九九六年にジョージア州のマスグローブ・プランテーションで行われたピッグズ湾に関する会議でのエスタラインの発言記録に基づいている。マスグローブ会議については以下を参照。James G. Blight and Peter Kornbluh (eds.), *Politics of Illusion: The Bay of Pigs Invasion Reexamined* (Boulder, CO: Lynne Rienner, 1998).

232 (10) **「ドリッピング・キューバン（滴り落ちるキューバ人）」** ヘルムズと「ドリッピング・キューバン」についてはプファイファー参照。「ヘルムズは完全にこの問題から自分を切り離した。絶対に、だ」と、キューバ機動班の作戦主任、ディック・ドレインは語った。「三度目に彼は言った。『分かっているだろう。私はこの計画とは一切関係なしだ』。私は言った。『ミスター・ヘルムズ、この問題で無意味なことはしたくないが、しかし、あなたには関わってもらいたい。あなたの立場をわれわれは利用できるからだ』。ヘルムズは言った。『は、は、は。…そうか。…ありがとう』。それでおしまいになった。彼はこの問題を疫病神のように避けていた」。

234 (11) **持っていたのはたった四発だった** Raymond L. Garthoff, "Estimating Soviet Military Intentions and Capabilities," in Gerald K. Haines and Robert E. Leggett (eds.), *Watching the Bear: Essays on CIA's Analysis of the Soviet Union*, CIA/CSI, 2003.

234 (12) **「針を刺す挑発的な行為」** Goodpaster memo, October 30, 1959, DDEL.

236 (13) **「U-2についてついたうそだった」** アイクはジャーナリストのデービッド・クラスロウにこの意見を述べた。それが次の一点を含むいくつかの資料に引用された。David Wise, *The Politics of Lying: Government Deception, Secrecy, and Power* (New York: Random House, 1973).

237 (14) **「ビッセルはおそらく、奇襲部隊が（ピッグズ湾に）上陸する前に、カストロはCIA支援の暗殺者の手で命を落としていると信じていたようだ」** Michael Warner, "The CIA's Internal Probe of the Bay of Pigs Affair," *Studies in Intelligence*, Winter 1998-1999, CIA/CSI.

239 (15) **ルムンバを排除すべきだ** アイゼンハワーがルムンバに死んでもらいたいと思っていた証拠は圧倒的にある。「大統領は（私自身も含め多くの人が）大悪人で非常に危険だと見なしていた男が抹殺されるのを望んでいた」。ビッセルはのちに、アイゼンハワー大統領図書館の口述歴史のインタビューでそう述べていた。「彼がルムンバの抹殺を望んでいたことにはまったく疑いがない。それも非常に強く、早い時期に、緊急を要する、非常に重大な問題として望んでいた。アレンの電報はその緊急性と重要性を反映したものだ」。一九六〇年八月十八日のNSC会議で大統領がルムンバの殺害を命じたとのNSC秘書ロバート・ジョンソンの証言と、「大統領」からの命令があったとするデブリンの引用された証言は、ともにチャーチ委員会の調査官に対して行われた。デブリンは一九七五年八月二十五日、ジョンソンは一九七五年六月十八日と九月十三日に証言した。ルムンバの殺害については、ベルギー政府が二〇〇一年十二月に公刊した千ページにのぼる議会報告書「調査委員会の結論」を参照。また次も参照。NSC minutes, September 12 and 19, 1960, DDEL. 下院アフリカ小委員会の元スタッフ・ディレクター、スティーブ・ワイスマンは、著者とのインタビューで、コンゴにおける秘密作戦の組織について問題解明に資する話をしてくれた。また次を参照。Weissman, "Opening the Secret Files on Lumumba's Murder," *Washington Post*, July 21, 2002. 殺害事件のあと、ニキタ・フルシチョフはモスクワ駐在のアメリカ大使と会談した。大使はその内容を極秘電報でワシントンに次のように伝えた。「コンゴの件に関し、Kはあそこで起きたこと、特にルムンバの殺害が共産主義には助けになったと語った。ルムンバは共産主義者ではなかった。将来、共産主義者になったかどうかも、彼は疑問に思っている」。FRUS, 1961-1963, Vol. X, document 51. モスクワはそれでもアフリカ、アジア、ラテン・アメリカからの学生のために「パトリス・ルムンバ友好大学」を創設した。KGBはこれを人材起用の場として利用した。しかしソ連の諜報機関はモブツ支配下のコンゴに戻ろうとはしなかった。モブツは首都から追放した最後のソ連諜報員の処刑の真似事をして見せた。

240　(16)　**CIAは十月初めにモブツに二十五万ドルを運び、そのあと十一月には武器と弾薬を送り込んだ**　コンゴのCIA協力者に対する買収工作についての個人的な証言は、のちにロナルド・レーガン大統領の下で大使を務めたオーエン・ロバーツのもの。ロバーツは一九六〇年当時、ワシントンの国務省の情報調査局でコンゴ問題の専門官だった。それまでに二年間、コンゴの首都に在勤し、新しい指導者を個人的に知っている最初のアメリカ外交官だった。一九六〇年にはCIAの資金で本に相当する長さのコンゴに関する論文を執筆していた。また、一九六〇年九月、ルムンバ首相、カサブブ大統領と十八人の閣僚らがワシントンと、国連総会が開催された国連を訪問した際、案内役を務めたこともある。国連でコンゴの代表団には「CIAが賄賂を送った。私は知っている」とロバーツ大使は述べた。Roberts oral history, FAOH.

242　(17)　**「われわれとしても潜入や補給で相当の努力もしていた」**　Bissell interview in Piero Gleijeses, "Ships in the Night: The CIA, the White House, and the Bay of Pigs," *Journal of Latin American Studies*, Vol. 27, 1995, pp. 1-42.

245　(18)　**「疲れた老人」**　Lehman oral history, "Mr. Current Intelligence," *Studies in Intelligence*, Summer 2000, CIA/CSI.

245　(19)　**大統領諮問委員会の最終勧告**　"Report from the Chairman of the President's Board of Intelligence Consultants" and "Sixth Report of the President's Board of Consultants," January 5, 1961, DDEL; "Report of the Joint Study Group," December 15, 1960, DDEL; Lyman Kirkpatrick, memorandum for director of central intelligence, "Subject: Summary of Survey Report of FI Staff, DDP," undated, CIA/CREST; NSC minutes, January 5 and 12, 1961, DDEL.

246　(20)　**「私は、大統領がこの問題一般に自ら何度も取り組もうとしていたことを想起してもらった」**　Gordon Gray, memorandum of meeting with President Eisenhower, January 18, 1961, DDEL.

246　(21)　**「八年間ずっと敗北を喫してきた」「負の遺産を残す」**　Memorandum of discussion at the 473rd meeting of the NSC, January 5, 1961, DDEL; memorandum from Director of Central Intelligence Dulles, January 9, 1961（ダレスは、秘密機関の「欠陥は修正し」、そこでの問題にはすべて「いまは満足している」と主張している）; memorandum of discussion at the 474th meeting of the NSC, January 12, 1961, DDEL　ダレスは次のように言っている。アメリカの諜報は「これまでになくよくなった」。（CIA長官から他の諜報機関への調整権限をはくだつすることになる）国家情報長官のポストの新設は「違法」であり、そんな長官ポストは「実体のないもの」になるだろう――。解禁されたNSC会議録（二〇〇二年公刊）は発言どおりの記録ではない。しかし大統領の怒りと落胆はよく表れている。全部が次の資料に収められている。FRUS, 1961-1963, Vol. XXV, released in March 7, 2002.

第17章

248　(1)「ケネディ上院議員は、大統領に判断を求めた」 "Transfer: January 19, 1961, Meeting of the President and Senator Kennedy," declassified January 9, 1997, DDEL.

249　(2)「彼は自分専用の拷問室を持ち、政敵暗殺隊を擁していた」 Dearborn oral history, FAOH. 注目すべき率直なインタビュー。

250　(3)「目下の大問題は、われわれがどうしてよいか分からないことだ」 RFK notes cited in Church Committee report.

250　(4) 最悪の事態があるとすれば　別の注記のないかぎり、この章のピッグズ湾侵攻に関する記述は、一九九七年に機密扱いを解除された*The Foreign Relations of the United States, 1961-1963*, Vol.10, *Cuba, 1961-1962*と一九九八年に発行されたそのマイクロフィシュ補遺、一九九六年に機密解除されたVol. 11; *Cuban Missile Crisis and Aftermath, 1962-1963*とその一九九八年の補遺、Jack Pfeiffer, *Evolution of CIA's Anti-Castro Policies, 1951-January 1961* (*Official History of the Bay of Pigs Operation*, Vol. 3, CIA, NARA)によって再構成した。ジェーク・エスタラインからの引用はマスグローブ会議議事録（James G. Blight and Peter Kornbluh eds., *Politics of Illusion: The Bay of Pigs Invasion Reexamined*, Boulder, CO: Lynne Rienner, 1998所収）による。

253　(5) 別の秘密工作がばれた　政府を買収しようとした支局長は、フランク・ウィズナーのロースクール時代の友人で初期のCIAの門番役だったアート・ジェイコブだった。小柄で、当時は「オザード・オブ・ウィズ」（〝オズの魔法つかい〟のもじり）と呼ばれていた。当時マレーシア大使館の政治担当書記官だったサム・ハート大使は「シンガポールに無頼漢がいた。CIAの金を受け取っている閣僚だった。ある晩、CIAは隠れ家で彼を嘘発見器にかけていた。そこをシンガポールのM-5が急襲したのである。そこにはこの閣僚が嘘発見器につながれていたというわけだ」と述べている（ハートの口述歴史、FAOH）。その後のラスクの書簡は「首相閣下、私は不幸な事件…不適切な活動に…深く困惑し…極めて遺憾としており…極めて重大で…これらの職員の行為について懲罰の可能性を含めて調べている」と述べている。

253 (6) **CIAにキューバを攻撃できるはずがない**　マクスウェル・D・テイラー大将向けのキャベルとビッセルのメモ。一九六一年五月九日付。Subject: Cuban Operation、JFKL, DDRS.

254 (7) **攻撃開始日の朝に空爆があるなどということは知らなかった、と大統領は言った**　FRUS, Vol. XI, April 25, 1961（Taylor Board).

256 (8) **「対決の時がきた」**　一九六一年四月十九日、ロバート・F・ケネディの大統領へのメモ。JFKL。Aleksandr Fursenko and Timothy Naftali, *One Hell of a Gamble* (New York: Norton, 1997), p. 97。

256 (9) **「大統領、私はまさにこの部屋で、アイクのデスクの前に立って」**　側近とは、セオドア・ソレンセンとアーサー・シュレジンガー。それぞれ*Kennedy*（New York: Harper and Row, 1965）と*Robert Kennedy and His Times*（Boston: Houghton Mifflin, 1978）による。

257 (10) **自分が軽蔑してきた政府機関**　ケネディ大統領は秘密権力の行使を管理するホワイトハウスの配線網を取り払ってしまった。アイゼンハワーは軍隊のような厳しいスタッフシステムを通じて大統領権限を行使した。ケネディはタッチフットボールの試合のボールのように、それを弄《もてあそ》んでしまった。大統領就任後間もなく、大統領の諜報コンサルタント委員会と作戦調整委員会を廃止した。どちらも確かに不完全な機関だったが、何もないよりもましだった。ジョン・ケネディがその代わりに作ったのは、まさに無に等しいものだった。ピッグズ湾以後のNSC会議はケネディ政府では初めての隠密行動に関する本格的な円卓会議だった。

257 (11) **「最初に確認したいのだが、私はCIAが準軍事作戦を行うべきだとは思っていない」**　ダレスの引用は一九六一年五月十一日の「準軍事研究グループ会合」（Taylor Board）から。二〇〇〇年三月に機密解除。インターネット検索可能。http://www.gwu.edu/nsarchiv/NSAEBB/NSAEBB29/06-01.htm.

258 (12) **汚水の入ったバケツを運び出して**　スミスの引用は一九六一年五月十一日の「準軍事研究グループ会合」（Taylor Board) NARA.

259 (13) **「氏の遺産は永遠である」**　Bissell, *Reflections of a Cold Warrior: From Yalta to the Bay of Pigs* (New Haven, CT: Yale University Press, 1996), p. 204.　ビッセルは自分がCIAに「歴史的に

まだ埋葬されていない、もしかしたら決して埋葬されることのない遺産」を残したと思うようになっていた。一九九六年に機密扱いを解かれた秘密証言のなかでビッセルはCIAの秘密工作を次のように評価している。「部分的には私自身の失敗や欠点の故に、六〇年代末には、CIAはすでにかなり嘆かわしい記録を残すようになったと思う。……さまざまな種類の秘密工作―これには宣伝作戦、準軍事作戦、政治行動作戦、そして全範囲に関わるものが含まれる―の全体を再点検してみると、CIAはプロフェッショナルの能力を期待すべきところではないということがわかる」。ビッセルによると、CIAでは軍事問題、政治分析、経済分析の基礎的能力が開発されていなかった。CIAは単なる秘密の官僚機構―それも「非常にずさんな」ものになってしまった。一九七五年四月二十一日のCIA活動に関する大統領委員会（ロックフェラー委員会）でのビッセル証言。GRFL.

261 **(14)** **「間違いなく自信にあふれた態度」** Richard Helms with William Hood, *A Look over My Shoulder: A Life in the Central Intelligence Agency* (New York, Random House, 2003) p. 195.

261 **(15)** **「みんなから好かれるような人物ではなかった」** James Hanrahan, "An Interview with Former CIA Executive Director Lawrence K. 'Red' White," *Studies in Intelligence*, vol. 43, No. 1, Winter 1999-2000, CIA/CSI.

261 **(16)** **マコーンは就任宣誓を前に、CIAの仕事の全体像を把握しようとした** 一九六一年十月、マコーンは部隊と会うための世界旅行の際、フィリピンの山岳リゾート、バギオにある極東支局長たちの別荘で、当時台北支局長だったレイ・クラインをCIAの諜報分析責任者を務める新しい副長官として選任した。

262 **(17)** **マコーンや特別グループがほとんど知らない、あるいはまったく知らない工作活動も少なくなかった** ダレスの下で十年働いたJ・C・キングのような部門責任者たちは、自分たちがよいと思う作戦を平気で実行した。マコーンも自分が長官に任命されたことでCIA内に反発が起きるなどとは知らなかった。マクジョージ・バンディは大統領に「私としても、CIAの第二、第三の水準における反対の強さを過小評価していた。一部の非常に有能な男たちも不安になっている」と述べた。諜報担当副長官のロバート・アモリーはマコーン指名を「安っぽい政治的措置」だと決め付けた。CIA内の敵のなかには、マコーンがCIAをホワイトハウスの若き獅子たちのために犠牲にするのではないか、と懸念するものもあった。部外者が権力の座に就くことに不満を抱く秘密活動担当者もいた。

263 (18) **「大統領はランズデール准将が司法長官の指示でキューバにおける行動の可能性を研究してきたことをまず説明し」** 一九六一年十一月二十二日のマコーンのメモ。FRUS, Vol. X.

263 (19) **「『マントと短剣の陰謀集団』」** 一九六四年一月十三日のマコーンのファイル用メモ。「私はＤＣＩとＣＩＡのイメージを変えなければならないと感じており、故ケネディ大統領、ジョンソン大統領、ラスク国務長官、その他にそれを表明してきた。法律によって与えられたその基本的かつ第一義的任務は、すべての諜報を集め、そうした諜報を政策立案者のために、分析し、評価し、判断し、報告することである。この機能は沈下してしまい、ＣＩＡは一貫して『マントと短剣の陰謀集団』であり、その活動は（ほとんど専一に）政府を転覆し、国家元首を暗殺するための作戦であり、諸外国の政治問題に関わることだといわれるようになった。……私はこのイメージを変えるよう試みたい」。FRUS, 1964-1968, Vol. XXXIII, document 184. マコーンは「自分が二つの帽子をもっていると思っている男だった。一つはＣＩＡを仕切ること、もう一つは大統領の政策立案者の一人となることだった」。リチャード・ヘルムズの一九八一年九月十六日の口述歴史。LBJL. マコーンが一貫して主張してきたと述べているのは、ＣＩＡは「長年にわたって作戦活動に沈潜してきた」が、それを「変えなければならない」ということだった。マコーンの一九六一年十二月二十七日付メモ「ロバート・ケネディ司法長官との話し合い」、CIA/CREST. 彼は自分が「政府の第一の諜報担当者」となる旨の了解文書を作成し、受け取った。一九六二年一月十六日付け、ＪＦＫからマコーンへ。CIA/CREST.

264 (20) **「君自身がいまや狙われる立場に立っている」** David S. Robarge, "Directors of Central Intelligence, 1946-2005," *Studies in Intelligence*, Vol. 49, No. 3, 2005, CIA/CSI.

265 (21) **「ベルリンはまやかしだった」** 著者によるスミスとのインタビュー。

265 (22) **「東ドイツにおける作戦は問題外だった」** Murphy, CNN Interactive chat transcript, 1998. インターネットで検索可能。http://www.cnn.com/SPECIALS/cold.war/guides/debate/chats/murphy/.

266 (23) **ＣＩＡはドイツと東欧全体ではほとんど閉店状態となった** 一九六二年二月七日付、マーフィーからヘルムズへ「ハインツ・フェルフェ被害評価」、二〇〇六年六月機密解除、CIA.

266 (24) **「米政府の最優先事項」** 一九六二年一月十九日付、ヘルムズからマコーンへ。FRUS, Vol. X.

266 (25)**「キューバにはCIA工作員が二十七人か二十八人いるが」** マコーン・メモ「一九六一年十二月二十七日午後二時四十五分のロバート・ケネディ司法長官との話」、FRUS, Vol. X.

266 (26)**カトリック教会とキューバの地下組織**　一九六一年十二月七日付け、ランズデールからマコーンへ、FRUS, Vol. X

266 (27)**「エドの周りにはそんな独特の雰囲気があった」** Esterline, Musgrove transcript, *Politics of Illusion*, p. 113.

267 (28)**「やろうではないか」** Helms, *A Look over My Shoulder*, p. 205.

268 (29)**「すばやい行動とすばやい答を望んでいた」** 一九七五年八月十三日のチャーチ委員会調査官に対するエルダーの供述。一九九四年五月四日機密扱い解除。

269 (30)**「それが大統領の承認を得られる」** ケネディ大統領がCIAによるカストロ殺害を認可したかどうかという問題については、少なくとも著者は満足のいく答を得ることができる。一九七五年にビッセルは、CIAによる暗殺を大統領が認可したかどうかに関するネルソン・ロックフェラー副大統領主導の大統領委員会で証言した。

ロックフェラーがビッセルに質問した。

問い：暗殺または暗殺の試みには最高水準の承認がなければならなかったか。
答：その通りです。
問い：大統領からか。
答：その通りです。

270 (31)**「激怒した」** ヒューストンは歴史家のトマス・パワーズに次のように述べた。「ケネディは怒った。彼はものすごく怒った。……彼は暗殺計画について怒ったわけではなく、われわれがマフィアと関係していることについて怒ったのである」と。『アトランティック・マンスリー』誌一九七九年八月号所載、Powers, "Inside the Department of Dirty Tricks".

270　(32)「彼がそれを望んでいたことは疑う余地がない」　著者のヘルムズとのインタビュー。ビッセルの証言と状況証拠の圧倒的な重みとを併せて考えれば、これでJFKの承認の問題は決着することになる、と私には思われる。ジョン・ケネディがそのようなことをするはずはない、という反論もあるが、この主張は説得力がなくなってきている。

270　(33)「彼らがこちらの指導者を殺さないという理由はないのだ」　CIAが目標を決めて殺害する方式を復活させている現在、ヘルムズの発言は全体として再現しておく価値があるだろう。彼は一九七八年に次のように述べた。「技術の概念やすべての善人の道義はしばらく棚上げにしよう。それをしばらく置くとして、だれかを殺すためにだれか別の人間を雇うならば、即座に恐喝の対象になる、という事実に直面することになる。それは個人だけでなく、政府の場合も同じである。要するに、こうしたことは必ず明るみに出るということだ。しかし、そこには付随的な考慮もある。外国の指導者を消す仕事に関わるようになれば、それは認めたくないほど頻繁に各国政府で検討されていることであるが、次はだれか、という問題が常に存在する。……もしだれか別の指導者を殺すならば、相手がこちらの指導者を殺さないという理由はない」と。この問題は一九六三年十一月二十二日以降、ヘルムズの頭に引っかかっていた。ヘルムズのデービッド・フロストとのインタビュー。全文は一九九三年九月の*Studies in Intelligence*に転載。CIA/CSI.

270　(34)「CIAは病んでおり、士気はかなり損なわれていた」　一九七〇年八月十九日のマコーンの口述歴史、LBJL. マコーンはCIA長官の職務を提示された際のケネディ大統領との初対面を詳述している。「[JFKがいった。]『われわれがこの話をしていることを知っているのは、アレン・ダレスを別にすると、四人しかいない。ボブ・マクナマラと彼の副官のロスウェル・ギルパトリック、ディーン・ラスク、そして[上院原子力委員長の]クリントン・アンダーソン上院議員だけだ』と。そして彼はいった。『ほかのだれにも知られたくない。この建物の地下室で仕事をしているリベラルな奴らに、私が君にこれについて話しているのを聞かれたら、私が君の指名について承認を取り付けないうちに、連中は君を潰してしまうだろう』と」。一九八八年四月二十一日のマコーンの口述歴史、カリフォルニア大学バークレー校国際問題研究所。

271　(35)「事故を起こしやすいもの」、「妻に暴力を振るうもの」、「アルコール中毒者」、「直ちになんとかC

ＩＡの士気を回復すべきである」　一九六二年七月二十六日付のライマン・Ｂ・カークパトリック・ジュニアによる「ＣＩＡの人事管理タスクフォースの報告」、CIA/CREST. 一九六二年八月六日の同報告に関する執行委員会会議におけるカークパトリックの手書きメモ、CIA/CREST.

271　(36)　千三百人ほどのキューバ難民　一九六二年五月二十四日付、ハーベイからランズデールへ。CIA/DDRS.

271　(37)　総勢四十五人　一九六二年七月五日付、ランズデールから特別グループ（拡大）へ、FRUS, Vol. X.

271　(38)　「ＣＩＡは実際にそのような攻撃を行うことができるのか」　一九六二年八月六日付、ランズデールからハーベイへ、FRUS, Vol. X.

第18章

273　(1)　ジョン・Ｆ・ケネディはホワイトハウスのオーバル・オフィス（大統領執務室）に入って、新ピカの最先端テープレコーダーのスイッチを入れた　本章の直接引用は、別に断りのないかぎり、最近活字に起こされたケネディ・ホワイトハウスのテープからである。これらのテープ、新たに機密解除されたマコーンのメモ、千ページ以上のＣＩＡの内部記録は、一九六二年夏と秋のＣＩＡの毎日を豊富なモザイク模様で描き出している。一九六二年七月三十日から十月二十八日までのホワイトハウス・テープは、ティモシー・ナフタリ、フィリップ・ゼリコウ、アーネスト・メイが編集し、ミラー公共問題センターによって*The Presidential Recordings: John F. Kennedy*, 3 vols. (New York: Norton, 2001) として出版された。マコーン・メモはFRUS、CREST、DDRSの三つの資料から引用した。ＣＩＡの内部記録は著者がCRESTから入手した。

274　(2)　こうした投資は……回収できることになる　このオーバル・オフィスでの会話から二年してグラールは倒され、ブラジルは警察国家への道を歩む。ボビー・ケネディは自らブラジルへ行って状況を視察し、「グラールは好きになれなかった」と述べた。ＣＩＡの支援した一九六四年クーデターは、その後二十年間の大半にわたってブラジルを支配した一連の軍事独裁政権の出発点となった。

275　(3)　マコーンは青信号を出していた　長官は自分の頭のなかで、流血を伴うかもしれないクーデターと国家元首を狙う暗殺企図とを区別していた。前者は道義的で、後者はそうではない。大統領が殺害されるかもしれないようなクーデターは、嘆かわしいことではあるが、非難すべきではない、ということである。

275　(4)　八月十日……議題はキューバだった　この会議の記録はほとんどすべてが破棄されたが、その断片が国務省の歴史家たちの苦心の努力によってＣＩＡ長官のファイルから集められた。「マコーンはこの会議で、ソ連はキューバに重要な資産をもっているので『ソ連がキューバの破産を放置することはない』と主張した。マコーンの見方では、ソ連はそのような破産を防ぐために、経済、技術、通常兵器の援助に加えて、中距離弾道弾を提供するだろう。彼らはそれを正当化するために、イタリアとトルコの米軍ミサイル基地を引き合いに出すだろう。……キューバの政治指導者たちの暗殺の件はこの話のなかで出てきた。八月十四日のハービーからリチャード・ヘルムズへのメモによると、この件は会議中にマクナマラが持ち出した。……一九六七年四月十四日、引退していたマコーンはＣＩＡ長官になったヘルムズにメモを送り、八月十日の会議での話し合いについて次のように書いた。「カストロをはじめカストロ政権のトップを始末する話が出されたのを覚えている。私はこの提案に直ちに異議を唱え、その問題は米政府およびＣＩＡに関するかぎり完全に管轄外のことであり、米政府としては道義的あるいは倫理的根拠からそのような行動を考慮することはできないのだから、そのような構想は討議すべきではないし、いかなる文書にも登場すべきではない、と述べた」。FRUS, Vol. X, editorial note, document 371. マコーンがキューバの核兵器の問題を最初に提起したのは一九六二年三月十二日の特別グループ会議だった。「キューバの地にミサイル基地が置かれた場合の行動方針をいま考えることはできないだろうか」と彼は述べた。FRUS, Vol. X, document 316. だがマコーンは一九六二年八月八日、彼がソ連ミサイルのキューバ移送について最初の警告を発するわずか二日前、共和党議員二十六人の集まりで「キューバにミサイルもミサイル基地もないことははっきりしている」と述べている。"Luncheon Meeting Attended by the DCI of Senate Republican Policy Committee," August 8, 1962, declassified May 12, 2005, CIA/CREST.

275　(5)　「私がフルシチョフなら」　Walter Elder, "John McCone, the Sixth Director of Central Intelligence," draft copy, CIA History Staff, 1987, partially declassified and released in 1998.

276 (6) **「ソ連がナンバーワンになろうとしている」** フォードの引用はJohn L. Helgerson, "CIA Briefings of Presidential Candidates," May 1996, CIA/CSI.

276 (7) **「彼らは壁に図表をかけ」** フォードの引用は著者自身。*The New York Times*, July 20, 1997.

276 (8) **「ケネディ大統領に会いに行った」** 著者のジェーガンとのインタビュー。

277 (9) **「考え方をアメリカは支持する」** "Interview Between President Kennedy and the Editor of *Izvestia*," November 25, 1961, FRUS, Vol. V.

277 (10) **「本当に秘密工作」** Schlesinger memo, July 19, 1962, FRUS, Vol. XII.

277 (11) **最高潮に盛り上げる時**　Memo to Bundy, August 8, 1962.

277 (12) **大統領は二百万ドルのキャンペーンを展開**　著者は一九九四年十月三十日付け『ニューヨーク・タイムズ』の「ケネディ—CIA陰謀が戻ってきてクリントンを悩ます」でその帰結について若干の概略を述べた。この記事は隠密作戦に関する政府記録の機密解除をめぐる争いに触れたものである。二〇〇五年に国務省はFRUS, 1964-1968, Vol. XXXII. に次のような「編集者注」を付した。「ジョンソン政権の下でアメリカは、限定的な自治植民地である英領ギアナが完全独立に移行するにあたって、ケネディ政権の政策を継承した。すなわち、イギリス政府と協力して英領ギアナの親西側的な指導者および政治組織に援助を与える、というものである。特別グループ／三〇三委員会は、同国における一九六二～一九六八年の秘密プログラムのために約二百八万ドルの支出を承認した。アメリカの政策には、当時英領ギアナの東インド系住民の指導者だった親マルクス主義者、チェッディ・ジェーガンに反対する秘密活動も含まれていた。特別グループ／三〇三委員会が秘密行動プログラムのために承認した資金の一部は、一九六二年十一月～一九六三年六月に、ジェーガンの人民進歩党政府に反対する野党の選挙展望を改善するために使われた。米政府はイギリスを説得して、英領ギアナに比例代表制（反ジェーガン勢力に有利だった）を押し付け、反ジェーガン勢力が強くなるまで独立を遅らせることに成功した」。

注はさらに続けた。「アメリカは一九六四年十二月の議会選挙を前にして、ジェーガンに反対するフォーブス・バーナムとピーター・ダギアーの政党に、CIAを通じて資金と選挙運動技術を提供した。米政府の秘密資金と技術知識の目的は、反ジェーガン票を投じそうな人々の有権者登録を促す上で決定的な役割を果たすことにあった。こうしてバーナムとダギアーの支持者が大挙して登録し、反ジェーガン連合を選出した。特別グループ／三〇三委員会が承認した資金は英領ギアナの一九六四年ゼネストとの関連で一九六三年七月〜一九六四年四月に再び使われた。その年、サトウキビ農園の労働争議でジェーガン支持者とバーナム支持者が衝突したが、アメリカは英政府とともにバーナムを説得し、暴力による報復を避けて調停による紛争解決を図らせた。アメリカはさらに、反ジェーガン勢力の一部に訓練を施し、彼らが攻撃を受けた場合には自衛し、士気を高められるようにした。

「ゼネストの後の選挙で、三〇三委員会で承認された資金がバーナムの人民国家会議とダギアーの連合勢力との連立政権を支援するために使われた。一九六三年十二月にバーナムが首相に選出された後、米政府はまたもやCIAを通じて、バーナムとダギアー、そして彼らの政党にかなりの資金を提供し続けた。一九六七年と一九六八年にも、一九六八年十二月の総選挙でバーナムとダギアーの連立政権の選挙運動と勝利を助けるために三〇三委員会承認の資金が使われた。アメリカは、一九六八年の選挙でバーナムが不在者投票を不正利用して政権維持を図ろうとしていることを知ったが、そのようなやり方は好ましくないと伝えただけで、彼を止めようとはしなかった」

277 (13) **「世界で最も危険な地域」** Memorandum of conversation, June 30, 1963, Birch Grove, England, "Subject: British Guiana." 参加者はケネディ大統領、ディーン・ラスク、デービッド・ブルース大使、マクジョージ・バンディ、ハロルド・マクミラン首相、ヒューム卿、サー・デービッド・オームズビーゴアら。FRUS, Vol. XII.

278 (14) **「汚い手口についてすべてを」** Naftali, Zelikow, and May, *The Presidential Recordings*. 大統領はその日、典型的な地政学的言辞で飾り立てたドクトリン文書の一部を音読した。アメリカの国家安全保障の利益のために、意見対立の温床をなくすことの必要を理解している地元指導者に政権を変えることを探るのだ。現地社会の近代化が実り多い国際協力とわれわれの生活様式にとって好ましい世界環境をもたらす方向に向かうよう努力したい。「これはまったくのたわごとだ。われわれの生活様式か」とケネディは軽蔑をこめて言った。

278 (15) **八月二十一日、ロバート・ケネディがマコーンに聞いた** RFKはこの会議で米西戦争中の合言葉、「メイン号を忘れるな」に相当する事件―グアンタナモ攻撃の演出―を主張し、ミサイル危機中もそれを唱え続けた。McCone memo, August 21, 1962, in "CIA Documents on the Cuban Missile Crisis," CIA/CSI, 1992; McCone memo on McCone-JFK meeting, August 23, 1962, FRUS, Vol. X, document 385.

278 (16) 「ボールドウィンの件について整えた手はずはどうなっているか」 Naftali, Zelikow, and May. *The Presidential Recordings.* Ｊ・エドガー・フーバーのＦＢＩがボールドウィンを尋問し、彼の自宅の電話を盗聴した。ボールドウィンは海軍士官学校出身で、一九二七年に退官し、一九三七年から『ニューヨーク・タイムズ』の軍事専門記者を務めていた。一九四三年にガダルカナルおよび西太平洋からの報道でピュリッツアー賞を受賞、同紙の紙面では信頼できる軍寄りの意見を書いていた。国防総省での彼の取材源は一級だった。ＦＢＩから事情聴取された後、動揺したボールドウィンは、ＦＢＩに録音された七月三十日の同僚への電話で「この件の真の答はボビー・ケネディと大統領自身にあると思うが、特にボビー・ケネディがフーバーに圧力をかけている」と語った。この会話の記録は翌日、司法長官のデスクに置かれていた。大統領の対外諜報諮問委員会はその日の午後にジョン・ケネディと会合し、ボールドウィンの仕事はアメリカにとって非常に危険だと告げた。アイゼンハワーの下で一九五四年の「奇襲攻撃」報告を書いたジェームズ・キリアンは「ＣＩＡ長官がいつでも安全保障に関わる情報漏洩を追跡できるように専門グループをつくること……彼の指示で行動するチームを手元に確保しておくようにすることを奨励したい」と述べた。諮問委員会の委員で、ハリー・トルーマンのホワイトハウスで顧問を務めていた際、一九四七年国家安全保障法のなかのＣＩＡ設立規則を起草したクラーク・クリフォードは、ＣＩＡに「いつもそれに取り組んでいる専従グループ」を設けるべきだ、とケネディ大統領に力説した。「彼らならだれがハンソン・ボールドウィンの接触相手か見つけるだろう。ボールドウィンが国防総省で誰と接触しているのか、いまはだれもわからない。ＦＢＩも知らない。だが私はそれが非常に興味深いことだと思う」と。ワシントンの権力機構内にいるクリフォードの多くの友人は、この陰謀に唖然となった。一九七五年の議会公聴会は盗聴の責任をロバート・ケネディ司法長官とＦＢＩだけに帰した―ケネディ大統領とＣＩＡは免責されたのである。

280 (17) 「幸甚です」 McCone to Kennedy, August 17, 1962, declassified August 20, 2003, CIA/CREST.

280 (18) 「無理からぬことながら」「消極的かつ臆病な姿勢」 McCone, "Memorandum for: The President/The White House," February 28, 1963, JFKL.

280 (19) **「箱に入れて釘を打ちつけろ」「遍く一致した不快感」** "CIA Documents on the Cuban Missile Crisis," CIA/CSI, 1992.

281 (20) **「だれか戦争を始めたがっている人間がいるのか」** "IDEALIST Operations over Cuba," September 10, 1962, CIA/CREST.

281 (21) **写真の空白** 「写真の空白」の理由と原因はMax Holland, "The 'Photo Gap' That Delayed Discovery of Missiles in Cuba," *Studies in Intelligence*, Vol. 49, No. 4, 2005, CIA/CSI.

281 (22) **「彼の名前は知らなかったが」** ハルパーンの話はJames G. Blight and Peter Kornbluh (eds.), *Politics of Illusion: The Bay of Pigs Invasion Reexamined* (Boulder, CO: Lynne Rienner. 1998).

282 (23) **「かなりの議論（若干熱を帯びた）」** "CIA Documents on the Cuban Missile Crisis," CIA/CSI, 1992.

282 (24) **「『大規模な活動』」** "Minutes of Meeting of the Special Group (Augmented) on Operation Mongoose, 4 October 1962," declassified February 19, 2004, CIA/CREST; McCone memo, October 4, 1962, FRUS, Vol. X.

283 (25) **「諜報におけるほぼ完全な不意打ち」** この報告は二〇〇一年に機密扱いを解除された編注のなかに抜粋の形で残っている。FRUS, 1961-1963, Vol. XXV, document 107, and a 1992 version in "CIA Documents on the Cuban Missile Crisis," CIA/CSI, 1992, pp. 361-371.

284 (26) **「心配していたことだ」** McGeorge Bundy, *Danger and Survival* (New York: Random House, 1988), pp. 395-396.

284 (27) **「コンチクショウメ」** (Damn it to all hell and back) Richard Helms with William Hood, *A Look over My Shoulder: A Life in the Central Intelligence Agency* (New York: Random House, 2003), p. 208.

284 (28) **「われわれ自身も自らを欺いていた」** Robert Kennedy, *Thirteen Days* (New York: Norton, 1969), p. 27.

第19章

286　**（1）「大統領は録音装置にスイッチを入れた」**　二〇〇二年まで、ホワイトハウスの録音テープに実際に何があるのか、という問題は依然として熱い論議の的だった。四十年後になって初めて、実際には何が起きたのか、だれがだれに何をいったのか、という問題が信頼できるテープ起こしによって決着をみた。ジョン・F・ケネディ大統領図書館の歴史家、シェルドン・スターンの二十年以上にわたる努力の結果である。

俗説では、キューバ・ミサイル危機の試練がジョンとロバートのケネディ兄弟を変容させ、未熟な最高司令官を立派な指導者にし、若いボビーをタカからハトに変え、ホワイトハウスをハーバードのセミナーから英知の殿堂に変えたとされている。その一部は不正確かつ偽造された歴史記録に基づく神話である。ケネディ大統領は好意的なジャーナリストに、詩的ではあるが明白に事実に反する話を吹き込んだ。ロバート・ケネディの死後に出版された同危機に関する著書には、作り話やでっち上げの対話―他の点では信頼できる歴史家やケネディ側近の忠実な仲間たちが繰り返していたもの―が盛り込まれている。

われわれはいま、ケネディ兄弟が歴史の記録を捻じ曲げ、危機がいかに解決されたかを隠したことを知った。彼らがどこで危機脱出の筋書きを作ったか、そして彼らが多くの場合、ジョン・マコーンの示した針路をとっていたことがいまや明らかになったのである。Sheldon Stern, *Averting "The Final Failure": John F. Kennedy and the Secret Cuban Missile Crisis Meetings*. (Stanford, CA: Stanford University Press, 2003). 本章は特に注記のないかぎり、スターンのテープ起こしと機密扱いを解かれたマコーンのメモに基づいている。

287　**（2）マングース・ミッションを念頭に置いて**　Carter, "16 October (Tuesday) / (Acting DCI)," declassified February 19, 2004, CIA/CREST; "Mongoose Meeting with the Attorney General," October 16, 1962; "CIA Documents on the Cuban Missile Crisis," CIA/CSI, 1992; Aleksandr Fursenko and Timothy Naftali, *One Hell of a Gamble* (New York: Norton, 1997), pp. 227-228.

289　**（3）行間を詰めぎっしり六ページに上るメモ**　McCone "Memorandum for Discussion Today," CSI/

CREST; untitled McCone memo; and "Talking Paper for Principals," all dated October 17, 1962, declassified March 5, 2003.

290 (4) **「先制攻撃が有利だという意見ははっきり変わったようだ」** Presidential recordings, October 19–22, JFKL.

290 (5) **「私の進言した方針」** McCone memos, October 19-22, 1962, CIA/CREST. 国家安全保障会議（NSC）の正式会議はホワイトハウスのオーバル・オフィスで十月二十日土曜日午後二時三十分に開かれた。会議はテープにとられなかったが、クラインのブリーフィング用メモと手書きの走り書きが残っている。NSCの正式記録係、ブロムリー・スミスのものも残っている。クラインのメモは "CIA Documents on the Cuban Missile Crisis," CIA/CSI, 1992 所収。

296 (6) **「そのような取引が行われたことはない」** McCone oral history, April 21, 1988, Institute of International Studies, University of California at Berkeley.

296 (7) **「あいつはまったく汚い奴だ、あのジョン・マコーンという奴は」**（*"he's a real bastard, that John McCone"*）この罵言は一九六三年三月四日の大統領テープ（presidential recordings, JFKL）に録音されている。最初に報じたのは*The Kennedy Assassination Tapes* (New York: Knopf, 2004) の著者、マックス・ホランドで、彼の専攻論文でも引用されている。"The 'Photo Gap' That Delayed Discovery of Missiles in Cuba," *Studies in Intelligence*, Vol. 49, No. 4, 2005, CIA/CSI.

296 (8) **マングース作戦の手綱を絞って**　マコーンの行動は十月二十六日午前十時の会議のテープ、彼のメモ、FRUSの会議記録に反映されている。テープの記録は断片的である。十月三十日に「マコーン氏は、今週の交渉が終わるまで、すべてのマングース作戦を中止しなければならない、と述べた」。Marshal Carter, memorandum for the record, October 30, 1962, declassified November 4, 2003, CIA/CREST.　ミサイル危機中およびその後にキューバに対して計画され、実行された秘密作戦はFRUS, Vol. XI, documents 271, 311, 313, 318-315に詳述されている。

297 (9) **フィデル・カストロ殺害の最後の任務**　この陰謀の概略は1967 CIA inspector general's report to Helms, declassified in 1993. J. S. Earman, Inspector General, "Subject: Report on Plots to Assassinate Fidel Castro, 23 May 1967," CIA. 以下のパラグラフの引用などは同報告から。

この最後の陰謀についてジョン・マコーンは、それが展開中の時点で知ることはできなかった。だがもう少しというところまでは行った。一九六二年八月十五日に『シカゴ・サン・タイムズ』の記者がCIA本部に電話をかけてきて悪名高いマフィアの親分、サム・ジアンカナとCIAおよび反カストロ派キューバ人との間の関係について尋ねた。その話がマコーンのところまで行ったので、彼はヘルムズに、それが事実だということがありえるか、と聞いた。ヘルムズはそれに応えて、CIAの保安責任者シェフィールド・エドワーズからの行間なしで三ページのメモを渡した。そこには、RFKが一九六二年五月十四日、フィデル・カストロに対する「微妙なCIA作戦」について説明を受けた、と記録されていた。メモは、「微妙なCIA作戦」について「ロサンゼルスのジョン・ロッセルリなる人物」と「シカゴのサム・ジアンカナ」なる人物に代表される「某賭博組織」を巻き込んで一九六〇年八月から一九六一年五月の間に行われたものとしていた。メモは暗殺についてはは一切言及していなかったが、その意味するところははっきりしていた。ヘルムズは表に自らメモを書いてからマコーンに渡した。「添付文書で取り上げられている作戦の性格についてはご存知のことと思う」と。マコーンは四分かけて読み終わり、ことの重大さを知った。彼は言葉にならないほど激怒した。

ヘルムズがフィッツジェラルドのやろうとしている新たな暗殺陰謀について—あるいはだれがその陰謀を担当しているかについて—マコーンに言おうとしなかったのは、このときの経験があったためかもしれない。一九七五年にヘルムズはヘンリー・キッシンジャーに、ボビー・ケネディがフィデル・カストロ暗殺の試みを一度ならず「自ら取り仕切っていた」と語った。Kissinger and Ford, memorandum of conversation, January 4, 1975, GRFL.

第20章

299（1）**「われわれはそれについて多大な責任を負わなければならない」** JFK Tapes, November 4, 1963, JFKL.　聴く価値のある録音、インターネットでアクセス可能。http://www.whitehousetapes.org/clips/1963_1104_jfk_vietnam_memoir.html

299（2）**「この陰謀全体の要の役を果たしていた」**　一九七五年の上院調査委員会におけるコナン証言は一

九九八年九月に機密扱いが解除された。本章の彼からの引用はすべてその速記録からとった。コナンは一九一九年パリ生まれ、一九二四年にフランス人戦争花嫁の叔母に引き取られてカンザスシティにきた。一九三九年の第二次世界大戦勃発に際してフランス陸軍に入隊、一九四〇年にフランスが敗北した後、アメリカに戻ってＯＳＳに参加。一九四四年、アルジェにいた時、占領下のフランスに降下してレジスタンス勢力に合流した。フランス解放後、ＯＳＳから中国南部に派遣され、北部ベトナムの日本軍の港を攻撃するフランス・ベトナム奇襲部隊に加わった。彼はベトナムに強い愛着をもつようになったが、この関係は双方にとって不幸な形で終わった。

コナンの伝記はない。歴史家で *Vietnam: A History* (New York: Viking, 1983) の著者、スタンレー・カーノウは七十時間にわたって彼にインタビューしたが、伝記計画を放棄した。相手がサマセット・モームの小説のスパイ、アシェンデンに似てきて、スパイ活動に浸りきってしまったために、隠れ蓑をつけた役柄と現実の自分自身との区別がつかなくなったからである。「彼は調子が狂ってしまった。まるで冒険家がほらを吹いているようだった。虚構のなかにしか存在しない男になっていた。すばらしい話を聞かせてくれた。その話が事実かどうかは問題ではなかった。それはほとんど常に、ほとんどすべてが事実だとのことだった」とカーノウは語っている。

著者は『ニューヨーク・タイムズ』にコナンの追悼記事を書いた。"Lucien Conein, 79, Legendary Cold War Spy," *The New York Times*, June 7, 1998.

300　(3)　**「南ベトナムを救うためにできることはなんでもやれ」**　Rufus Phillips oral history, FAOH.

301　(4)　**「一触即発の地」**　John Gunther Dean oral history, FAOH.

301　(5)　**ラオス新政府**　新しい政府を買い取ろうという決定が下されたのは、アレン・ダレスがアイゼンハワー大統領に、ラオスの「一九五九年の総選挙には大いに懸念すべきものがある」と警告し、大統領が「ラオスのような国が国民の合法的な投票によって共産主義化するとしたら重大な問題だ」と答えたからである。NSC minutes, May 29, 1958, DDEL. ＣＩＡ自体の分析官は「ラオスで共産側がゲリラ戦を再開したのは、主としてラオス政府の反共姿勢強化と最近のアメリカによるラオス支援措置に対する反発である」と分析している。Special National Intelligence Estimate 68-2-59, "The Situation in Laos," September 18, 1959, declassified May 2001, CIA/CREST.

301 (6)「**スーツケースの中身は現金だった**」 John Gunther Dean oral history, FAOH.

301 (7) **ルーレット**　著者とのジェームズのインタビュー。

302 (8)「**それが実質的な出発点となった**」 William Lair oral history, Vietnam Archive Oral History Project, Texas Tech University, interview conducted by Steve Maxner, December 11, 2001. マクスナー氏と同アーカイブの許諾を得て使用。

302 (9) **ラオスの山岳民族部隊を倍増し、アジア人を使って「北ベトナムでゲリラ作戦を展開すべく可能なあらゆる努力を払う」** 後者の命令はペンタゴン・ペーパーズ所収。*United States-Vietnam Relations, 1945-1967*, Vol. 2 (Washington, DC: U.S. Government Printing Office, 1972), p. 18. 前者は特別グループ・メモ、FRUS, Vol. XXVIIIに採録。「このプログラムの始まりは、一九六〇年末と一九六一年初めに米政府の上層部がCIAに部族の支持を得て共産主義と戦うことを認めたことにある。このプログラムの中心的な仕事は、ラオス最大の非ラオ部族であるメオ族の開発利用だった。……一九六三年六月に特別グループで認可されたように、このプログラムは拡大されて現在の規模になり、武装メオ族ゲリラ約一万九千人（認可数は二万三千人）が村落防衛とパテト・ラオとに対するゲリラ活動を行っている」。

303 (10)「**無知と傲慢**」 Richard L. Holm, "Recollections of a Case Officer in Laos, 1962 to 1964," *Studies in Intelligence*, Vol. 47, No. 1, 2003, CIA/CSI.

303 (11)「**積極派はすべてラオスでの戦争に賛成した**」 ラオスでの戦争が賢明かどうかについては、CIA内で大論争があった。一九五三年から一九六二年まで諜報担当副長官を務めたロバート・エイモリー・ジュニアは「CIAはひどく割れていた。積極派はすべてラオスでの戦争に賛成だった。彼はそこが戦争には恰好の場所だと思っていた。……フィッツジェラルドは非常に強くそれを支持していた」と述べている。エイモリーは賛成ではなく、間もなく辞任した。だがそれは一九六一年三月二十三日にケネディ大統領がラオス問題について最初の全国向けテレビ演説を行った後のことだった。彼はこの演説の草稿作りを手伝った。大統領はその国の名前を正確に発音できなかった、あるいは発音しようとしなかった。ケネディは「ラウス」（虱）などと呼ばれる国のことなどだれも気にしないだろうと思っていた。「レイオス」は、北ベトナムからの戦闘部隊を含む内外の共産主義勢力に脅かされている、と彼は述べた。「その国自身の安全はわれわれ全員の安全とともにある。すべてによって守られる真の中立のなかにある。われわれがラオスで望むのは平和であり、戦争ではない」と大統領は国民に告げた。

303 (12) **ベトナムに派遣されたアメリカ人も、その歴史や文化については同様に徹底して無知だった** Ronald H. Spector, *Advice and Support: The Early Years of the United States Army in Vietnam, 1941-1960*, rev. ed. (New York: Free Press, 1985), pp. x, xi. 「ゼロからなにかを作り出そうとするこうした性向に加えて、ベトナムの歴史と社会に対するアメリカ人の無知があった。その無知ぶりはあまりにも膨大かつ広範にわたり、二十年にわたって行われた連邦資金による奨学制度、言語習得の速成コース、テレビの特別番組、大学でのティーチインなどもほとんど効果を示さなかった」とスペクターは書いている。「アメリカが地球のどこかでゼロからなにかを作り出そうとする時には、アメリカの指導者はそこに絡む歴史や社会の要因を考慮したほうがよいだろう」と。

303 (13) **「ほしいものはなんでも手に入った」** Neher oral history, FAOH.

304 (14) **「プロジェクト・タイガー」** 著者はＣＩＡのベトナム人工作員の運命について一九九五年四月十四日の『ニューヨーク・タイムズ』に書いた。"Once Commandos for U.S., Vietnamese Are Now Barred," *The New York Times*, April 14, 1995. 一九六一年から一九六三年のＣＩＡにおけるハノイの二重スパイについてはRichard H. Schultz, Jr., *The Secret War Against Hanoi: Kennedy's and Johnson's Use of Spies, Saboteurs, And Covert Warriors in North Vietnam* (New York: HarperCollins, 1999) に詳しい。フレッチャー法律外交大学院国際安全保障研究部長のシュルツは、この本のために広範なインタビューを行い、機密扱いを解除された文書を調査した。

304 (15) **「われわれは大量のうそを取り込んだ」** Barbour oral history, FAOH.

304 (16) **一九六一年十月、ケネディ大統領は……派遣した** ランズデール准将がホワイトハウスへの報告で詳述しているように、当時、同地域に散開していたＣＩＡの準軍事部隊は大変な規模だった。ベトナムのＣＩＡ職員の指揮下には第一監視グループの南ベトナム人兵士三百四十人がいた。これはＣＩＡが一九五六年に創設し、南北ベトナムおよびラオスでベトコン浸透分子を殺害するために訓練したものだった。台湾からＣＩＡの航空会社シビル・エア・トランスポートが、ラオスおよびベトナムに年間何百回もの飛行任務を行っていた。中国国民党軍とＣＩＡが、何百人ものベトナム人を準軍事要員とするための訓練にあたっていた。タイでは、訓練されたタイ人からなるビル・レアの準軍事部隊が五百五十人の規模に達していた。マニラ郊外のフォートマッキンレーでは、ＣＩＡが広い学校でフィリピン兵士を訓練していた。アジア全域で共産主義と戦うためだった。さらにアジア各地から集められた何百人もの要員が訓練を受けるためサイパン島のＣＩＡ基地に送り込まれていた。

305 (17) **「若干の米軍兵力をベトナムに派遣すること」**　これは確かに大きな秘密だった。著者は二〇〇五年九月、ＣＩＡの文書のなかから大統領宛てテイラー報告の未検閲で完全な唯一のコピーを入手した。チャールズ・ピアール・キャベルＣＩＡ副長官の個人的なコピーだった。キャベルはその余白に「ＣＩＡ閲覧者へ、この構想は厳重に守秘しなければならない」と書き込んでいる。

306 (18) **「ディエムはみんなに嫌われている」**　Robert F. Kennedy oral history, JFKL. Edwin O. Guthman and Jeffrey Shulman (eds.), *Robert Kennedy, in His Own Words: The Unpublished Recollections of the Kennedy Years* (New York: Bantam, 1988), p. 396.

307 (19) **「ディエム本人を保護できない」**　Telegram from the Department of State to the embassy in Vietnam, Washington, August 24, 1963, 9:36 p.m., FRUS, Vol. III.

307 (20) **「同意は与えるべきではなかった」**　JFK Tapes, November 4, 1963, JFKL.

307 (21) **大統領がディエム追放を命じた**　一九六三年八月二十三日土曜日夜、ＪＦＫはディエム打倒を決断したが、その日のベトナムからのニュースは暗いものだった。朝のＣＩＡによる定例の情勢報告では、ＣＩＡに訓練された南ベトナム奇襲部隊が抗議デモの仏教徒を殺害しているとのことだった。それによると、「ヌーは前日、将軍たちが戒厳令の施行を勧告したことをアメリカ筋に告げた。［ヌーは］これがクーデターに等しいとはいえないとしながらも、ディエムが仏教徒問題で動揺したり、あるいは妥協したりすれば、そうなるかもしれない、と警告した」という。FRUS, 1961-1963, Vol. III, document 271. ケネディがこれを読んだら、ディエムに対する行動を認可するヒルズマンの電報を承認する気になっただろう。ヒルズマン電報の経緯については、機密扱いを解除された国務省の記録（FRUS Vietnam series）によって明確になっている。マコーンはアイゼンハワーに、未調整の電報を大統領が不用意に承認したことは「政府の最大の間違いの一つ」だった、と語っている。当時の基準から考えるとマコーンのすぐれた資質を示した発言だった。アイゼンハワーは激怒した。国家安全保障局はどこにいたか。

クーデターをやろうとするとは、国務省はいったい何をしていたのか。マコーンはそれに答えて述べた。ケネディは政府のなかで、世界中の「すべての国を改革したがっているリベラル派」に取り巻かれていたのだ、と。ではだれがその下らぬリベラルを任命したのか、とアイゼンハワーが切り返した。老将軍は「アメリカの将来について多大の懸念を表明した」という。McCone memo, "Conference with Former President Eisenhower," September 19, 1963, DDEL.

307 (22) ヘルムズはその任務をCIA極東部門の新しい責任者、ビル・コルビーに与えた　コルビーが一九六三年八月十六日にヘルムズ、国務省のロジャー・ヒルズマン、NSCのマイケル・フォレスタルに宛てたメモで、ディエム転覆の種子をまいた可能性があるのは、恐るべき皮肉というほかない。このメモは「クーデター成功」の可能性を考量して上で「暗殺はクーデター計画のかくべからざる一部といっていいかもしれない。その結果生ずる混乱から、よりよい事態が生まれるという希望から言っても、暗殺の可能性はある」と指摘していた。コルビーは、一九八二年のLBJ図書館向けの口述歴史で「ディエム転覆はわれわれの犯した最悪の間違いだった」と述べている。

308 (23) 「鳥が歌うかもしれない歌」　Harold Ford, *CIA and the Vietnam Policymakers*, 1996, CIA/CSIに引用されたコルビーの言葉。http://www.cia.gov/csi/books/vietnam/epis1.hmtlで参照可能。フォードは長年にわたってCIAの上席アナリストを務めた。

308 (24) ホワイトハウスでヘルムズは…聞いていた　一九六三年八月二十九日正午、ヘルムズはホワイトハウスの会議に出ていた。そこには、大統領、マクナマラ、ラスクら最高幹部十余人がいた。記録係の書きとめているところでは、ロッジ大使はすでにCIAのルーファス・フィリップスに「アメリカ大使がCIAの姿勢を支持していることをベトナムの将軍たちに伝える」よう指示していた。将軍たちへのメッセージは、CIA、大使館、ホワイトハウスが同一歩調である、ということだった。「われわれのとっている行動方針に留保を持つものはいるか」と大統領が聞いた。ラスクとマクナマラが留保を表明した。そして大統領はベトナムの「公然および秘密のすべての作戦に対してロッジ大使が権限を持つ」ことを決めた。受信人親展の極秘電報がロッジに送られた。秘密工作に対する大統領の指揮権は留保された。Memorandum of conference with the president, August 29, 1963, National Security file, JFKL. ロッジの仕事はアメリカの手が動いていたことを隠しおおすことだった。「私はロッジ大使から指示を受けていた」とコナンは証言した。「電報による指示だと、大使は内容の全部を伝えないという癖があった。彼は紙を折りたたんで、こちらに関係のある指示の部分だけを示して読ませるのだが、それだけで、それがだれから送られてきたのか、どこからきたのか分からない。……『それが指示だ、分かったか』『はい、分かりました』『よろしい、では取りかかれ』という調子だった」という。大統領の秘密要請についてはBundy to Lodge, October 5, 1963, FRUS, Vol. IV.

308 (25) **「ＣＩＡのほうが金をもっている。外交官よりも大きな家に住み、給与も高い。設備も近代的である」** ロッジとリチャードソンの衝突はJohn H. Richardson, *My Father the Spy: A Family History of the CIA, the Cold War, and the Sixties* (New York : HarperCollins, 2005) に辛辣に記録されている。

308 (26) **ロッジは新しいサイゴン支局長が必要だと決断した** 彼が具体的に望んだのは、「醜いアメリカ人」のランズデール准将だった。絶対だめだ、とマコーンは言った。マコーンは「彼をまったく信用していなかった。ロッジが望むのであれば、リチャードソンを交代させてもよいが、外部からだれかをもってくるのはだめだ」とのことだった。Memorandum of telephone conversation between the secretary of state and the director of central intelligence, September 17, 1963, FRUS, 1961-1963, Vol. IV, document 120.

308 (27) **「彼の名前を新聞に公表してその正体を暴いた」** RFK oral history, JFKL; Guthman and Shulman, *Robert Kennedy in His Own Words*, p. 398. 大使がＣＩＡ支局長を葬ったのはＣＩＡの歴史に前例がない。一九六三年十月九日にケネディ大統領が記者会見を行い、ロッジのリークで火がついた怒りに対してＣＩＡを擁護することになったが、マコーンはその前日、四ページの説明資料を大統領に送った。「間違いなくベトナムでのＣＩＡの役割について質問されるでしょう。何百にも上るニュース記事や論評に表われた批判はこの機関の志気を深刻に阻喪させています。私は二年間にわたってその志気を再燃させようと努めてきました」とマコーンは書いた。大統領はマコーンの説明資料に沿って記者団の質問に答えていた。

309 (28) **「われわれにとって幸運だった」** Tran Van Don, *Our Endless War* (San Francisco Presidio, 1978), pp. 96–99.

309 (29) **「暗殺計画には反対しない」、「暗殺を……支持する」、「もし私が野球チームのマネージャーで」**

Church Committee, *Alleged Assassination Plots Involving Foreign Leaders*, Interim Report, U.S. Senate, 94th, Congress, 1st Session, 1975.

310 ⑶⓪ **「諜報の完全な欠如」、「極めて危険」、「アメリカに絶対的災厄」** McCone memos, “Special Group 5412 Meeting,” October 18, 1963, and “Discussion with the President—October 21,” CIA/CREST. Ford, *CIA and Vietnam Policymakers*も参照。

310 ⑶① **「クーデターを阻止すべきではない」** Lodge to Bundy and McCone, October 25, 1963, FRUS, 1961-1963, Vol. IV, document 216. この時はすでに遅すぎた。十月二十九日、マコーン、ヘルムズ、コルビーは午後四時二十分から大統領、その弟のロバート・ケネディ、国家安全保障チーム全員との会議に出るためホワイトハウスに到着した。コルビーが詳細な軍事地図を示して、ディエムの戦力とクーデター指導者たちの部隊がほぼ半分に分かれていることを説明した。大統領側近の意見も同様だった。国務省は賛成し、軍部とマコーンは反対した。だがホワイトハウスはすでに止めることのできない力を起動させていたのである。

310 ⑶② **「資金と兵器」** Don, *Our Endless War*, pp. 96-99.

311 ⑶③ **「ディエムは当惑げに私をみて聞いた。『私に反対するクーデターがあるのか』と」** Phillips oral history, FAOH.

311 ⑶④ **クーデターは十一月一日に起きた** ここでのコナンの話は機密扱いを解除されたチャーチ委員会での証言から。電報の往復はFRUSに再現されている。コナンによると、ヌーはサイゴン軍区の軍司令官と謀って、サイゴンで偽のベトコン蜂起を演出する手はずを整えた。この計画にはアメリカ要人の暗殺も含まれていた。そこへ軍司令官の分遣隊を出動させて偽装反乱を鎮圧し、ベトナムを救う、という筋書きだった。コナンにいわせると、反乱将軍たちはヌーを「二重に裏切った」ことになる。本物のクーデターが始まった時、ヌーはそれが自分の偽装クーデターだと思い込んだのである。チャーチ委員会によると、コナンは十一月一日午前の遅い時間に、三百万ピアストル（四万二千ドル）をドンの側近に渡した。クーデター部隊の食糧を確保し、クーデター中の死亡者に見舞金を支払うためだった。コナンは証言で、自分の家から持ち出したのは五百万ピアストル、約七万ドルだった、と述べた。コルビーは六万五千ドルだったと言っている。

314　(35)　**大統領は急に立ち上がって「……衝撃と当惑の表情を浮かべて部屋を飛び出していった」** General Maxwell D. Taylor, *Swords and Plowshares: A Memoir* (New York: Da Capo, 1990), p. 301. ここで引用したホワイトハウス・サイゴン間の電報はFRUS, Vol. IVに全文が採録されている。

315　(36)　**「『やあ、親分、仕事はうまくやったでしょう』」** ("'Hey, boss, we did a good job, did't we?'") Rosenthal oral history, FAOH.

第21章

一九七五年に諜報活動に関する政府行動を調査する上院特別委員会（以下「チャーチ委員会」）がフランク・チャーチ上院議員を委員長として開かれた。調査担当者は秘密証言を求めて聴取し、その後、限定的な公開証言も聴取した。永続的な価値をもつ作業結果は秘密ファイルのなかにあった。

本章の一部は、最近機密扱いを解除されたCIA高官―リチャード・ヘルムズ、ジョン・ウィッテン（「ジョン・セルソ」の別名で）、ジェームズ・アングルトンなど―の証言に基づいている。ヘルムズらは一九七六年にチャーチ委員会に対して、一九七八年に暗殺に関する下院特別委員会（以下HSCA）による追跡調査に対して、それぞれ秘密証言を行った。ヘルムズ、マコーン、アングルトン、その他はまた、一九七五年にフォード大統領の設置したロックフェラー委員会でも証言した。二十年ないし二十五年経ってから公表されたこれら証言記録は、暗殺の後でCIAが考えていたこと、CIA自身の事件調査、そしてCIAがウォレン委員会にすべての情報を提供しなかったことについて、新たな光を当てることになった。

証言は、一九九二年に議会で成立したJFK暗殺記録集成法に基づいて一九九八年から二〇〇四年にかけて機密扱いを解除された。その多くは*Assassination Transcripts of the Church Committee*としてCD-ROMになっており、オンライン（http://www.history-matters.com）で参照できる。ケネディ暗殺を調査したCIAのジョン・ウィッテンの成果は、メキシコ支局長、ウィン・スコットの伝記を執筆するジャーナリスト、ジェファーソン・モーリーが調査中にJFK図書館で見つけた。モーリーは二〇〇六年にそのコピーを著者に提供してくれた。以後の引用ではこれを「ウィッテン報告」と呼ぶ。

316　(1)「シークレットサービスに捕まらなくてよかったです」 Richard Helms with William Hood, *A Look over My Shoulder: A Life in the Central Intelligence Agency* (New York: Random House, 2003), pp. 227–229.

317　(2)「私の脳裏を走ったのは」 LJB, telephone conversation with Bill Moyers, December 26, 1966, LBJL. ケネディ暗殺関連のリンドン・ジョンソン・ホワイトハウスのテープの多くは、Max Holland, *The Kennedy Assassination Tapes* (New York: Knopf, 2004) に編集され、注をつけられて収録されている。同書からの引用は以後 "LBJ Tapes/Holland" とする。

317　(3)「ケネディ大統領は悲劇的な死」 Helms, *A Look over My Shoulder*, p. 229.

318　(4)「メキシコでは、世界のどこよりも大規模かつ活発な電話盗聴作戦が行われていた」 Whitten deposition, 1978.

319　(5)「情報源をCIAは持っていなかった」 Whitten report, undated but December 1963, CIA/JFKL.

319　(6) マコーンは激怒 McCone's 11:30 p.m. meeting on November 22, 1963. マコーンはカーター副長官、リチャード・ヘルムズ、CIAの行政本部責任者、レッド・ホワイトと会った。ホワイトが業務日誌に記録したところによると、マコーンはカーター将軍にくってかかり、「彼に『ワイヤーブラシをかける』かのように、CIAの運営にこの上なく不満を感じていることをぶちまけた」という。L. K. White diary, November 23, 1963, CIA/CREST.

320　(7)「激しい憎悪」 ウィッテンは一九七六年と一九七八年の証言で彼の職歴やアングルトンとの対決について述べている。引用は後者から。

320　(8)「オズワルドが……キューバとソ連の大使館へ行っていたこと」 Helms deposition, August 9, 1978, House Special Committee on Assassinations. 二〇〇一年五月一日に最高機密扱いを解除された。

320　(9) マコーンは…キューバ・コネクションについて知らせた McCone memo, November 24, 1963, CIA/CREST; LBJ and Eisenhower conversation, August 27, 1965, LJB Tapes/Holland.

321　(10)「この暗殺」 LBJ to Weisl, November 23, 1963, LJB Tapes/Holland.

321　(11)「一対一で話をした」 単純な説明では、メキシコシティのソ連の諜報要員は平日は表向き査証係として働いていた、ということである。これはCIA職員が世界中の大使館でやっていたのと同じことである。ソ連の情報員だったオレグ・ネチポレンコは回想録で、オズワルドがやっと通じるようなロシア語でビザを申請しているのをみかけた、といっている。彼は自分自身とフィデル・カストロをアメリカの諜報部隊から救うために、キューバへ行きたがっていた様子だったという。「オズワルドは非常に興奮しており、明らかにいらだっていた。FBIのことをいう時には特にそうだった。それから突然ヒステリックになり、すすり泣き始め、涙声で『私は怖い……殺されるだろう。入れてくれ！』と叫んだ。彼は何回も繰り返して、自分が迫害されており、メキシコにいてさえも尾行されている、と訴えた。そして右手を左のポケットに突っ込んで拳銃を取り出して、『見てくれ、自分の命を守るために持ち歩かなければならないものだ』といった」。Nechiporenko, *Passport to Assassination: The Never-Before-Told Story of Lee Harvey Oswald by the KGB Colonel Who Knew Him* (Secaucus, NJ: Birch Lane, 1993).

321 (12) **同支局は…リストを本部に送った**　クベラが二重スパイだったかもしれない、との疑惑が最初に生じた一連の事件は、"The Investigation of the Assassination of President John F. Kennedy: The Performance of the Intelligence Agencies," Church Committee staff report, 1975, declassified in 2000 から再現。

323 (13) **ダレスは即座にジェームズ・アングルトンに電話した**　Angleton deposition,1978, HSCA.

323 (14) **「（カストロの）暗殺計画を明るみに出せば、CIAの体面も……大いに傷つくことをヘルムズは悟った」**　Whitten testimony, 1976.

324 (15) **「われわれは非常に慎重だった」**　Helms testimony, August 1978, HSCA.

325 (16) **「目に余る無能」、「直接認めた」**　フーバーとデローチは上院スタッフの秘密報告「ジョン・F・ケネディ大統領暗殺の調査」に引用されている。実施後二十五年の二〇〇五年に機密扱いを解除された同報告は、証拠からみて「諜報機関がウォレン委員会に情報を提供した方式には疑いを抱かせるものがある」とした上で、「これらの機関に危機的な状況においてそれ自身の活動や成績を調査することを期待できるかどうかは疑わしい」と結論している。

325 (17) **「何十人もの人々がオズワルドを見た、あそこで見た、ここで見た」**　Whitten testimony, 1976.

326 (18) **「われわれなら、この関係をもっと鋭く見ていただろう」** この発言をはじめ本章のアングルトンの引用は一九七八年十月五日のHSCAでの証言（一九九八年に機密扱い解除）から。

328 (19) **「あなたに話したいことがあるのだが」** マークとノセンコとの出会いはこれまで公表されていなかったが、マークはこれを国務省の口述歴史で語っている。FAOH。

328 (20) **翻訳の過程で失われたものも多かった** たとえば、ノセンコはモスクワの米大使館の陸軍軍曹のことを「暗号機械の修理人」としてKGBのために働いているスパイだといった。これは後で英語に翻訳された時、ガレージのメカニックと同じ「メカニック」になっていた。ノセンコが記録を訂正しようとすると、話の内容を変えるものだと非難されたという。

330 (21) **「だが自分の監視の下で多くのことがうまくいかなかったのである」** この事実がやっと正式に認められたのは二〇〇六年のことだった。"The Angleton Era in CIA," *A Counterintelligence Reader*, Vol. 3, Chap. 2, pp. 109-115参照。インターネットでアクセス可能。http://www.ncix.gov/history/index.html.

331 (22) **CIAはノセンコを独房に監禁した** この事件は何年も後にCIAの二人の上級職員によって時系列的に記録された。Richards J. Heuer, Jr., "Nosenko: Five Paths to Judgment," *Studies in Intelligence*, Fall 1987, CIA/CSI; and John Limond Hart, *The CIA's Russians* (Annapolis, MD: Naval Institute Press, 2002), pp. 128-160.

332 (23) **「彼を不当監禁しておくわけにいかないことは、私も認識していた」** Helms interview, *Studies in Intelligence*, December 1993, CIA/CSI.

333 (24) **この事件について全部で七件に上る大がかりな調査** 一九七六年、CIAを退職していたジョン・ライモンド・ハートは呼び出されてノセンコ事件を再調査した。ハートは四半世紀近く前、ソウル支局長の時、前任者のアル・ヘイニーのペテンを摘発したことがあった。彼は輝かしい経歴―サイゴン支局長、中国およびキューバの海外課報収集責任者、西ヨーロッパ活動責任者―をもち、アングルトンとは一九四八年にローマで一緒に仕事をして以来の知り合いだった。当時はCIAがイタリアの選挙で勝利を収め、冷戦は新しい問題で、アングルトンもまだまともだった。ハートは一九七六年にユーリ・ノセンコの件で四時間にわたって彼にインタビューしたが、翌日記録を読んでみると、その言葉はまったく意味をなさなかった。「彼の伝説的な酒好きのせいかもしれないが、アングルトンの混乱した頭は、でたらめな些事でいっぱいのガラクタ袋のようになっていた。その話の多くはまったく辻褄があわなかった」とハートは書いている。ハートはノセンコ事件を「忌まわしいこと」だったと決め付けた。諜報の仕事に携わった生涯で遭遇した最悪の事態だった、というのである。Hart, *The CIA's Russians*.

第22章

335　**(1)　「悪漢どもを集め」**　LBJ to Senator Eugene McCarthy, February 1, 1966, available online at http://www.whitehousetapes.org/clips/1966_0201_lbj_mccarthy_vietnam.html.

ＬＢＪの「天罰」論―リチャード・ヘルムズの記憶ではジョンソンは一九六三年十二月十九日の会議の席でマコーン、ヘルムズ、デズモンド・フィッツジェラルドにこう述べている。「ケネディ大統領はある意味でディエムの死に責任があり、そのために今度は自分自身が暗殺されることになった」。ＬＢＪはこれを彼の副大統領になるヒューバート・ハンフリー、ホワイトハウス側近のラルフ・デューガン、ケネディの報道官だったピエール・サリンジャーにも繰り返している。

335　**(2)　「司法長官のロバート・ケネディは自分では留任するつもりだった」**　McCone memo, "Discussion with the President, 13 December—9:30 a.m.," declassified October 2002, CIA/CREST. マコーンのメモはさらに次のように続けている。「私は大統領に説明した。ボビーには私から、兄弟同士の間で見られたような大統領との親密さを取り戻すことはできない、と言ってある。あれは公的な関係ではなく、肉親の関係だったのだから。それは兄弟の間ではめったに見られない関係であり、企業であれ、政府であれ、公人の間では絶対に見られない形態の関係だったのだから、と」。それは新しい大統領と部下の司法長官の間では見られなかった。ボビーはジョンソンのホワイトハウスにいるのが耐えられなかった。「彼（ジョンソン）は意地悪で、辛辣で、いろいろな意味でけだものだ」と数ヵ月後の一九六四年四月、ケネディ図書館向けの口述歴史でボビーは語っている。

336　**(3)　「『ＣＩＡのイメージを変えたい』」**　McCone memos, December 28, 1963; January 13, 1964; and February 20, 1964. 大統領は自分自身のイメージについて心配していた。大統領は『見えない政府』

（*The Invisible Government*）の出版に当惑していた。ＣＩＡとホワイトハウスの関係を本格的に調べた初めてのベストセラーで、ＣＩＡ、国務省、国防総省、ホワイトハウスの最高幹部からなる「特別グループ」の存在とそれが隠密行動を承認していたことを明らかにしていた。そして歴代大統領がこうした秘密任務を最終的に承認していたことも明確にされた。特別グループの議長、マクジョージ・バンディ国家安全保障問題担当大統領補佐官は、その名前を変えるのがいちばんよいのかもしれない、と考えた。彼はスタッフ―その「見えないグループ」も含めて―からの提案を退けて、「国家安全保障メモランダム三〇三号」を出して、その名前を三〇三委員会に変更した。

　機密扱いを解かれた同委員会の記録によると、ＣＩＡがケネディ大統領の下で行った主要な隠密作戦は百六十三件、毎月五件弱だった。ジョンソン大統領の下で新たに行われた主要な隠密作戦は、一九六七年二月までに百四十二件、毎月四件弱のペースだった。委員会の審議は多くの場合、形式的なものだった。委員会は一九六四年春の何日間かに、ブラジル政府を転覆させた軍事クーデター―「われわれが次の選挙を待っている間にブラジルが下水に流されるのをみたくはない」―のための武器提供を承認し、チリの大統領選挙の方向を変えるためにさらに百二十五万ドルを送る―「問題ない、必要ならもっと確保できるからだ」―ことを承認した。ジョンソン大統領は、こうした決定が大統領の承認を得たものだったにもかかわらず、めったにその具体的内容を知ろうとはしなかった。

336 （4）**「極度に心配していた」** McCone memo, "DCI Briefing of CIA Subcommittees of Senate Armed Services and Senate Appropriations Committees, Friday, 10 January 1964," declassified December 15, 2004, CIA/CREST; Harold Ford, *CIA and the Vietnam Policymakers, 1996*, CIA/CSI, available online at http://www.cia.gov/csi/books/vietnam/epis1.html

337 （5）**「これがピーナツバター以来の名案ではないことを大統領に知らせるべきだ」** McCone, Helms, and Lyman Kirkpatrick cited in William Colby, memorandum for the record, "Meeting on North Vietnam," January 9, 1964, CIA/CREST.

338 （6）**「極めて遺憾である」** McCone memos, April 22 and 29, 1964, and October 22, 1964, CIA/CREST. 後者はFRUS, Vol. XXXIII, document 219にも収録。これはジョンソン大統領とジョン・マコーンがＣＩＡについて実質的な会話をしていなかったことを示すものであるため、引用する価値がある。

「十月二十二日、妻とハーバート・フーバーの葬式に出かけるところだった。そこへホワイトハウスから電話で、大統領がわれわれに同行を求めていることを伝えられた。……途中で大統領は私といくつかの問題について話し合うことができた。主要な案件は、大統領がＣＩＡなる組織についてあまり知らないと述べたことだった。……私は組織の客観性を強調した。いかなる分野においても、特に対外政策や国防政策に関して、偏狭な『ひそかな思惑』はもっていない。ＣＩＡは、あらゆる可能な手段で情報を収集し、われわれ自身の諜報と他のすべての機関が収集したものとを慎重かつ客観的に評価することをその責任だとみなしている、と。大統領は組織の規模を聞いた。私はわれわれの予算が約［削除］で、職員の数は約［削除］であることを告げた。彼は将来の展望を聞いた。組織はかなりうまく調子を整えていると思うし、五年間の見通しでは、人員の増加はなく、予算の増加も最低限にとどまり、その主要原因は賃金給与その他の上昇分である、と私は述べた。これは非常に慎重な管理の結果であり、新たな任務がＣＩＡに与えられないかぎり、「現状維持」できるだろう、と述べた。新しい任務があれば、人員と資金の追加が必要になるだろう。われわれの予算のどれだけの部分が政治行動や準軍事的任務などの作戦活動に回るのか、と大統領が聞いた。私は［削除］について述べた。ＣＩＡについて大統領と話したのはこれが初めてだった。大統領は興味をもち、印象を深めたようだった」。McCone memo, "Discussion with the President—22 October 1964."（傍点は著者）。

　マコーンは、国家の運命がスパイ活動の成否に左右される可能性もあるという事実にジョンソンの注意を向けさせようとした。一、二の例を話すことができたが、いちばんよいのは世界で最も目立たない首都の一つ、マリのバマコにいたクレア・ジョージという支局長のことだった。支局長は一九六四年に任地国政府の当局者の一人からある情報を入手した。そのアフリカの政府関係者は、中国大使館の外交官から北京が何週間かのうちに初の核実験を行うと聞いた、というのである。この報告は直ちにＣＩＡ本部に送られた。初歩段階のスパイ衛星が中国の実験サイトでの準備状況を見守った。マコーンも自ら分析の陣頭指揮をとった。彼はＬＢＪ図書館向けの口述歴史で「われわれは中国のやっていることを知っていた」と語っている。それが「確実な諜報」だった。

　マコーンはホワイトハウスとアメリカの同盟諸国に、中国が三十日ないし六十日以内に核兵器の実験を行うだろう、と告げた。「それから三十一日目に彼らは爆弾を爆発させた。彼らは私を予言者にしてくれた」。この諜報の大成功は、なんでもない場所―マリの首都―からのニュースで始まった。それ以降、クレア・ジョージは大物になった。二十年後には秘密活動の責任者に昇進した。

339 **(7) 新しい国防情報局**　DIAは「政府機関創設にあたって採るべきではない方法の完璧な見本」だった、と一九七〇年代半ばにその副局長だったボビー・レイ・インマン海軍大将は述べた。海軍大将はその後、NSAを担当し、短期間ながら中央情報副長官も務めた。Bobby R. Inman, "Managing Intelligence for Effective Use," Center for Information Policy Research, Harvard University, December 1980.

339 **(8) 「NROなどくそ食らえだ」**　Transcript of telephone conversation between Director of Central Intelligence McCone and the assistant secretary of defense, Fbruary 13, 1964, FRUS, Vol. XXXIII, declassified 2004.

340 **(9) 詳細な供述書**　Robert J. Hanyok, "Skunks, Bogies, Silent Hounds, and the Flying Fish: The Gulf of Tonkin Mystery, 2-4 August 1964," *Cryptologic Quarterly*, Vol. 19, No. 4/Vol. 20, No. 1, Winter 2000/Spring 2001, declassified November 2005. この四季報は高度の機密にされているNSAの公式刊行物。

342 **(10) 駆逐艦がいままさに攻撃を受けていることを知らせる至急メッセージを送ってきた**　八時間後、ジョンソン大統領はマコーンに聞いた。「奴らはトンキン湾の真ん中でわれわれの船を攻撃して、戦争をやりたいのだろうか」と。マコーンは「いいえ、北ベトナムはわれわれが沖合いの島を攻撃したのに対して防衛の反撃を行っているのです。彼らは自尊心から反撃しているのです」と答えた。

343 **(11) 「マクナマラは生のSIGINT記録をもって行って」**　Ray Cline oral history, LBJL.

344 **(12) 「飛び魚を撃っていた」**　Hanyok, "Skunks, Bogies, Silent Hounds, and the Flying Fish."

神話は崩壊し、
大きな災いにみまわれるだろう

ソ連内部に浸透していたスパイは、
CIA内部のスパイによって全滅。
CIAは冷戦の終結を予見できない。
目的を見失った諜報組織は、
経済を旗印に当選した新大統領の下
経済諜報へとターゲットを移す。
冷戦下に自ら蒔いた種が、毒をもった蔦《つた》となって
帝国にからみつこうとしていたことも知らずに……。

CIA秘録

その誕生から今日まで

下

ニューヨーク・タイムズ記者
ティム・ワイナー［著］
藤田博司・山田侑平・佐藤信行［訳］

文藝春秋刊

Legacy of Ashes:
The History of the CIA
By Tim Weiner

Printed in Japan

訳者略歴

藤田《ふじた》博司《ひろし》（第 1 部～第 2 部）

1937年生まれ。元共同通信記者。サイゴン支局員、ニューヨーク支局長、ワシントン支局長、論説副委員長などを経て、1995-2005年上智大学教授、05-08年早稲田大学客員教授。著書に『アメリカのジャーナリズム』(岩波新書)など。

山田《やまだ》侑平《ゆうへい》（第 3 部～第 4 部）

1938年生まれ。人間総合科学大学名誉教授。元共同通信記者。ニューヨーク支局員、ブリュッセル支局長などを経て、2000年から人間総合科学大学で教鞭をとる。著書に『日本の国際化とは』（連合出版）など。

佐《さ》藤《とう》信行《のぶゆき》（第 5 部～第 6 部）

1937年生まれ。元共同通信記者。ロンドン支局員、東欧特派員、テルアビブ支局長、ワシントン支局長、外信部長、編集委員室長などを経て、1997-2003年和歌山大学教授。74年度ボーン国際記者賞を受賞している。

ティム・ワイナー（Tim Weiner）

ニューヨーク・タイムズ記者。1956年ニューヨーク生まれ。CIA、国防総省などのインテリジェンスを30年近くにわたってカバーしている。ニューヨークのタウン紙『ソーホー・ニュース』からそのキャリアをスタートし、『フィラデルフィア・インクワイアラー』に移籍、調査報道記者として国防総省、CIAの秘密予算を明るみにだし、1988年ピューリッツアー賞を受賞。1993年『ニューヨーク・タイムズ』紙に移籍、99年までワシントン支局でCIAを担当。94年にはCIAの自民党に対する秘密献金の存在をスッパぬき、日本の新聞全紙が後追いをした。本書『CIA秘録』（Legacy of Ashes: The History of the CIA）は全世界27ヵ国で発行される。この日本語版のために冷戦崩壊以降の日本に対する経済諜報（第46章）など、新たに２章分を書き下ろしている。

装幀　石崎健太郎

目次・各章扉デザイン　中川真吾

ＣＩＡ秘録《ひろく》　上
その誕生《たんじょう》から今日《こんにち》まで

二〇〇八年十一月十五日　第一刷

著　者　ティム・ワイナー
訳　者　藤田《ふじた》博司《ひろし》　山田《やまだ》侑平《ゆうへい》　佐藤《さとう》信行《のぶゆき》
発行者　木俣正剛
発行所　株式会社文藝春秋
〒一〇二―八〇〇八
東京都千代田区紀尾井町三―二三
電話　〇三―三二六五―一二一一
印刷所　大日本印刷
製本所　大口製本

ISBN978-4-16-370800-3